21世纪全国高职高专职业能力培养规划教材

计算机应用基础实训教程

杨成科　王喜斌／主编

中国青年出版社
中国青年电子出版社
http://www.21books.com　http://www.cgchina.com

中青雄狮

图书在版编目（CIP）数据

计算机应用基础实训教程／杨成科，王喜斌主编. —北京：中国青年出版社，2008

ISBN 978-7-5006-8275-2

I. 计… II. ①杨… ②王… III. 电子计算机－职业教育－教材 IV.TP3

中国版本图书馆CIP数据核字（2008）第088435号

计算机应用基础实训教程

杨成科 王喜斌 主编

出版发行：中国青年出版社

地 址：北京市东四十二条21号

邮政编码：100708

电 话：（010）84015588

传 真：（010）64053266

企 划：中青雄狮数码传媒科技有限公司

责任编辑：丁 伦

封面设计：刘 娜

印 刷：北京机工印刷厂

开 本：787×1092 1/16

印 张：17.5

字 数：436千字

版 次：2008年7月北京第1版

印 次：2008年7月第1次印刷

书 号：ISBN 978-7-5006-8275-2

定 价：28.30 元（附赠案例素材和视频教学）

本书如有印装质量等问题，请与本社联系 电话：（010）84015588

读者来信：reader@21books.com

如有其他问题请访问我们的网站：www.21books.com

21 世纪全国高职高专职业能力培养规划教材

编 委 会

前 言

近几年，我国职业教育相继实施了一系列重大教学改革工程，使职业教育的教学观念、人才培养模式和目标、课程体系与教学内容、办学条件和教学环境，以及教材建设等都产生了重大变革。当前，各类职业院校均开设相关计算机应用基础课程，并将其作为必修课，由于职业院校与普通高校相比，对学生的培养目标更强调实践和动手能力，其教学和教材应有自己的特点和要求。

为了加强、规范职业院校计算机应用基础课程的教学需求，经各方面专家论证，我们联合多位一线教师根据职业教育对学生的培养目标和要求编写了本教材。本书所讲内容融合了理论知识和实际操作，涵盖了**“全国计算机应用技术证书考试（NIT）”**计算机应用基础模块的全部内容，并配备大量实例，旨在以一种“案例带知识”型的方式引导学生将理论知识融汇于实际操作中，从而培养学生综合应用相关软件的能力，增强学生的职业能力和就业竞争力。

全书分为10章，其中第1章介绍了计算机的基础知识；第2章和第3章详细讲解了目前广泛使用的Windows XP操作系统及对其维护和管理的方法；第4章和第5章以“公司通告”和“公司员工通讯录”的实例具体讲解了Word 2003的文字处理和表格功能；第6章和第7章结合制作“月销售表”的实例讲解Excel 2003强大的数据管理、分析功能和进行数值运算的方法；第8章结合“芯片推广”幻灯片文稿的实例讲解PowerPoint 2003演示文稿制作的强大功能；第9章介绍了Internet的基础知识和收发电子邮件的常用方法；第10章讲述了计算机安全方面的知识，并介绍了计算机可能会受到的安全威胁以及应对这些威胁的防范措施。

根据职业教育偏重实践的特点，本书特别以附录形式收录了大量上机操作，针对不同的学习内容集中以实训的方式进行上机练习，这样既可以将所学理论知识成功地与实践相结合，又可以将实训内容作为模板应用到今后的工作和学习中。同时，本书在每章后均附有习题，通过练习这些习题可以帮助学生达到巩固所学知识和举一反三的目的。本书还从方便学生学习的角度出发，将学习中容易被忽略的地方注上“提示”信息，容易出错的地方注上“注意”信息，并将操作中的关键以标注框的形式标明操作的方法和先后顺序。

本书可作为职业院校管理、财经、电子商务、信息、管理、计算机等专业师生计算机应用基础课程的教材或教学参考用书。

本书由杨成科、王喜斌主编，副主编为杨文科、蒲永卓、潘禄生、张淑红，参加编写工作的还有赵晓东、魏潇、盛玉祥、舒正渝、王智、史红军，全书由杨成科统稿。由于作者水平有限，书中遗漏、疏忽之处在所难免，恳请广大专家、读者批评指正。

作 者

目录

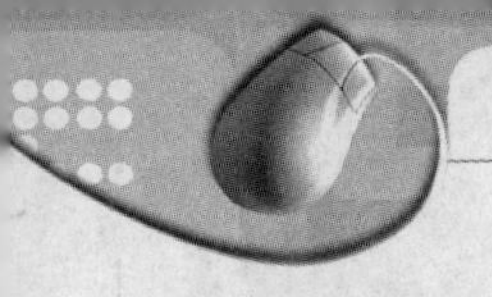

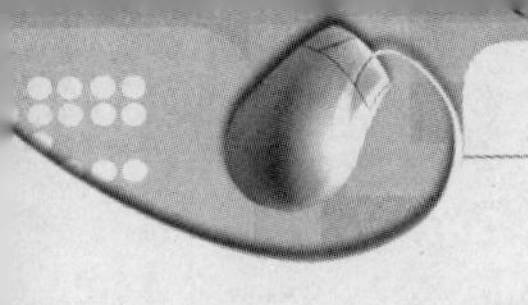

第10章 计算机安全

附录 上机指导

第 1 章　计算机的基础知识

本章概要

在人类历史上，以生产工具为标志的技术进步已经经历了手工工具和大机器生产两个时期。自从能源代替人成为机器动力以后，人类的体力劳动得到了解放。电子计算机的出现不但使人类的技术进步开始向自动化过渡，而且实现了使用机器代替人的部分脑力劳动的愿望，为人类智力解放的时代揭开了序幕。随着现代科技的不断更新，计算机以其快速、高效、准确的特性，成为人们日常生活与工作的最佳帮手，因而熟练地操作电脑，将是每个职业人员必备的技能。

1.1　计算机的发展与应用

计算机是一种无须人工干预，能快速、高效地对各种信息进行存储和处理的电子设备。从它产生之初到现在已有 60 多年的历史，对于今天的大多数人来说，它已不再神奇。计算机正以快捷的步伐迈入千家万户，它的广泛使用，促使人类进一步向信息化社会迈进。

1.1.1　计算机的发展

世界上的第一台电子计算机是由美国的宾夕法尼亚大学于 1946 年 2 月研制成功并正式交付使用的 ENIAC（Electronic Numerical Integrator And Calculator，电子数字积分计算机）。半个多世纪过去了，计算机技术获得了突飞猛进的发展。人们根据计算机使用的主逻辑元件的不同，将计算机的发展历程划分为四个阶段。

1. 第一代——电子管计算机（1946—1957 年）

第一代计算机使用电子管作为逻辑元件，体积庞大、可靠性差、耗电量大、维护较难且价格昂贵、寿命较短。第一代计算机没有系统软件，程序设计主要使用机器指令或符号指令，因此只能被极少数人使用，主要被应用于科学计算领域。我国的第一台电子计算机是 1958 年仿造前苏联研制的 DJS101。

2. 第二代——晶体管计算机（1958—1964 年）

第二代计算机有了很大发展，它采用晶体管作为逻辑元件，主存储器采用磁芯存储器，磁鼓和磁盘开始用作主要的外存储器，程序设计使用了更接近于人类自然语言的高级程序设计语言，计算机的应用领域也从科学计算扩展到事务处理、工程设计等多个方面。

3. 第三代——集成电路计算机（1965—1969 年）

第三代计算机以小规模的集成电路作为逻辑元件，采用半导体作为主存，取代了原来的磁芯存储器，从而提高了存储容量，增强了系统的处理能力。此外，系统软件也有了长足发展，出现了分时操作系统，从而多个用户可以共享计算机软硬件资源。这个时期结构化程序设计的思想开始发展，为研制更加复杂的软件提供了技术上的保证。

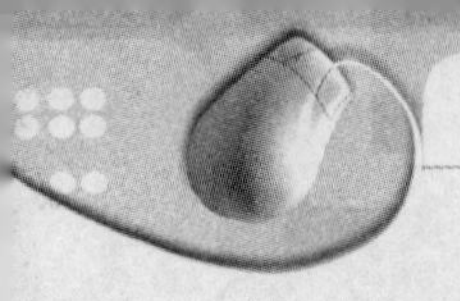

4. 第四代——大规模、超大规模集成电路计算机（1970 年至今）

第四代计算机的逻辑元件已从小规模的集成电路发展为大规模和超大规模集成电路。作为主存的半导体存储器，其集成度越来越高，容量也越来越大，外存储器除广泛使用的磁盘外，还出现了光盘。

在这一阶段出现了微型计算机，同时，软件技术不断地发展，极大地推动了计算机技术在其他领域的应用。计算机技术与通信技术相结合，计算机网络把世界紧密地联系在一起，多媒体技术的崛起，使计算机集图像、图形、声音、文字处理于一体。

计算机各个发展阶段的大概情况如表 1-1 所示。

表 1-1　计算机发展阶段示意表

时　代	时　间	基本元件	速　度	软　件	主要硬件
第一代	1946—1957 年	电子管	几千次～几万次/秒	机器语言、汇编语言	磁盘、磁带机、穿孔卡片机等
第二代	1958—1964 年	晶体管	几万次～几十万次/秒	开始出现操作系统	键盘、打印机、CRT 显示器等
第三代	1965—1969 年	集成电路	几百万次/秒	操作系统逐步完善，并出现网络	高密度的磁盘
第四代	1970 年至今	大规模集成电路	几百万次～几十亿次/秒		高密度的硬盘

1.1.2　计算机的分类

计算机按其工作原理可分为模拟电子计算机和数字电子计算机，按其功能可分为专用计算机和通用计算机。专用计算机功能单一、适应性差，但在特定用途下最有效、最经济、最快捷；通用计算机功能齐全、适应性强，但效率、速度和经济性相对于专用计算机来说要低一些。目前人们所说的计算机一般指通用的数字电子计算机。

根据计算机的规模和性能又可分为巨型计算机、大型计算机、中型计算机、小型计算机和微型计算机，其中运用最广泛的是微型计算机。

1. 巨型计算机

巨型计算机运算速度快，存储容量大，每秒运算可达一亿次以上，主存容量也较高，字长达 64 位。比如我国研制成功的银河 I 型和 II 型亿次机就是巨型计算机。巨型计算机对尖端技术和战略武器的研制有重要作用，目前世界上只有为数不多的几家公司可以生产。

2. 大型计算机

大型计算机的运算速度在百万次~千万次/秒之间，字长为 32 位~64 位，拥有完善的指令系统，丰富的外部设备和功能齐全的软件系统，主要用于计算机中心和计算机网络中心。

3. 中型计算机

规模和性能介于大型计算机和小型计算机之间。较有代表性的产品有 VAX8350 和我国沈阳研制的太极系列计算机，也有人称之为超级小型计算机。

4. 小型计算机

小型计算机具有规模较小、成本较低，以及很容易维护等特点，在速度、存储容量和软件系统的完善方面占有优势。小型计算机的用途很广泛，既可以用于科学计算、数据处理，又可用于生产过程自动控制和数据采集及分析处理。

5. 微型计算机

20 世纪 70 年代随着第一块 4 位微处理器 Intel4004 的诞生，微型计算机产生了，1975 年 Apple 公司生产出第一台苹果牌微型计算机。1981 年 8 月 IBM 公司推出了 IBM－PC（Personal Computer，个人计算机）。微型计算机的产生引起了计算机的一场革命，它极大地推动了计算机的普及和应用，使之进入了社会的各个领域乃至家庭。

微型计算机的字长为 8 位~64 位，具有体积小、价格低、可靠性强和操作简单等特点。它的运算速度更快，已达到甚至超过小型计算机的水平，内存容量达到 256MB~4GB，甚至更高。

计算机正朝着巨型化、微型化、网络化、智能化几个方向发展。

1.1.3　计算机的特点

与以往的计算工具相比，计算机具有以下特点。

1. 运算速度快

计算机内部有一个称为运算器的部件，它由一些数字逻辑电路组成，可以高速准确地帮助用户进行运算。其中有些高性能计算机每秒可进行 10 亿次二进制加法运算。

2. 精确度更高

理论上，计算机的计算精确度并不受限制，一般计算机运算精度均能达到 15 位有效数字，通过一定的软件方法，可以实现任何精度要求。

3. 记忆能力强

在计算机内部还有个承担记忆职能的部件，即存储器。大容量的存储器能够记忆大量信息，不仅包括各类数据信息，还包括加工这些数据的程序。

4. 逻辑判断能力强

计算机的逻辑运算单元可以帮助用户分析命题是否成立以便做出相应决策。

5. 自动运行程序

计算机是自动化的电子装置，在工作中无须人工干预，即可自动执行存放在存储器中的程序。

1.1.4　计算机的应用

在当今社会的各个领域，无处不见计算机的身影，计算机的功用主要有以下几方面。

1. 科学计算

计算机的运算速度快、精度高、存储容量大，可以完成人工无法实现的科学计算工作。

2. 信息处理

计算机可以对信息数据进行收集、存储、整理、分类、统计、加工和传送等操作。

3. 过程控制

利用计算机对生产过程进行控制，可以实现生产自动化，从而减轻人类的劳动强度，提高产品质量。

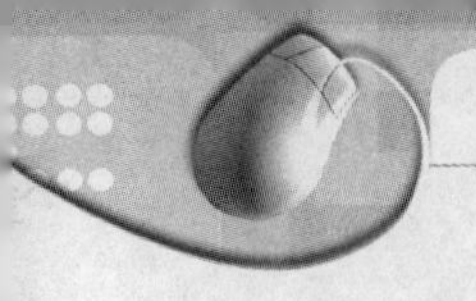

4. 计算机辅助过程

计算机辅助过程包括计算机辅助设计（CAD）、计算机辅助制造（CAM）和计算机辅助教学（CAI）等，计算机辅助设计（CAD）是利用计算机帮助设计人员进行设计，以提高设计的自动化水平的过程。

5. 人工智能和系统仿真

人工智能是利用计算机模拟人类的某些智能活动，例如智能机器人。系统仿真是利用计算机模仿真实系统的技术，也是计算机应用的崭新领域。

总之，计算机的应用已渗透到社会的各个领域，它对人类的影响将越来越大。

1.2 计算机系统

1.2.1 计算机体系结构

目前计算机的种类很多，虽然性能、用途和规模有所不同，但在基本的硬件结构方面，一直沿袭着冯·诺依曼的体系结构。该体系结构的设计思想包括以下 3 个方面。

（1）计算机由运算器、控制器、存储器、输入设备和输出设备 5 大部件组成。在控制器的统一控制下，协调其他部件完成由程序所描述的处理工作，如图 1-1 所示。

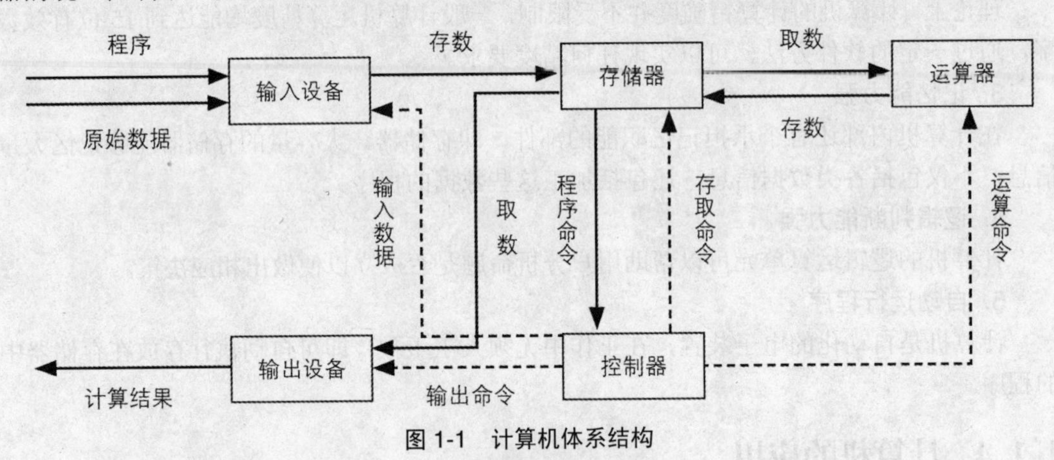

图 1-1　计算机体系结构

（2）计算机内部的数据和指令以二进制形式表示。

（3）程序和数据存放在存储器中，计算机执行程序时，无需人工干预，能自动、连续地执行程序，并得到预期的结果。

图 1-1 中的实线代表数据流，虚线代表控制流，计算机各部件间的联系通过信息流动来实现。原始数据和程序通过输入设备送入存储器，在运算处理过程中，数据从存储器读入运算器进行运算，运算结果存入存储器，必要时再经过输出设备进行输出。指令也以数据形式存于存储器中，运算时指令由存储器送入控制器，由控制器根据指令控制各部件协调一致地工作。

由冯·诺依曼体系结构所描述的计算机工作流程可知，计算机系统由两大部分组成：硬件系统和软件系统。硬件系统主要指一些实际物理设备，是程序运行的物质基础；软件系统是在硬件设备上运行的各种程序以及有关资料的集合。硬件系统和软件系统之间的关系就像录音机与磁带一样，两者缺一不可，只有两者紧密结合，才会构成一个完整的计算机系统。为了描述得更清楚，我们以结构图的形式来表示，如图 1-2 所示。

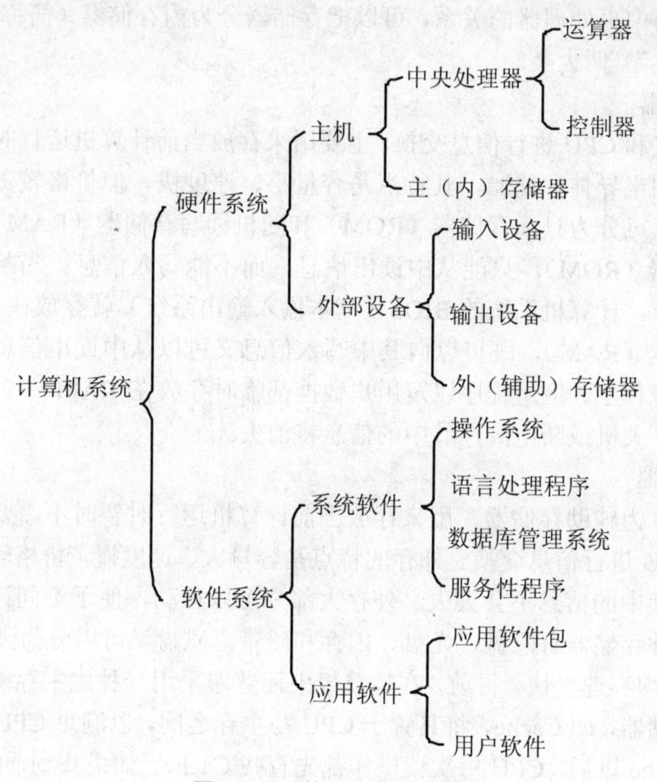

图 1-2　计算机系统的组成

1.2.2　硬件系统

硬件系统包括计算机的主机和外部设备。具体由 5 大功能部件组成，即运算器、控制器、存储器、输入设备和输出设备。

1. 运算器

运算器又称算术逻辑单元（Arithmetic Logic Unit, ALU），主要用于进行算术运算和逻辑运算，是计算机对信息进行加工的场所。

2. 控制器

控制器是整个计算机的神经中枢，用来协调和指挥整个计算机系统的操作。它读取各种指令，并对其进行翻译、分析，从而对各部件作出相应的控制。控制器由一些时序逻辑元件组成。

控制器与运算器结合起来被称为中央处理器（Central Processing Unit, CPU）。中央处理器是整个计算机的核心，计算机的运算处理功能主要由它来完成。同时它还控制计算机的其他部件，从而使计算机的各部件协调工作。

3. 存储器

存储器是计算机的记忆和存储部件，用来存放信息。对存储器而言，容量越大越好，

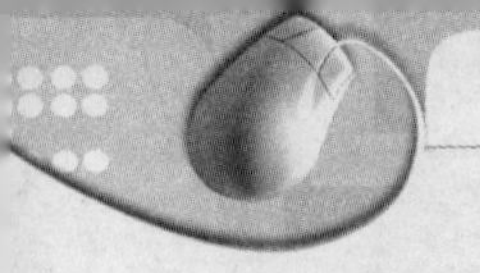

存取速度越快越好。计算机中的大量操作是CPU与存储器之间的信息交换，存储器的工作速度相对于CPU的运算速度要低得多，因此存储器的工作速度是制约计算机运算速度的主要因素之一。

按照存储器与中央处理器的关系，可以把存储器分为内存储器（简称“内存”）和外存储器（简称“外存”）两大类。

（1）内存储器

内存可以直接和CPU进行信息交换，主要用来存放当前计算机运行时所需要的程序和数据。目前多采用半导体存储器，其特点是容量小、速度快，但价格较贵。内存储器按其工作方式的不同又可分为只读存储器（ROM）和随机读写存储器（RAM）两种。

①只读存储器（ROM），只能从中读出信息，而不能写入信息。当断电或死机时，其中的信息仍能保留。计算机系统的BIOS（基本输入输出系统）就存放在ROM中。

②随机存储器（RAM），既可以向其中写入信息又可以从中读出信息的存储器。计算机在运行时，系统程序、应用程序以及用户数据都临时存放在RAM中。开机时，系统程序将被装入其中，关机或断电时，其中的信息将消失。

（2）外存储器

外存储器又称为辅助存储器，用来存放当前计算机运行时暂时不需要的程序和数据，它不能直接和CPU进行信息交换。外存的特点是容量大、速度慢，价格较便宜，当断电或死机时，保存在其中的信息不会丢失。外存大部分可以移动，便于不同计算机之间进行信息交流。常见的外存储器有磁盘、光盘、闪存和磁带，磁盘又可以分为硬盘和软盘。

由于CPU比内存速度快，目前，在计算机中还普遍采用一种比主存储器存取速度更快的超高速缓冲存储器，即Cache，将其置于CPU与主存之间，以满足CPU对内存高速访问的要求。有了Cache以后，CPU每次读操作都先查找Cache，如果找到，可以直接从Cache中高速读出，如果未能找到则由主存中读出。衡量内存的常用指标有容量与速度。

4. 输入设备

输入设备是计算机接受外来信息的设备，人们用它来输入程序、数据和命令。在传送过程中，它先把各种信息转化为计算机所能识别的电信号，然后传入计算机。常用的输入设备有键盘、鼠标器、扫描仪、光笔和条形码读入器等。不同输入设备的性能差别很大，输入设备与主机通过一个称为“接口电路”的部件相连，实现信息交换。

5. 输出设备

输出设备与输入设备相反，是用来输出结果的部件。输出设备也是由输出装置和输出接口电路两部分组成。通常使用的输出设备有显示器、打印机、声卡、绘图仪、磁带机和磁盘机等。

1.2.3 软件系统

计算机软件系统是指计算机系统所使用的各种程序以及有关文档资料的集合，程序是指令序列的符号表示，文档是软件开发过程中建立的技术资料，文档对于使用和维护软件极其重要。计算机软件通常分为系统软件和应用软件两大类。

1．系统软件

系统软件是指控制和协调计算机及外部设备，支持应用软件的开发和运行的软件集合。系统软件是计算机正常运转不可缺少的，一般由计算机生产厂家或专门的软件开发公司研制。任何用户都要用到系统软件，其他程序都要在系统软件的支持下运行。系统软件主要包括操作系统、语言处理系统、数据库管理系统和各种服务性程序等。

（1）操作系统

系统软件的核心是操作系统。操作系统控制和管理计算机系统内各种硬件和软件资源，合理有效地组织计算机系统的工作，为用户提供一个使用方便且可扩展的工作环境，从而起到连接计算机和用户的接口作用。

从一般用户角度看，操作系统为他们提供了一个良好的人机交互界面，使得他们不必了解有关硬件和系统软件的细节，就能方便地使用计算机。正是由于操作系统的飞速发展，计算机的使用才变得简单而普及。在个人计算机发展史上曾出现过许多不同的操作系统，其中最为常用的有 5 种：DOS, Windows, Linux, UNIX 和 OS/2。

（2）语言处理系统

语言处理系统包括机器语言、汇编语言和高级语言。这些语言处理程序除个别常驻在 ROM 中可以独立运行外，其他的都必须在操作系统的支持下才能运行。

①机器语言

机器语言是指机器能直接识别的语言，它是由 1 和 0 组成的一组代码指令。例如，机器语言指令 01001001 可能表示将某两个数相加。由于机器语言比较难记，因此基本上不能用来编写程序。

②汇编语言

汇编语言是由一组与机器语言指令一一对应的指令助记符和简单语法组成的。例如，“ADD A，B”可能表示将 A 与 B 相加后存入 B 中，它可能与上例机器语言指令 01001001 直接对应。汇编语言程序要由一种“翻译”程序来将它翻译为机器语言程序，这种翻译程序称为汇编程序。任何一种计算机都配有只适用于自己的汇编程序。汇编语言适用于编写直接控制机器操作的低层程序，它与机器密切相关，一般人也很难使用。

③高级语言

高级语言比较接近自然语言和数学语言，对机器依赖性低，是适用于各种机器的计算机语言。目前，高级语言已有数十种，下面介绍常用的几种，如表 1-2 所示。

表 1-2　常用的几种高级语言

名　称	功　能
BASIC 语言	一种最简单易学的计算机高级语言，许多人从它开始学习基本的程序设计。新开发的 Visual Basic 具有很强的可视化设计功能，是重要的多媒体编程工具语言
FORTRAN 语言	一种非常适合于工程设计计算的语言，它已经具有相当完善的工程设计计算程序库和工程应用软件
C 语言	一种具有很高灵活性的高级语言，它适用于各种应用场合，因此应用非常广泛

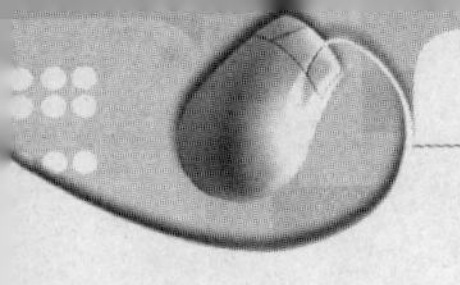

（续表）

名　称	功　能
Java 语言	它是近几年才发展起来的一种新的高级语言，适应了当前高速发展的网络环境，非常适合用作交互式多媒体应用的编程，具有简单、性能高、安全性好和可移植性强等特点

有两种翻译程序可以将高级语言所写的程序翻译为机器语言程序，一种叫“编译程序”，另一种叫“解释程序”。

- 编译程序把高级语言所写的程序作为一个整体进行处理，编译后的目标程序（OBJ）与库文件连接，形成一个完整的可执行程序。这种方法的缺点是编译、连接较费时，但可执行程序运行速度很快。FORTRAN、C 语言等都采用这种编译方法。
- 解释程序则对高级语言程序逐句解释执行。这种方法的特点是程序设计的灵活性大，但程序的运行效率较低。BASIC 语言本来属于解释型语言，但经过发展现在也可以编译成高效的可执行程序，因此兼有两种方法的优点。Java 语言则先将语言程序编译为 Java 字节码，在网络上传送到任何一种机器上之后，再用该机所配置的 Java 虚拟机对 Java 字节码进行解释执行。

（3）数据库管理系统（DBMS）

数据库是以一定的组织方式存储起来的、具有相关性的数据的集合。数据库管理系统（DBMS）就是在具体计算机上实现数据库技术的系统软件，由它来实现用户对数据库的建立、管理、维护和使用等操作。目前流行的数据库管理系统软件有桌面型数据库管理系统 Access、Visual FoxPro、中小型数据库管理系统（SQL Server）、大型数据库管理系统（Oracle）和 DB 2 等。

2. 应用软件

为了利用计算机解决各类问题而编写的程序称为应用软件。它又可分为应用软件包与用户程序。应用软件随着计算机应用领域的不断扩展而与日俱增。

（1）用户程序

用户程序是用户为了解决特定的具体问题而开发的软件。编制用户程序应充分利用计算机系统的各种现有软件，在系统软件和应用软件包的支持下可以更加方便、有效地研制用户专用程序。例如，火车站或汽车站的票务管理系统、人事管理部门的人事管理系统和财务部门的财务管理系统等。

（2）应用软件包

应用软件包是为实现某种特殊功能而精心设计的、结构严密的独立系统，同时也是一套满足同类应用的许多用户所需要的软件。例如，Microsoft 公司发布的 Office 应用软件包，包含 Word（文字处理）、Excel（电子表格）、PowerPoin（幻灯片）和 Access（数据库管理）等应用软件，都是实现办公自动化的比较出色的应用软件包。还有日常使用的杀毒软件（KV3000、瑞星、金山毒霸等）、通用的财务管理系统、设计类软件以及各种游戏等形式的软件包都是应用软件包。

1.2.4　衡量计算机的性能指标

一台计算机功能的强弱或性能的好坏，不是由某一项指标来决定的，而是由它的系统结构、指令系统、硬件组成和软件配置等多方面的因素综合决定的。但对于大多数普通用户来说，可以从以下几个指标来大体评价计算机系统的性能。

1. 运算速度

运算速度是衡量计算机性能的一项重要指标。通常所说的计算机运算速度（平均运算速度），是指每秒钟所能执行的指令条数，一般用“百万条指令 / 秒（Million Instruction Per Second, mips）”来描述。同一台计算机，执行不同的运算所需时间可能不同，因而对运算速度的描述常采用不同的方法。常用的有 CPU 时钟频率（主频）、每秒平均执行指令数（ips）等。微型计算机一般采用主频来描述运算速度，例如，Pentium/133 的主频为 133 MHz，PentiumⅢ/800 的主频为 800 MHz，Pentium 4 1.5G 的主频为 1.5 GHz。一般来说，主频越高，运算速度就越快。

2. 字长

一般来说，计算机在同一时间内处理的一组二进制数称为一个计算机的“字”，而这组二进制数的位数就是“字长”。它是由内部的寄存器、加法器和数据总线的位数决定的，标志着计算机处理信息的精度。在其他指标相同时，字长越长，所能表示的有效位数就越多，精度就越高，计算机处理数据的速度就越快。早期的微型计算机的字长一般是 8 位或 16 位。目前 Pentium 系列（Pentium，Pentium Pro，PentiumⅡ，PentiumⅢ，Pentium 4）CPU 的字长都是 32 位，现在的 AMD Athlon 64 X2 和 Intel Core 2 Duo 是 64 位 CPU 的典型代表。

3. 内存储器的容量

内存容量指内存储器能够存储信息的总字节数，内存储器容量的大小反映了计算机即时存储程序和数据等信息的能力。随着操作系统的升级，应用软件的不断丰富及其功能的不断扩展，人们对计算机内存容量的需求也不断提高。目前，运行 Windows 95 或 Windows 98 操作系统至少需要 16MB 的内存容量，Windows XP 则需要 128MB 以上的内存容量。内存容量越大，系统功能就越强大，能处理的数据量就越庞大，同时由于减少了从外存储器读取数据的频率，运行速度也得到了较大的提升。

4. 外存储器的容量

外存储器容量通常是指硬盘容量（包括内置硬盘和移动硬盘），它反映了计算机存储数据的能力。外存储器容量越大，可存储的信息就越多，可安装的应用软件就越丰富。硬盘容量一般为 10GB 至 60GB，目前主流硬盘容量为 160GB 和 250GB，有的甚至已达到 320 GB。

5. 存储容量的单位

计算机中数据的最小单位是一个二进制位（bit），也将其音译为比特，用小写的 b 来表示。计算机处理数据的基本单位是字节（Byte），用大写的 B 来表示。字节是表示存储器容量大小和文件数据大小的基本单位，在实际应用中，常常辅以千字节（KB）、兆字节（MB）、吉字节（GB）来表示存储数据的容量。位（bit）与字节（Byte）等单位之间的换算关系如下，使用时要注意大小写 B 的区别。

1B=8b　　　　1 KB=2^{10} B=1024B

1MB=2^{10} KB=1024KB　　　　1GB=2^{10} MB=1024MB

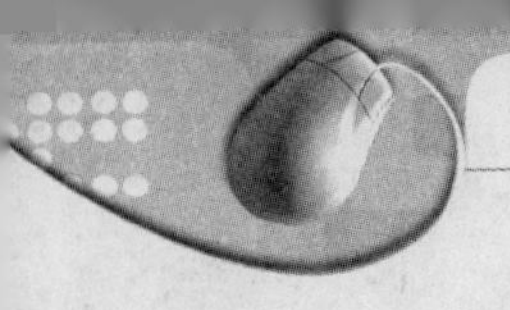

6. 可靠性、可用性和可维护性

可靠性是指在给定时间内，计算机系统能正常运转的频率。可用性是指计算机的使用效率。可维护性是指计算机出现问题时，能否进行维修。可靠性、可用性和可维护性越高，计算机的性能就越好。

1.3 数制及其转换

在计算机中采用什么计数制，如何表示数的正负和大小，是广大初学者学习计算机遇到的首要问题。由于技术上的原因，计算机内部一律采用二进制表示数据，而在编程中又经常遇到十进制，有时为了方便还使用六进制、八进制，因此学会不同计数制和它们之间的相互转换是十分必要的。

1.3.1 数制

数制是用一组固定数字和一套统一规则来表示数目的方法，按照进位方式计数的数制叫进位计数制，进位计数制表示数值大小的数码与它在数中所处的位置有关，也将其简称进位制。在计算机中，使用较多的是二进制、十进制、八进制和十六进制。

进位计数涉及基数与各数位的位权。十进制计数的特点是“逢十进一”，在一个十进制数中，需要用到十个数字符号0～9，其基数为10，即十进制数中的每一位是这十个数字符号之一。在任何进制中，一个数的每个位置都有一个权值。

1. 基数

基数是指该进制中允许选用的基本数码的个数。每一种进制都有固定数目的计数符号。

十进制：基数为10，10个记数符号，0、1、2…9。 每一个数码符号根据它在这个数中所在的位置（数位），按“逢十进一”来决定其实际数值。

二进制：基数为2，2个记数符号，0和1。每个数码符号根据它在这个数中的数位，按“逢二进一”来决定其实际数值。

八进制：基数为8，8个记数符号，0、1、2…7。每个数码符号根据它在这个数中的数位，按“逢八进一”来决定其实际的数值。

十六进制：基数为16，16个记数符号，0～9，A，B，C，D，E，F。其中A～F对应十进制的10～15。每个数码符号根据它在这个数中的数位，按“逢十六进一”决定其实际的数值。

2. 位权

一个数码处在不同位置上所代表的值不同，比如，数字6在十位数位置上表示60，在百位数上表示600，而在小数点后1位表示0.6。可见每个数码所表示的数值等于该数码乘以一个与数码所在位置相关的常数，这个常数叫做位权。位权的大小是以基数为底、数码所在位置的序号为指数的整数次幂。

1.3.2 不同进位制及其特点

1. 十进制（Decimal notation）

十进制的特点如下。

（1）有十个记数符号：0，1，2，3，4，5，6，7，8，9。

（2）逢十进一，借一当十。

（3）进位基数是 10。

设任意一个十进制数 D，具有 n 位整数，m 位小数，则该十进制数可表示为：

$D=D_{n-1}\times10^{n-1}+D_{n-2}\times10^{n-2}+\cdots+D_1\times10^1+D_0\times10^0+D_{-1}\times10^{-1}+\cdots+D_{-m}\times10^{-m}$

上式称为“按权展开式”。

例：将十进制数$(123.45)_{10}$按权展开。

解：$(123.45)_{10}=1\times10^2+2\times10^1+3\times10^0+4\times10^{-1}+5\times10^{-2}$

$=100+20+3+0.4+0.05$

2. 二进制（Binary notation）

二进制的特点如下。

（1）有两个记数符号：0，1。

（2）逢二进一，借一当二。

（3）进位基数是 2。

设任意一个二进制数 B，具有 n 位整数，m 位小数，则该二进制数可表示为：

$B=B_{n-1}\times2^{n-1}+B_{n-2}\times2^{n-2}+\cdots+B_1\times2^1+B_0\times2^0+B_{-1}\times2^{-1}+\cdots+B_{-m}\times2^{-m}$

权是以 2 为底的幂。

例：将$(1000000.10)_2$按权展开。

解：$(1000000.10)_2=1\times2^6+0\times2^5+0\times2^4+0\times2^3+0\times2^2+0\times2^1+0\times2^0+1\times2^{-1}+0\times2^{-2}$

$=(64.5)_{10}$

3. 八进制（Octal notation）

八进制的特点如下。

（1）有八个记数符号：0，1，2，3，4，5，6，7。

（2）逢八进一，借一当八。

（3）进位基数是 8。

设任意一个八进制数 Q，具有 n 位整数，m 位小数，则该八进制数可表示为：

$Q=Q_{n-1}\times8^{n-1}+Q_{n-2}\times8^{n-2}+\cdots+Q_1\times8^1+Q_0\times8^0+Q_{-1}\times8^{-1}+\cdots+Q_{-m}\times8^{-m}$

例：将$(654.23)_8$按权展开。

解：$(654.23)_8=6\times8^2+5\times8^1+4\times8^0+2\times8^{-1}+3\times8^{-2}$

$=(428.296875)_{10}$

4. 十六进制（Hexadecimal notation）

十六进制的特点如下。

（1）有十六个记数符号：0，1，2，3，4，5，6，7，8，9，A，B，C，D，E，F。

（2）逢十六进一，借一当十六。

设任意一个十六进制数 H，具有 n 位整数，m 位小数，则该十六进制数可表示为：

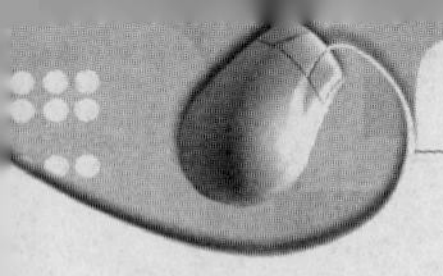

$H=H_{n-1}\times16^{n-1}+H_{n-2}\times16^{n-2}+\cdots+H_1\times16^1+H_0\times16^0+H_{-1}\times16^{-1}+\cdots+H_{-m}\times16^{-m}$

权是以 16 为底的幂。

例：将$(3A6E.5)_{16}$按权展开。

解：$(3A6E.5)_{16}=3\times16^3+10\times16^2+6\times16^1+14\times16^0+5\times16^{-1}$

$=(14958.3125)_{10}$

在程序设计中，为了区分不同进制数，通常在数字后用一个英文字母为后缀以示区别。

①十进制数：数字后加 D 或不加，如 10D 或 10。

②二进制数：数字后加 B，如 10010B。

③八进制数：数字后加 Q，如 123Q。

④十六进制数：数字后加 H，如 2A5EH。

十进制、二进制、八进制和十六进制数码的转换关系如表 1-3 所示。

表 1-3　各种进制数码对照表

十进制	二进制	八进制	十六进制	十进制	二进制	八进制	十六进制
0	0	0	0	9	1001	11	9
1	1	1	1	10	1010	12	A
2	10	2	2	11	1011	13	B
3	11	3	3	12	1100	14	C
4	100	4	4	13	1101	15	D
5	101	5	5	14	1110	16	E
6	110	6	6	15	1111	17	F
7	111	7	7	16	10000	20	10
8	1000	10	8	17	10001	21	11

1.3.3　数制之间的转换

1. 二进制与十进制之间的转换

（1）二进制转换成十进制

二进制转换成十进制只需按权展开后相加即可。

例：$(10010.11)_2=1\times2^4+0\times2^3+0\times2^2+1\times2^1+0\times2^0+1\times2^{-1}+1\times2^{-2}$

$=(18.75)_{10}$

（2）十进制转换成二进制

十进制转换成二进制时，整数部分的转换与小数部分的转换是不同的。

①整数部分：除 2 取余法

将十进制数反复除以 2，直到商是 0 为止，并将每次相除之后所得的余数按次序记下来，第一次相除所得余数是 K_0，最后一次相除所得的余数是 K_{n-1}，则 $K_{n-1}\ K_{n-2}\cdots K_2\ K_1\ K_0$ 即为转换所得的二进制数。

例：将十进制数$(123)_{10}$转换成二进制数。

解：

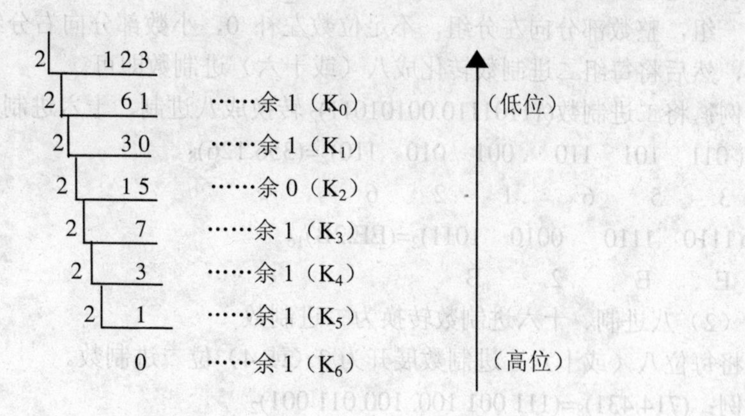

$(123)_{10} = (1111011)_2$

②小数部分：乘 2 取整法

将十进制数的纯小数（不包括乘后所得的整数部分）反复乘以 2，直到乘积的小数部分为 0 或小数点后的位数达到精度要求为止。第一次乘以 2 所得的整数是 K_{-1}，最后一次乘以 2 所得的整数是 K_{-m}，则所得二进制数为 $0.K_{-1}K_{-2}\cdots K_{-m}$。

例：将十进制数 $(0.2541)_{10}$ 转换成二进制。

解：

取整数部分

$0.2541\times2=0.5082$ ……$0=(K_{-1})$　（高位）

$0.5082\times2=1.0164$ ……$1=(K_{-2})$

$0.0164\times2=0.0328$ ……$0=(K_{-3})$

$0.0328\times2=0.0656$ ……$0=(K_{-4})$　（低位）

$(0.2541)_{10}=(0.0100)_2$

例：将十进制数 $(123.125)_{10}$ 转换位二进制数。

解：对于这种既有整数又有小数的十进制数，可以将其整数部分和小数部分分别转换为二进制，然后再组合起来，就是所求的二进制数了。

$(123)_{10}=(1111011)_2$

$(0.125)_{10}=(0.001)_2$

$(123.125)_{10}=(1111011.001)_2$

2. 其他数制之间的转换

八进制、十六进制数和十进制数之间的转换可参照二进制和十进制之间的转换，只是转换时的权值分别是 8 和 16。

（1）二进制数转换为八进制、十六进制数

二进制、八进制、十六进制数码间的关系如下。

8 和 16 都是 2 的整数次幂，即 $8=2^3$，$16=2^4$，因此 3 位二进制数相当于 1 位八进制数，4 位二进制数相当于 1 位十六进制数，它们之间的转换关系也相当简单。由于二进制数表示数值的位数较长，因此常需用八、十六进制数来表示二进制数。

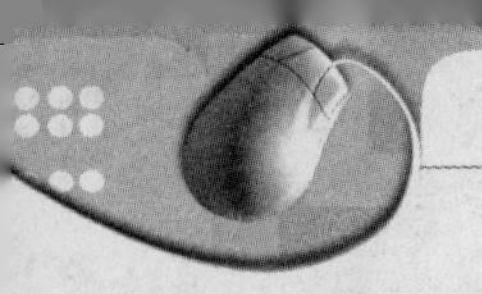

将二进制数转换成八（或十六）进制数，以小数点为中心分别向两边分组，每 3（或 4）位为一组，整数部分向左分组，不足位数左补 0，小数部分向右分组，不足部分右边加 0 补足，然后将每组二进制数转化成八（或十六）进制数即可。

例：将二进制数$(11101110.00101011)_2$转换成八进制、十六进制数

$(011\quad 101\quad 110\quad .001\quad 010\quad 110)_2=(356.126)_8$

3　5　6　.1　2　6

$(1110\quad 1110\quad .0010\quad 1011)_2=(EE.2B)_{16}$

E　E　.2　B

（2）八进制、十六进制数转换为二进制数

将每位八（或十六）进制数展开为 3（或 4）位二进制数。

例：$(714.431)_8=(111\ 001\ 100.\ 100\ 011\ 001)_2$

7　1　4　.4　3　1

$(43B.E5)_{16}=(0100\quad 0011\quad 1011.\ 1110\quad 0101)_2$

4　3　B　.E　5

整数前的高位零和小数后的低位零可取消。

各种进制转换中，最为重要的是二进制与十进制之间的转换计算，以及八进制、十六进制与二进制的直接对应转换。

1.4 数据编码

人们与计算机之间的交互，主要是通过敲击键盘输入各种操作命令及原始数据进行的。然而计算机只能存储和处理二进制数据，这就需要对字符、文字、数值等形式的数据符号进行编码，人机交互时敲入的各种字符由机器自动转换，以二进制编码形式存入计算机。

1.4.1 字符编码

字符编码就是规定用什么样的二进制码来表示字母、数字以及专门符号。

计算机系统中主要有两种字符编码：ASCⅡ码和 EBCEDIC（扩展的二进制～十进制交换码）。ASCⅡ是最常用的字符编码，而 EBCEDIC 主要用于 IBM 的大型机中。

ASCⅡ码是“美国标准信息交换代码（Amerrican Standard Code for Information Interchange）”的缩写，此编码被国际标准化组织（ISO）采纳后，作为国际通用的信息交换标准代码。

ASCⅡ编码有两个版本：7 位码版本和 8 位码版本。国际上通用的是 7 位码版本，即用 7 位二进制表示一个字符，由于 $2^7=128$，因此 7 位 ASCⅡ编码可表示 128 个字符，其中包括：0~9 共 10 个数码，26 个小写英文字母，26 个大写英文字母，34 个通用控制符和 32 个专用字符，如表 1-4 所示。8 位 ASCⅡ编码增加了最高位为 1 的 128 个字符，也称之为扩展 ASCⅡ码。

表 1-4　7 位 ASCⅡ码

$b_7\ b_6\ b_5$ 符号 $b_4\ b_3\ b_2\ b_1$	000	001	010	011	100	101	110	111
0000	NUL	DLE	SP	0	@	P	、	p
0001	SOH	DC1	!	1	A	Q	a	q
0010	STX	DC2	”	2	B	R	b	r
0011	ETX	DC3	#	3	C	S	c	s
0100	EOT	DC4	$	4	D	T	d	t
0101	ENQ	NAK	%	5	E	U	e	u
0110	ACK	SYN	&	6	F	V	f	v
0111	BEL	ETB	'	7	G	W	g	w
1000	BS	CAN	(	8	H	X	h	x
1001	HT	EM	)	9	I	Y	i	y
1010	LF	SUB	*	:	J	Z	j	z
1011	VT	ESC	+	;	K	[	k	{
1100	FF	S	,	<	L	\	l	|
1101	CR	GS	-	=	M	]	m	}
1110	SO	RS	.	>	N	^	n	~
1111	SI	US	/	?	O	-	o	DEL

要确定某个数字、字母、符号或控制符的 ASCⅡ码，可以在表中先找到它的位置，然后确定它所在位置的相应行和列，再根据行确定低 4 位编码（$b_4\ b_3\ b_2\ b_1$），根据列确定高 3 位编码（$b_7\ b_6\ b_5$），最后将高 3 位编码与低 4 位编码合在一起，就是该字符的 ASCⅡ码值，但 ASCⅡ码是用二进制表示的，看起来不太方便，因此常常转换为两位十六进制数表示。

1.4.2　汉字编码

在计算机系统中，汉字的编码主要分为输入码、机内码、输出码和国标码。为了将汉字以点阵的形式进行输出，计算机要将汉字的机内码转换成汉字的字形码，用以确定汉字的输出点阵。

1. 输入码

输入汉字时从键盘或其他输入设备输入的代码。输入法不同或使用简码输入时，同一个汉字所对应的输入码不同，在输入法有重码的情况下，一个输入码可能对应多个汉字。例如：汉字“勇”用五笔字型输入时，它对应的输入码是“cel”，用拼音输入时，它对应的输入码就是“yong”，而输入码“yong”又对应“勇、用、永……”等多个汉字。

2. 国标码

国标码是计算机及其他设备之间交换信息的国家标准编码，标准号为 GB2312-80。国标码用最高位为 0 的两个字节表示一个汉字或符号，理论上可以表示 2^{14}（16384）个汉字

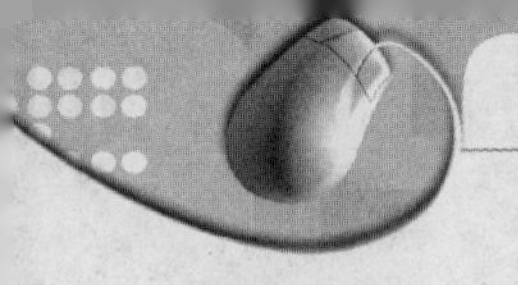

和符号，但实际上国标码共收集了 7445 个汉字及符号，其中汉字 6763 个，一般符号（如数字、拉丁字母、希腊字母、汉字拼音字母等）682 个。

3. 机内码

机内码是变形之后的国标码。国标码用最高位为 0 的两个字节表示一个汉字或符号，这在计算机中会被识别成两个 ASCⅡ编码。为了让计算机能识别汉字，在汉字处理系统中把国标码的两个字节的最高位变为 1，这样当计算机处理连续两个最高位为 1 的字节时，就将这两个字节看成一个汉字编码。

机内码是汉字信息在计算机内部处理和存储时的识别编码，我们从键盘输入的汉字输入码必须转换为汉字的机内码，才可以被计算机处理和存储。

4. 输出码

将汉字字形经过点阵的数字化后的一串二进制数称为汉字输出码，又称字形码。它是供显示器或打印机输出汉字用的点阵代码。

总之，一个汉字从输入到输出，先要用汉字的输入码将汉字输入，输入后在计算机内用汉字的机内码存储并处理汉字，最后用汉字的字形码将汉字输出。上述 4 种汉字编码之间的关系如图 1-3 所示。

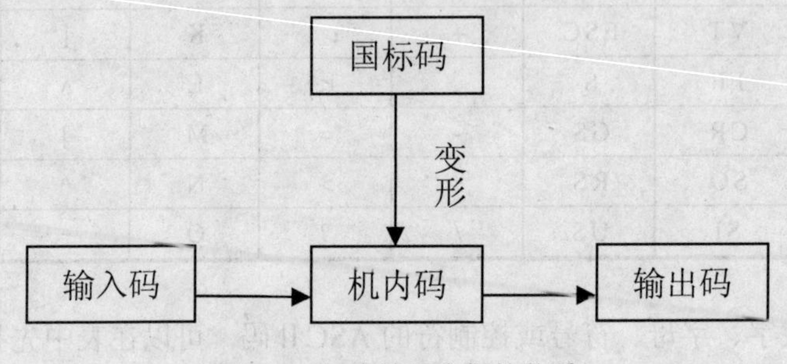

图 1-3 汉字编码之间的关系

1.5 键盘结构与指法训练

键盘是计算机的输入设备，是用户向计算机内部输入数据和控制计算机的重要工具。熟练掌握键盘的结构，可以更好地提高工作效率，而使用正确的指法，又可以保证用户输入的准确性与有效性。

1.5.1 键盘结构

键盘的类型很多，早期有 83 键键盘、101（102）键键盘，现在我们通常使用的是 104 键键盘，如图 1-4 所示。除此之外还有多媒体键盘、手写键盘、人体工程学键盘和红外线遥感键盘等。

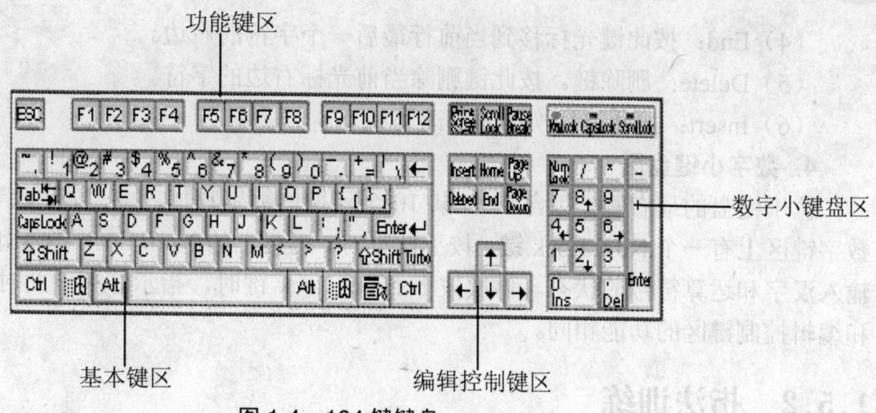

图 1-4　104 键键盘

键盘分为 4 个区域，分别是功能键区、基本键区、编辑控制键区和数字小键盘区。

1. 功能键区

功能键区由位于键盘最上方标有 F1～F12 的一排按键组成，可以对系统或程序起到功能控制的作用。

（1）Esc：用来撤消某项操作。

（2）F1~F12：根据软件或用户需要来定义它的功能，在大多数软件中 F1 通常用作帮助键。

2. 基本键区

位于键盘的左下方，占据了键盘的大部分区域，包含 10 个数字、26 个英文字母、常用的标点符号，以及下列辅助键。

（1）Tab：制表键。按此键可输入制表符，一般一个制表符相当于 8 个空格。

（2）CapsLock：大写锁定键。对应此键有一个指示灯在键盘的右上角。此键为反复键，按一下此键，指示灯亮，此时键入的字母为大写，再按一下此键，指示灯灭，输入状态变为小写。

（3）Shift：换档键。在基本键盘区的下方左右各有一个 Shift 键。输入方法是按住 Shift 键，再按有双字符的键，即可输入该键上方的字符。如：我们要输入一个“*”符号，按住 Shift 键不放，击一下 8 键，即可输入一个“*”。

（4）Ctrl：控制键。与其他键同时使用，用来实现应用程序中定义的功能。

（5）Alt：辅助键。与其他键组合成复合控制键。

（6）Enter：回车键。通常被定义为结束命令行、文字编辑中的回车换行等。

（7）空格键：用来输入一个空格，并使光标向右移动一个字符的位置。

3. 编辑控制键区

位于标准键区和小键盘键区之间，包含有控制光标移动的 4 个方向键和打印、翻页等功能键。

（1）Page Up：按此键光标移到上一页。

（2）Page Down：按此键光标移到下一页。

（3）Home：按此键光标移到当前行的行首。

（4）End：按此键光标移到当前行最后一个字符的右边。

（5）Delete：删除键。按此键删除当前光标右边的字符。

（6）Insert：按此键切换插入与改写状态。

4. 数字小键盘区

位于键盘的最右侧，包含0～9共10个阿拉伯数字和加、减、乘、除等普通运算符号。数字键区上有一个Num Lock键，按下此键时，键盘上的Num Lock指示灯亮，表示此时为输入汉字和运算符号的状态。再次按下Num Lock键时，指示灯灭，此时数字键区的功能和编辑控制键区的功能相同。

1.5.2 指法训练

1. 指法

掌握正确的指法可以使文字的录入速度大幅度提高。在开始学习打字时一定要按照正确的指法进行训练，不能随意地击键。

在打字时首先应将手指轻放在“A”、“S”、“D”、“F”、“J”、“K”、“L”和“；”这八个基本键上，即左手食指轻放在F键上，中指、无名指、小拇指分别放在D、S、A键上，右手食指轻放在J键上，中指、无名指、小拇指分别放在K、L和；键上，左右手的大拇指轻放在空格键上，如图1-5所示。

图1-5 开始击键时手指位置

手放好位置后开始击键，其中左手食指负责：“4、5、R、T、F、G、V、B”8个键；左手中指负责“3、E、D、C”4个键；左手无名指负责“2、W、S、X”4个键；左手小指负责“1、Q、A、Z”4个键及其左边的所有键位。右手食指负责“6、7、Y、U、H、J、N、M”8个键；右手中指负责“8、I、K、,”4个键；右手无名指负责“9、O、L、.”4个键；右手小指负责“0、P、;、、/”4个键和“-、=、\、Back Space、[、]、'、Enter、Shift”等键，如图1-6所示。

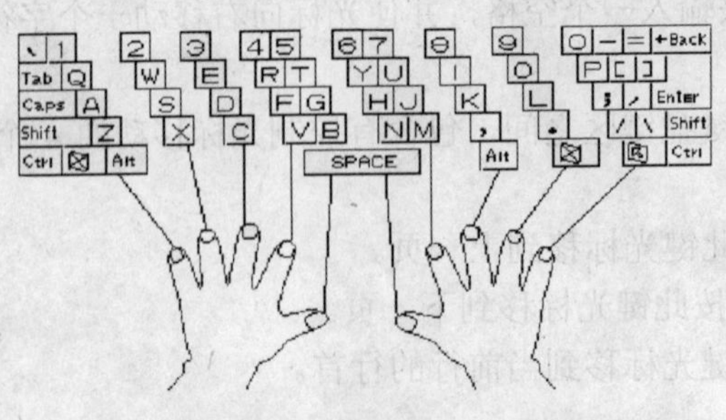

图1-6 键盘指法分布图

击键时手腕悬起，手指指腹轻轻放在键面正中，用敲击的方法轻击键帽，击毕后迅速返回基本键，不可停留在已击的键上（这点至关重要）。只有通过大量的指法练习，才能熟记键盘上各个键的位置，从而实现盲打。用户可以先从基准键位开始练习，再慢慢向外扩展至整个键盘。

2. 击键要求

正确、规范的击键姿势有利于快速、准确地输入，并且不易产生疲劳。要想高效、准确地输入字符，必须掌握击键的正确姿势和击键方法。

（1）坐姿端正，腰板挺直，头部稍低，上身略向前倾斜，眼睛距离屏幕 30 厘米左右，重心落在座椅上，保持全身放松，两脚自然踏地。

（2）移动椅子或者键盘的位置，调节人与键盘的距离，从而保持正确的击键姿势。

（3）手臂自然下垂，肘部距身体约 10 厘米，手指轻放于规定的字键上，手腕自然伸直，腕部禁止撑靠在工作台或键盘上。

（4）手指以手腕为轴略向上抬起，手指略微弯曲，两手与两臂成直线，指端第一关节与键盘成垂直角度。

（5）眼睛要看着稿子，不要盯着键盘，这样才可以练成盲打。

3. 指法练习

为了提高打字速度，更快地实现盲打，按照以下方法进行指法练习，可以收到事半功倍的效果。

（1）首先从基准键开始练习，先练习“ASDF”及“JKL;”。

（2）加上“EI”键进行练习。

（3）加上“GH”进行练习。

（4）依次加上“RTYU”、“WQMN”、“CXZ”键……进行练习。

（5）最后练习所有键位。

另外，也可以借助一些键盘练习软件来进行指法训练，比如金山打字通等。

1.6　汉字输入技术

汉字输入技术有键盘输入和非键盘输入两大类，非键盘输入技术常见的有手写输入、扫描识别和语音输入等。键盘汉字输入技术是通过计算机的标准键盘，根据一定的编码规则来输入汉字的一种方法，也是最常用、最简便易行的汉字输入方法。键盘汉字输入法从技术角度来看有数字码、音码、形码、音形码 4 大类，种类繁多，而且新的输入法不断涌现，各种输入法有各自的特点。本节我们介绍区位码、智能 ABC 和五笔字型等几种常用的输入方法。

1.6.1　区位码输入法

区位码是一个四位的十进制数，前两位叫做区码，后两位叫做位码。区的编码是 01～94，位的编码也是 01～94。每个区位码都对应着惟一的汉字或符号，其中 01～15 区是字母、数字、符号，16～18 区是一、二级汉字。如“0189”代表“※”（符号），“0711”代表“Й”（俄文），“0528”代表“ゼ”（日本语），“0949”代表“┯”（制表符），“2901”代表“健”字，“4582”代表“万”字。

使用区位码输入法输入汉字或字符时，只要在区位码表中查到相应的区位码，并将其从键盘上敲入，则相应的字符或汉字会自动出现在屏幕当前光标处。

使用区位码输入汉字或字符，因为是直接输入 4 位数字编码，所以方法简单且没有重码字。但记住全部区位码是相当困难的，查找区位码也不方便，因此难以快速输入汉字或字符，通常仅用于输入一些特殊字符或图形符号。

1.6.2 智能 ABC 输入法

智能 ABC 输入法是一种以拼音为基础、以词组输入为主的普及型汉字输入方法。它是一种操作简单的输入法，智能高效、简单易用，而且不必像五笔输入法一样需要背诵字根。

1. 智能 ABC 标准输入方式

（1）全拼输入方式

对于使用汉语拼音比较熟练且发音较准确的用户，可以使用全拼输入方式。

取码规则：按规范的汉语拼音输入，输入过程和书写汉语拼音的过程完全一致。所有的字和词都使用其完整的拼音。

输入单字或词语的基本操作方法：输入小写字母组成的拼音码，用空格键表示输入码结束，并可通过按“[”和“]”键（或用“+”和“-”键）进行上下翻屏查找重码字或词，再选择相应单字或词前面的数字完成输入。

全拼的操作步骤如下。

步骤 01 输入完整的汉字拼音，例如输入“中国”的编码为“zhongguo”，如图 1-7 所示。

步骤 02 单击空格键在输入栏显示出汉字，然后按空格键输入，如图 1-8 所示。

图 1-7 输入拼音

图 1-8 显示汉字

（2）简拼输入方式

对于汉语拼音拼写不甚准确，或者想减少击键的次数的用户，可以使用简拼输入方式。但它只适合输入词组。

取码规则：依次取组成词组的各个单字的拼音的第一个字母组成简拼码，对于拼音中包含 zh、ch、sh 的单字，可以取前两个字母。

例：电脑 dn　计算机 jsj　经济 jj　知识 zhsh

简拼的操作步骤如下。

步骤 01 输入汉字词组各个音节的第一个字母，例如“操作系统”的编码为“czxt”，如图 1-9 所示。

步骤 02 单击空格键在输入栏显示出汉字，然后按空格键输入，如图 1-10 所示。

图 1-9　输入各个音节的第一个字母

图 1-10　显示汉字

（3）混拼输入方式

在输入词语时，如果对词语中某个字的拼音不很清楚，只能确定它的声母，建议采用混拼输入法。所谓混拼输入法，是指在输入词语时，根据组成词语的每个单字进行编码，有的字取其全拼码，而有的字则取其拼音的第一个字母或完整声母。

例：电脑 diann　计算机 jsuanj

混拼的操作步骤如下。

步骤 01　输入汉字词语，有的输入两个音节以上的拼音码，有的音节全拼，有的音节简拼。例如输入“电冰箱”可以输入“dbxiang”，如图 1-11 所示。

步骤 02　单击空格键在输入栏显示出汉字，然后按空格键输入，如图 1-12 所示。

图 1-11　混拼

图 1-12　显示汉字

对有些词语来说，输入的拼音有可能会出现不同音节连在一起的现象，这时需要用“'”分隔音节。如输入“深奥”两字可以键入“shen'ao”。

2．智能 ABC 的特殊输入功能

（1）中文数量词的简化输入

智能 ABC 提供阿拉伯数字和中文大小写数字的转换功能，对一些常用的数量词也可简化输入。

“i”为输入小写中文数字的前导字符。

“I”为输入大写中文数字的前导字符。

例如：输入“i7”就可以得到“七”，输入“I7”就会得到“柒”。

输入“i 2000”就会得到“二〇〇〇”。

系统中规定的中文数量词与字母的对应关系为：

G（个）　S（十，拾）　B（百，佰）　Q（千，仟）

W（万）　E（亿）　Z（兆）　D（第）

N（年）　Y（月）　R（日）　T（吨）

K（克）　$（元）　F（分）　L（里）

M（米）　N（年）　O（度）　P（磅）

U（微）　I（毫）　A（秒）　C（厘）

X（升）

例如：要输入“二〇〇三年六月七日”，只需键入“i2003 n6y7r”。

（2）强制记忆词条的输入

事先用强制记忆功能定义了词条，输入时应当以“u”字母打头。

例如：如果在“定义新词”对话框中已经定义“多媒体技术及应用”的外码（汉字输

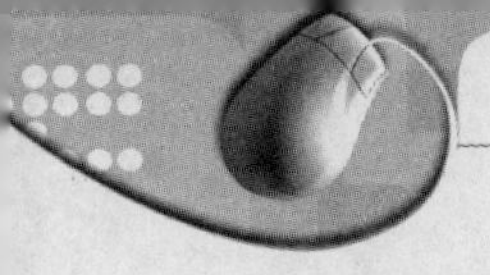

入码）为“dmt”，在输入这个词条时，应键入“udmt”再按空格键。

（3）图形符号输入

如果要输入图形符号，可在标准状态下，输入“v1”～“v9”就可以输入GB-2312字符集01～09区各种符号。

例如：要输入“☆”，只需要在中文状态输入框中键入“v1”，然后翻几页就可以看见“☆”了。

（4）中文输入过程中的英文输入

在输入汉字的过程中输入英文，不必切换到英文状态，只需键入“v”作为标志符，后面再跟随要输入的英文，最后按空格键即可。

例如：在输入汉字的过程中，需要输入英文“windows”，只需输入“vwindows”再按空格键即可。

1.6.3 五笔字型输入法

五笔字型输入法的编码方案是一种纯字型的编码方案，从字型入手，完全不需要汉字的读音，且重码少，输入速度快。对于需要输入大量文稿的办公用户来说它是最佳的输入法。

1. 五笔字型输入法原理

汉字是由笔划或部首组成的，字根即是把汉字拆开后的一些最常用的基本单位，是由若干笔划交叉连接而成的相对不变的结构，它可以是汉字的偏旁部首，也可以是部首的一部分，甚至是笔划。

取出这些字根后，把它们按一定的规律分类，然后分配在键盘上，作为输入汉字的基本单位。当要输入汉字时，按照汉字的书写顺序依次按键盘上与字根对应的键，组成一个代码，系统根据输入字根组成的代码，在五笔输入法的字库中检索出所要的字。

2. 汉字的五种笔划

书写汉字时不间断地一次连续写成的一个线段叫做笔划，笔划是构成汉字的最小单位。笔划按书写走向分为五类：横“一”、竖“丨”、撇“丿”、捺“乀”、折“乙”。为在字型编码时便于记忆，依次用1、2、3、4、5笔划代码来表示，如表1-5所示。

表1-5 汉字的五种笔划

笔划代码	笔划名称	运笔方向	笔形
1	横	从左至右	一
2	竖	从上至下	丨亅
3	撇	右上至左下	丿
4	捺	左上至右下	丶乀
5	折	带弯折的	乙乚㇋㇉㇇

由于在汉字的具体形态结构中某些笔划产生了变化，因此在五笔字型输入法中把提笔“/”作为横，如“打”、“玩”中的提笔；左竖钩作为竖，如“列”字的末笔；一切带拐弯的笔划均为折；点笔“、”作为捺，如“过”、“雨”中的点。

3. 字根

由汉字的 5 个笔划组成的相对不变的结构称为字根。字根数量很多，通常把组字力强并且在常用汉字中出现频繁的字根称为基本字根。

（1）字根选取与字根键盘安排

五笔字型输入法根据使用的频率精选出了 130 多个基本字根，科学地安排在除 Z 键之外的 25 个英文字母键上，如图 1-13 所示。其中多数是一些传统汉字部首，但根据需要也选用了一些不是部首的笔划结构。

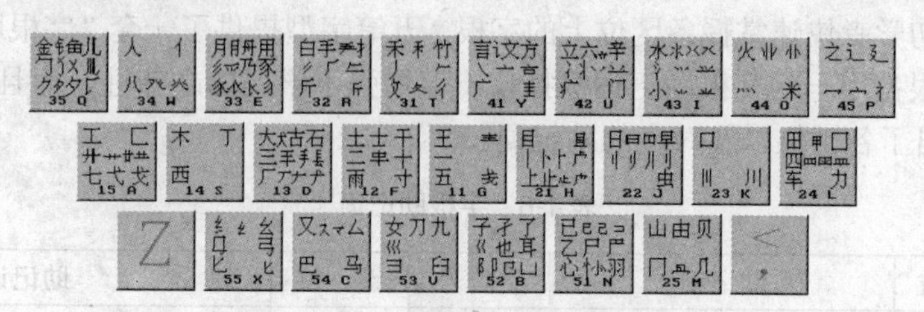

图 1-13　五笔字型键盘字根总图

五笔字型输入法把安排了基本字根的 25 个键分为横、竖、撇、捺、折五个区，每个区又分为五个位，分别用区位号 11—55 共 25 个代码表示，每一个区位号与键盘上的一个英文字母相对应。区位号的顺序是有一定规律的，都是从键盘中间开始，向外扩展进行编号，具体分配情况可见图 1-14。

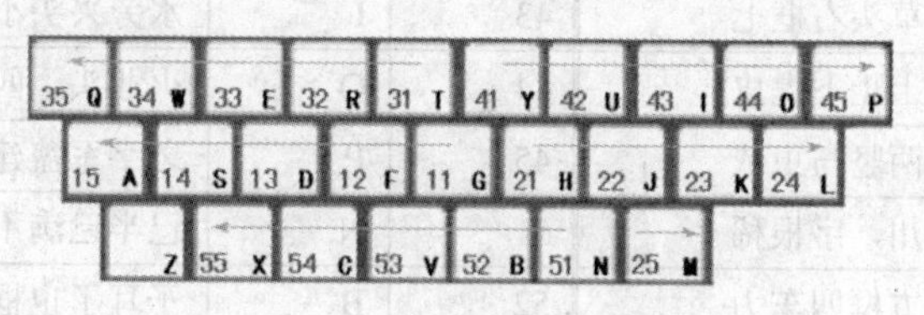

图 1-14　区位号排列图

（2）键名字根

为了方便用户记忆，在每个区位中选取一个使用频率很高的字根作为键的名字，这个被选中的字根叫做键名字根，键名字根位于每个字根键位左上角。它们既是使用频率很高的字根又是常用的汉字。例如 H 键，区位号为 21，“目”为键名字根。所有的键名字根如图 1-15 所示。

图 1-15　键名字根

（3）如何记忆字根

正如前面所说，五笔字型基本字根共有 130 多个，要记住如此多的字根，必须掌握其规律。

规律 1：字根的第一笔决定区号，第二笔决定位号。例如“言”的首笔划是点，笔划码为 4，次笔划是横，笔划码为 1，因此它的字根代码是 41（Y 键）。

规律 2：首笔符合区号，笔划数目及外形与位号相同。例如横笔的代号为 1，那么 11 代表一个横笔“一”，12 代表两个横笔“二”，13 代表三个横笔“三”，与此相似，一个点在 41 键上，两个点在 42 键上，三个点在 43 键上，四个点在 44 键上。

规律 3：同一键上的字根在字源或形态上相近。例如“阝”位于 B 键，很容易让人联想到英文字母 B。“日”字键上有“日、曰、虫”等形态相近或相似的字根。

规律 4：偏旁部首与同源成字根安排在同一键。如“金”与“钅”在 Q 键，“水”与“氵”在 I 键，“人”与“亻”在 W 键。

为了帮助初学者快速掌握各区位上的字根，五笔字型提供了一套“字根助记词”，每一个区位上的字根都用一句字根助记词概括，不但增强了学习的趣味性，而且提高了记忆速度，表 1-6 列出了各键位以及对应的助记词。

表 1-6　字根助记词

区位号	键　位	助记词	区位号	键　位	助记词
11	G	王旁青头戋（兼）五一	34	W	人和八，三四里
12	F	土士二干十寸雨	35	Q	金勺缺点无尾鱼，犬旁留乂儿一点夕，氏无七（妻）
13	D	大犬三羊古石厂	41	Y	言文方广在四一，高头一捺谁人去
14	S	木丁西	42	U	立辛两点六门疒
15	A	工戈草头右框七	43	I	水旁兴头小倒立
21	H	目具上止卜虎皮	44	O	火业头，四点米
22	J	日早两竖与虫依	45	P	之字军盖建道底，摘礻（示）衤（衣）
23	K	口与川，字根稀	51	N	已半巳满不出己，左框折尸心和羽
24	L	田甲方框四车力	52	B	子耳了也框向上
25	M	山由贝，下框几	53	V	女刀九臼山朝西
31	T	禾竹一撇双人立，反文条头共三一	54	C	又巴马，丢矢矣
32	R	白手看头三二斤	55	X	慈母无心弓和匕，幼无力
33	E	月彡（衫）乃用家衣底			

注意

有部分字根的键盘安排不符合上述规律，需要特别记忆，如：“力、心、车、乃”等字。

4. 汉字的字型

汉字的字型分为三种：左右型、上下型、杂合型。在五笔字型输入法中，给三种字型一个数字代号，左右型代号为 1，上下型代号为 2，杂合型代码为 3。

左右型，可以分为两种情况，一种是一个字可以很明显地被分成左右两个部分的双合字，如“吗、她、使、帕”等；另外一种是由三个部分组成的三合字，这三个部分可以由左向右排列，如“晰、鸿、睢”等，也可以被视为左右两部分，而其中的左侧或右侧又可再分为上下部分，如“别、援、漯、港”等。

上下型，也包括两种情况，一种是可以明显地分成上下两个部分的双合字，如“节、杰、旮、定”等；还有一种是三合字，字可以明显地分为上、中、下三层，如“赢、蓐、器”等，或者为上下两层，在这两层中的其中一层又可分为左右两部分，如“嗯、想、窍、裟”等。

杂合型，字根之间不分上下左右，浑然一体，在五笔中把包围和半包围关系的汉字，如“团、同、医、凶、句”等，含有“辶、厂、尸”的字，如“连、厅、屁”等，一个基本字根和一个单笔划相连的字，如“自”，一个基本字根之前或之后有孤立点的字，如“勺”，几个基本字根交叉重叠之后构成的字，如“申”等都视为杂合型。

5. 汉字的结构

一切汉字都是由基本字根组合而成的，基本字根在组合成汉字时，按照它们之间的位置关系可分为以下 4 种结构。

（1）单体结构

单体结构本身就是一个字根（成字字根），如“八、用、手、车、马、雨”等，它们的取码方法有专门规定，不需要判断字型。

（2）离散结构

指构成汉字的基本字根之间有一定距离，可能是左右型或上下型的排列。

（3）连笔结构

指一个基本字根连一个单笔划。如“丿”下连“目”成为“自”，“丿”下连“十”成为“千”，“月”下连“一”成为“且”等，其字型归类于杂合型。

连笔的另一种情况是带单独点结构，例如“勺、术、太、主”等汉字均带有一单独点，五笔字型编码规定，一个基本字根之前或之后的孤立点，一律看成与基本字根相连，并归类为杂合型。

（4）交叉结构

指构成汉字的基本字根笔划相互交叉重叠。如“夫”是由“二、人”，“果”是由“日、木”，“夷”是由“一、弓、人”交叉构成等，这种结构也属于杂合型。

6. 拆分原则

一个汉字由不同的人拆分可能会分出不同的字根，为了使拆分出的字根符合五笔字型的规定，在拆分的过程中应严格按照正确的书写顺序进行，即按从左到右，从上到下，由外到内的顺序拆分。如“亲”字只能拆成“立、木”，不能拆成“木、立”。并采取“取大优先，兼顾直观，能散不连，能连不交”这四大原则。

“取大优先”是指在各种可能的拆法中，应保证按书写顺序拆分出的字根尽可能大（即笔划数多），使字拆分出的字根数最少。例如“余”字，可以拆分成“八、禾”也可以拆成“八、丿、木”，按照该原则可以判断出第 1 种拆法是正确的。

“兼顾直观”是指在拆字时应尽量使拆出的字根具有直观性。如“自”字若按“取大优先”原则应拆成“亻、乙、三”，但这样拆不直观，应拆作“丿、目”。

“能散不连”是指当一个字既可拆成几个相连的字根，也可拆成同样多不相连的字根时应采用“不相连”的拆法。如“午”字应按“不相连”的拆法拆成“𠂉、十”，而不应按“相连”的拆法拆成“丿、干”。

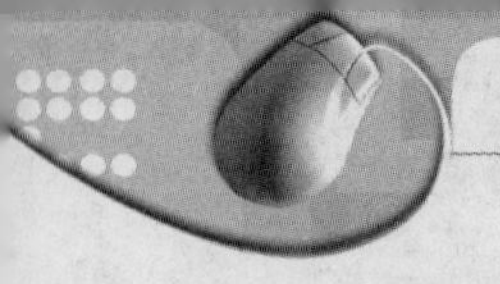

“能连不交”是指在拆出的字根数相同的情况下，尽量拆分出相互连接的字根，而不要拆分出相互交叉的字根。如：“于”字应该拆为“一、十”两个相连的字根，而不应拆为“二、|”两个相交的字根。

提示

为了便于记忆，把取码原则编为以下口诀：五笔字型均直观，依照笔顺把码编，键名汉字击四下，基本字根请照搬，顺序拆分大优先，不足四码要注意，末笔识别补后边。

7. 单字的输入

对单个汉字进行五笔字型编码时，首先要判断该字是否存在于字根表中。在字根表中的字叫做键面字，由键名汉字和成字字根汉字组成，在字根表外的字叫做键外字，判断完成后再进行编码，编码最多取四个，即取汉字的一、二、三、末字根。

（1）键面字的输入

键名汉字的输入规则：在五笔字型的键盘图中，各字根键位左上角的第一个字叫键名字，其输入方法为：连击四次键名所在的键位。

例如：金（qqqq）　王（gggg）　禾（tttt）　言（yyyy）

成字字根汉字：在字根键位分区图中，每个键位除了键名字根外还有数量不等的几个其他字根，其中一部分本身也是一个汉字，称为成字字根。

成字字根汉字的输入规则为：成字字根所在键+首笔划码＋次笔划码＋末笔划码。如果该字根只有两个笔划，则按空格键结束。如“贝”字，键名为M，首笔是竖（H键），次笔是折（N键），末笔是捺（Y键），所以“贝”的编码是MHNY。

例如：雨：雨一丨（fghy）　辛：辛一丨（uygh）　丁：丁一丨（sgh空格）

对于五种单笔划的编码，则按两次所在键后，再按两下L键。

例如：一：ggll　丨：hhll　丿：ttll　丶：yyll　乙:nnll

（2）键外单字的输入

键外单字的取码要注意遵循“从形取码，取码顺序按书写顺序，从左到右，从上到下，从外到内取码；以基本字根为单位取码；单体结构拆分取大优先”这几条原则。

若汉字拆分后的字根超过四个，则取第一、二、三、末字根进行编码。

例如：“整”拆分成“一口小止（gkih）”；“攀”拆分成“木乂乂手（sqqr）”

若汉字拆分后的字根正好四个，则依次取码。

例如：“歪”拆分成“一小一止（gigh）”；“椅”拆分成“木大丁口（sdsk）”

若汉字拆分后的字根不足四个，则先依次取码，再补上“末笔字型识别码”，如果仍不足四码，则补打空格键结束。

“口”和“八”两个字根，可以组成“只”与“叭”，它们的编码完全相同，要区分它们，只能根据它们的字型。而S键上有“木、丁、西”三个字根，当它们左边加上三点水时，便成为“沐、汀、洒”，它们的编码也完全相同，如果要区分它们，则只能根据它们最后一笔的笔划。为了减少重码，需要引入汉字的“末笔字型识别码”的概念。

例如：林：木 木 41（ssy）　晶：日 日 日 12（jjjf）　必：心 丿 33（nte）

（3）末笔字型识别码

末笔字型交叉识别码由汉字的末笔划代号和汉字的字型代号组成，共有两位数字，可以看成是一个键的区位码：第一位是区号，等于末笔划代号；第二位是位号，等于字型代号，交叉识别码如表 1-7 所示。

表 1-7　末笔字型交叉识别码

末笔画 字型	横	竖	撇	捺	折
左右型	G（11）	H（21）	T（31）	Y（41）	N（51）
上下型	F（12）	J（22）	R（32）	U（42）	B（52）
杂合型	D（13）	K（23）	E（33）	I（43）	V（53）

对确定末笔的几点规定如下。

①第一、对于用“走之”包围的汉字，末笔为被包围的那部分笔划结构的末笔。

例如：“进”字末笔取“丨”，识别码 23（K）；“远”字末笔取“乙”，识别码 53（V）

注意

用“走之”包围一个字根组成的双码字根再位于另一个字根后面，所得的三字根字的末笔为“走之”的末笔，即为“、”，例如：“链”字末笔应取“、”，识别码 41（Y）；“莲”字末笔应取“、”，识别码 42（U）。

②用“口”包围一个字根组成的汉字，末笔为被包围的那个字根的末笔。

例如：“烟”字末笔应取“、”，识别码 41（Y）；“茵”字末笔应取“、”，识别码 42（U）

③对于字根“刀”、“九”、“力”、“匕”，一律取折笔为末笔。

例如：“券”字末笔取“乙”，识别码 52（B）；“伦”字末笔取“乙”，识别码 51（N）

④“我”、“戋”、“成”等字的末笔，按照“从上到下”的原则，取末笔为“撇”。

例如：“戏”字末笔为“丿”，识别码 31（T）；“线”字末笔为“丿”，识别码 31（T）；“笺”字末笔为“丿”，识别码 32（R）。

8. 简码输入方法

为了减少击键次数，提高汉字输入速度，五笔字型输入法提供了简码输入方式。对多数常用汉字只需取该字全码的最前面一个、两个或三个字根（码）输入，这就形成了所谓的一、二、三级简码。

一级简码是挑出使用频率最高的 25 个汉字，把它们分布在键盘上，如图 1-16 所示。

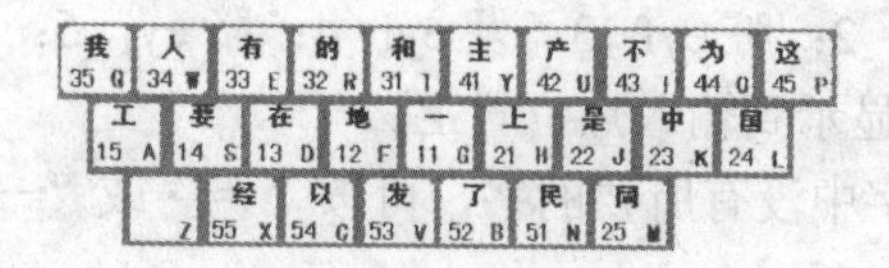

图 1-16　一级简码

一级简码的输入方法是：按一下简码字所在的键，再按一下空格。

将较为常用的汉字定义为二级简码，输入时只取其全码的前两个字根编码。25 个键位

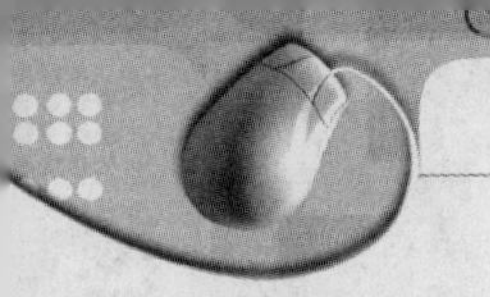

最多允许有625个汉字使用二级简码。

若刚好两个字根：键入这两个字根所在键，再加一个空格键，如“好”=“女”+“子”+空格。

若有三个以上字根：只打前面两个，再加一个空格键，如“渐”=“氵”+“车”+空格。

三级简码是取汉字全码中的前三个字根编码来作为该字的代码，共有4400多个。三级简码的输入方法如下。

若汉字有三个或多于三个字根：键入第一字根+第二字根+第三字根+空格键，如“些”=“止”+“匕”+“二”+空格键。

若有二个字根：键入第一字根+第二字根+末笔识别码+空格键，如“里”=“日”+“土”+“三”+空格。

9. 词组输入方法

以词组为单位输入可以提高速度。五笔字型输入词组时一律取四个码，其取码规则如下。

双字词语：每字取其单字全码中的前两个字根编码组成四个码。

如：系统（txxy） 选择（tfrc） 总结（ukxf） 电脑（jney） 操作（rkwt）

三字词语：前两个字各取其第一码，最后一个字取其前二码，共四码。

例如：计算机（ytsm） 实验室（pcpg） 联合国（bwlg） 现代化（gwwx）

四字词语：每个字各取其第一码组成四码。

例如：操作系统（rwtx） 科学技术（tirs） 想方设法（syyi） 循序渐进（tyif）

多字词语：取前三个字和最后一个字的第一码。

例如：中华人民共和国（kwwl） 中央电视台（kmjc） 辨证唯物主义（uyky）

其实，词语的编码规则比单字简单，更容易掌握。对于大部分常用词语，五笔字型都能用词语输入，只有一小部分不能用词语输入法进行输入。另外，能否用词语输入法来输入词语，还跟机内存储的词汇量有关。

应当特别注意的是：当“键名汉字”和“成字字根”参与词组的时候，一定要从它的全码中取码。

例如：工人（aaww） 大家（ddpe） 马克思主义（cdly） 西文（sgyy）

10. 万能键“Z”

用五笔字型输入汉字时，如果对某个字的编码没有把握，或不知道识别码是什么，可以用万能键“Z”来代替所不知道的那个输入码。例如，要输入“脑”字，但不知道它的第三个字根应该怎么取，便可输入“eyz”，屏幕行出现如下提示。

五笔：eyz 1：脑 eyb 2：脏 eyf 3：及 eyi 4：脐 eyj 5：膻 eylg

键入1，“脑”字就会显示到输入点位置上。

如果提示行显示的汉字中没有所要的字，可按“=”或“-”前后翻页查找。

1.6.4 切换输入方式、中英文标点、全角/半角

Windows XP 开机默认的输入法是“微软拼音输入法”，不同的用户有可能使用不同的

输入法，这就需要在不同的输入法之间进行切换，在实际输入文稿中还会经常碰到中英文切换、中英文标点切换等操作。

1. 切换输入法

切换输入法可以采用以下方法进行：单击语言栏上的输入法图标，在弹出的列表中单击选中需要使用的输入法，如图 1-17 所示。

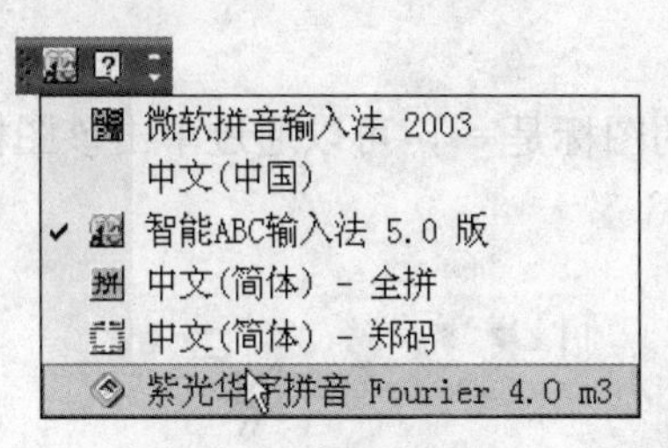

图 1-17　选择输入法

提示

使用组合键“Ctrl + Shift”可进行输入法之间的切换；使用“Ctrl + Space”组合键可进行开启/关闭输入法之间的切换。

2. 切换中英文标点

中文标点和英文标点是不同的，在输入法状态条中用 ʼo 图标表示中文标点，用 ,• 图标表示英文标点，可以单击中文或英文标点图标进行切换，如图 1-18 所示。

图 1-18　切换中英文标点

提示

按“Ctrl + .”组合键可进行中文标点和英文标点之间的切换。

3. 切换全角/半角

用户若采用半角方式输入，在输入法状态条中会出现 ◑ 图标，若采用全角方式输入则出现 ● 图标。当用户在半角模式下输入时，输入的英文字符、数字、标点符号都只占用一个字节，若在全角模式下输入，则会占用双字节。

全角/半角之间的切换方法是：单击输入法状态条中的全角/半角图标，如图 1-19 所示。

图 1-19　全角 / 半角之间的切换

提示

使用“Shift + Space”组合键可进行全角/半角之间的切换。

1.6.5 使用软键盘输入特殊符号

软键盘又叫模拟键盘，绝大多数的输入法都支持该项功能，这样即使键盘出故障，也可以利用软键盘进行输入。

1. 软键盘的开启 / 关闭

软键盘在输入状态条中的图标是▦，可以通过单击该图标完成软键盘的开启与关闭，如图 1-20 所示。

图 1-20 单击软键盘图标

2. 利用软键盘输入特殊符号

用户可以通过切换不同种类的软键盘输入特殊符号，但不同的输入法切换软键盘的方式不同，一般是右击输入法状态条上的软键盘图标，弹出软键盘选择快捷菜单，然后单击选中用户想要用的软键盘，如图 1-21 所示。

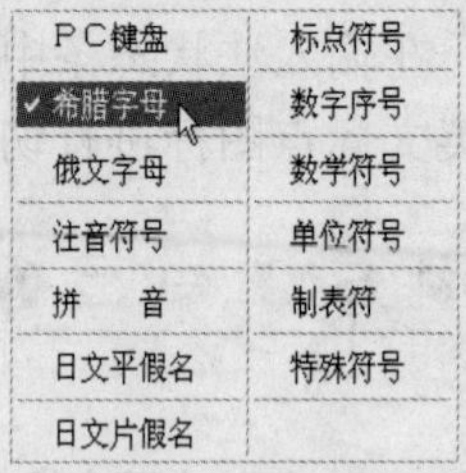

PC键盘	标点符号
✓ 希腊字母	数字序号
俄文字母	数学符号
注音符号	单位符号
拼　音	制表符
日文平假名	特殊符号
日文片假名	

图 1-21 单击含特殊字符的软键盘

紫光拼音输入法或微软拼音输入法切换软键盘的方式有所不同，下面以紫光拼音输入法为例说明如何打开软键盘，并向文稿中输入特殊字符，具体的操作步骤如下。

步骤 01 单击输入状态条上的系统菜单图标，如图 1-22 所示。

步骤 02 弹出菜单，再在“软键盘”级联菜单中单击选中含有需要特殊符号的软键盘，如图 1-23 所示。

图 1-22 单击系统菜单图标

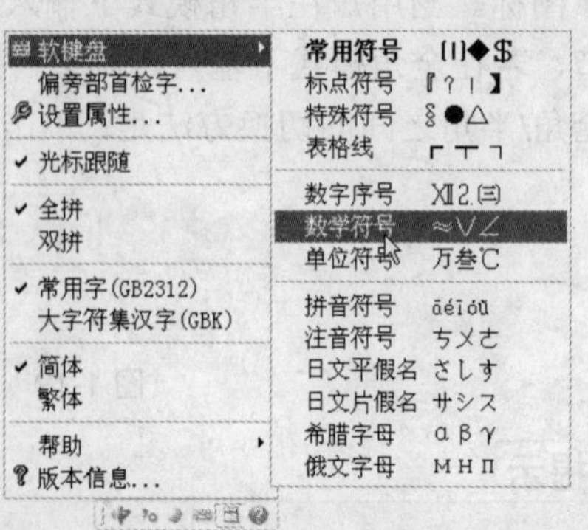

图 1-23 单击选中含特殊字符的软键盘

步骤 03　在屏幕的右下角弹出含有所需特殊符号的软键盘，用鼠标单击软键盘或者敲击键盘即可向文稿中输入对应的特殊符号，如图 1-24 所示。

图 1-24　软键盘

1.7　习题

一、填空题

1. 键盘分为_____、_____、_____和_____4 个分区。

2. 打字时首先应将手指轻放在 _____ 、_____、_____ 、_____ 、_____ 、_____ 、_____ 、“；”这八个基本键上。

3. 汉字的结构分为_____、_____和_____3 个层次。汉字的字型分为_____、_____和_____3 种。

二、问答题

1. 简述正确的击键姿势。

2. 五笔字型输入法的原理是什么？

3. 使用五笔字型输入法应该如何拆分汉字？

第 2 章　Windows XP 的基本操作

本章概要

本章将主要介绍 Windows XP 的基本操作，通过本章的学习使读者可以对 Windows XP 有较全面的了解，掌握好这些基本操作，将为以后章节的学习打下基础。

2.1　初识中文版 Windows XP

2.1.1　Windows XP 的安装

Windows XP 操作系统具有升级安装和全新安装两种模式。下面就来介绍安装中文版 Windows XP Professional SP2 的步骤。

步骤 **01**　在 BIOS 中设定从光驱启动，并将 Windows XP Professional 的安装光盘放入光驱中。系统初始化之后，就会进入如图 2-1 所示的安装界面。因为要进行全新的安装，所以这里按 Enter 键继续。

步骤 **02**　接下来将会显示安装许可协议界面，如图 2-2 所示。认真阅读之后，按 F8 键继续安装过程。如果要退出安装，则按 Esc 键。

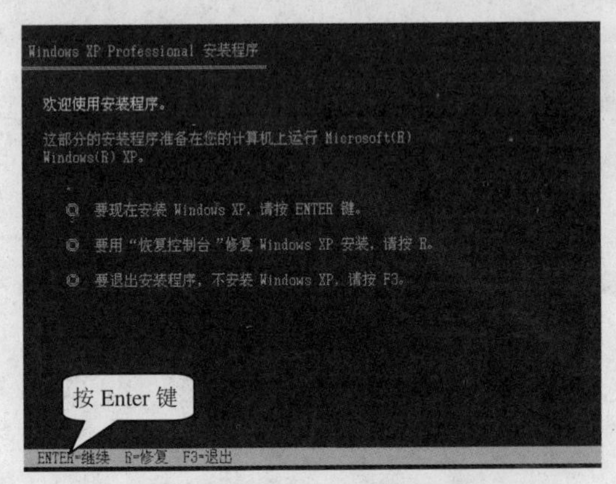

图 2-1　按 Enter 键继续安装过程

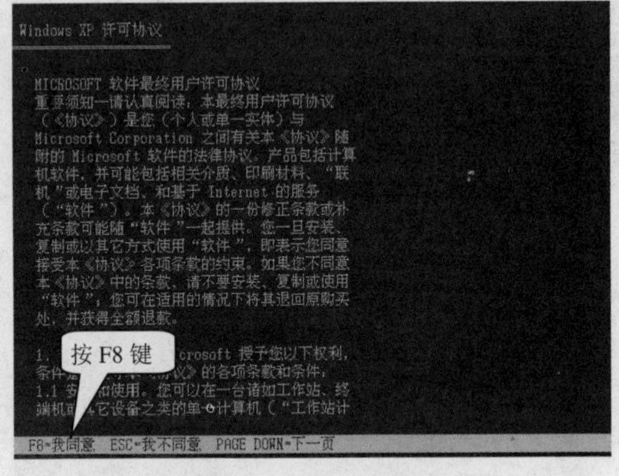

图 2-2　安装许可协议

步骤 **03**　选择要将 Windows XP 安装在哪个盘符上。如果电脑还未进行分区，则会出现如图 2-3 所示的画面，按 Enter 键继续安装过程。若已经进行了分区操作，则在这里可以直接选择目标盘符。

步骤 **04**　接下来要选择用哪种方式来格式化所选的分区，其中包括 FAT 格式和 NTFS 格式两种。这里选择"用 FAT 文件系统格式化磁盘分区（快）"，然后按 Enter 键继续安装过程，如图 2-4 所示。

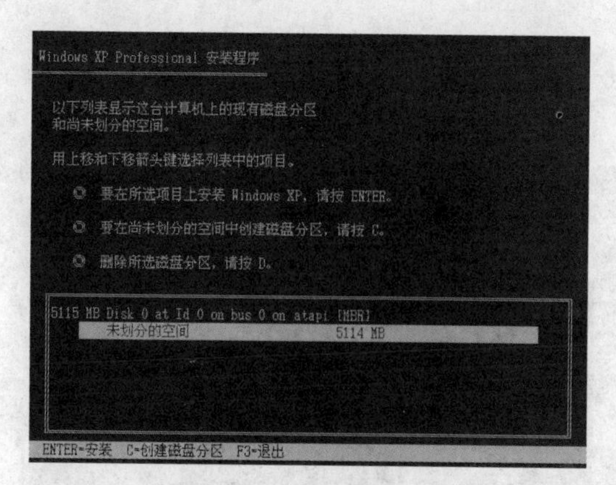

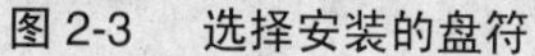

图 2-3　选择安装的盘符

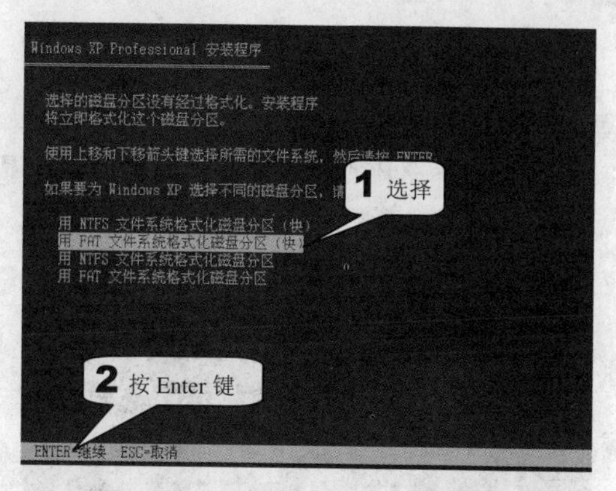

图 2-4　用 FAT 方式格式化所选分区

步骤 **05**　选择 FAT 方式之后，会出现如图 2-5 所示的安装画面。这是安装前最后一次提醒用户是否要安装该操作系统，按 Enter 键继续安装。若要返回上一步则按 Esc 键，按 F3 键则直接退出安装。

步骤 **06**　此时安装程序将开始复制 Windows XP 安装文件到硬盘上，如图 2-6 所示。

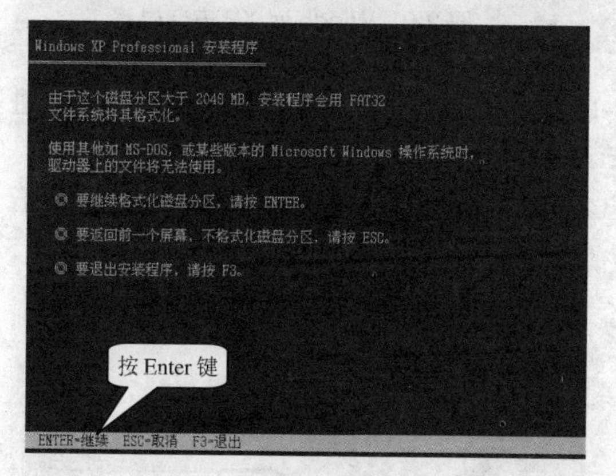

图 2-5　按 Enter 键确认安装

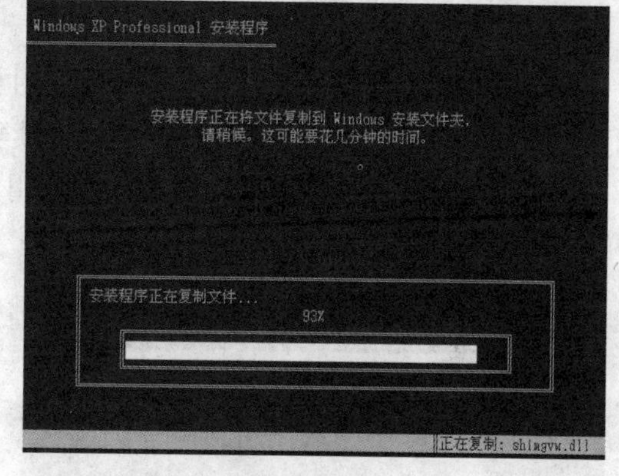

图 2-6　复制文件过程

步骤 **07**　文件复制完毕之后，会出现如图 2-7 所示的画面，计算机将在 15 秒内重启，用户可以选择是否等待。按 Enter 键直接重启电脑。

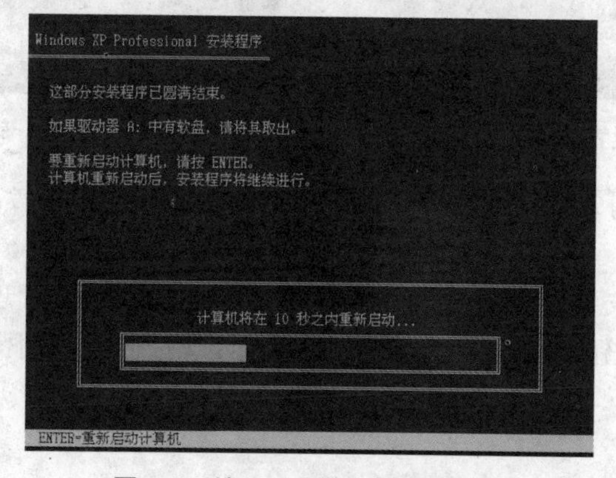

图 2-7　按 Enter 键直接重启电脑

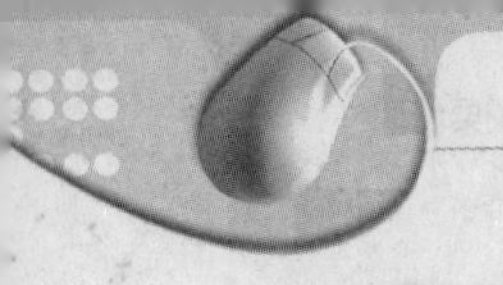

提示

Windows XP 的启动画面比起之前版本显得美观大方了许多，如图 2-8 所示。安装时的画面，如图 2-9 所示。

图 2-8　Windows XP 的启动画面

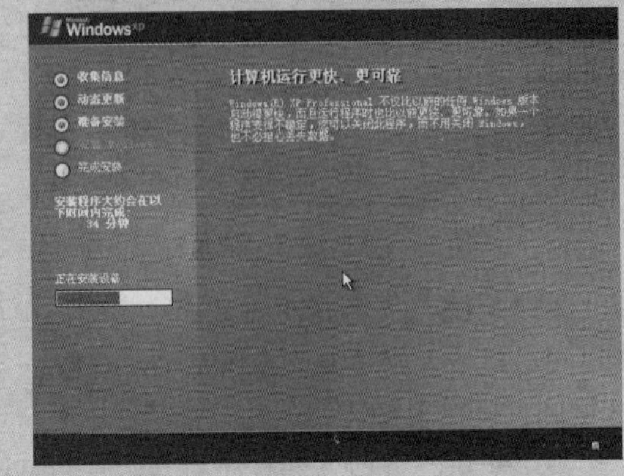

图 2-9　Windows XP 安装过程

步骤 08　在安装过程中，会出现如图 2-10 所示的画面，让用户对所在区域和语言进行选择。这里直接单击“下一步”按钮继续安装过程。

步骤 09　在“姓名”文本框中输入用户名，在“单位”文本框中输入单位，完成后单击“下一步”按钮，如图 2-11 所示。

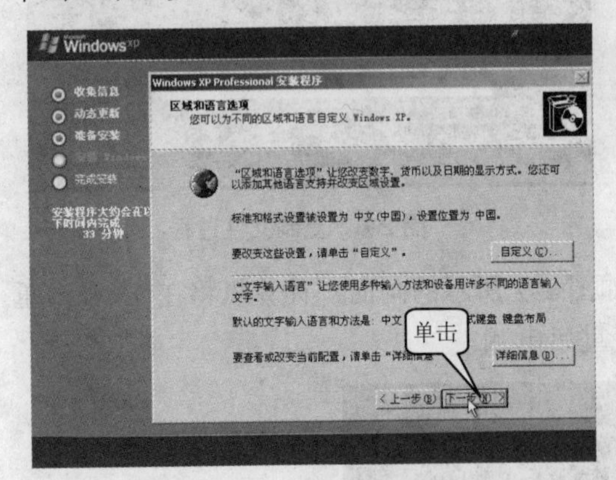

图 2-10　设置区域和语言

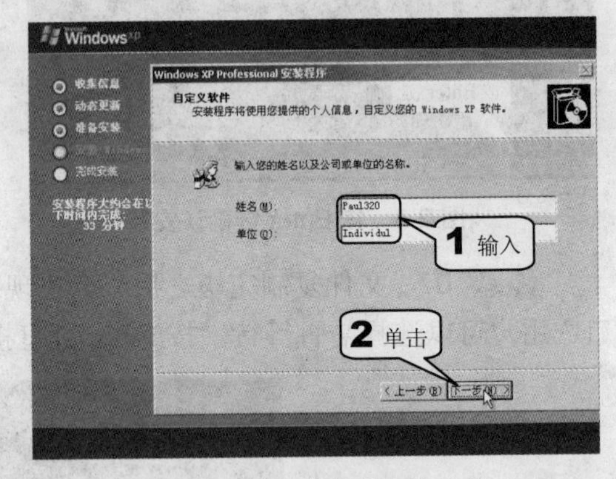

图 2-11　输入姓名和单位

步骤 10　在接着弹出的安装对话框中依次输入产品的序列号，单击“下一步”按钮，如图 2-12 所示。

步骤 11　接着安装程序会要求输入计算机名并设定系统管理员密码。输入完毕之后，单击“下一步”按钮继续安装，如图 2-13 所示。用户也可以不设定管理员密码而只输入计算机名。

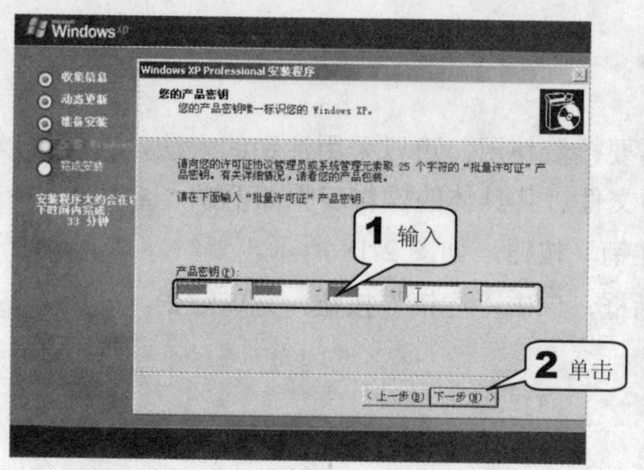

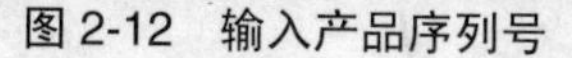
图 2-12　输入产品序列号

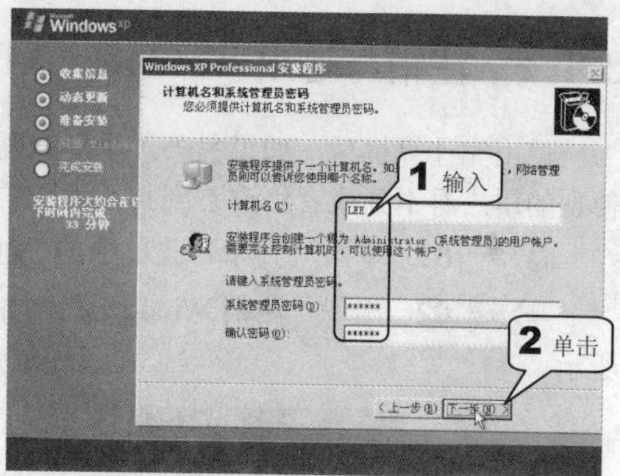

图 2-13　输入计算机名并设置管理员密码

步骤 12　在弹出的安装画面中，要求进行时间和日期的设定，完成后单击“下一步”按钮，如图 2-14 所示。

步骤 13　当全部完成之后，单击右下角的“下一步”按钮，如图 2-15 所示。

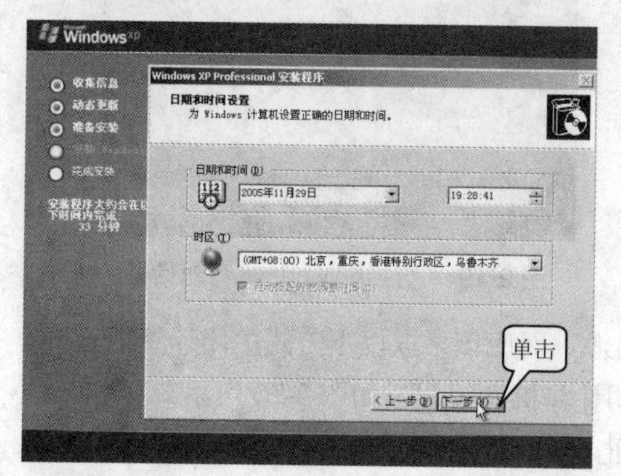

图 2-14　设定日期和时间

图 2-15　安装完成画面

步骤 14　在当前设置画面中要求输入用户名。可根据需要依次设定 5 个用户名。输入后单击“下一步”按钮，如图 2-16 所示。若单击“上一步”按钮则返回前一个画面。

步骤 15　设定完后会出现如图 2-17 所示画面，单击“完成”按钮结束整个安装过程。

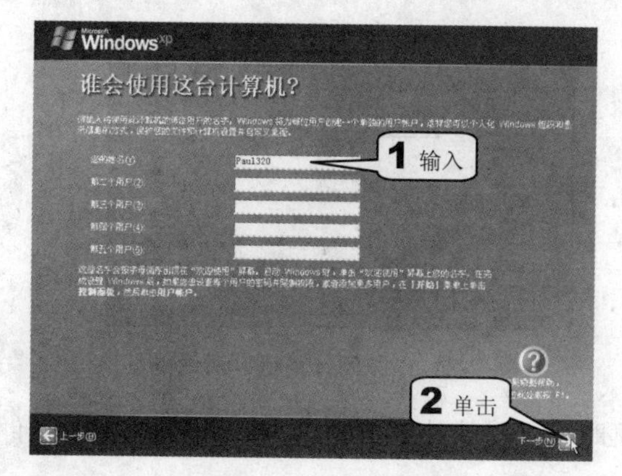

图 2-16　输入用户名

图 2-17　安装完成

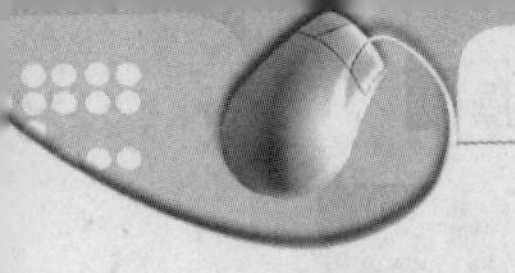

2.1.2 注销与退出 Windows XP

使用完计算机后，如果另外一个用户需要接着使用，可以采用注销的方法，这样可以使别的用户看不到或者修改不到其他用户的文件。其具体的操作步骤如下。

步骤 01 单击“开始”菜单中的“注销”按钮，如图 2-18 所示。

步骤 02 出现“注销 Windows”对话框，单击“注销”按钮，完成注销，如图 2-19 所示。

图 2-18 单击“注销”按钮

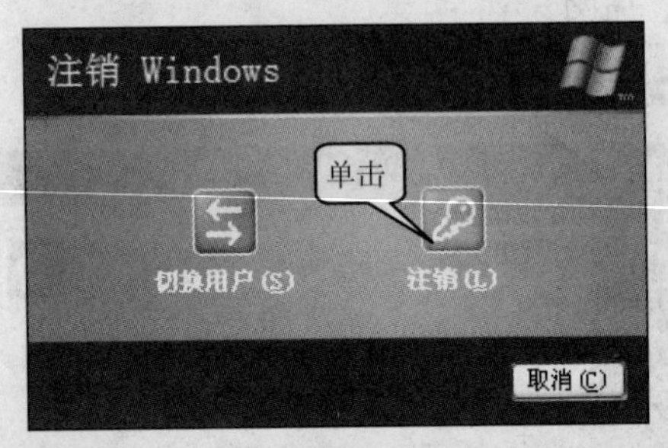

图 2-19 “注销 Windows”对话框

当准备关闭计算机时，不应该直接拔掉电源，而应该采取以下方式关闭计算机。

步骤 01 单击“开始”菜单中的“关闭计算机”按钮，如图 2-20 所示。

步骤 02 在对话框中单击“关闭”按钮，关闭计算机，如图 2-21 所示。

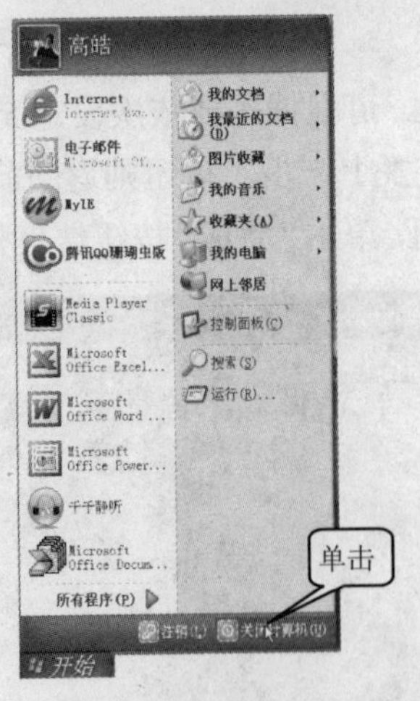

图 2-20 单击“关闭计算机”按钮

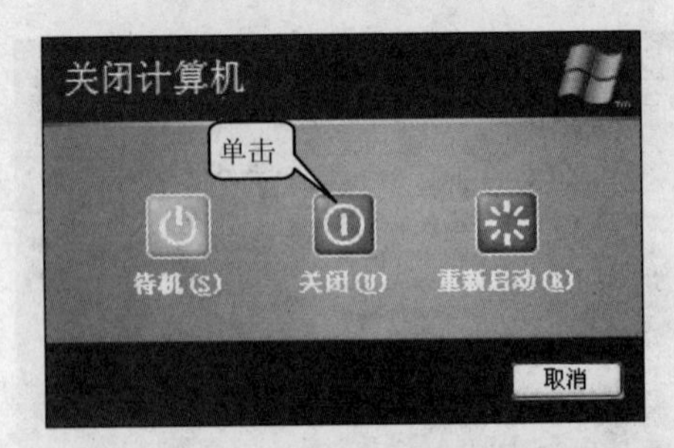

图 2-21 “关闭计算机”对话框

“待机”按钮，当用户暂时不使用计算机时，可以让计算机处于“待机”状态，这样可以降低计算机的能耗。

"关闭"按钮，系统将退出所有正在执行的程序，并保留信息后关闭计算机电源。

"重新启动"按钮，如果由于运行了某些兼容性不好的程序，对系统造成了影响，可以单击"重新启动"按钮。如果系统已受到不良影响，可按组合键"Ctrl+Alt+Delet"打开任务管理器重启计算机。

2.1.3 使用及设置"开始"菜单

下面将对如何使用以及设置适合用户个人习惯的"开始"菜单进行讲解。

1. 使用"开始"菜单

单击"开始"按钮，弹出如图 2-22 所示的开始菜单。

图 2-22　"开始"菜单

在菜单中包含有很多级联菜单，这种菜单非常容易操作，只需将光标在三角箭头上停留片刻，就会弹出下一级的菜单。

"开始"菜单左侧列表中排列着计算机所安装程序的快捷方式图标，右侧有"我的文档"、"我的电脑"、"我的音乐"等快捷方式，单击这些图标可以激活相应的程序或者打开相应的文件夹。

"所有程序"级联菜单 所有程序(P) ▶ 位于"开始"菜单的左下部，它包含有所有的应用程序以及 Windows XP 自带的"附件"文件夹。

"控制面板"选项 控制面板(C) 位于菜单的右侧，单击即可进入 Windows XP 的系统设置程序。

"搜索"选项 搜索(S) 在"控制面板"选项的下部，利用它可以对文件或文件夹进行搜索。

"运行"选项 运行(R)... 位于"开始"菜单的右下侧，通过它能激活不在菜单中的程序，以及实现对网络资源的启用。

2. 设置"开始"菜单

用户可以根据自己的个人习惯设置"开始"菜单的外观效果，其具体的操作步骤如下。

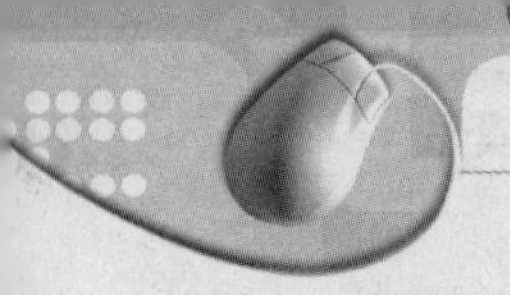

步骤 01 右击“开始”菜单，在弹出的快捷菜单中单击“属性”命令，如图 2-23 所示。

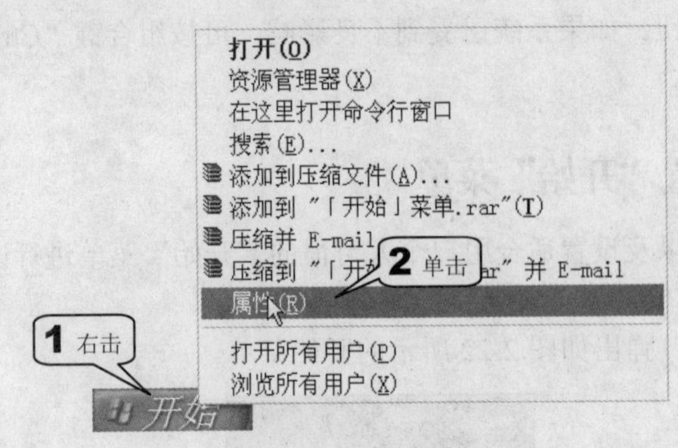

图 2-23 单击“属性”命令

步骤 02 在弹出的“任务栏和开始菜单属性”对话框中单击“开始菜单”标签，切换到“开始菜单”选项卡，然后单击“开始菜单”单选按钮，再单击“自定义”按钮，如图 2-24 所示。

步骤 03 弹出“自定义开始菜单”对话框，单击“常规”标签，切换到“常规”选项卡，在“程序”区域里单击微调按钮设置“开始”菜单中显示程序快捷方式的个数，这里设置为 10。用户也可以单击“清除列表”按钮清除列表中的快捷方式。然后在“在开始菜单上显示”区域中设置网络浏览器以及电子邮件所使用的程序，如图 2-25 所示。

图 2-24 “任务栏和开始菜单属性”对话框

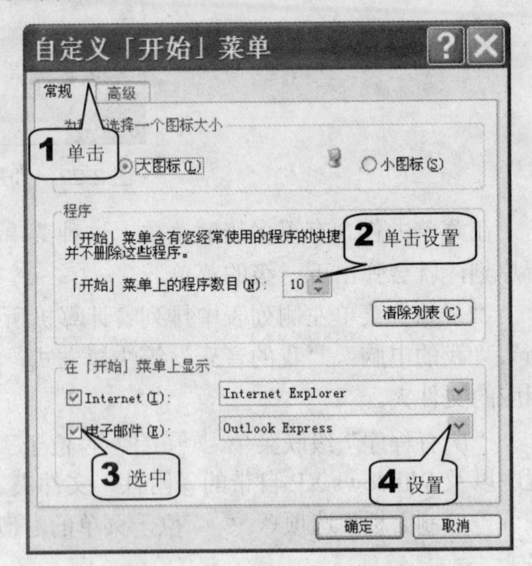

图 2-25 设置“常规”选项卡

2.1.4 使用及设置任务栏

任务栏位于桌面底部，它显示了当前所使用的程序，利用它可以很方便地在各个运行程序间切换。

任务栏由“开始”按钮、“快速启动栏”、“空白区域”以及“通知区域”构成。

1. 开始按钮

"开始"按钮位于任务栏的最左侧，单击它会打开"开始"菜单，前面已经对该菜单进行了讲解，这里不再赘述。

2. 快速启动栏

快速启动栏位于"开始"按钮的右侧，如图 2-26 所示，只需要单击栏中的图标即可启动相应的应用程序，避免了再次从"开始"菜单中启动程序的不便。

图 2-26　"开始"按钮及"快速启动"栏

3. 空白区域

空白区域位于任务栏的中部，显示运行中的程序的任务栏按钮，可以通过单击这些按钮完成对不同程序间的切换。

4. 通知区域

通知区域位于任务栏的最右侧，包含有一些图标和时钟。这些图标可以是快速访问一些程序的快捷方式，也可以是显示计算机上运行的程序或发生某个事件的通知图标，如图 2-27 所示。

图 2-27　"空白"及"通知"区域

提示

将鼠标指针指向通知区域中的图标时会在这些图标上方出现简短描述，说明其所代表的内容。

在通知区域中有时会弹出一些信息，比如将计算机连接到 Internet 上后收到关于所装程序的更新信息。

当然，用户也可以对任务栏进行设置，具体操作步骤如下。

步骤 01　使用鼠标右键单击"开始"菜单，之后在弹出的快捷菜单中单击"属性"命令。

步骤 02　在弹出的"任务栏和开始菜单属性"对话框中单击"任务栏"标签，切换到"任务栏"选项卡，然后按照用户平时的操作习惯选中"任务栏外观"区域显示的复选框中提供的选项。

如果选中"锁定任务栏"复选框 ☑锁定任务栏(L)，则任务栏一直显示于屏幕的最下方，不能拖动改变它的位置。

若选中"自动隐藏任务栏"复选框 ☑自动隐藏任务栏(U)，只要打开或显示一个窗口，任务栏会自动隐藏。

若选中"将任务栏保持在其他窗口的前端"复选框 ☑将任务栏保持在其它窗口的前端(T)，则当打开窗口进行满屏幕显示时，任务栏依然位于屏幕的下方。

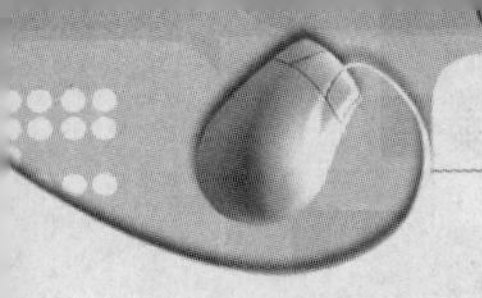

若选中“分组相似任务栏按钮”复选框☑分组相似任务栏按钮(G)，系统会将同类软件放在一个按钮之下。

若选中“显示快速启动”复选框☑显示快速启动(Q)，则在任务栏上显示快速启动栏。

在“通知区域”选项区中若选中“显示时钟”复选框☑显示时钟(K)，则会在任务栏右侧出现时钟并显示当前的时间。

若选中“隐藏不活动的图标”复选框☑隐藏不活动的图标(H)，则会隐藏通知区域中没有运行的程序图标。

设置完成后单击“确定”按钮保存设置，如图 2-28 所示。

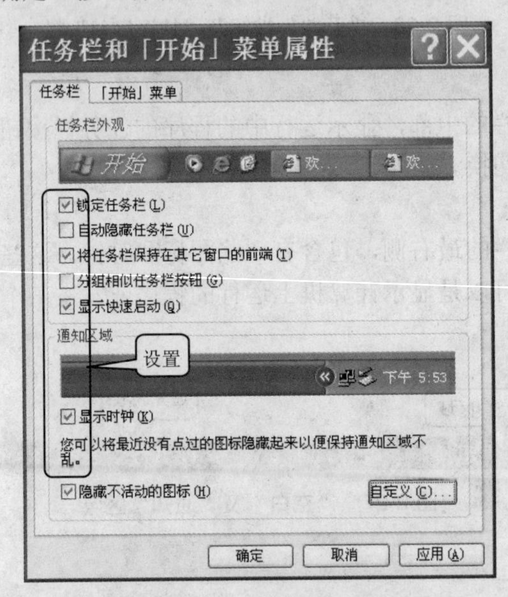

图 2-28　设置任务栏

2.1.5　设置个性的操作界面

Windows XP 提供有大量的设置选项，帮助用户设置富有个性的界面。

1. 设置主题

主题是图标、字体、颜色、声音等窗口元素的结合，它用于组成屏幕的外观，设置主题的具体操作步骤如下。

步骤 01　在桌面上右击鼠标，然后在弹出的快捷菜单中单击“属性”命令，如图 2-29 所示。

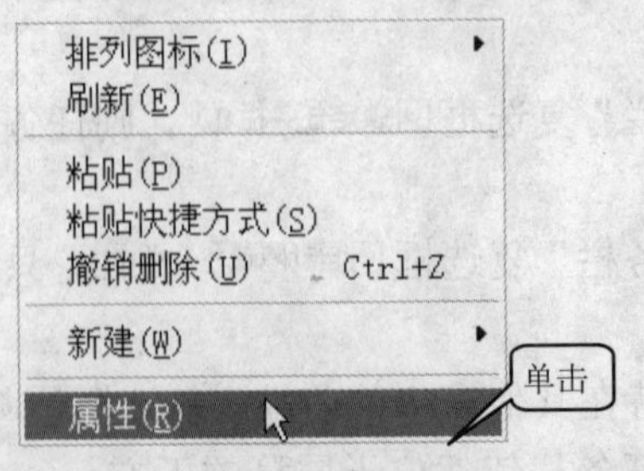

图 2-29　单击“属性”命令

步骤 02　弹出“显示属性”对话框，单击“主题”标签，切换到“主题”选项卡，然后在“主题”下拉列表中选择所需样式，最后单击“确定”按钮，如图 2-30 所示。

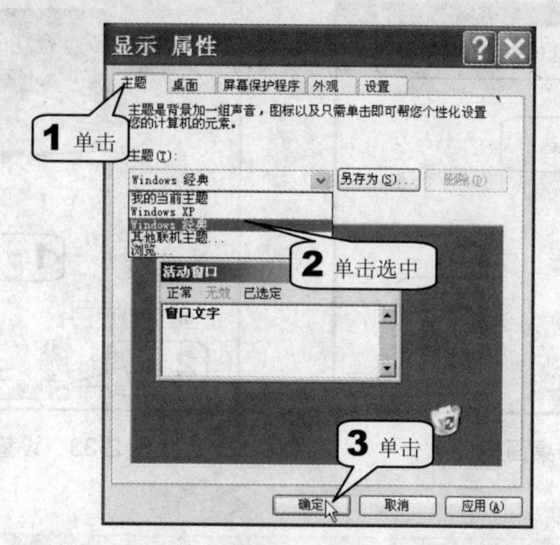

图 2-30　选择主题

2. 设置桌面背景

Windows XP 同样允许自定义桌面，用户可以把自己所拍的数码照片或从网上下载的图片设置为桌面背景，使电脑桌面更加有个性，其具体操作步骤如下。

步骤 01　在桌面上右击鼠标，然后在弹出的快捷菜单中单击“属性”命令。

步骤 02　弹出“显示属性”对话框，单击“桌面”标签，切换到“桌面”选项卡，然后再单击“浏览”按钮，如图 2-31 所示。

图 2-31　设置桌面

步骤 03　在弹出的“浏览”对话框中查找并选中需要作为桌面的图片文件，然后单击“打开”按钮，如图 2-32 所示。

步骤 04　在返回的“显示属性”对话框中，可以看到新桌面的效果，用户可以单击“位置”下拉列表中的“居中”、“平铺”、“拉伸”选项，对图片在桌面的显示位置进行调整，最后单击“确定”按钮完成设置，如图 2-33 所示。

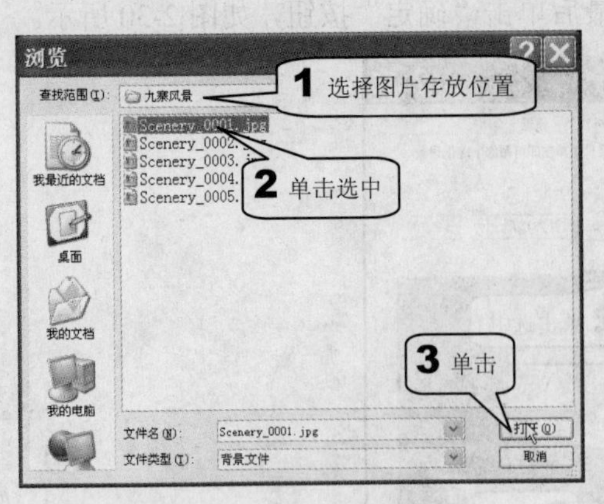

图 2-32　选择桌面文件

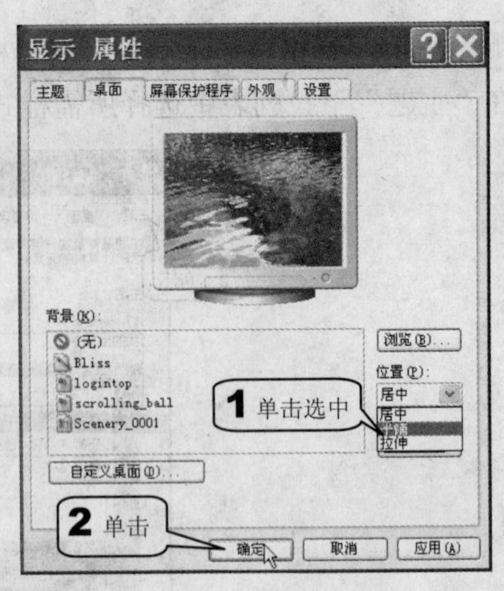

图 2-33　设置桌面背景

提示

为了能使桌面清晰，在选择桌面背景图片时应选择像素尽可能多的图片。

3. 让桌面更干净醒目

用户可以让“我的文档”、“网上邻居”、“我的电脑”、“Internet Explorer”、“回收站”等图标有选择地出现在桌面上，也可以对这些图标的样式进行更改，其具体操作步骤如下。

步骤 01　在“显示属性”对话框中单击“桌面”标签，切换到“桌面”选项卡，然后再单击“自定义桌面”按钮 自定义桌面(D)... 。

步骤 02　弹出“桌面项目”对话框，在“桌面图标”选项区内选择将在桌面显示的图标，接着单击选中需要修改的图标，再单击“更改图标”按钮，这里以修改“回收站”为例，如图 2-34 所示。

步骤 03　在弹出的“更改图标”对话框中选中新图标样式，单击“确定”按钮，再在返回的“桌面项目”对话框以及“显示属性”对话框中单击“确定”按钮完成更改，如图 2-35 所示。

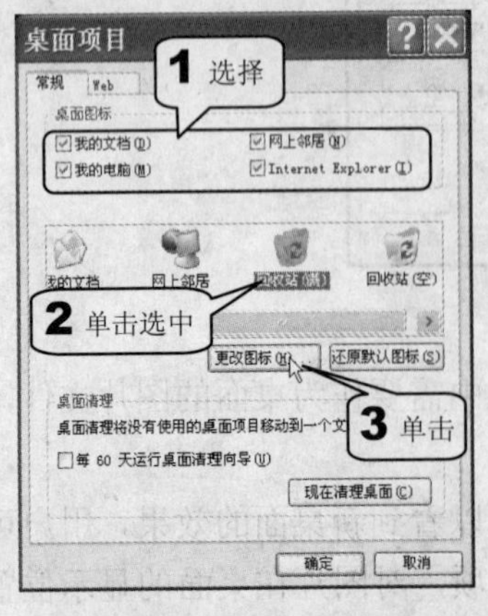

图 2-34　设置桌面项目

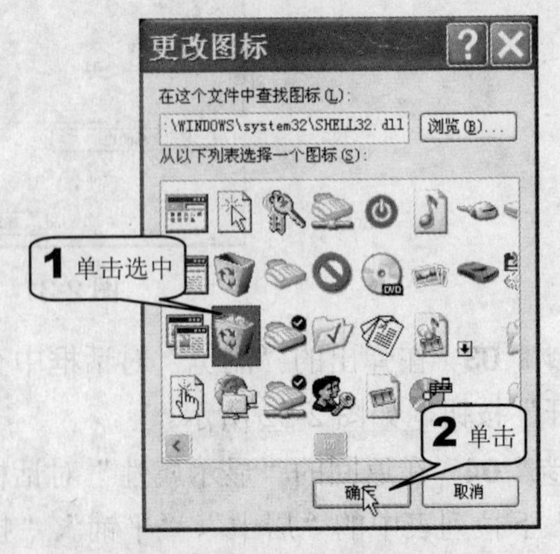

图 2-35　更改项目图标

如果桌面上显示有很多图标，可以将许多不常用的图标归纳到一起，使桌面更加干净整齐，具体的操作步骤如下。

步骤 01　用前面所述的步骤打开“桌面项目”对话框，单击该对话框中的“现在清理桌面”按钮，激活“清理桌面向导”对话框，出现“欢迎使用清理桌面向导”界面，单击“下一步”按钮，如图 2-36 所示。

步骤 02　弹出“快捷方式”界面，在“快捷方式”选项区里选中需要清理的快捷方式，接着单击“下一步”按钮，如图 2-37 所示。

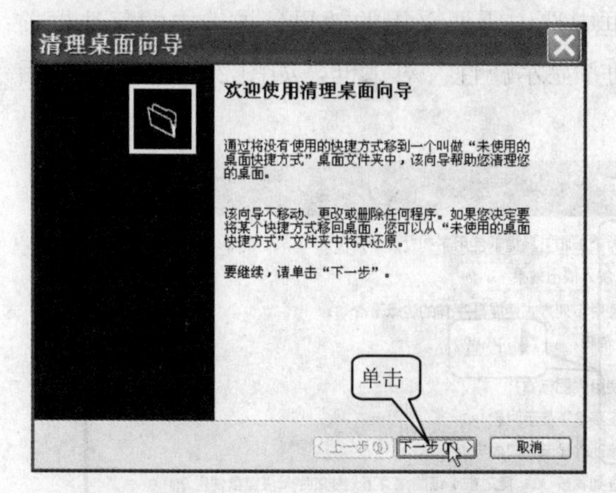

图 2-36　“清理桌面向导”对话框

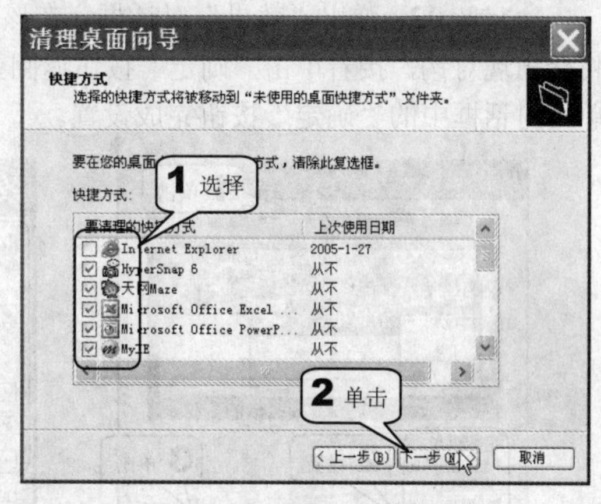

图 2-37　选中需要清理的快捷方式

步骤 03　弹出“正在完成清理桌面向导”界面，在确定需要清理的快捷方式准确无误后单击“完成”按钮完成操作，如图 2-38 所示。

完成操作后可以在桌面上发现一个名为“未使用的桌面快捷方式”文件夹，被清除的快捷方式全部放在该文件夹中。

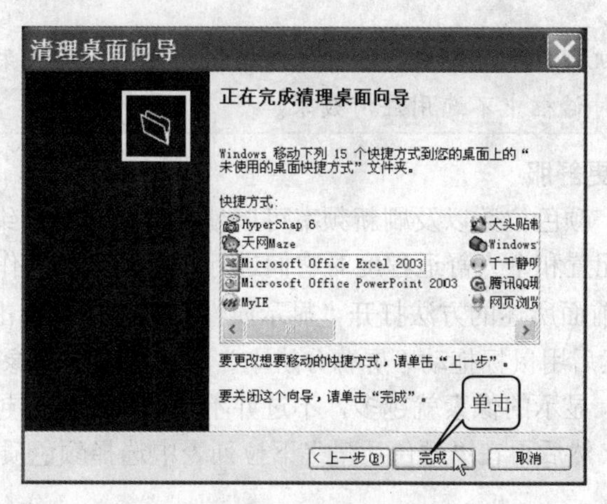

图 2-38　完成桌面清理

提示

用户可以通过上述方法将不使用的桌面快捷方式全都放在“未使用的桌面快捷方式”文件夹内，然后再删除文件夹，这样可以省去逐个删除桌面快捷方式的麻烦。

4. 让外观靓丽起来

用户通过设置"外观"选项卡下的选项可以对桌面、标题栏、图标、菜单等进行外观设置，控制 Windows 的屏幕显示，让显示方式更加靓丽，更符合用户的审美观，其具体操作步骤如下。

步骤 01 用前面所述的方法打开"显示属性"对话框，单击"外观"标签，切换到"外观"选项卡，然后再在该选项卡内的下拉列表框中设置新的外观，用户可以通过列表框上部的预览框对所设置的效果进行预览，满意后单击"效果"按钮，如图 2-39 所示。

步骤 02 弹出"效果"对话框，在该框中选中需要采用的效果，被选中的复选框前将会出现对钩，接着单击"确定"按钮返回到"显示属性"对话框，如图 2-40 所示，最后单击对话框中的"确定"按钮完成设置。

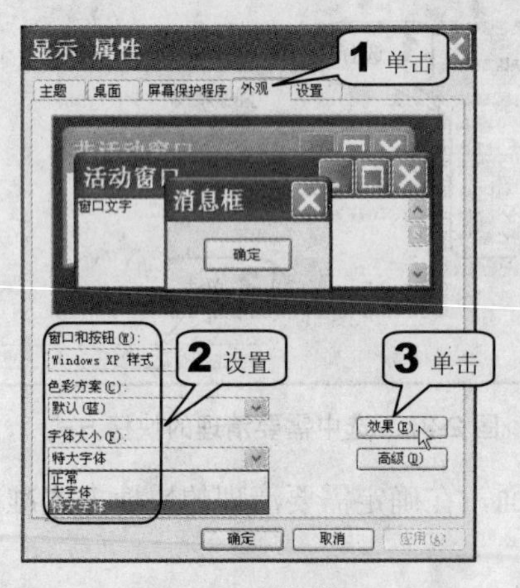

图 2-39 设置外观

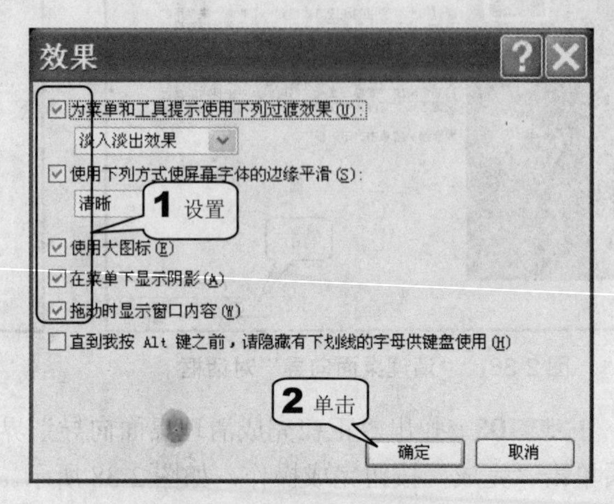

图 2-40 设置外观效果

注意

如果用户的计算机硬件配置较低，运算速度较慢，使用这些效果后会降低计算机的性能，建议在"效果"对话框中不选用任何效果。

5. 让屏幕看上去更舒服

高的屏幕分辨率、颜色位数以及刷新频率可以使屏幕显示更为绚丽、清晰，用户应根据自己计算机的硬件配置和个人舒适程度对它们进行调整，具体操作步骤如下。

步骤 01 使用前面所述的方法打开"显示属性"对话框，单击"设置"标签，切换到"设置"选项卡，然后用鼠标拖动"屏幕分辨率"滑块调整屏幕像素的大小，像素越小，分辨率越高，在屏幕上显示的像素就越多，不过并不是分辨率越高越好，用户应该选择适合自己眼睛的分辨率，然后再在"颜色质量"下拉列表中选择颜色质量，接着单击"高级"按钮，如图 2-41 所示。

步骤 02 在弹出的"即插即用监视器"对话框中单击"监视器"标签，切换到"监视器"选项卡，选中"隐藏该监视器无法显示的模式"复选框，再在"屏幕刷新频率"下拉列表中选中硬件所能提供的最高刷新频率，刷新频率越高，屏幕闪烁度越低，所以提高刷新频率可以保护眼睛，最后单击"确定"按钮，如图 2-42 所示。

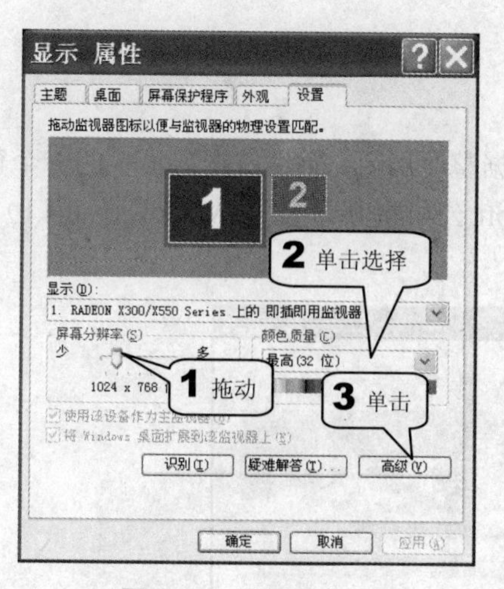

图 2-41　设置屏幕显示

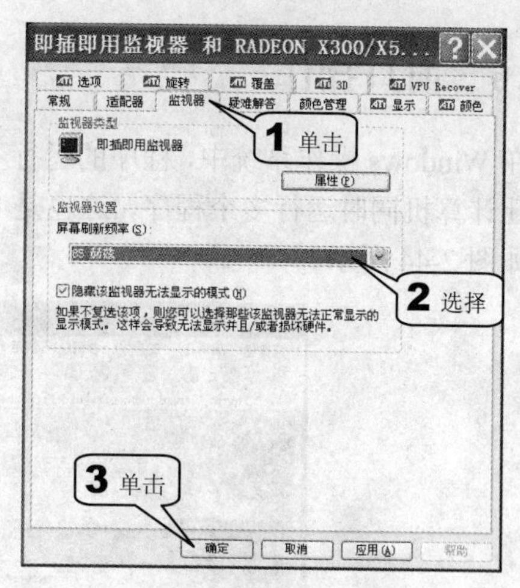

图 2-42　设置刷新频率

提示

由于颜色质量设置越高，屏幕显示的颜色越丰富，但是使用较高的颜色质量会消耗计算机的资源，如果用户计算机够快，可以在“颜色质量”下拉列表框选择“最高（32 位）”，以得到最佳效果。

6. 保护显示器

当计算机空闲时，为了防止由于屏幕图像长时间不变化而损坏显示器的内部涂层，应启用“屏幕保护程序”，启用该程序会在计算机空闲一定时间后在屏幕上显示出移动的图案。其操作步骤是在“显示属性”对话框中单击“屏幕保护程序”标签，切换到“屏幕保护程序”选项卡，然后在“屏幕保护程序”下拉列表中选择一个屏幕保护程序，单击“预览”按钮对效果进行预览。然后在“等待”文本框中输入启动屏幕保护程序的时间间隔，选中“在恢复时返回到欢迎屏幕”复选框，这样当程序启动后操作鼠标或者键盘时就不会返回到原来的屏幕界面，而是返回到欢迎屏幕。用户需要重新登录才可以返回原来的屏幕界面，可以防止别人知道用户正在操作的内容，起到很好的保密作用，最后单击“确定”按钮完成设置，如图 2-43 所示。

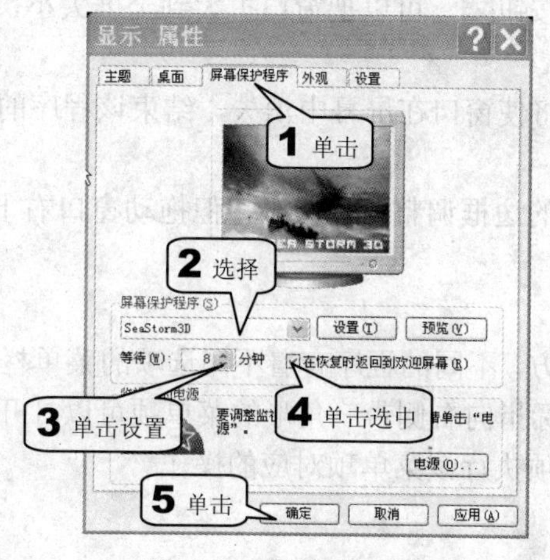

图 2-43　保护显示器设置

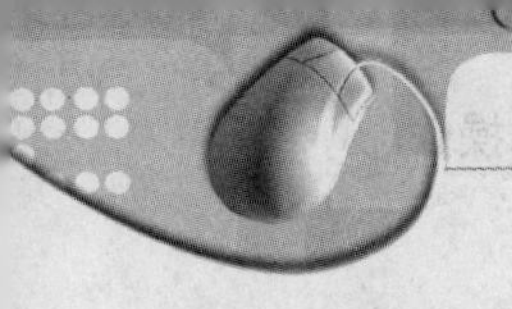

2.1.6 窗口操作

在 Windows 操作系统中，程序的运行不再占据整个屏幕，而是占据屏幕中的一个窗口，可以让计算机同时运行多个程序，这也是 Microsoft 公司将其命名为 Windows（窗口）的原因，如图 2-44 所示。

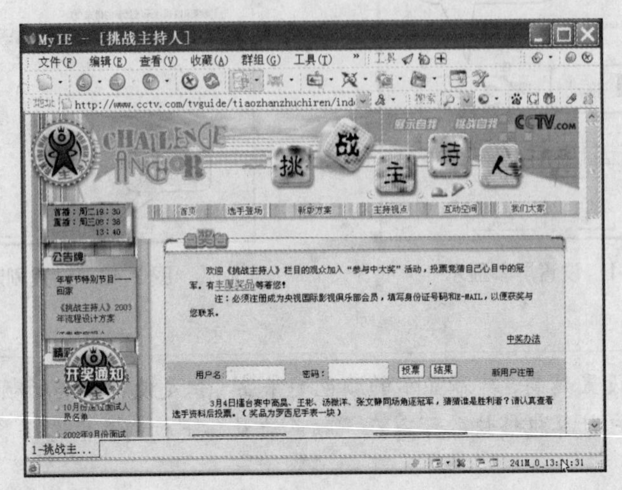

图 2-44 窗口

1. 标题栏的操作

在窗口的最上端为标题栏，如图 2-45 所示，通过双击它可以把该窗口扩大到整个屏幕或缩小到原始尺寸，若想在屏幕中移动窗口，拖动窗口的标题栏即可。

图 2-45 标题栏

在标题栏的右侧分别排列着“最小化”、“最大化 / 还原”和“关闭”按钮。

单击“最小化”按钮，该窗口将从屏幕上消失，并在任务栏上以凸起的按钮形式显示，再单击任务栏上的凸起按钮，窗口会重新显示在屏幕上。

单击“最大化 / 还原”按钮，可以把窗口扩大到全屏大小，也可以把全屏大小显示的窗口恢复为原始尺寸。

单击“关闭”按钮，将使窗口在屏幕中消失，结束该程序的运行。

2. 调整片的操作

用户可以通过拖动窗口的边框调整窗口大小，但拖动窗口右下角的调整片调整窗口大小则更加的方便。

3. 菜单栏的操作

菜单栏位于标题栏的下方，不同的程序有着不同选项的菜单栏，单击菜单栏上的选项，会弹出一个下拉菜单，用鼠标指向右侧带三角形的菜单项可以打开级联菜单，如图 2-46 所示，单击不带三角形的菜单项执行该菜单项对应的操作。

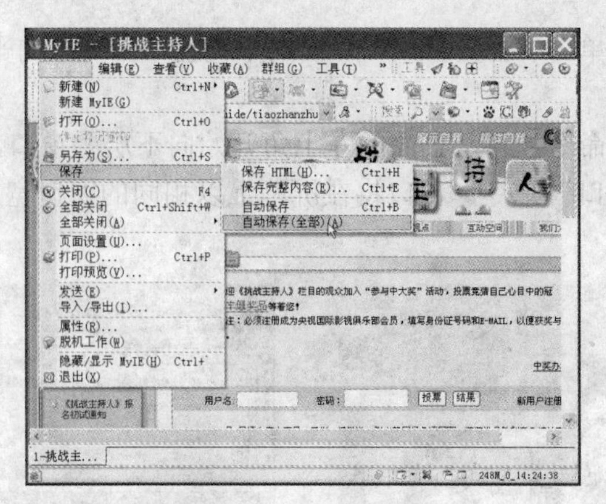

图 2-46　菜单栏的操作

4. 工具栏的操作

对于有些程序，窗口中菜单栏的下面还有一个工具栏，该工具栏把常用的菜单命令按钮化，只需单击一次按钮，程序就会执行相应的操作，如果用户对某个按钮所对应的操作不明白，可以把鼠标指针停留在该按钮上几秒钟，屏幕上会显示一个简单的描述，如图 2-47 所示。

图 2-47　工具栏的操作

5. 滚动条的使用

当窗口不能显示窗口中所有内容时，可以通过单击水平滚动条或竖直滚动条的三角形按钮或拖动滚动条浏览显示窗口中的内容，如图 2-48 所示。

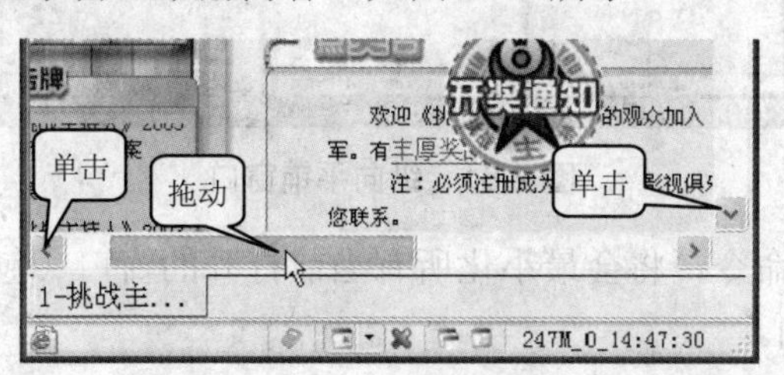

图 2-48　滚动条的使用

6. 地址栏的使用

地址栏用于确定当前文件所在的位置，用户可以通过地址栏下拉列表或直接向地址栏内输入文件路径访问本地及网络上的文件。

7. 窗口的排列

当用户在桌面上打开的窗口数目过多时桌面会显得凌乱，不方便查看，这时可以将这些窗口排列起来，其具体的操作步骤为：右击任务栏“通知”区域左边的空白处，在弹出

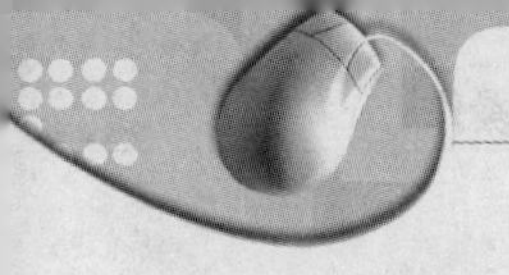

的快捷菜单中按照需要单击“层叠窗口”、“横向平铺窗口”、“纵向平铺窗口”、“显示桌面”命令中的任意一个。

单击“层叠窗口”命令，将从桌面的左上角开始向下层叠窗口，如图 2-49 所示。

单击“横向平铺窗口”命令，窗口将在屏幕上以相同的窗口宽度从上到下平铺排列，如图 2-50 所示。

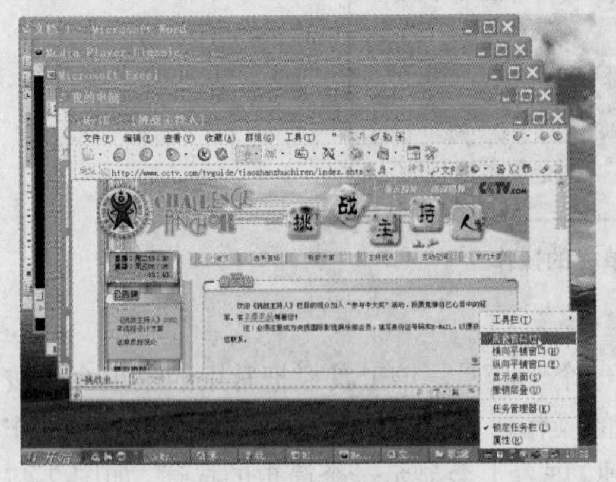

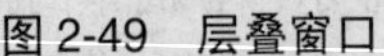

图 2-49　层叠窗口

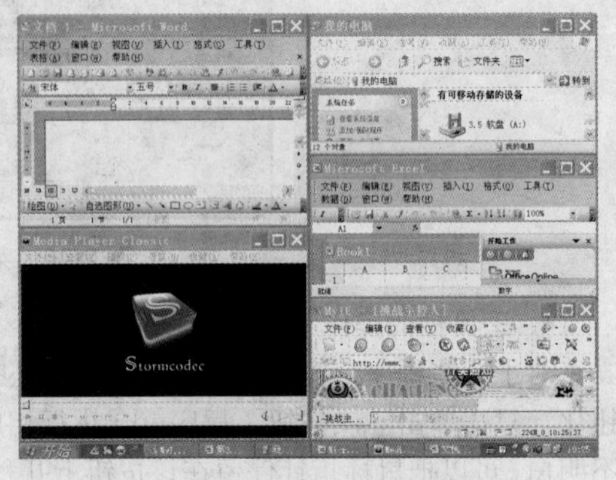

图 2-50　横向平铺窗口

单击“纵向平铺窗口”命令，窗口在屏幕上以相同的窗口高度从上到下平铺排列，如图 2-51 所示。

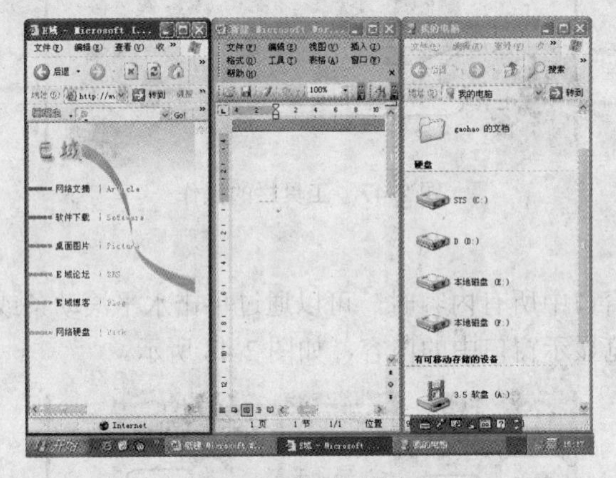

图 2-51　纵向平铺窗口

单击“显示桌面”命令，将会最小化所有当前打开的窗口（包括对话框以及一些软件界面），只是显示出桌面。

注意

对窗口的操作是使用 Windows 操作系统的基础，用户应很好地掌握。

2.1.7　创建和删除快捷方式

通过“快捷方式”能迅速地访问程序、文件夹等资源，从而减少了用户的鼠标单击操作，相应加快了工作效率，也避免了错选程序的情况。下面将对如何创建及删除快捷方式进行详细讲解。

1. 创建快捷方式

创建快捷方式主要有以下两种方法，用户可根据个人习惯进行选择。

方法 1　利用“创建快捷方式”向导创建快捷方式。

步骤 01　在需要创建快捷方式处（文件夹内或桌面上）右击鼠标，在弹出的快捷菜单中单击“新建>快捷方式”命令，如图 2-52 所示。

步骤 02　弹出“创建快捷方式”对话框，在“请键入项目的位置”文本框中输入需要创建快捷方式资源的路径，或是单击“浏览”按钮从中查找选中资源，如图 2-53 所示。

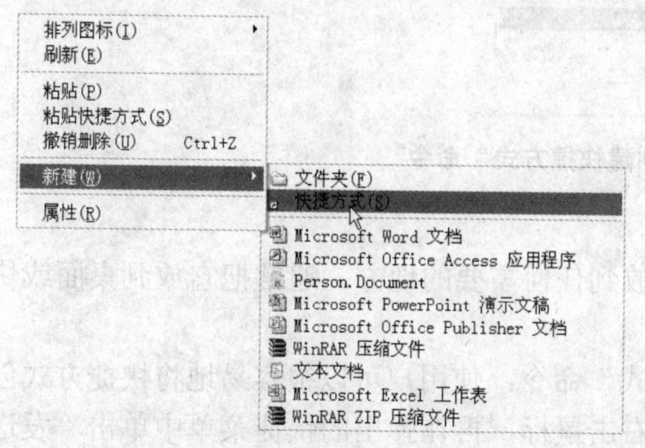

图 2-52　单击“新建>快捷方式”命令

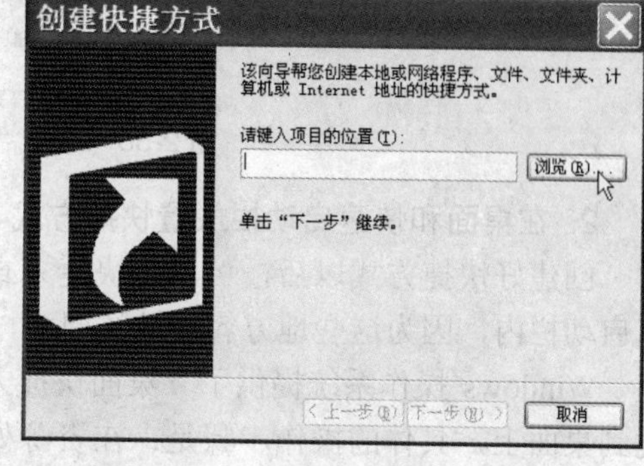

图 2-53　“创建快捷方式”对话框

步骤 03　在弹出的“浏览文件夹”对话框中查找并选中需要创建快捷方式的资源，然后单击“确定”按钮，如图 2-54 所示，接着在返回的“创建快捷方式”对话框中单击“下一步”按钮。

步骤 04　弹出“选择程序标题”对话框，在“键入该快捷方式的名称”文本框中输入快捷方式的名称，然后单击“完成”按钮创建快捷方式，如图 2-55 所示。

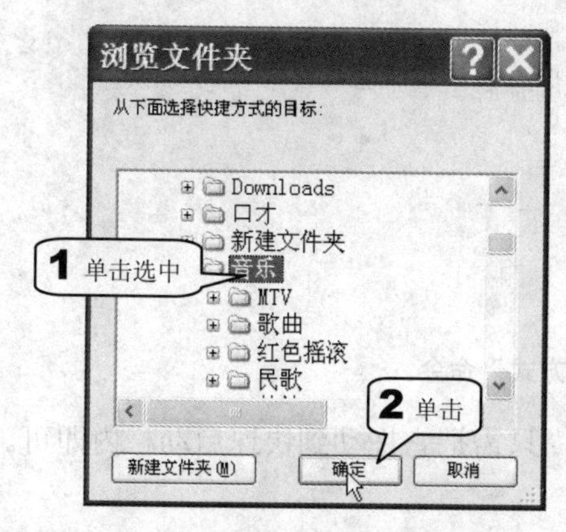

图 2-54　选择资源

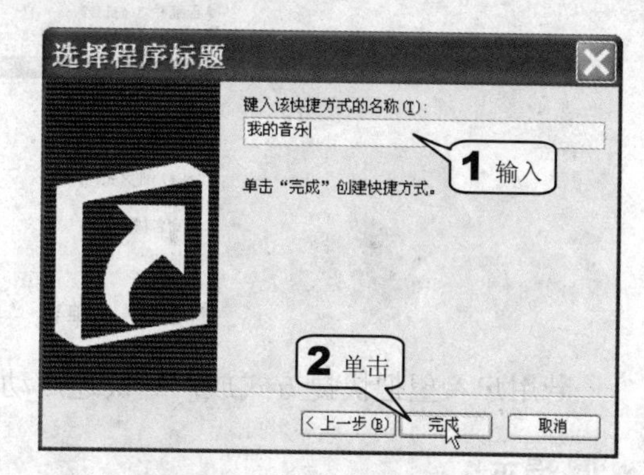

图 2-55　完成快捷方式的设置

方法 2　利用快捷菜单创建。右击需要创建快捷方式的资源，弹出快捷菜单，单击“创建快捷方式”命令，如图 2-56 所示，这时在资源的相同位置处（同一文件夹或桌面）出现快捷方式。

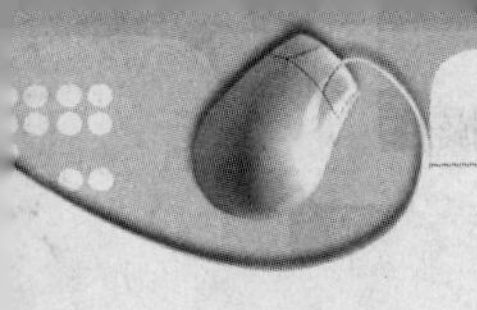

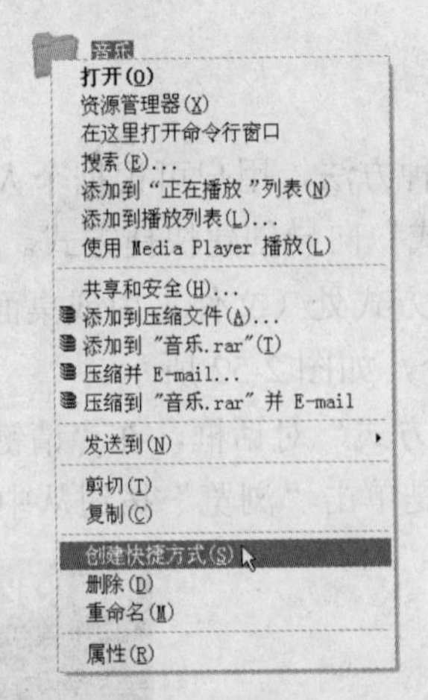

图 2-56 单击“创建快捷方式”命令

2. 在桌面和快速启动栏放置快捷方式

创建好快捷方式以后，可以把快捷方式放到任何需要的地方，通常把它放到桌面或快速启动栏内，因为这些地方容易被访问。

Windows 操作系统提供了“桌面快捷方式”命令，使用户可以很容易地将快捷方式创建到桌面上，具体的操作步骤是：在资源处右击鼠标，再在弹出的快捷菜单中单击“发送到>桌面快捷方式”命令，如图 2-57 所示。

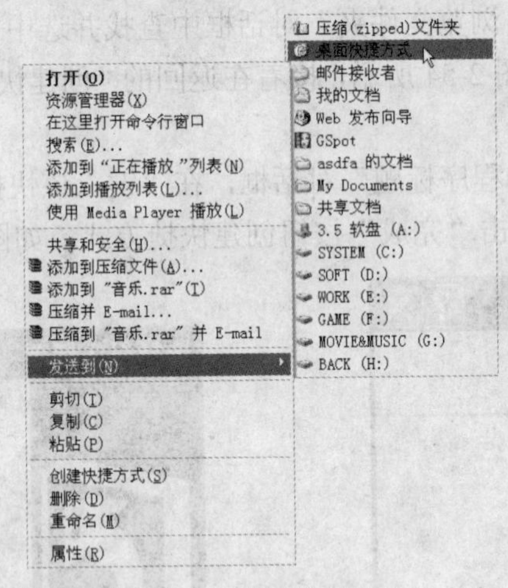

图 2-57 单击“桌面快捷方式”命令

若用户希望把快捷方式放入到快速启动栏中时，只需把它拖动到快速启动栏内即可。

提示

也可以采用“剪切”和“粘贴”命令将已经创建好的快捷方式移动到桌面上。

3. 删除快捷方式

由于快捷方式只是指向资源的指针，因此删除它并不会对它所指向的资源造成损坏。方法是右击该快捷方式，在弹出的快捷菜单中单击“删除”命令即可，如图 2-58 所示。

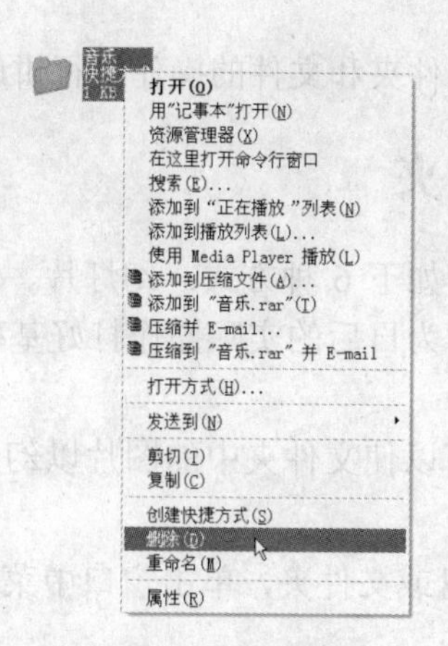

图 2-58　删除快捷方式

2.2　文件和文件夹的管理

文件夹是用于保存文件的场所，可以理解为实际生活中的文件包；文件是以实现某种功能或某个软件的部分功能为目的而定义的一个单位，相当于实际生活中文件包里的文稿，文件的种类有很多，比如执行文件、文档文件、图片文件、视频文件等。

在 Windows XP 中文件由图标和文件名组成，但只有安装了相应的软件，才能正确显示这个文件的图标，文件名由用户自定义的文件名和扩展名组成，以如图 2-59 所示的视频文件为例，文件名是“联想面试.rm”，它的前半部分是用户自定义的文件名“联想面试”，后面是系统自动生成的扩展名（或叫做后缀名）“.rm”，扩展名表示该文件的类型。

图 2-59　视频文件

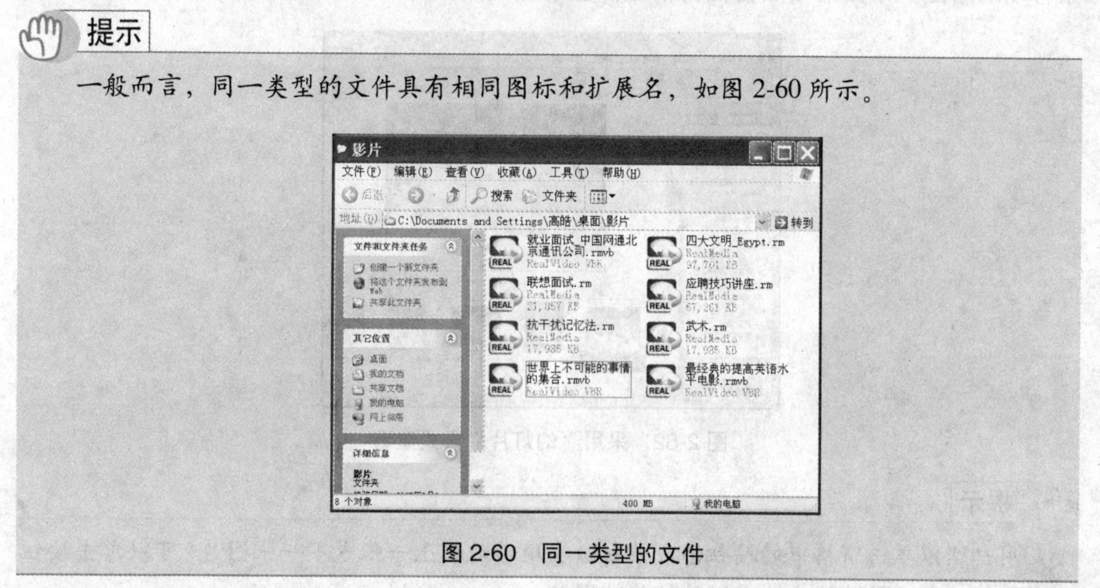

提示

一般而言，同一类型的文件具有相同图标和扩展名，如图 2-60 所示。

图 2-60　同一类型的文件

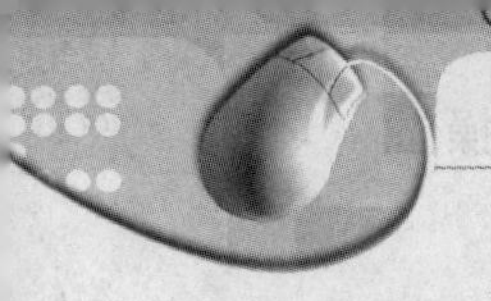

下面将通过实际的例子对文件夹和文件的操作进行讲解。

2.2.1 查看文件和文件夹

文件和文件夹的查看主要有如下 6 种方式：幻灯片、缩略图、平铺、图标、列表和详细信息，下面将详细进行讲解，为日后的实际操作打好基础。

1. 幻灯片查看方式

使用幻灯片方式查看文件可以使文件夹中的图片以幻灯片的方式进行显示，具体操作步骤如下。

步骤 01 打开要查看的盘或文件夹，单击窗口中菜单栏内的“查看>幻灯片”命令，如图 2-61 所示。

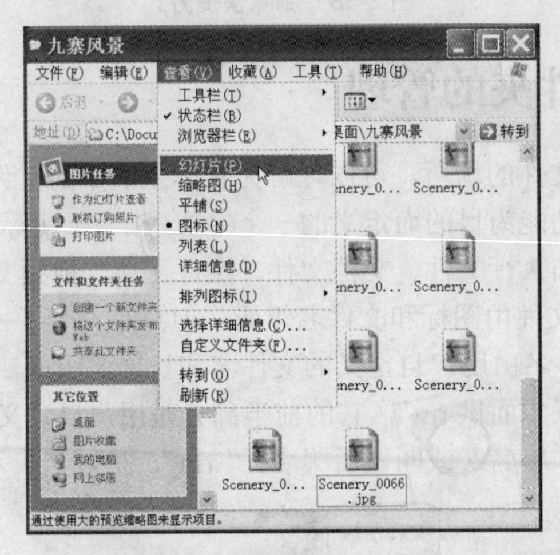

图 2-61 单击“幻灯片”命令

步骤 02 这时在窗格的底部出现一排缩略图和一个水平滚动条，可以通过滑动滚动条移动缩略图，单击缩略图会在窗格上部显示放大的图片，如图 2-62 所示。

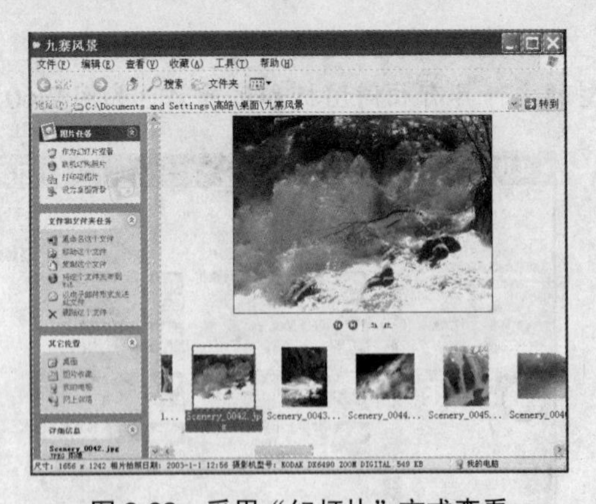

图 2-62 采用“幻灯片”方式查看

提示

用户可以单击窗格中的按钮 或按钮 实现移动到上一张或下一张图片，可以单击按钮 或按钮 实现顺时针旋转或逆时针旋转图片。

2. 缩略图查看方式

使用缩略图查看方式可以使用户很方便地查看图片文件或存储有图片文件的文件夹，这些缩略图实际上就是图片文件的缩略图，其具体的操作步骤为：打开需要查看的盘或文件夹，单击窗口中菜单栏内的“查看>缩略图”命令，得到如图 2-63 所示的显示效果。

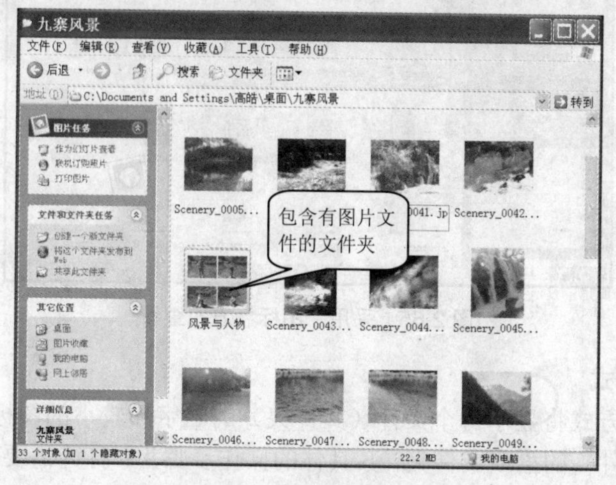

图 2-63　采用“缩略图”方式查看

3. 平铺查看方式

使用平铺查看方式将显示出每个文件（文件夹）的名字、图标以及一些相关信息，有利于查看包含有较少文件（文件夹）的盘或文件夹，其具体的操作步骤为：打开需要查看的盘或文件夹，单击窗口中菜单栏内的“查看>平铺”命令，得到如图 2-64 所示的显示效果。

图 2-64　采用“平铺”方式查看

4. 图标查看方式

使用图标查看方式将只显示每个文件（文件夹）的名字和图标，其具体的操作步骤为：打开需要查看的盘或文件夹，单击窗口中菜单栏内的“查看>图标”命令，得到如图 2-65 所示的效果。

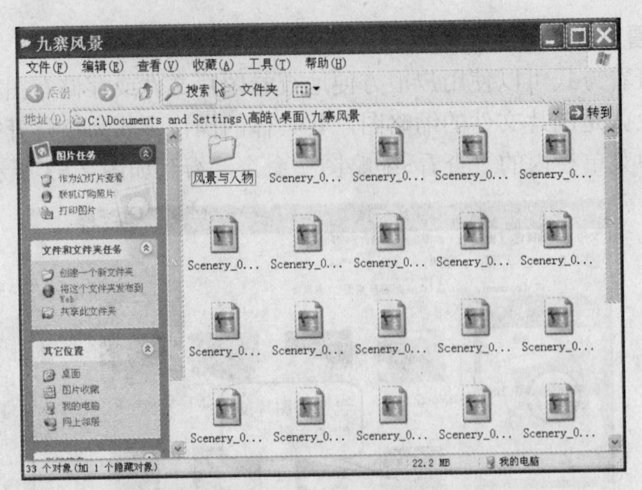

图 2-65　采用“图标”方式查看

5. 列表查看方式

使用列表查看方式将显示每个文件（文件夹）的名字和较小的图标，它有利于查看包含有大量文件和文件夹的盘或文件夹，其具体的操作步骤为：打开需要查看的盘或文件夹，单击窗口中菜单栏内的“查看>列表”命令，得到如图 2-66 所示的显示效果。

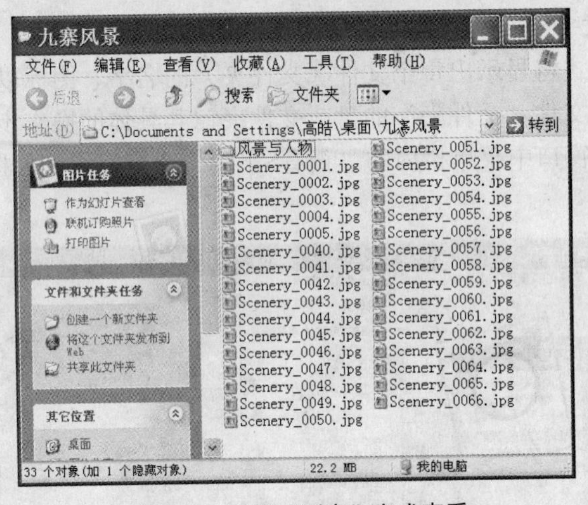

图 2-66　采用“列表”方式查看

6. 详细信息查看方式

使用详细信息查看方式将显示出每个文件的详细信息，用户可以自己设置采用详细信息查看方式后显示的信息种类，其具体操作步骤如下。

步骤 01　打开需要查看的盘或文件夹，单击窗口菜单栏内的“查看>选择详细信息”命令，如图 2-67 所示。

步骤 02　弹出“选择详细信息”对话框，在“详细信息”选项区中用鼠标单击选中或使用“上移”、“下移”、“显示”、“隐藏”按钮选中需要显示的详细信息，然后单击“确定”按钮，如图 2-68 所示。

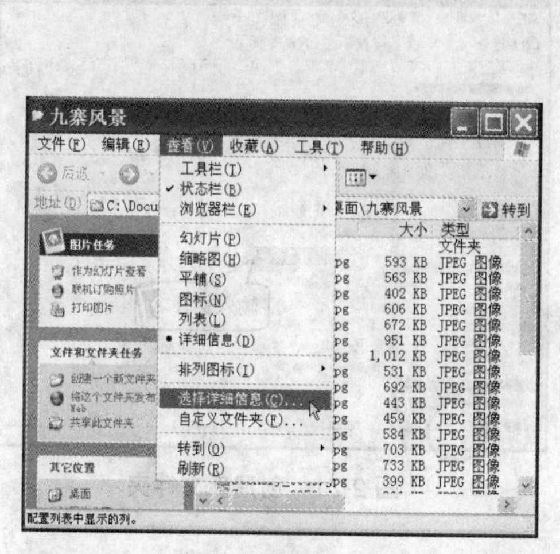

图 2-67　单击“查看选择详细信息”命令

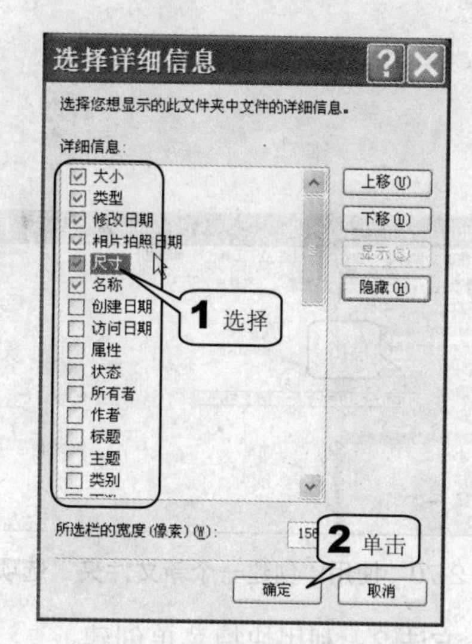

图 2-68　设置详细信息种类

步骤 03　单击窗口中菜单栏内的“查看>详细信息”命令，得到如图 2-69 所示的显示效果。

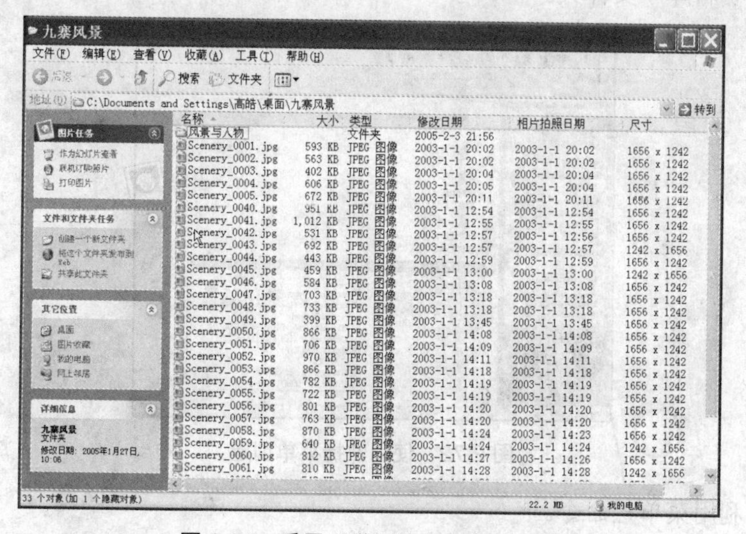

图 2-69　采用“详细信息”方式查看

2.2.2　创建“公司资料库”文件夹

创建“公司资料库”文件夹的方法有以下 3 种。

方法 1　利用窗口左侧的“创建一个新文件夹”选项创建，这里以在 G 盘中新建一个文件夹为例，其具体操作步骤如下。

步骤 01　打开要在其中建立文件夹的盘或文件夹，这里打开 G 盘，单击窗口左侧“文件和文件夹任务”选项区中的“创建一个新文件夹”选项，如图 2-70 所示。

步骤 02　这时在窗格中出现标有“新建文件夹”字样的文件夹，输入文件名“公司资料库”后按 Enter 键确定，如图 2-71 所示。

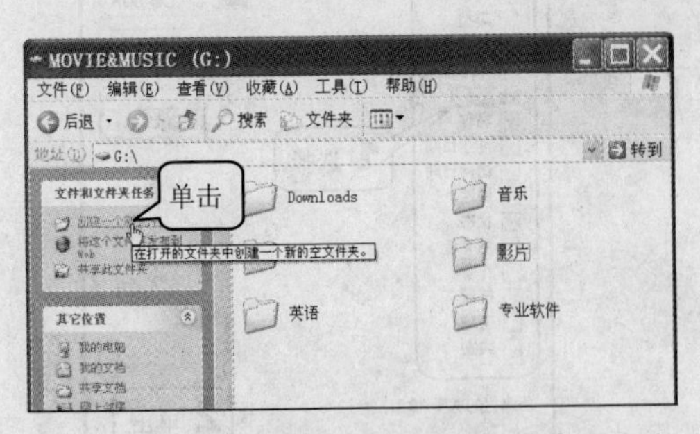

图 2-70 使用“创建一个新文件夹”选项创建

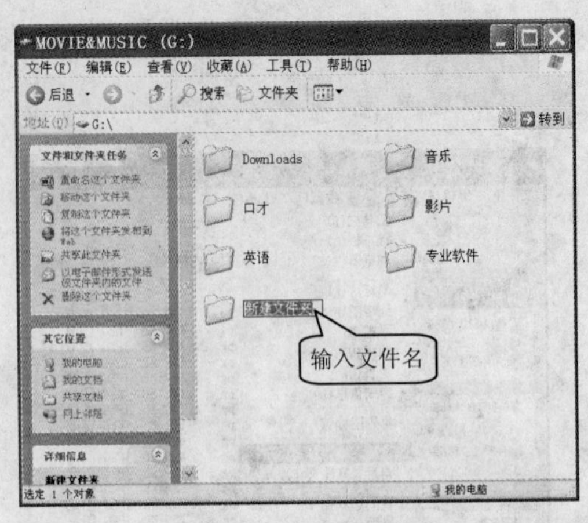

图 2-71 创建新文件夹

方法 2 利用快捷菜单创建。

打开要在其中建立文件夹的盘或文件夹，再在窗格内的空白处右击鼠标，弹出快捷菜单，单击快捷菜单中的“新建>文件夹”命令，如图 2-72 所示，再重复方法 1 的步骤 2 即可得到“公司资料库”文件夹。

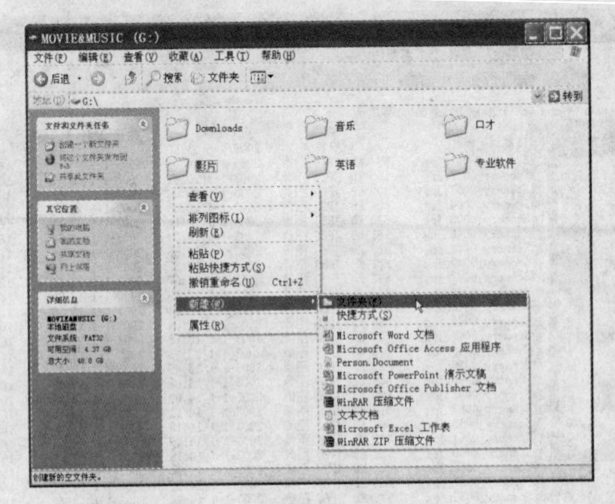

图 2-72 使用快捷菜单创建

方法 3 利用菜单栏命令。

打开要在其中建立文件夹的盘或文件夹，再单击窗口菜单栏中的“文件>新建>文件夹”命令，如图 2-73 所示，接着重复方法 1 的步骤 2 即可得到“公司资料库”文件夹。

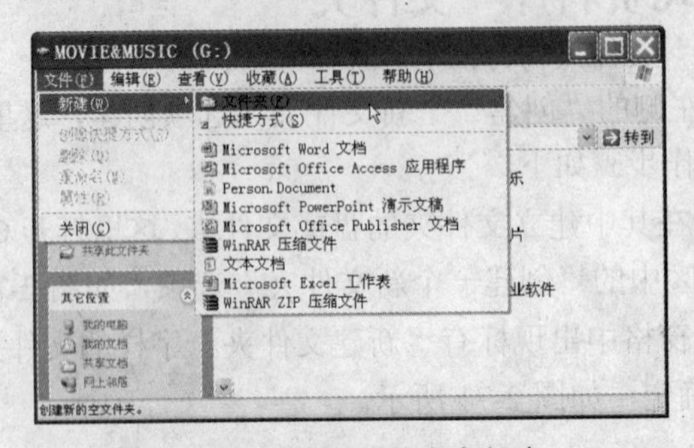

图 2-73 使用菜单命令创建

2.2.3　选择、移动与复制文件（文件夹）

下面将对如何选择、移动和复制文件（文件夹）进行讲解。

1. 选择文件（文件夹）

选择单个的文件（文件夹）比较简单，只需用鼠标单击要被选中的文件（文件夹）即可，选中后的文件（文件夹）将以蓝色显示，如图 2-74 所示。

选择一组相邻的文件（文件夹），首先单击该组的第一个文件（文件夹），然后按住 Shift 键再单击该组的最后一个文件（文件夹）即可，如图 2-75 所示。

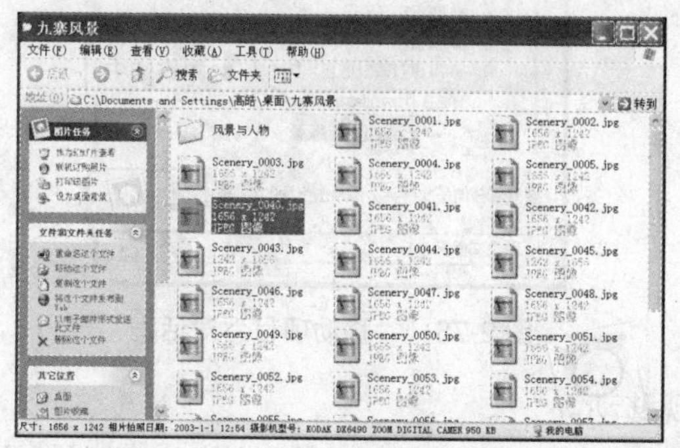

图 2-74　选择单个文件

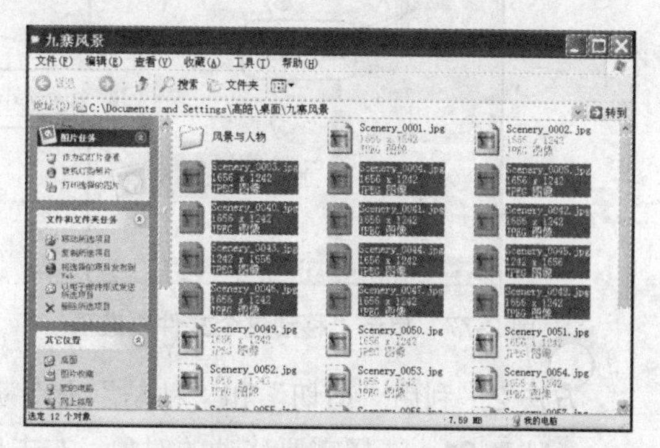

图 2-75　选择一组相邻文件

选择一组不相邻的文件（文件夹），首先选择第一个文件（文件夹），然后按下 Ctrl 键，再用鼠标逐一单击该组的其他文件（文件夹），如图 2-76 所示。

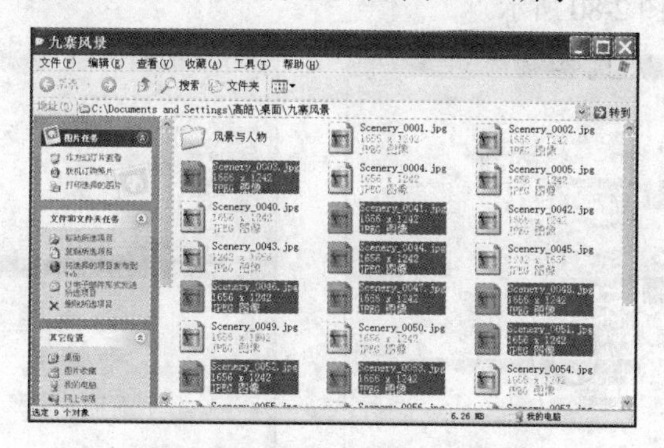

图 2-76　选择一组不相邻文件

2. 移动文件（文件夹）

经常会碰到需要把文件（文件夹）移动到计算机中别的位置的情况，例如把位于“我的文档”文件夹中编辑完成的“2006 年公司发展规划.doc”文件移动到“公司资料库”文件夹中，下面介绍两种常用的方法。

方法 1　利用“移动这个文件”、“移动这个文件夹”或“移动所选项目”选项移动。

步骤 01　选择需要移动的对象，若选择的对象只是单个的文件，窗口左侧会出现“移动这个文件”选项；若是单个的文件夹，窗口左侧会出现“移动这个文件夹”选项；若是多个文件或文件夹，则窗口左侧会出现“移动所选项目”选项，这里打开“我的文档”文件夹，单击选中“2006 年公司发展规划.doc”文件，然后再单击窗口左侧的“移动这个文

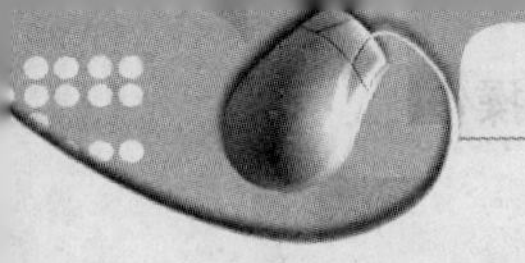

件”选项，如图 2-77 所示。

步骤 02 弹出“移动项目”对话框，在对话框中用鼠标单击选中对象要移动到的位置，这里选中 G 盘下的“公司资料库”文件夹，最后单击“移动”按钮完成操作，如图 2-78 所示。

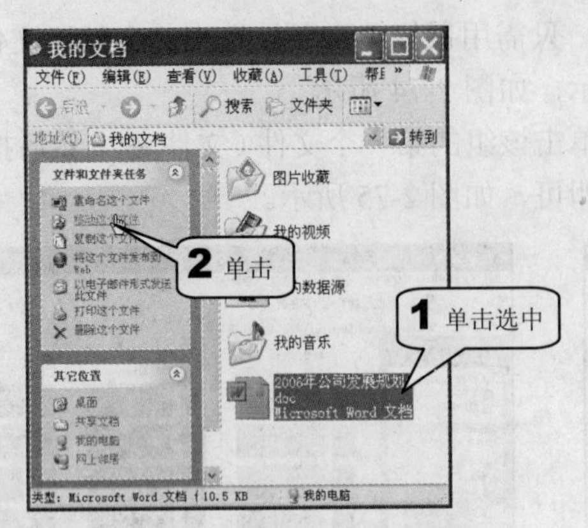

图 2-77 单击“移动这个文件”选项

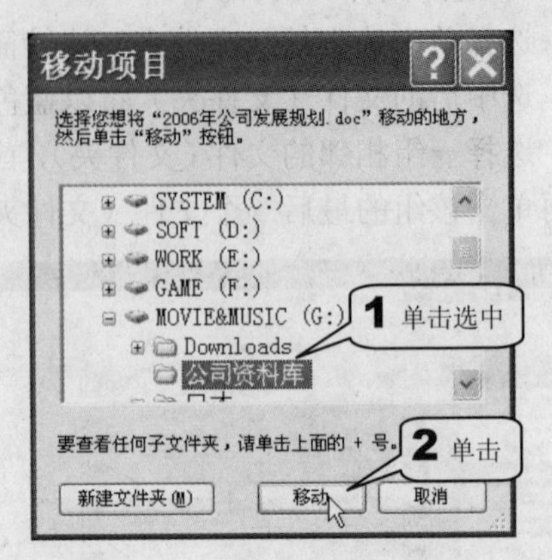

图 2-78 “移动项目”对话框

方法 2 利用“剪切”和“粘贴”命令实现移动。

步骤 01 选择需要移动的对象，右击鼠标，在弹出的快捷菜单中单击“剪切”命令，如图 2-79 所示。

步骤 02 在目标文件夹中的空白处右击鼠标，弹出快捷菜单，单击快捷菜单中的“粘贴”命令完成操作，如图 2-80 所示。

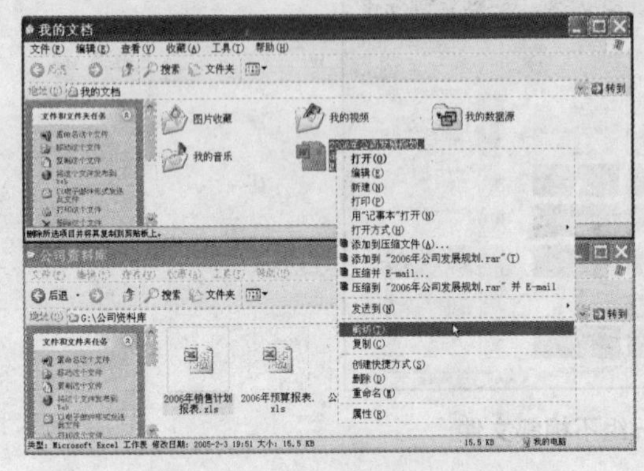

图 2-79 单击“剪切”命令

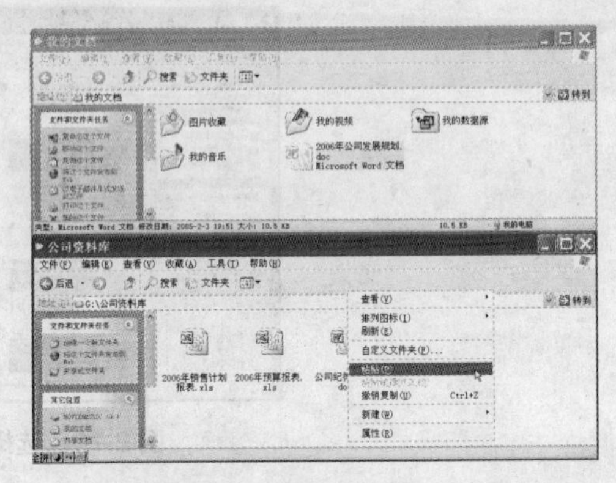

图 2-80 单击“粘贴”命令

3. 复制文件（文件夹）

为了保证重要文件（文件夹）的安全，需要将其进行复制备份存放到别的地方，或者当需要和他人共享文件（文件夹）时也要用到复制操作。

执行复制操作和执行移动操作的步骤类似，只是执行移动操作后改变了原文件（文件夹）的存放位置，而执行复制操作后原文件（文件夹）仍然存放于原来的位置，在目标位置处生成与原文件（文件夹）完全一样的文件（文件夹），下面以复制“我的文档”文件夹里的“2006 年公司发展规划.doc”文件到“公司资料库”文件夹为例，介绍 4 种常用的复制方法。

方法 1　利用“复制这个文件”、“复制这个文件夹”或“复制所选项目”选项复制。

步骤 01　选择需要复制的对象，单击窗口左侧的“复制这个文件”（或“复制这个文件夹”或“复制所选项目”）选项；

这里单击选中“2006 年公司发展规划.doc”文件，然后单击窗口左侧的“复制这个文件”选项，如图 2-81 所示。

步骤 02　弹出“复制项目”对话框，在对话框中用鼠标单击选中目标位置，这里选中 G 盘下的“公司资料库”文件夹，单击“复制”按钮完成操作，如图 2-82 所示。

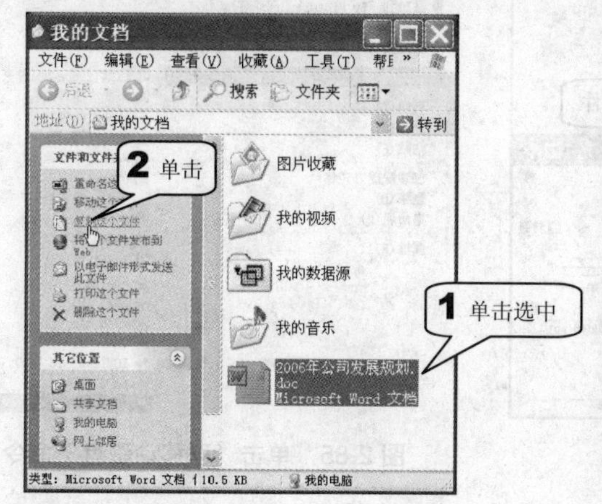

图 2-81　单击“复制这个文件”命令

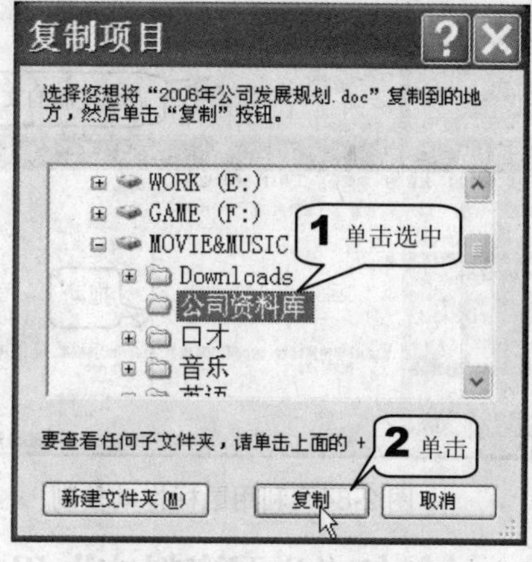

图 2-82　“复制项目”对话框

方法 2　利用“复制”和“粘贴”命令实现复制。

步骤 01　选择需要复制的对象，右击鼠标，在弹出的快捷菜单中单击“复制”命令，如图 2-83 所示。

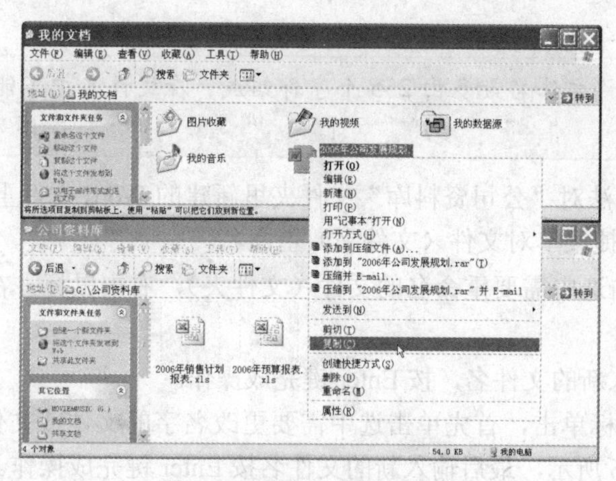

图 2-83　单击“复制”命令

步骤 02　在目标文件夹“公司资料库”中的空白处右击鼠标，弹出快捷菜单，单击快捷菜单中的“粘贴”命令即可。

方法 3　利用鼠标拖动，打开目标文件夹，将需要复制的文件（文件夹）拖动到目标文件夹内，如图 2-84 所示。

方法 4　利用“发送到”选项将文件（文件夹）复制到其他盘，这里以将“2006 年公司发展规划.doc”文件复制到 U 盘为例说明具体的操作步骤：选择需要复制的对象，右击鼠标，在弹出的快捷菜单中单击“发送到>可移动磁盘”命令，即可完成复制操作，如图 2-85 所示。

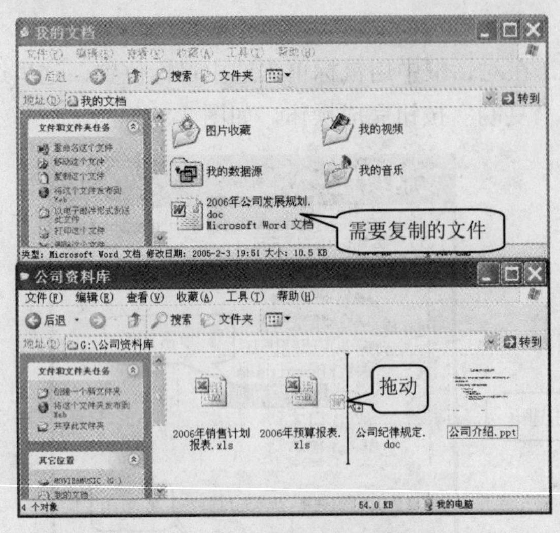

图 2-84　利用鼠标拖动复制

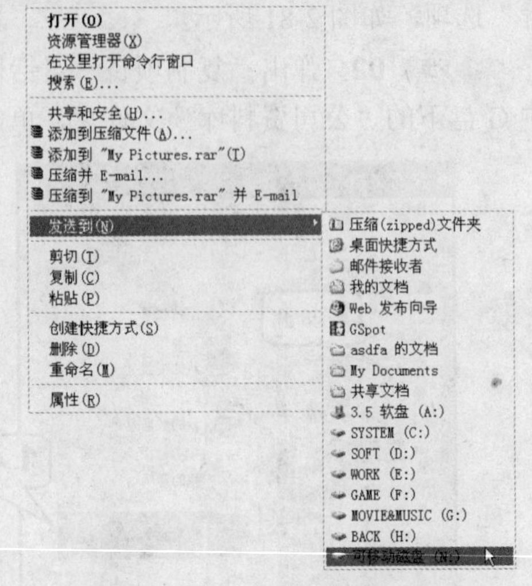

图 2-85　单击“可移动磁盘”命令

2.2.4　命名“公司资料库”里的文件（文件夹）

对新建的文件（文件夹）重命名可以方便用户对其进行管理，而且 Windows XP 操作系统不允许在同一文件夹内包含有多个相同文件名的文件（文件夹），这也需要对同名文件（文件夹）进行重命名操作。

注意

Windows XP 允许文件名最多由 255 个字符组成，在文件名中不能出现“<”、“>”、“:”、“*”、“?”、“、”、“/”、“|”、“ “”、“” ”等符号。

下面将以 3 种方法对“公司资料库”文件夹里新建的 Word 文件重命名。

方法 1　利用快捷菜单对文件（文件夹）重命名。

步骤 01　单击选中需要重命名的文件（文件夹），右击鼠标，在弹出的快捷菜单中单击“重命名”命令。

步骤 02　输入新的文件名，按 Enter 键完成操作。

方法 2　利用鼠标单击，首先单击选中需要更改名字的文件或文件夹，然后再在文件名处单击，如图 2-86 所示，最后输入新的文件名按 Enter 键完成操作。

图 2-86　单击选中文件的文件名

方法 3　利用“重命名这个文件”或 “重命名这个文件夹”选项重命名。

步骤 01　单击选中需要重命名的文件或者文件夹，若选中的是文件，单击窗口左侧的“重命名这个文件”选项；若选中的是文件夹，则单击窗口左侧的“重命名这个文件夹”选项，图 2-87 显示了选中对象是文件的操作。

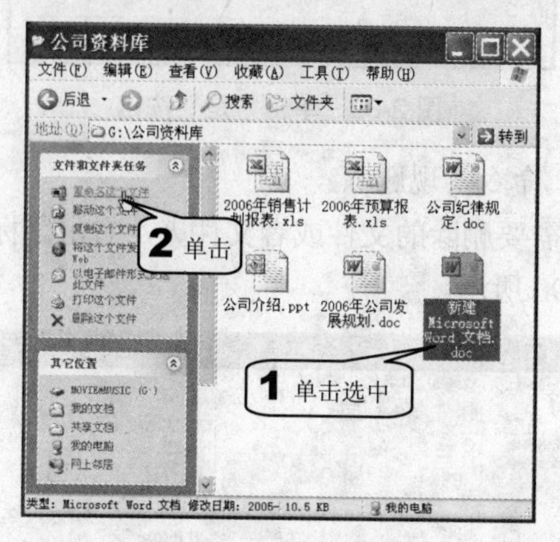

图 2-87　重命名文件

步骤 02　输入新的文件名，按 Enter 键完成操作。

需要注意的是在改名的过程中不要轻易对文件的扩展名进行修改，否则可能使文件打不开。

2.2.5　删除文件（文件夹）

由于删除文件和删除文件夹的操作完全一样，下面只以删除“公司资料库”文件夹里的文件名为“公司纪律规定.doc”的文件为例讲解常用的几种删除方法。

方法 1　利用“删除这个文件”、“删除这个文件夹”或“删除所选项目”选项删除。

步骤 01　选择需要删除的对象，单击窗口左侧的“删除这个文件”（或“删除这个文件夹”或“删除所选项目”）选项。这里单击选中“公司资料库”文件夹中的“公司纪律规定.doc”文件，然后单击窗口左侧的“删除这个文件”选项，如图 2-88 所示。

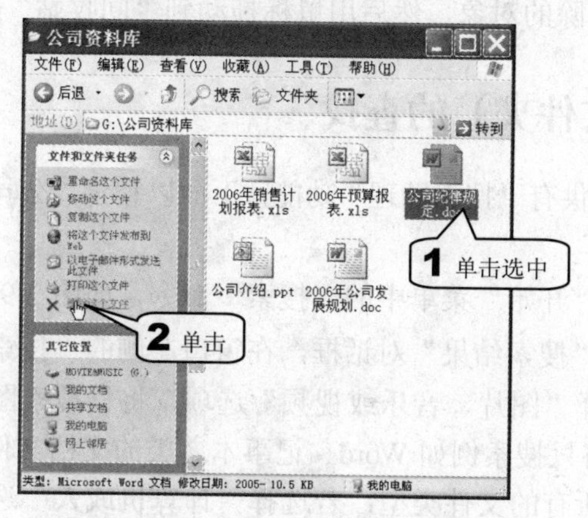

图 2-88　单击“删除这个文件”选项

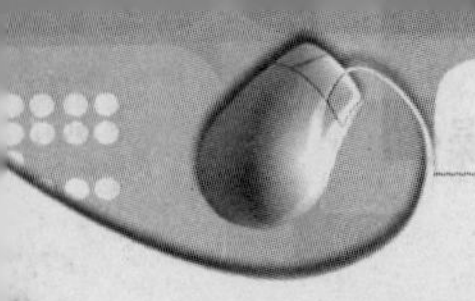

步骤 02 弹出“确认文件删除”对话框，单击“是”按钮完成操作，如图 2-89 所示。

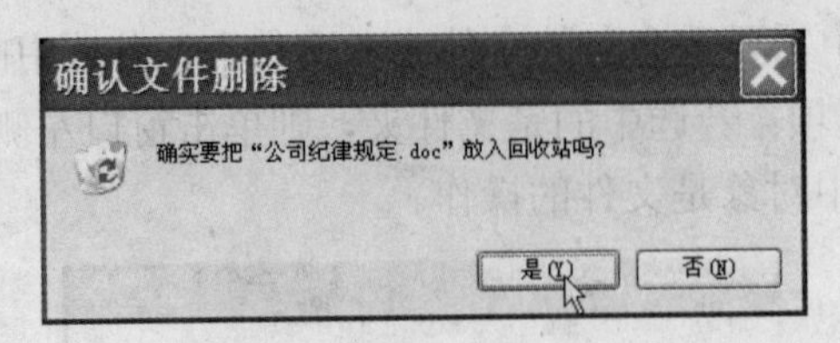

图 2-89 单击“是”按钮

方法 2 利用“删除”命令实现删除。

步骤 01 单击选中需要删除的文件或者文件夹，右击鼠标，在弹出的快捷菜单中单击“删除”命令，如图 2-90 所示。

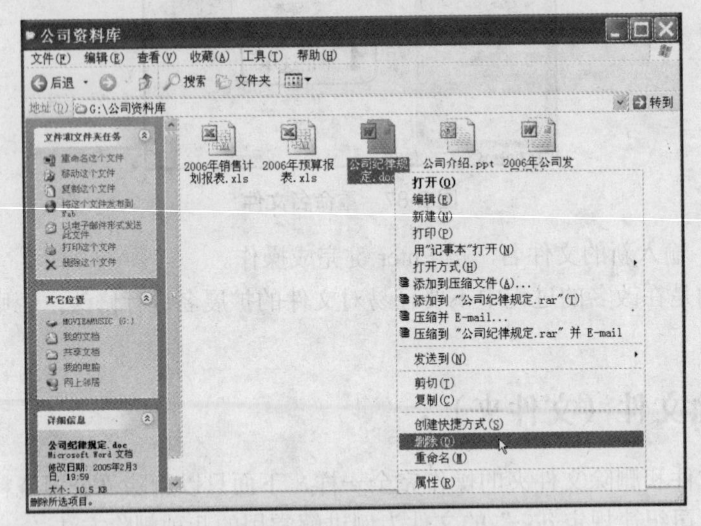

图 2-90 单击“删除”命令

步骤 02 重复方法 1 步骤 2 的操作，完成删除。

方法 3 利用键盘操作，首先选中要被删除的对象，按下键盘上的 Delete 键，在弹出的“确认文件删除”对话框中单击“是”按钮完成操作。

方法 4 选中要删除的对象，然后用鼠标拖动到“回收站”图标中。

2.2.6 文件（文件夹）的查找

Windows XP 中提供有“搜索助理”功能，下面以搜索“公司资料库”文件夹为例说明具体的操作步骤。

步骤 01 单击“开始”菜单中的“搜索”命令，如图 2-91 所示。

步骤 02 弹出“搜索结果”对话框，在窗口左侧的“搜索助理”窗格中单击选择需要搜索的类型，若选择“图片、音乐或视频”选项，将只搜索图片、音乐或视频文件；若选择“文档”选项，将只搜索例如 Word、记事本之类的文档文件；若选择“所有文件和文件夹”选项，将搜索所有的文件类型；若选择“计算机或人”选项，将搜索局域网中的计算机或通信簿中的人，这里单击选中“所有文件和文件夹”选项，如图 2-92 所示。

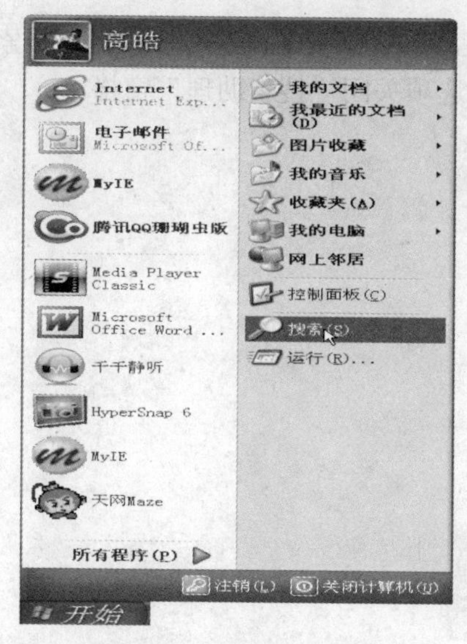

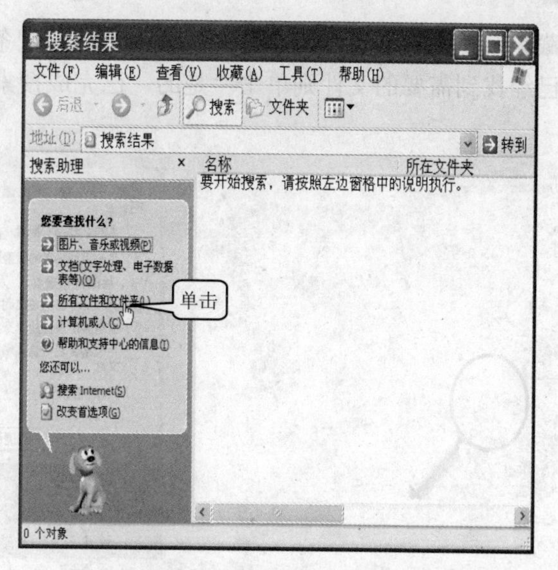

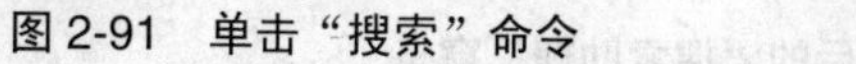
图 2-91　单击“搜索”命令

图 2-92　单击“所有文件和文件夹”选项

步骤 03　在“搜索助理”窗格中的“全部或部分文件名”文本框中输入文件名或部分文件名，这里输入“公司资料库”，如果用户记得文件中的一个特殊的字或词组，可以将它输入到“文件中的一个字或词组”文本框中以缩小搜索范围，然后在“在这里寻找”下拉列表中指定搜索的范围，最后单击“搜索”按钮开始执行搜索操作，如图 2-93 所示。

步骤 04　搜索完成后返回一个与搜索条件匹配的搜索结果列表，在此列表中显示了文件夹的详细信息，从图 2-94 中可以看到“公司资料库”文件夹出现在该列表中，双击可打开此文件夹。

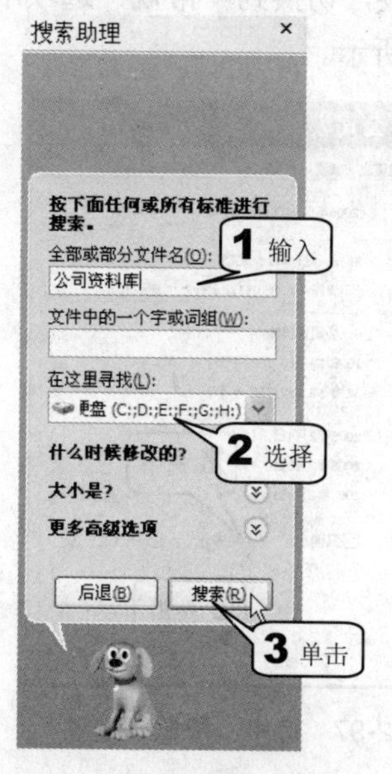

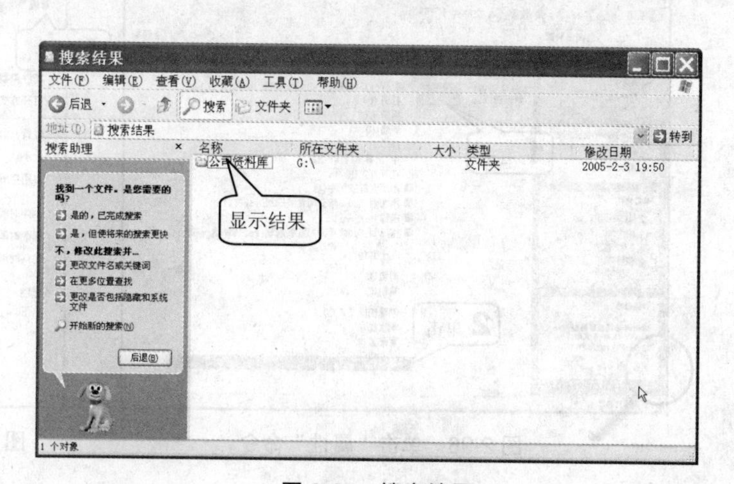

图 2-93　“搜索助理”窗格

图 2-94　搜索结果

步骤 05　搜索完成后“搜索助理”将出现如图 2-95 所示的选项，若没有找到需要的文件可以单击该窗格中的“更改文件名或关键词”、“在更多位置查找”和“更改是否包括

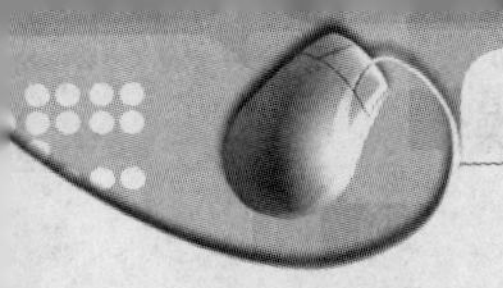

隐藏和系统文件”选项，在这些选项中更改匹配条件，然后单击“搜索”按钮再次搜索，若已经找到需要的文件则单击“是的，已完成搜索”选项关闭“搜索助理”窗格。

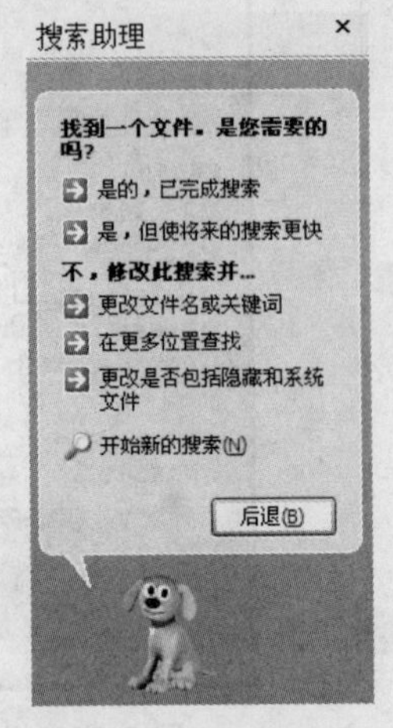

图 2-95　搜索操作完成后的“搜索助理”窗格

2.2.7　隐藏“公司资料库”里的重要文件（文件夹）

对一些重要且不希望被别人知道的文件，可以将它们隐藏，这里以隐藏“公司资料库”文件夹中的“2006 年公司发展规划.doc”文件为例讲解其具体的操作步骤。

步骤 01　右击需要隐藏的文件（或文件夹），在弹出的快捷菜单中单击“属性”命令，如图 2-96 所示。

步骤 02　在弹出的“属性”对话框中单击“常规”标签，切换到“常规”选项卡，再选中“隐藏”复选框，然后单击“确定”按钮，如图 2-97 所示。

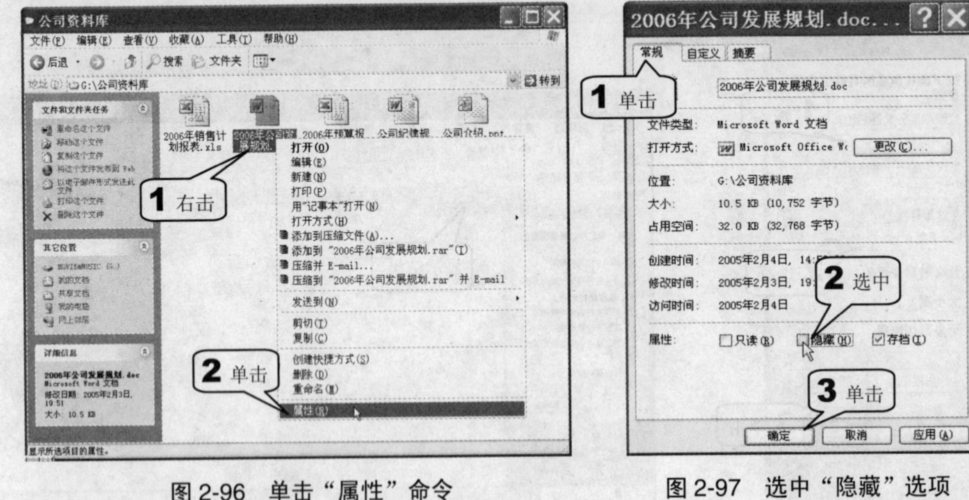

图 2-96　单击“属性”命令　　图 2-97　选中“隐藏”选项

步骤 03　接着单击窗口菜单栏中的“工具>文件夹选项”命令，如图 2-98 所示。

步骤 04　在弹出对话框的“查看”选项卡中单击“不显示隐藏的文件和文件夹”单选按钮，如图 2-99 所示。

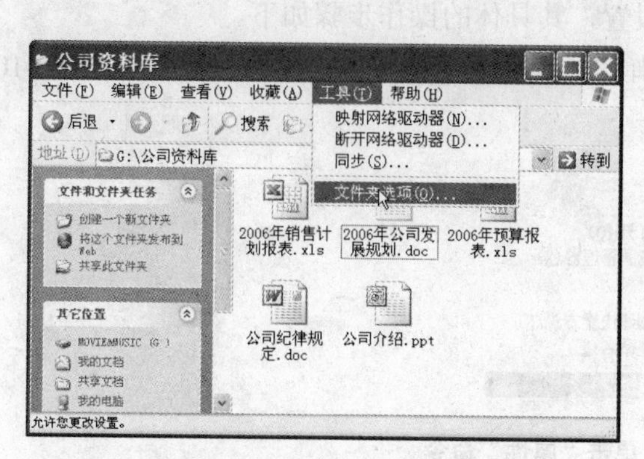

图 2-98　单击“工具>文件夹选项”命令

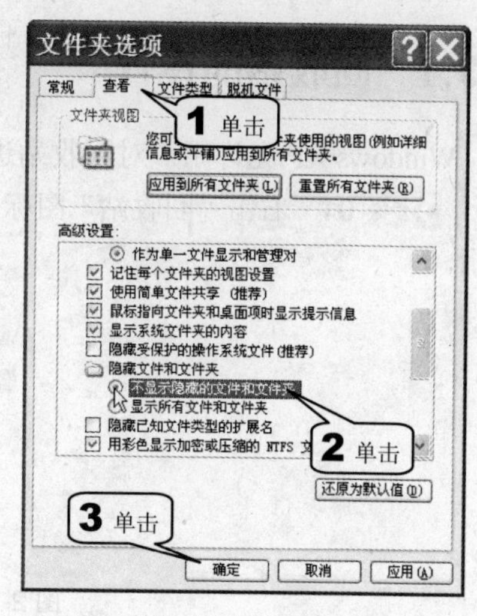

图 2-99　设置“文件夹选项”对话框

单击“确定”按钮完成设置后再次打开“公司资料库”文件夹时，发现“2006 年公司发展规划.doc”文件图标“不见”了。

2.2.8　显示被隐藏的文件（文件夹）

要对隐藏的文件（文件夹）进行操作，就必须先把它显示出来，具体操作步骤为：打开包含有隐藏文件（文件夹）的文件夹，然后单击窗口菜单栏中的“工具>文件夹选项”命令，在弹出的“文件夹选项”对话框中单击“查看”标签，再在“高级设置”列表框中单击“显示所有文件和文件夹”选项，最后单击“确定”按钮，如图 2-100 所示。

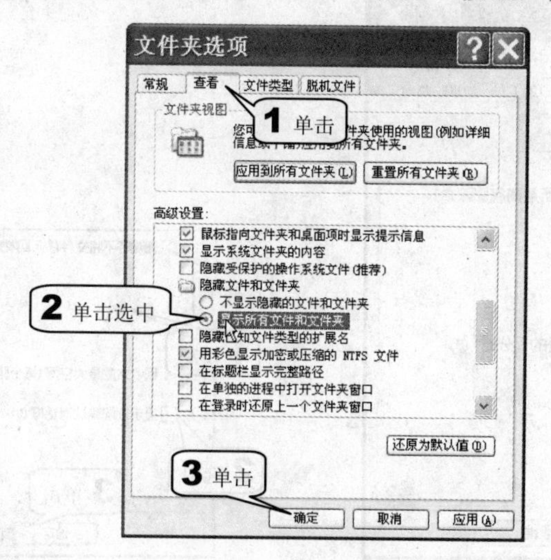

图 2-100　显示被隐藏文件

2.3　回收站的使用

回收站是一个临时存放删除文件（文件夹）的文件夹，当删除硬盘中的某个文件（文件夹）时，文件（或文件夹）会从原文件夹中消失，移动到“回收站”中。

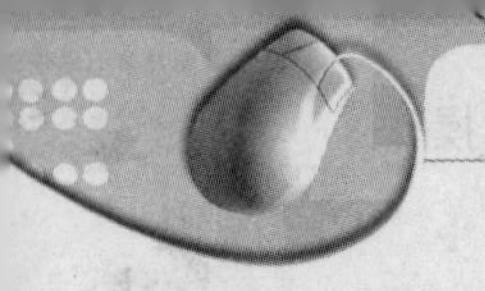

2.3.1 回收站的设置

Windows XP 允许用户对回收站进行设置，其具体的操作步骤如下。

步骤 01 右击“回收站”图标，在弹出的快捷菜单中单击“属性”命令，如图 2-101 所示。

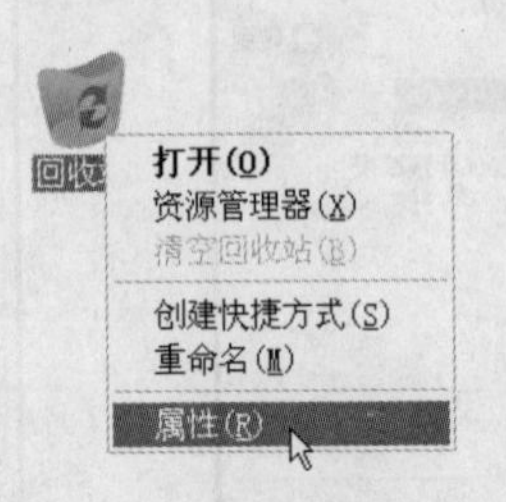

图 2-101 单击“属性”命令

步骤 02 弹出“属性”对话框，若每个盘都使用相同的回收站设置则单击选中“全局”选项卡下的“所有驱动器均使用同一设置”选项，如图 2-102 所示，否则单击选中“独立配置驱动器”选项，然后再单击其标签对各个盘进行单独设置。

步骤 03 若停用“回收站”，把删除的文件立刻永久地删除，则单击选中“删除时不将文件移入回收站，而是彻底删除”选项，不推荐使用，然后滑动“回收站的最大空间（每个驱动器的百分比）”滑动条设置回收站的空间，接着勾选“显示删除确认对话框”复选框，这样当删除文件（或文件夹）时会自动弹出删除确认对话框，最后单击“确定”按钮完成操作，如图 2-103 所示。

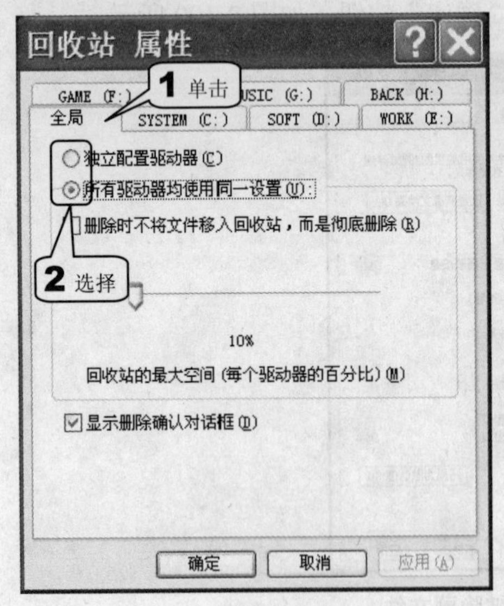

图 2-102 “回收站属性”对话框

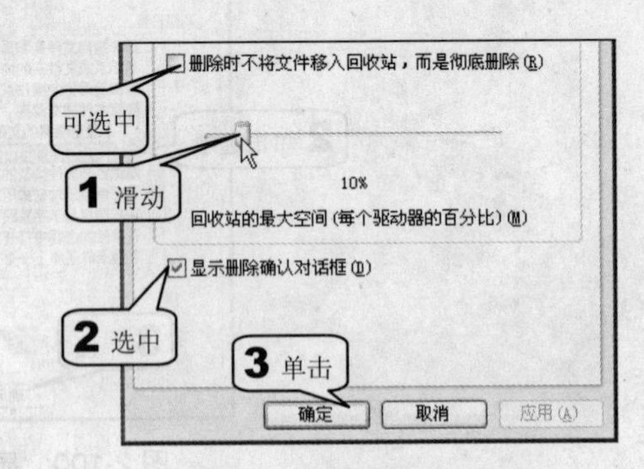

图 2-103 设置回收站属性

注意

如果回收站空间设置较小，当装满后系统将永久删除最早进入回收站里的文件（文件夹）以给后面删除的文件（文件夹）腾出空间。

2.3.2　永久删除

事实上回收站里存放的文件（文件夹）依然存放在磁盘上，仍然像没被删除一样占用着磁盘空间，只是在回收站里可以看到被删除的文件，用其他浏览工具看不到而已。

要释放这些被占用的磁盘空间，必须把删除的文件（文件夹）永久地删除掉，这里介绍以下几种常用方法。

方法 1　利用菜单栏里的“清空回收站”命令永久删除文件（文件夹）。

步骤 01　双击“回收站”图标，打开“回收站”窗口，然后单击 “文件>清空回收站”命令，如图 2-104 所示。

步骤 02　在弹出的“确认删除多个文件”对话框中单击“是”按钮，如图 2-105 所示，完成永久删除操作。

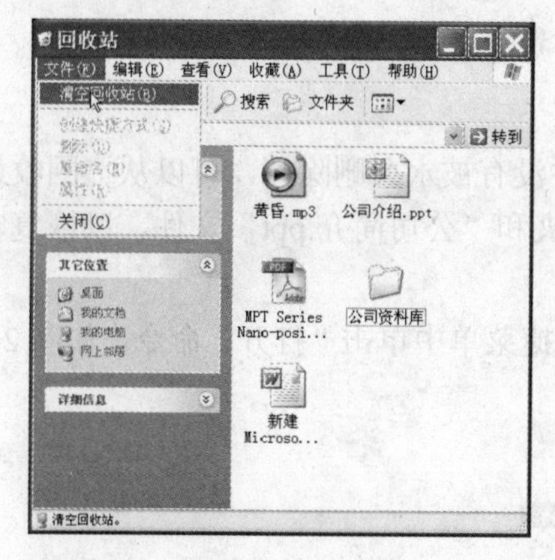

图 2-104　单击“清空回收站”命令

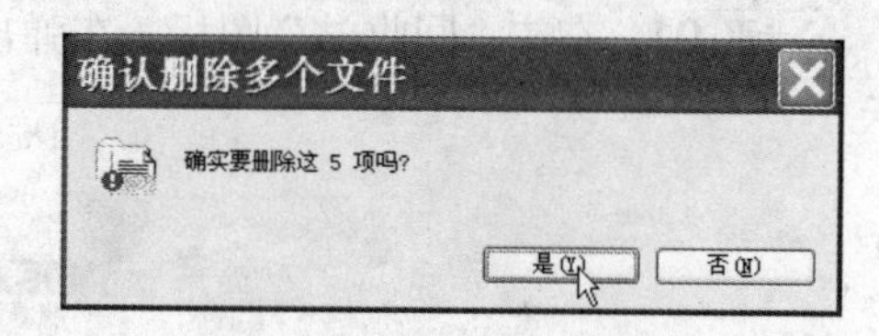

图 2-105　“确认删除多个文件”对话框

方法 2　利用“清空回收站”选项永久删除。

步骤 01　双击“回收站”图标，打开“回收站”窗口，单击窗口左侧的“清空回收站”选项，如图 2-106 所示。

图 2-106　单击“清空回收站”选项

步骤 02　重复方法 1 步骤 2 的操作即可完成永久删除。

方法 3 利用快捷菜单永久删除。

步骤 01 右击“回收站”图标，在弹出的快捷菜单中单击“清空回收站”命令，如图 2-107 所示。

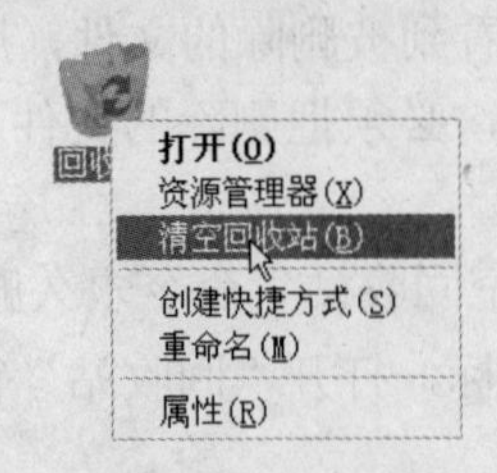

图 2-107 单击“清空回收站”命令

步骤 02 重复方法 1 步骤 2 的操作完成永久删除。

2.3.3 恢复回收站里的文件（文件夹）

如果用户误操作删除了需要的文件，若该文件没有被永久删除掉，可以从“回收站”里“找回”，这里假设误删了“公司资料库”文件夹和“公司简介.ppt”文件，以恢复它们为例说明具体的操作步骤。

步骤 01 右击“回收站”图标，在弹出的快捷菜单中单击“打开”命令，如图 2-108 所示。

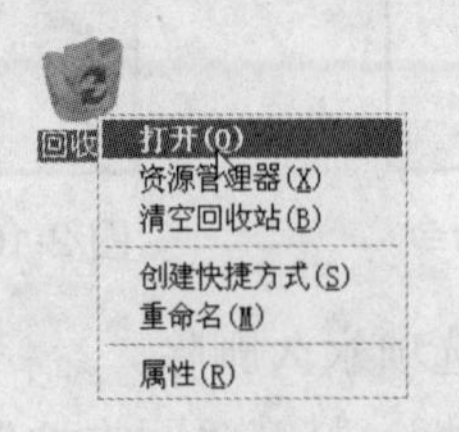

图 2-108 打开回收站

步骤 02 在打开的“回收站”窗口里选中需要被恢复的文件和文件夹——“公司资料库”文件夹和“公司简介.ppt”文件，单击窗口菜单栏中的“文件>还原”命令，如图 2-109 所示，即可将选中对象还原到原来的位置。

图 2-109 单击“还原”命令

如果要恢复“回收站”里的所有文件（文件夹），可以单击“回收站”窗口左侧的“还原所有项目”选项，如图 2-110 所示。

图 2-110　单击“还原所有项目”选项

用户也可以在“回收站”窗口中选中需要还原的文件（文件夹），然后单击该窗口左侧的“还原此项目”或“还原选定的项目”选项完成还原操作。

提示

用户也可以使用鼠标拖动，将“回收站”里的文件拖动到其他位置。

2.4　习题

一、填空题

1.Windows XP 安装过程中的格式化分区操作包含_____、_____两种格式。

2. 任务栏位于桌面底部，由_____、_____、_____、_____构成，它显示了_____，利用它可以很方便地在各个运行程序间切换。

3. 在 Windows XP 中文件名最多可以由____个字符组成，在文件名中不能出现_____、_____、_____、_____、_____等符号。

二、问答题

1. 简述如何设置 Windows 的界面。

2. 简述复制和移动操作的区别。

3. 如何永久删除文件（文件夹）？

第 3 章　Windows XP 的维护和日常管理

本章概要

本章将主要介绍 Windows XP 的维护和日常管理，通过本章的学习使用户可以掌握这些方法，提高计算机资源的利用率。

3.1　Windows 系统备份还原

系统还原是个重要的工具，如果系统发生故障，比如安装了某些程序或修改了注册表后系统不能正常工作，可以使用它还原。在执行还原操作前必须要对系统创建“还原点”，下面将介绍如何创建“还原点”及还原系统的方法。

1. 系统备份——创建“还原点”

只有创建了还原点后才能将系统还原到创建还原点时的状态，其具体的操作步骤如下。

步骤 01　单击“开始”按钮，在弹出的“开始”菜单中单击“控制面板”选项，如图 3-1 所示。

步骤 02　在弹出的“控制面板”窗口中双击“系统”图标，如图 3-2 所示。

图 3-1　单击“控制面板”选项

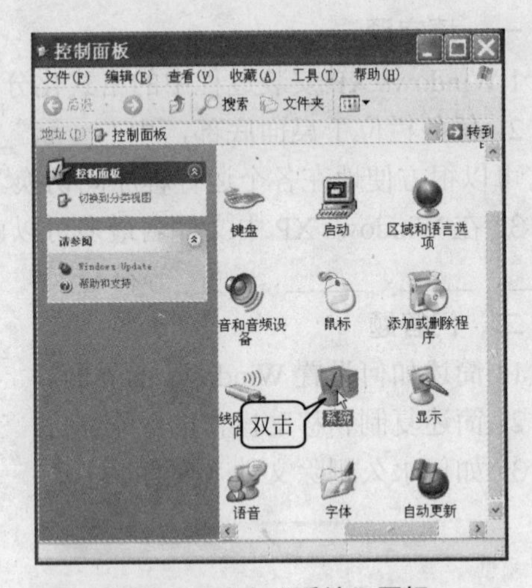

图 3-2　双击“系统”图标

步骤 03　弹出“系统属性”对话框，单击“系统还原”标签，切换到“系统还原”选项卡，若“在所有驱动器上关闭系统还原”复选框处于选中状态（即复选框前有对勾），单击取消选中状态。一般情况下系统文件放在 C 驱动器里，所以只需要对 C 驱动器进行设置，在“可用的驱动器”列表框中单击选中驱动器 C，再单击“设置”按钮，如图 3-3 所示。

步骤 04 弹出“驱动器设置”对话框，滑动“要使用的磁盘空间”滑动条上的滑动块，根据计算机硬盘的实际情况设置出适合的磁盘空间，如图 3-4 所示，需要注意的是设置的磁盘空间越大，能够创建的还原点就越多，但消耗的硬盘资源也越多，接着单击“确定”按钮。

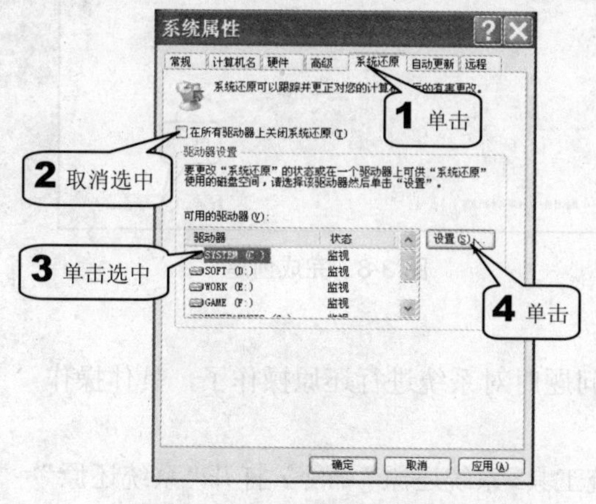

图 3-3 选中系统文件所在的驱动器

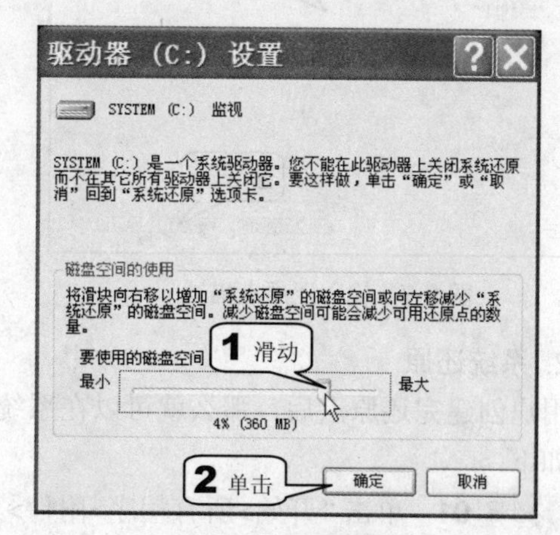

图 3-4 设置硬盘空间

步骤 05 设置完成后开始创建还原点，单击“开始”按钮，在“开始”菜单中单击“所有程序>附件>系统工具>系统还原”命令，如图 3-5 所示。

步骤 06 弹出“系统还原”对话框，显示“欢迎使用系统还原”界面，在“要开始，选择您想要执行的任务”选项区中选中“创建一个还原点”选项，然后单击“下一步”按钮，如图 3-6 所示。

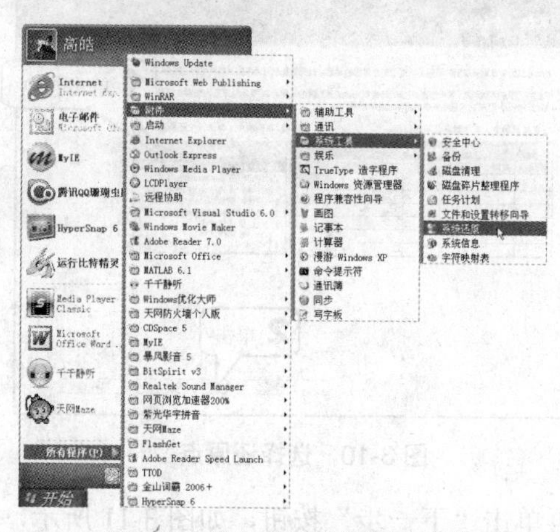

图 3-5 单击“系统还原”命令

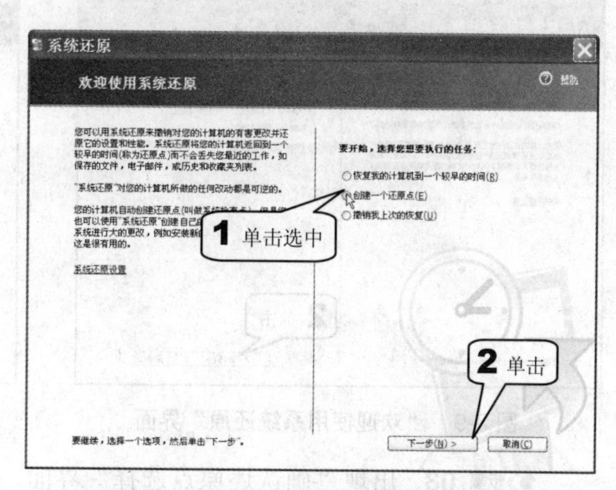

图 3-6 单击“创建一个还原点”选项

步骤 07 这时“系统还原”对话框中出现“创建一个还原点”界面，在“还原点描述”文本框中输入简短的描述，例如本例中的“安装千千静听程序之前”，然后单击“创建”按钮，如图 3-7 所示。

步骤 08 此时“系统还原”对话框中出现“还原点已创建”界面，单击“关闭”按钮完成创建，如图 3-8 所示。

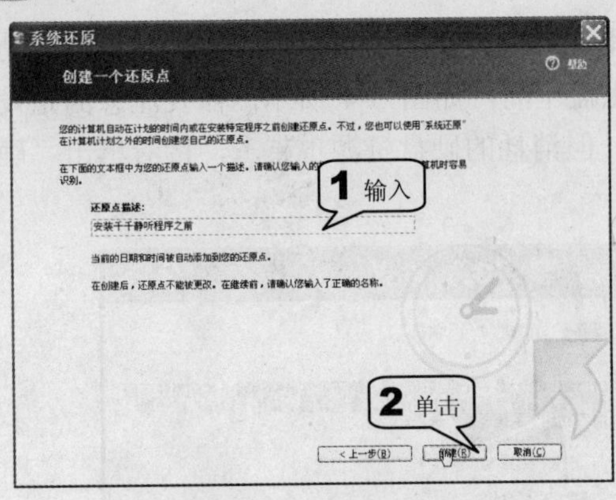

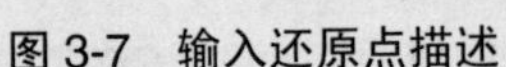
图 3-7 输入还原点描述

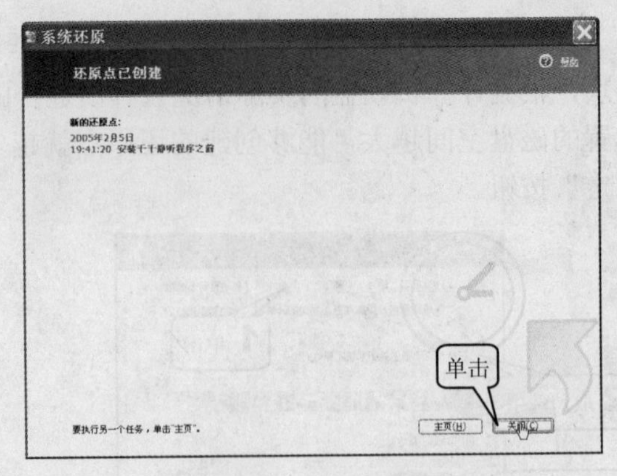

图 3-8 完成创建

2. 系统还原

用户创建完还原点后，那么就可以在系统出问题时对系统进行还原操作了，具体操作步骤如下。

步骤 01 单击“开始>所有程序>附件>系统工具>系统还原”命令，打开“系统还原”对话框，出现“欢迎使用系统还原”界面，单击选中“恢复我的计算机到一个较早的时间”选项，然后单击“下一步”按钮，如图 3-9 所示。

步骤 02 出现“选择一个还原点”界面，在日历表中用黑体表示含有“还原点”的日期，单击想要还原的日期，接着在列表中单击选中相应的还原点，然后单击“下一步”按钮，如图 3-10 所示。

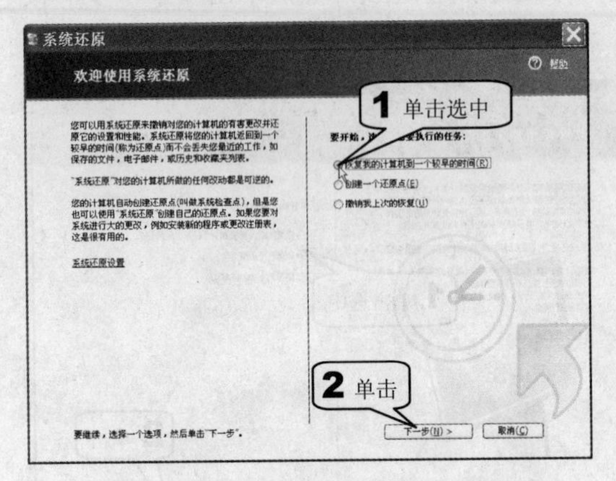

图 3-9 “欢迎使用系统还原”界面

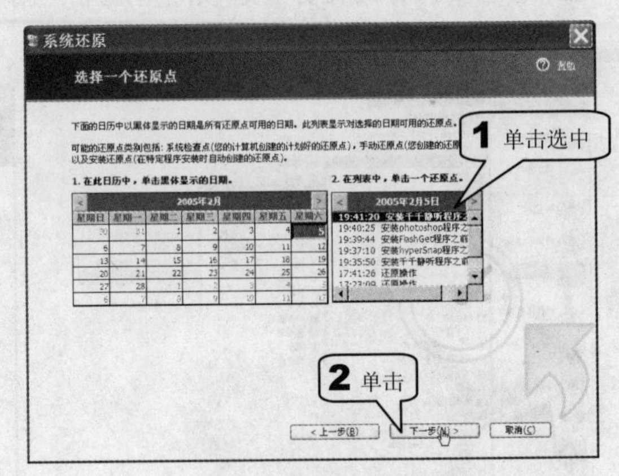

图 3-10 选择还原点

步骤 03 出现“确认还原点选择”界面，再单击“下一步”按钮，如图 3-11 所示，系统将被还原。

步骤 04 稍等片刻，计算机将重新启动 Windows XP，并在登录后显示“恢复完成”界面，单击“确定”按钮完成操作，如图 3-12 所示。

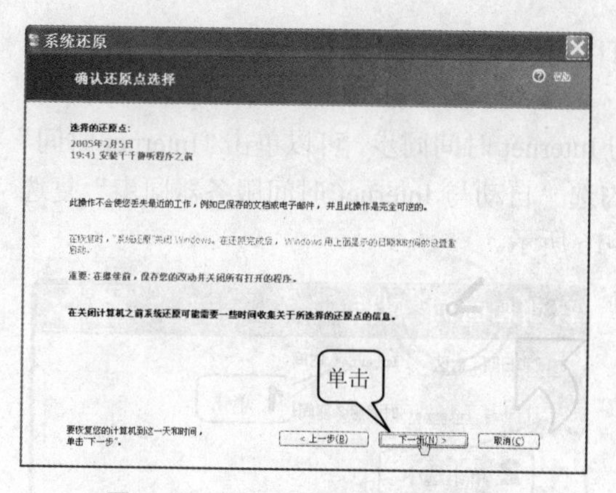

图 3-11　单击“下一步”开始还原

图 3-12　完成创建

注意

在单击“下一步”按钮之前用户应该关闭计算机中所有打开的程序，防止还原出错。

3.2　设置“控制面板”

利用“控制面板”能管理硬件设备，完成系统设置工作，下面将详细介绍它的一些具体作用。

3.2.1　设置日期和时间

在任务栏的最右侧是时钟区域，若将鼠标指针指向该区域会显示当前的日期，如果显示的日期或时间有误，可以采用以下步骤对其进行修改。

步骤 01　单击“开始”菜单中的“控制面板”选项，在弹出的控制面板窗口中双击“日期和时间”图标，如图 3-13 所示。

步骤 02　弹出“日期和时间属性”对话框，单击“时区”标签，切换到“时区”选项卡，在下拉列表中选中正确的时区，然后单击“时间和日期”标签，如图 3-14 所示。

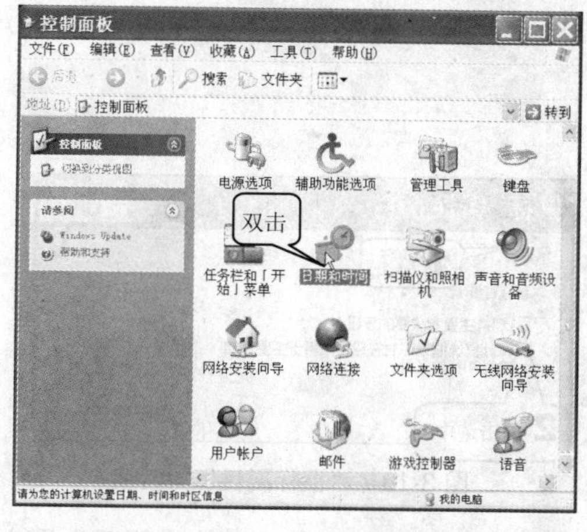

图 3-13　双击“日期和时间”图标

图 3-14　设置时区

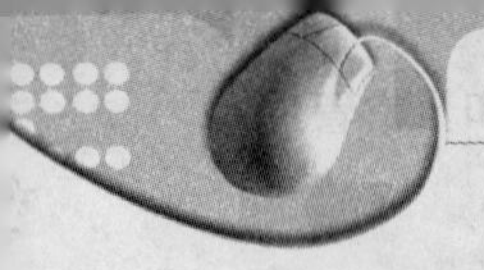

步骤 03　在“时间和日期”选项卡里可以调整年份和时间，以及选定日历里的日期和下拉列表中的月份，如图 3-15 所示。

步骤 04　若希望系统时钟可以自动的与 Internet 时间同步，可以单击“Internet 时间”标签，切换到“Internet 时间”选项卡，然后勾选“自动与 Internet 时间服务器同步”复选框，最后单击“确定”按钮完成操作，如图 3-16 所示。

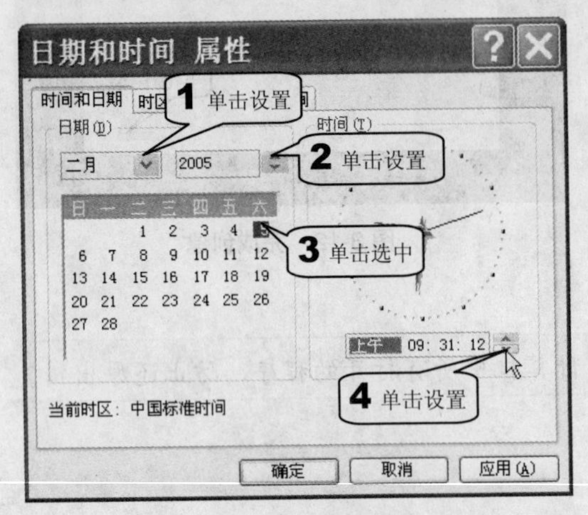

图 3-15　设置时间

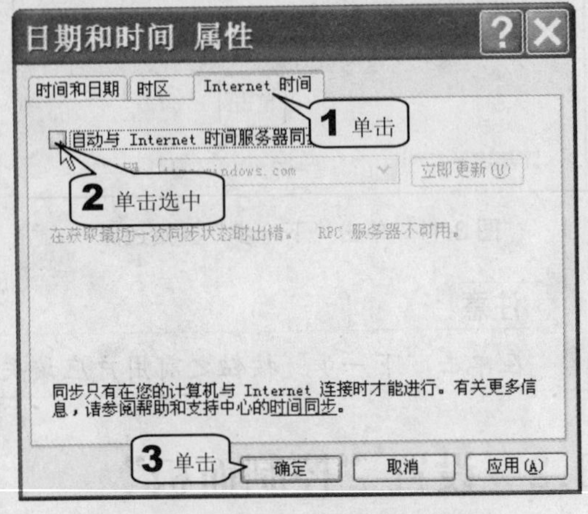

图 3-16　设置与服务器同步的时间

3.2.2　设置鼠标

鼠标是主要的输入设备，由于每个用户的操作习惯不一定相同，Windows XP 提供了个性化鼠标功能，通过设置可以使鼠标操作更符合用户的习惯，具体操作步骤如下。

步骤 01　单击“开始”菜单中的“控制面板”选项，在弹出的控制面板窗口中双击“鼠标”图标，如图 3-17 所示。

步骤 02　弹出“鼠标属性”对话框，单击“鼠标键”标签，切换到“鼠标键“选项卡，若用户是左撇子可以单击选中“切换主要和次要的按钮”复选框，如图 3-18 所示。

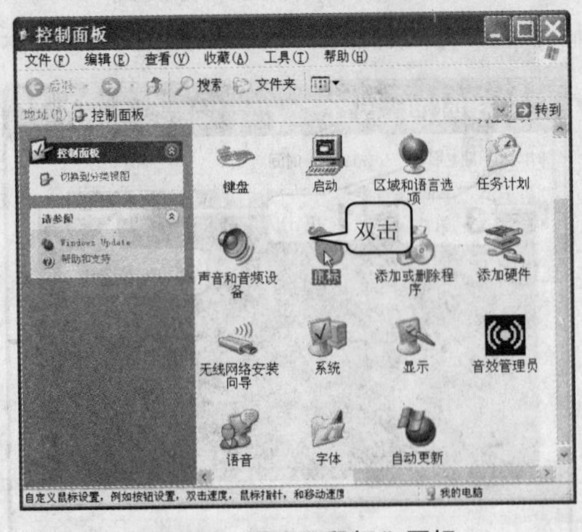

图 3-17　双击“鼠标”图标

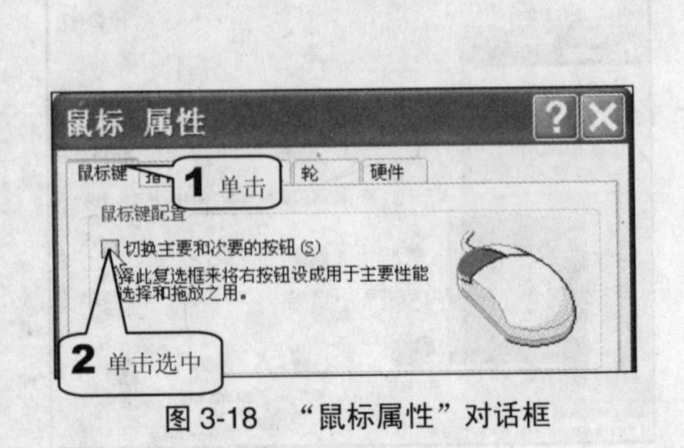

图 3-18　“鼠标属性”对话框

步骤 03　通过滑动“双击速度”选项区中“速度”滑动条上的滑动块设置适合用户

的鼠标双击速度。

提示

可以通过双击该选项右侧的文件夹图标测试设置的速度是否适合，如图 3-19 所示。

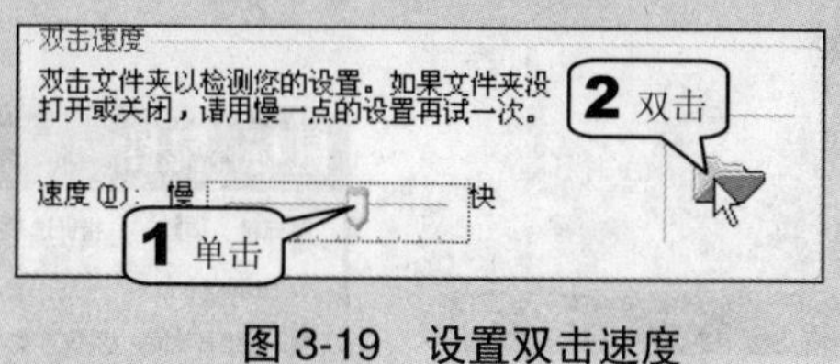

图 3-19　设置双击速度

步骤 04　若用户对拖动操作有困难，可选中“启用单击锁定”复选框，然后单击“设置”按钮，如图 3-20 所示。

步骤 05　在弹出的“单击锁定的设置”对话框中左右拖动滑块设置按下鼠标的时间长度，然后单击“确定”按钮，如图 3-21 所示，按下鼠标激活“单击锁定”后移动鼠标，锁定的对象会自动跟着鼠标的移动轨迹运动，再次单击鼠标可解除锁定。

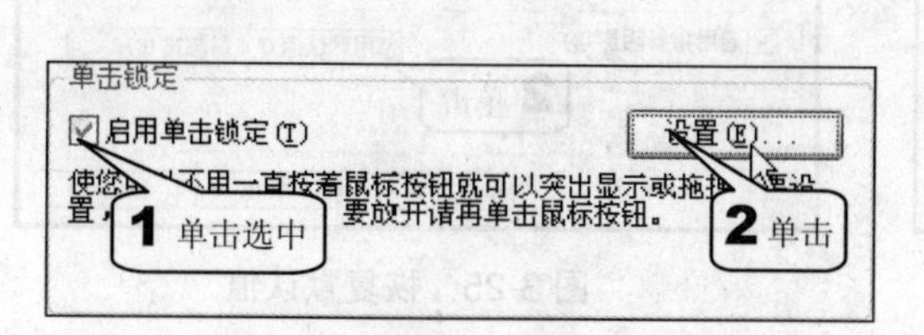

图 3-20　设置“单击锁定”

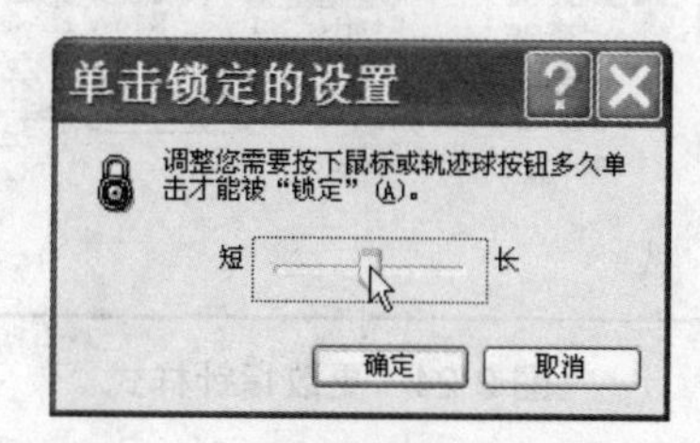

图 3-21　设置鼠标按下的时间

步骤 06　单击“鼠标属性”对话框中的“指针”标签，切换到“指针”选项卡，打开“方案”下拉列表选中下拉列表中满意的方案，如果要指针有立体效果，则可选中“启动指针阴影”复选框，如图 3-22 所示。

步骤 07　若用户对方案定义的指针效果不满意，还可以自己定义，在“自定义”列表框中单击选中想要更改的指针，接着单击“浏览”按钮，如图 3-23 所示。

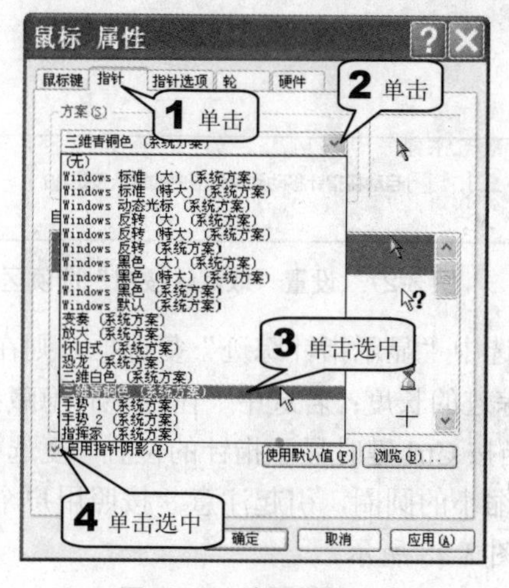

图 3-22　选择指针方案

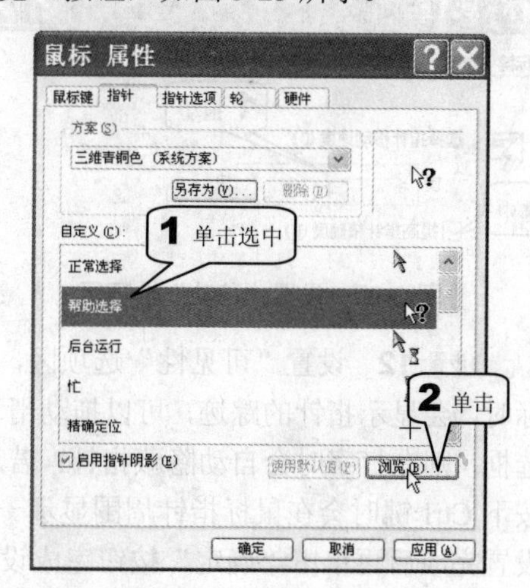

图 3-23　定义鼠标指针

步骤 **08** 弹出“浏览”对话框，在对话框中选中新的指针样式，单击“打开”按钮，如图 3-24 所示。

步骤 **09** 如果用户对修改后的指针样式不满意，可以在“鼠标属性”对话框中选中被修改的指针样式，然后单击“使用默认值”按钮，即可取消对该样式的修改，如图 3-25 所示。

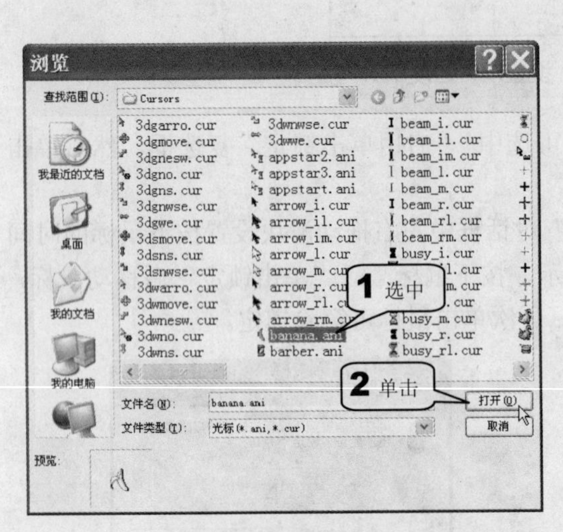

图 3-24　更改指针样式

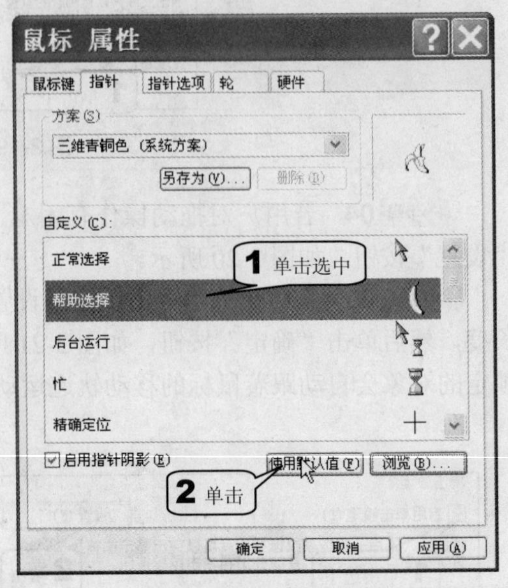

图 3-25　恢复默认值

步骤 **10** 单击“指针选项”标签，切换到“指针选项”选项卡，在“移动”选项区中拖动滑块设置指针的移动速度，单击选中“提高指针精确度”复选框，如图 3-26 所示。

步骤 **11** 若单击选中“取默认按钮”选项区中的“自动将指针移动到对话框中的默认按钮”复选框，如图 3-27 所示，则当对话框被打开时，鼠标指针自动移动到该对话框的默认按钮。

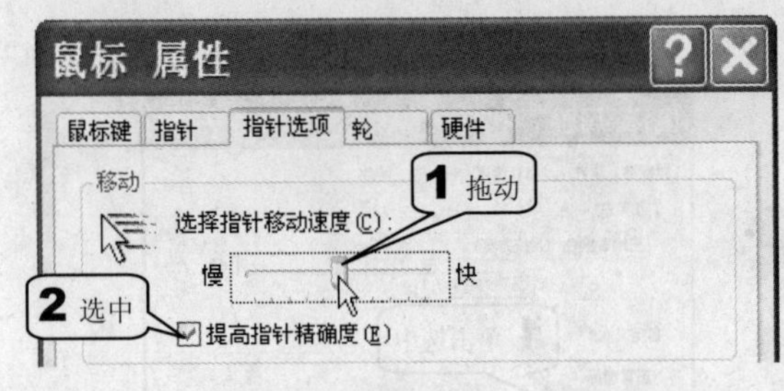

图 3-26　设置“移动”选项区

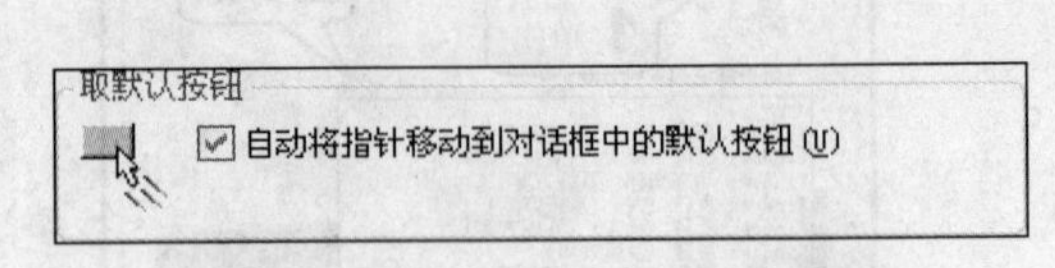

图 3-27　设置“取默认按钮”选项区

步骤 **12** 设置“可见性”选项区，若用户选中“显示指针踪迹”复选框，则在移动鼠标时，会显示指针的踪迹，可以拖动滑块调整踪迹的长度；若选中“在打字时隐藏指针”复选框，则在打字时会自动隐藏指针；若选中“当按 Ctrl 键时显示指针的位置”复选框时，当按下 Ctrl 键时会在鼠标指针周围显示一个逐渐缩小的圆圈，引起注意。按照用户个人习惯设置完成后再单击“确定”按钮完成设置，如图 3-28 所示。

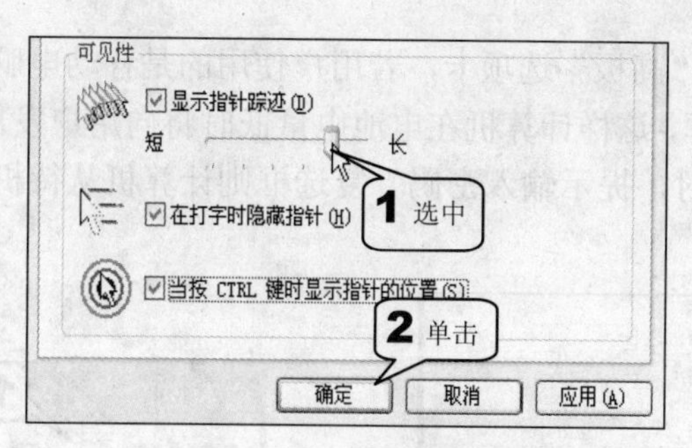

图 3-28　设置“可见性”选区

3.2.3　设置电源

设置一个合理的供电方案可以降低计算机的耗电量，提高设备的使用寿命，其具体的设置步骤如下。

步骤 01　单击“开始”菜单中的“控制面板”选项，在弹出的控制面板窗口中双击“电源选项”图标，如图 3-29 所示。

步骤 02　弹出“电源选项属性”对话框，单击“电源使用方案”标签，切换到“电源使用方案”选项卡，在“电源使用方案”下拉列表中选中适合的电源方案，如图 3-30 所示。

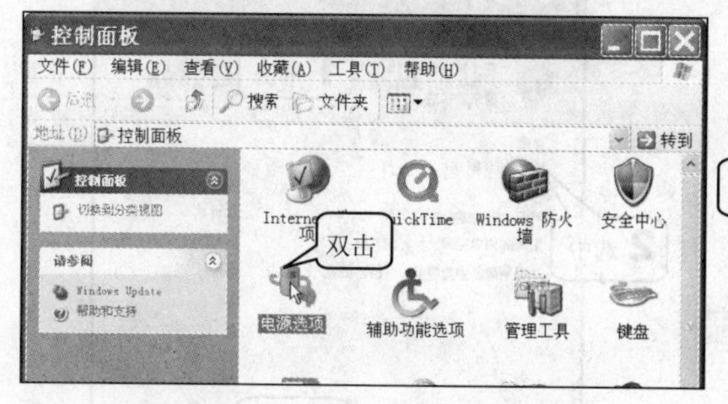

图 3-29　双击“电源选项”图标

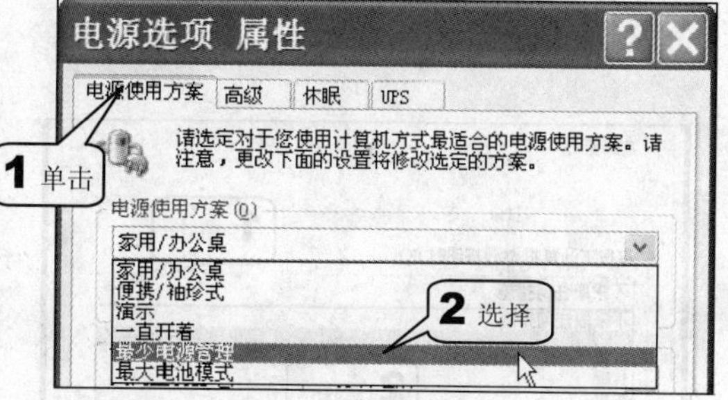

图 3-30　选择电源使用方案

步骤 03　如果用户对系统提供的方案不满意，可以从“关闭监视器”、“关闭硬盘”和“系统待机”下拉列表中选择需要的选项重设供电方案，如图 3-31 所示。

设置“关闭监视器”下拉列表，计算机处于空闲状态达到所设时间后将关闭显示器，当用户移动鼠标或按任意键可再次打开；设置“关闭硬盘”下拉列表，计算机处于空闲状态达到所设时间后，硬盘将被关闭，当用户打开或保存文件时硬盘会再次运转；设置“系统待机”下拉列表，计算机处于空闲状态达到所设时间后，系统进入待机模式，该模式耗电量很小，仅提供能使内存工作的电量，移动鼠标或按任意键可返回休眠前的状态，不过若在该模式下计算机掉电会使内存中的内容丢失，不能返回以前的状态；设置“系统休眠”下拉列表，当计算机处于空闲状态达到所设时间后，系统进入休眠模式，在休眠前系统会将内存中的内容保存到硬盘上，当移动鼠标或按任意键唤醒计算机后系统会把硬盘的备份复制到内存中，这样即使在休眠过程中掉电计算机也可以返回到以前的状态，只是唤醒所耗费的时间比脱离待机所费时间稍长。

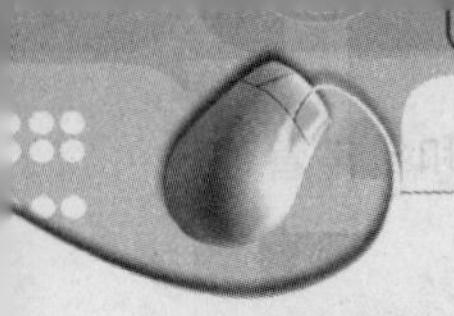

步骤 04 切换至“高级”选项卡，若用户使用的是移动电脑，单击选中“总是在任务栏上显示图标”复选框，这样计算机在电池电量低时将向用户发出警告信息，若选中“在计算机从待机状态恢复时，提示输入密码”复选框则计算机从待机状态恢复时要求输入密码，如图 3-32 所示。

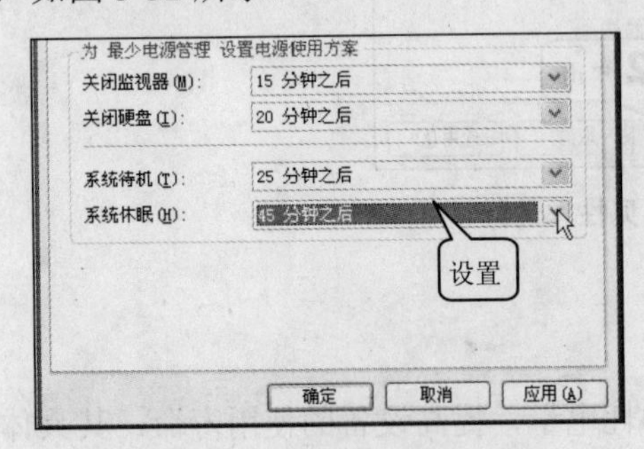

图 3-31 自定义电源使用方案

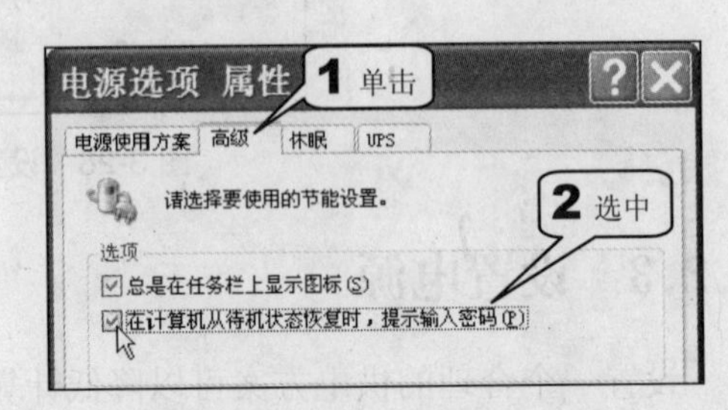

图 3-32 设置“选项”选区

步骤 05 在“电源按钮”选区中单击“在按下计算机电源按钮时”下拉列表，然后再选中需要的选项，如图 3-33 所示。

步骤 06 如果用户想打开自动休眠功能，可以切换到“休眠”选项卡，然后选中“启用休眠”复选框，最后单击“确定”按钮完成对电源的设置，如图 3-34 所示。

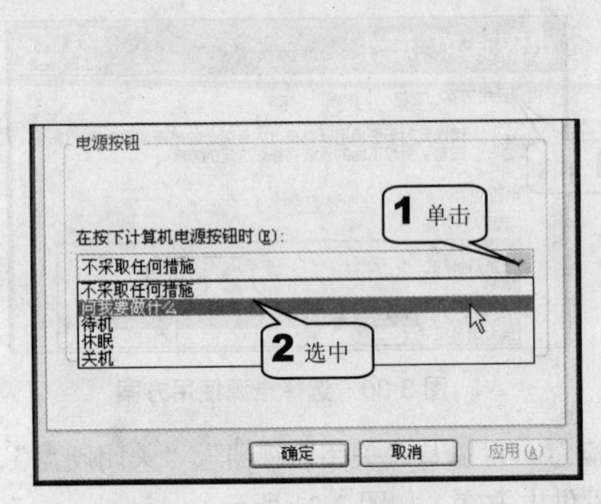

图 3-33 设置“电源按钮”选区

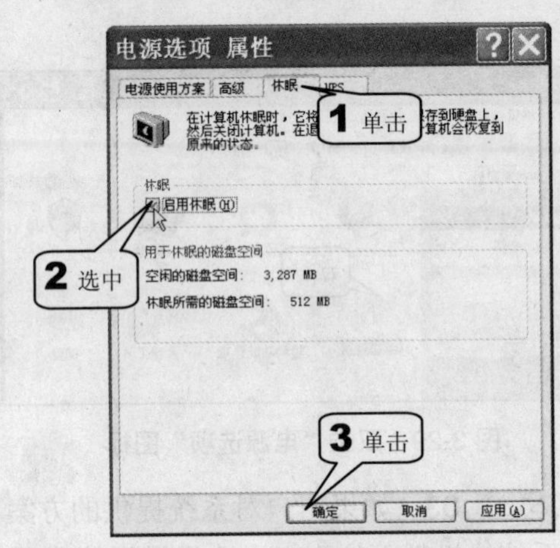

图 3-34 设置“休眠”选项卡

提示

若选中“不采取任何措施”选项，则在按下 Power 键时没有任何响应；若选中“问我要做什么”选项，则在按下 Power 键时会弹出“关闭计算机”对话框；若选中“待机”、“休眠”或“关机”选项，按下 Power 键时系统会执行相应的操作。

3.2.4 安装、卸载软件

大部分应用软件都需要安装后才能被用户使用，当不再使用安装了的应用软件时应该将其卸载以腾出磁盘空间。

1. 安装程序

用户可以从光盘、软盘或磁盘安装程序，这里首先讲解如何从光盘安装，其具体的安装步骤如下。

步骤 01 关闭正在使用的所有应用程序，然后把程序盘放入光驱中，如果光盘可以自动引导安装程序，则按照屏幕上的提示信息操作即可完成安装，若不能自动引导，双击“控制面板”窗口中的“添加或删除程序”图标，如图 3-35 所示。

步骤 02 弹出“添加或删除程序”窗口，在该窗口左侧单击“添加新程序”按钮，然后再单击位于窗口右侧的“CD 或软盘”按钮，如图 3-36 所示，系统将自动查找并运行光盘（或软盘）上的 Setup.exe 或者 Install 文件，开始安装程序。当然用户也可以打开光盘（或软盘），双击盘里的 Setup.exe 或者 Install 文件进行安装。

图 3-35 双击“添加或删除程序”图标

图 3-36 单击“CD 或软盘”按钮

互联网上有很多网站都可以下载有用的软件，用户可以将这些软件下载并保存到磁盘中，再从磁盘安装，下面以安装 QQ 软件为例说明一般软件的安装步骤。

步骤 01 从可以下载该软件的网页上打开下载链接，弹出“文件下载-安全警告”对话框，单击“保存”按钮，如图 3-37 所示。

步骤 02 弹出“另存为”对话框，在对话框中选中下载软件的存放位置，然后单击“保存”按钮开始下载，如图 3-38 所示。

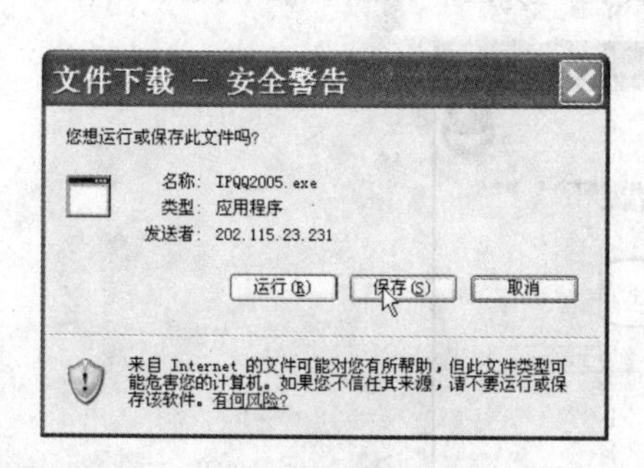

图 3-37 “文件下载-安全警告”对话框

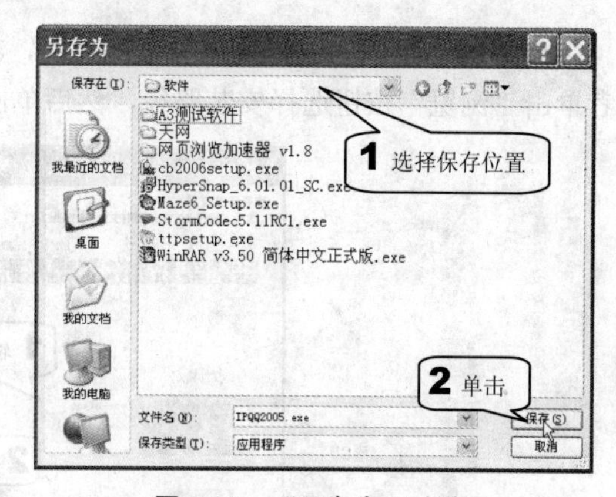

图 3-38 “另存为”对话框

步骤 03 下载完毕后弹出“下载完毕”窗口，单击“打开文件夹”按钮打开软件所

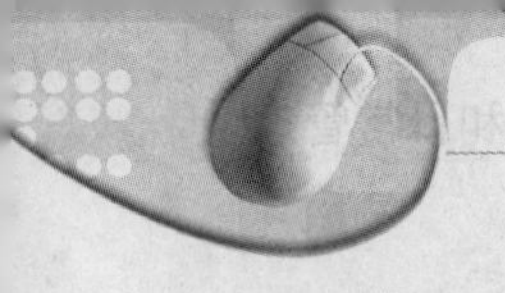

在的文件夹，如图 3-39 所示。

步骤 04 在文件夹中找到 QQ 软件的图标并双击，弹出“安装”窗口，显示“腾讯 QQ”界面，单击窗口中的“下一步”按钮，如图 3-40 所示。

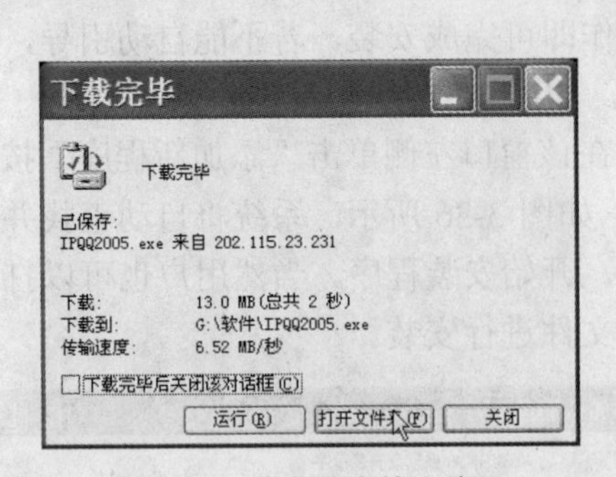

图 3-39 “下载完毕”窗口

图 3-40 单击“下一步”按钮

步骤 05 出现“许可证协议”界面，认真阅读完许可协议后单击“我接受”按钮，如图 3-41 所示。

步骤 06 出现“选择组件”界面，在该界面中选中需要安装的类型或组件，然后单击“下一步”按钮，如图 3-42 所示。

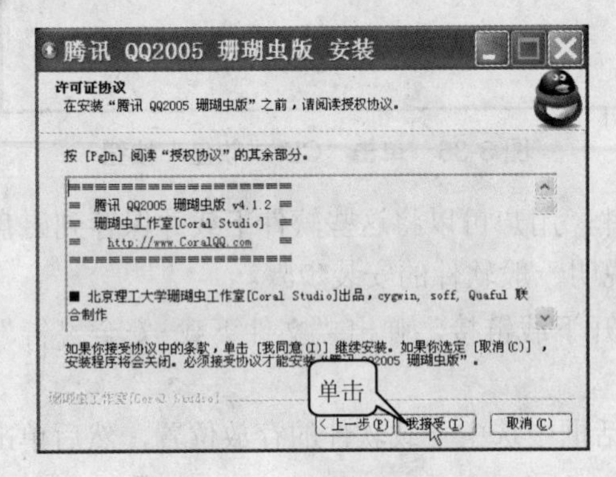

图 3-41 “许可证协议”界面

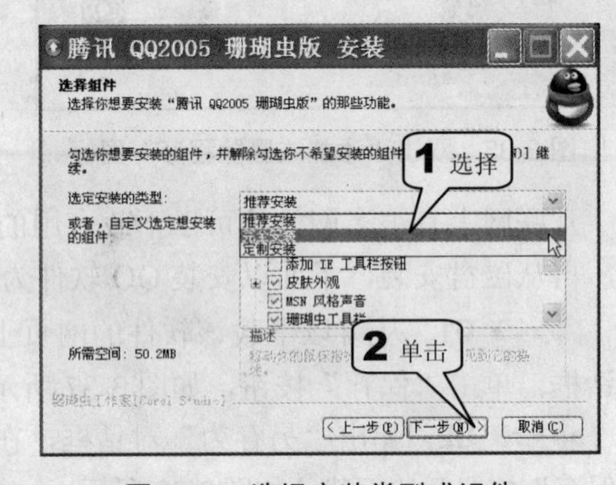

图 3-42 选择安装类型或组件

步骤 07 出现“选择安装位置”界面，在“目标文件夹”文本框中输入安装路径，或者单击“浏览”按钮选择安装路径，然后单击“安装”按钮，如图 3-43 所示。

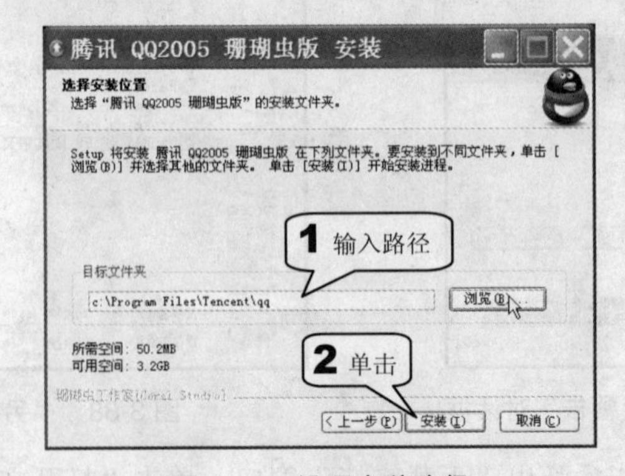

图 3-43 设置安装路径

步骤 08 出现“正在安装”界面显示安装进度，用户可以单击“显示细节”按钮查看安装细节，如图 3-44 所示。

步骤 09 安装完成后出现“安装完成”界面，在“完成动作”选项区中选择安装完成后系统执行的操作，最后单击“关闭”按钮完成安装，如图 3-45 所示。

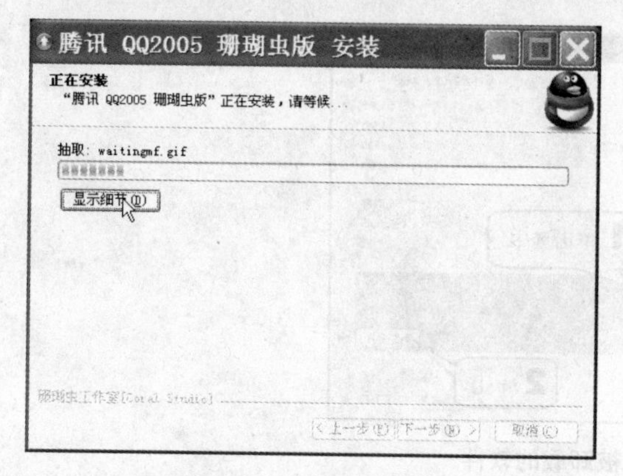

图 3-44 显示安装进度

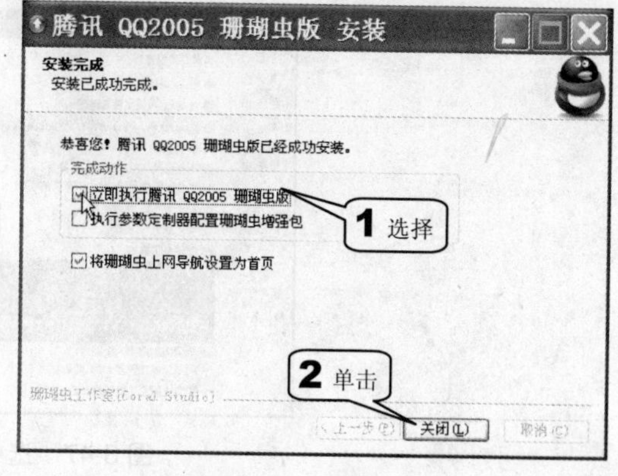

图 3-45 完成安装

提示

一般而言，不同的软件在安装时出现的安装界面也不相同，有一些在安装过程中还需要输入正确的序列号才能继续安装，用户应该根据界面里的提示进行操作。

2. 卸载程序

对于大多数软件来说，安装完成后会在“所有程序”级联菜单中自动生成卸载文件的快捷方式图标，单击该图标即可开始删除，图 3-46 显示了利用卸载文件开始删除 QQ 软件。

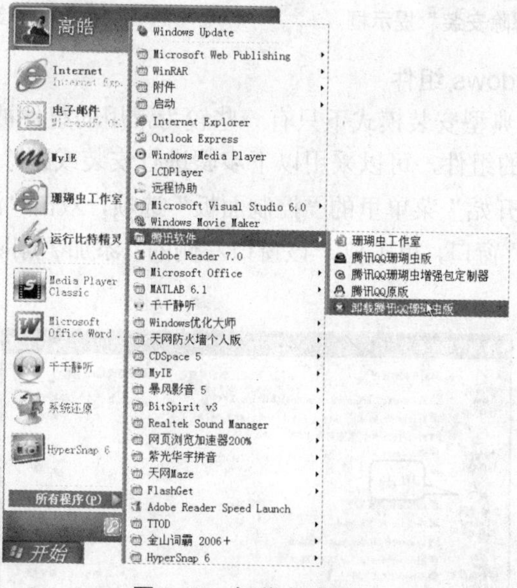

图 3-46 卸载文件图标

而有一些软件被安装后可能在“所有程序”级联菜单中找不到卸载文件，这时可以利用“添加或删除程序”窗口进行卸载，这里以卸载 QQ 软件为例说明具体的操作步骤。

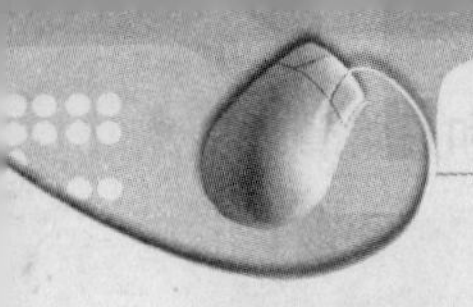

步骤 01 单击“开始”菜单里的“控制面板”选项，双击“添加或删除程序”图标。

步骤 02 弹出“添加或删除程序”窗口，在该窗口左侧单击“更改或删除程序”按钮，然后在列表框中单击选中想要卸载的程序——QQ，接着单击“更改/删除”按钮，如图3-47所示。

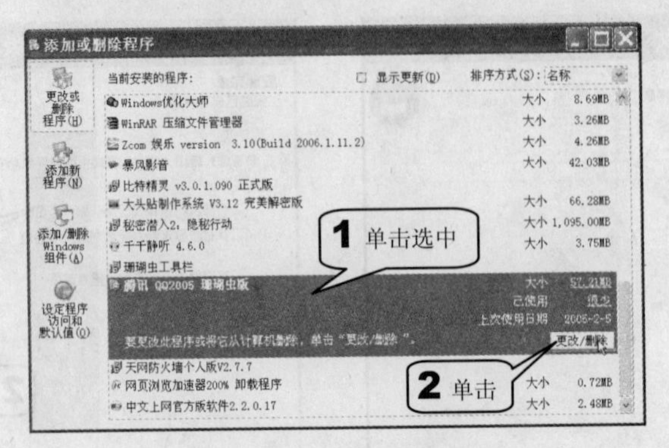

图3-47 选中被卸载的软件

步骤 03 弹出“解除安装”对话框，提示用户将要删除软件，防止误操作的发生，在确定需要删除后单击“是”按钮，如图3-48所示。

步骤 04 卸载完成后再次弹出“解除安装”对话框，告诉用户卸载完成，单击“确定”按钮，完成操作，如图3-49所示。

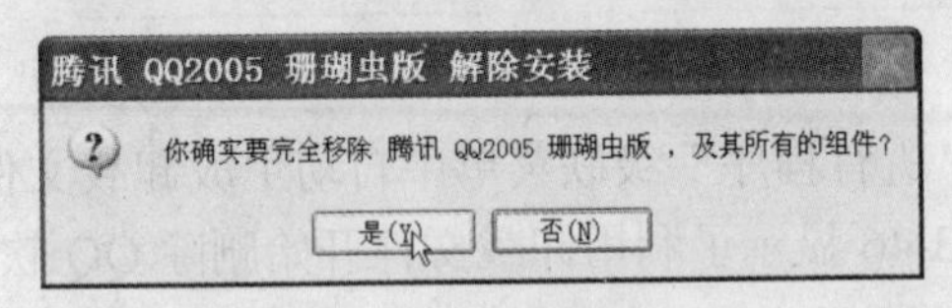

图3-48 “解除安装”提示框

图3-49 卸载完成提示框

3. 安装或删除Windows组件

在Windows默认的典型安装模式下只有一些较为常用的组件被安装，若用户想要安装其他的组件或删除不用的组件，可以采用以下步骤进行安装或删除。

步骤 01 单击“开始”菜单里的“控制面板”选项，双击“添加或删除程序”图标，弹出“添加或删除程序”窗口，单击位于该窗口左侧的“添加/删除Windows组件”按钮，如图3-50所示。

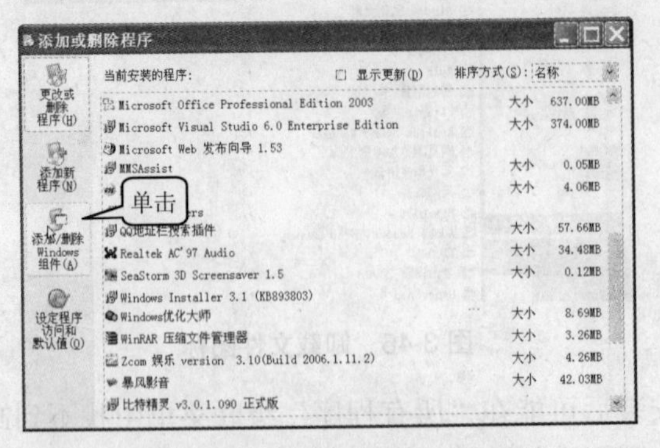

图3-50 单击“添加/删除Windows组件”按钮

步骤 02　弹出“Windows 组件向导”对话框，“组件”列表框中带有小勾的复选框表示该组件已经被安装。在该列表框内单击需要添加（或删除）的组件，使其前部显示（或消失）小勾，然后单击“下一步”按钮，如图 3-51 所示。

图 3-51　选中需要添加或删除的组件

步骤 03　在“Windows 组件向导”对话框的“正在配置组件”界面中显示组件的安装（或删除）进程，如图 3-52 所示。

步骤 04　安装完毕后，出现“完成 Windows 组件向导”界面，单击“完成”按钮，完成安装（或删除），如图 3-53 所示。

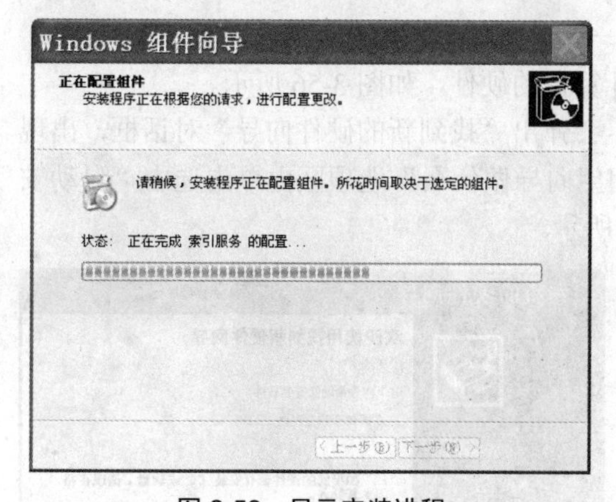

图 3-52　显示安装进程

图 3-53　安装完成界面

3.2.5　添加和删除硬件

当用户需要对计算机增添新的硬件或对硬件升级时，需要用到添加和删除硬件操作。

1. 添加硬件

在计算机上添加新的硬件时很多时候并不是直接将它插入对应的计算机插槽就可以让其工作的，还必须给它安装驱动程序，让计算机“认得”它，下面以给计算机添加新的声卡为例，详细说明添加硬件的操作步骤。

步骤 01　将声卡插入计算机主板中相应的插槽，关闭所有应用程序，然后在光驱中放入声卡驱动盘，单击“开始”菜单里的“控制面板”选项，双击“添加硬件”图标，如

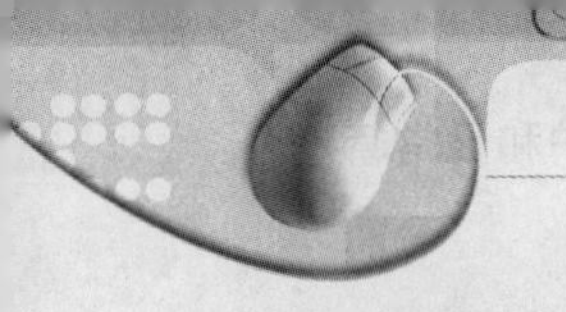

图 3-54 所示。

步骤 02 弹出“添加硬件向导”对话框的“欢迎使用添加硬件向导”界面，单击“下一步”按钮，如图 3-55 所示。

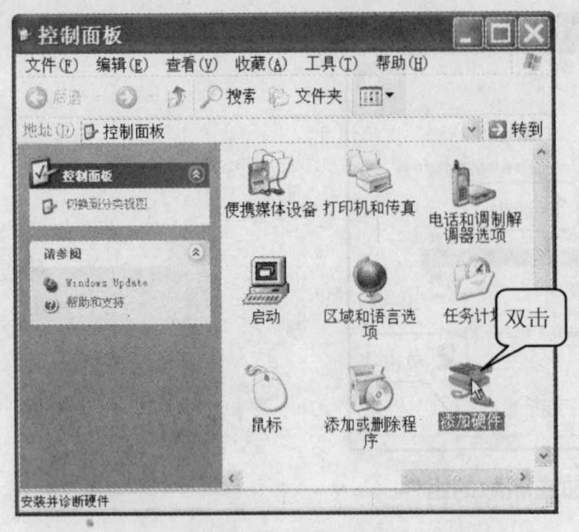

图 3-54 双击“添加硬件”图标

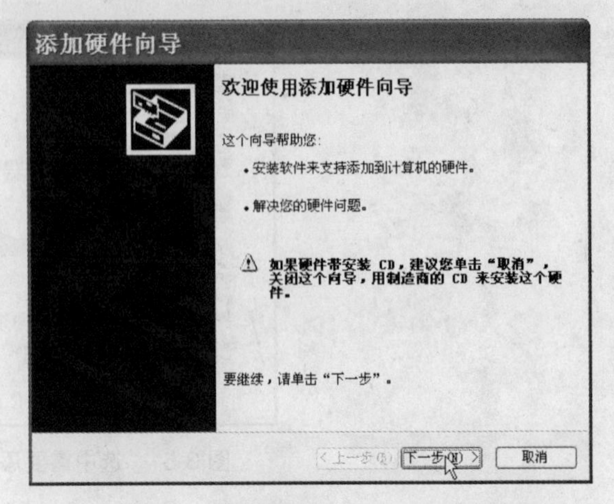

图 3-55 “欢迎使用添加硬件向导”界面

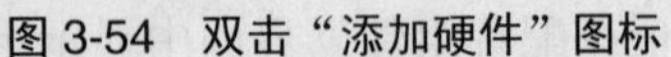

提示

一般而言，显卡应插入主板上的 AGP 或 PCI-E 插槽（视显卡的类型而定），网卡、声卡等应插入 PCI 插槽。

步骤 03 计算机开始自动搜索连接到计算机的硬件，如图 3-56 所示。

步骤 04 若新硬件与计算机连接正确，会弹出“找到新的硬件向导”对话框，出现“欢迎使用找到新硬件向导”界面，在“您期望向导做什么”选项区内单击选中“自动安装软件”，再单击“下一步”按钮，如图 3-57 所示。

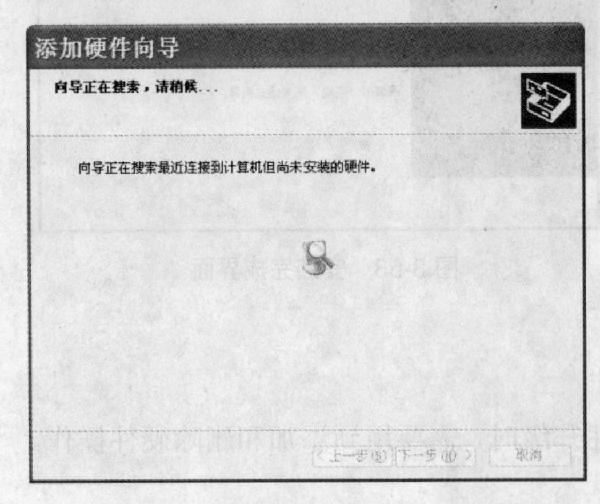

图 3-56 搜索连接到计算机的硬件

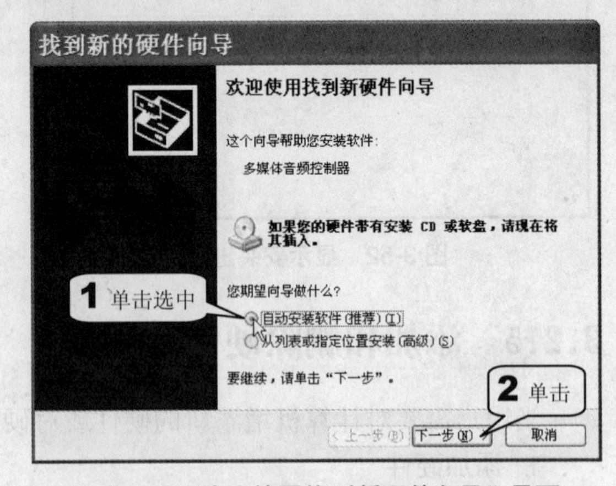

图 3-57 “欢迎使用找到新硬件向导”界面

步骤 05 此时的界面中将会显示计算机自动开始搜索硬件驱动程序所在位置，如图 3-58 所示。

步骤 06 在当前界面中显示了安装驱动程序的进程，如图 3-59 所示。

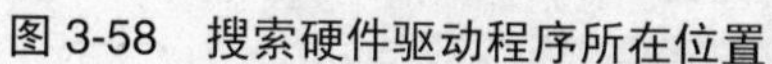
图 3-58　搜索硬件驱动程序所在位置

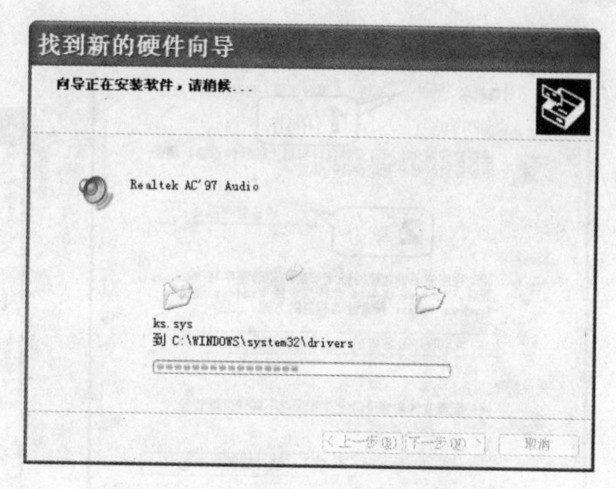

图 3-59　显示安装驱动程序的进程

步骤 **07**　驱动程序安装完毕后弹出“完成找到新硬件向导”界面，单击“完成”按钮完成新硬件的添加，如图 3-60 所示。

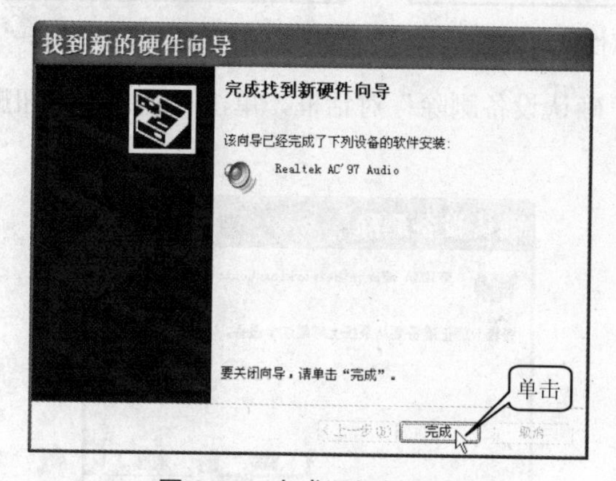

图 3-60　完成添加新硬件

2. 卸载硬件

若用户需要对计算机硬件进行升级，用其他设备替换当前设备时，应该把当前设备的驱动程序删除。

注意

如果不进行该操作，可能会影响新设备的正常工作，而且还占据磁盘空间。

下面以删除网卡的驱动程序为例说明具体的操作步骤。

步骤 **01**　单击“开始”菜单里的“控制面板”选项，将会弹出“控制面板”窗口，在该窗口中双击“系统”图标，在弹出的“系统属性”对话框中单击“硬件”标签，切换到“硬件”选项卡，然后单击“设备管理器”按钮，如图 3-61 所示。

步骤 **02**　此时将会弹出“设备管理器”窗口，在该窗口中中找到想要删除的设备——网卡，然后使用鼠标右键单击该图标，在弹出的快捷菜单中单击“卸载”命令，如图 3-62 所示。

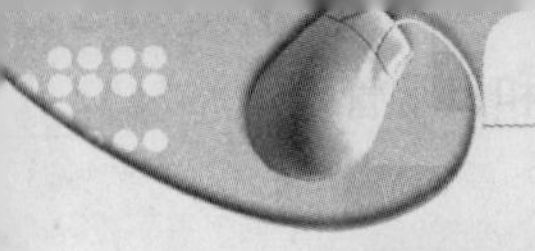

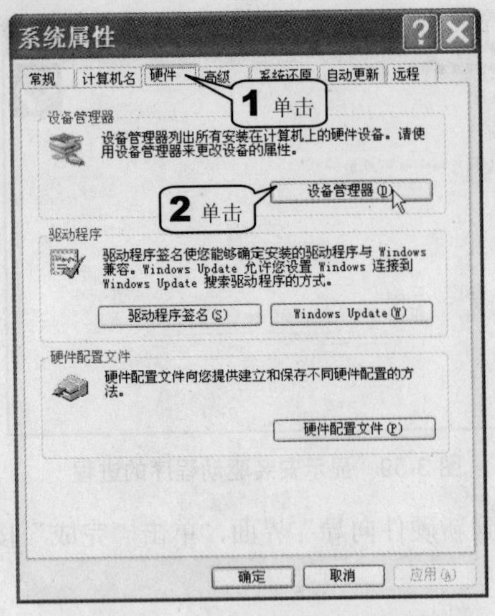

图 3-61 “系统属性”对话框

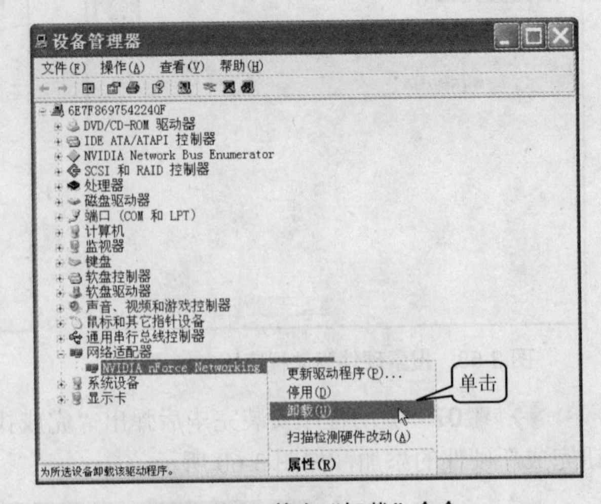

图 3-62 单击“卸载”命令

步骤 03 弹出“确认设备删除”对话框，单击“确定”按钮删除设备驱动程序，如图 3-63 所示。

图 3-63 “确认设备删除”对话框

3.3 管理磁盘

磁盘是计算机的存储设备，它存储有大量的数据，对磁盘进行有效的管理可以提高系统的稳定性和效率。

3.3.1 清理磁盘

计算机在使用过程中会在磁盘上留下许多没用的文件，这些文件不但占用了磁盘空间，而且可能影响计算机的处理速度，因此需要定期对磁盘进行清理释放磁盘空间，其具体的操作步骤如下。

步骤 01 单击“开始”按钮，然后单击“所有程序>附件>系统工具>磁盘清理”命令，如图 3-64 所示。

步骤 02 弹出“选择驱动器”对话框，在“驱动器”下拉列表中选择需要清理的驱动器，然后单击“确定”按钮，如图 3-65 所示。

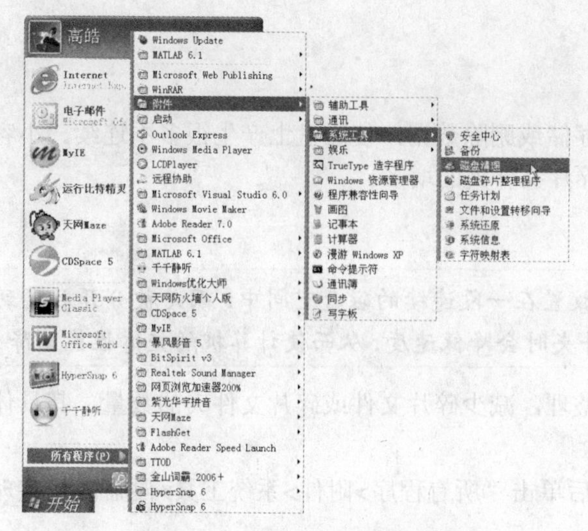

图 3-64　单击“磁盘清理”命令

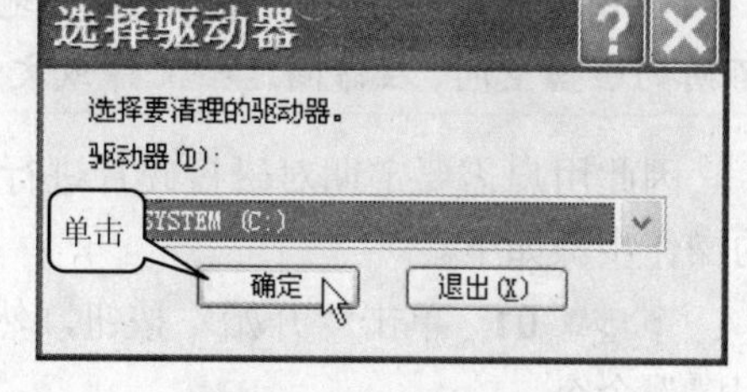

图 3-65　选择驱动器

步骤 03　弹出“磁盘清理”对话框，显示扫描磁盘文件的进程，如图 3-66 所示。

步骤 04　扫描完成后，弹出“…的磁盘清理”对话框，在“要删除的文件”列表框中列出了所有可删除的文件，用户可以通过单击列表框中的复选框选择是否删除该文件，然后单击“确定”按钮，如图 3-67 所示。

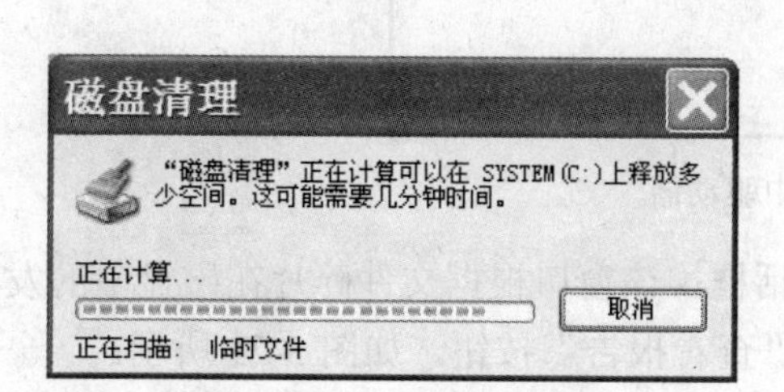

图 3-66　显示扫描进程

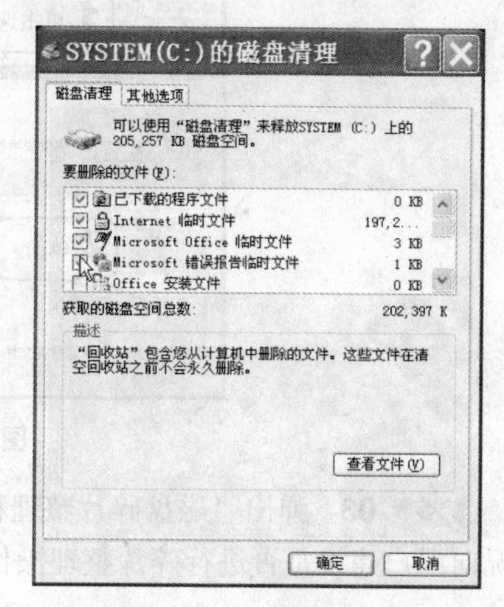

图 3-67　选择删除文件

步骤 05　在弹出的对话框中单击“是”按钮，执行删除操作，如图 3-68 所示。

步骤 06　弹出“磁盘清理”对话框，显示清理磁盘的进度，如图 3-69 所示，清理完成后自动关闭对话框。

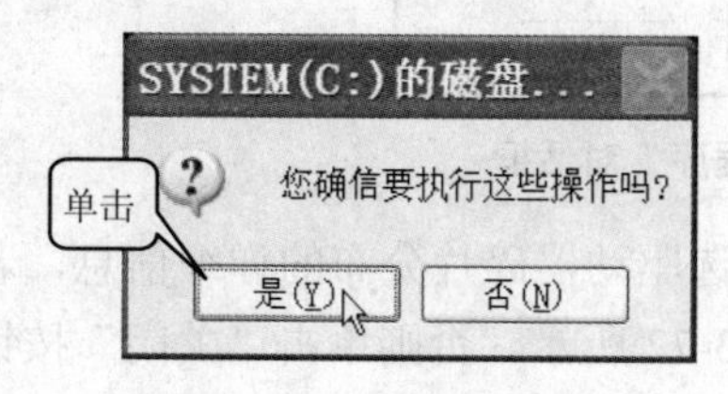

图 3-68　确认删除对话框

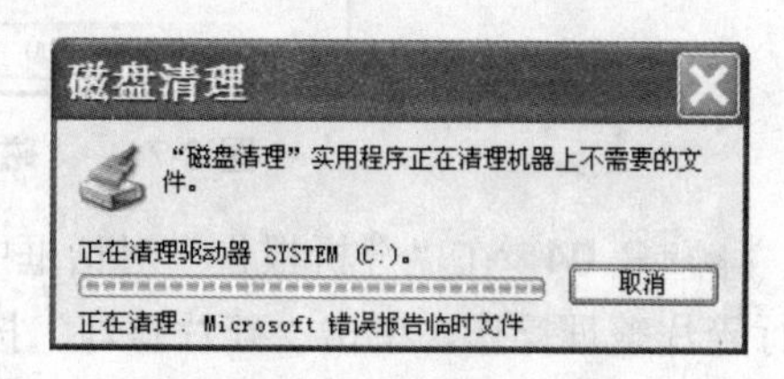

图 3-69　显示清理进程

3.3.2 磁盘碎片整理

由于在操作计算机的过程中会经常存储或删除数据，使磁盘上产生很多不连续、小容量的空闲空间，可能会导致碎片文件或碎片文件夹的增多。

碎片文件或碎片文件夹不是完整地放置在一段连续的磁盘空间中，而是被分开放置到不同的磁盘空间，在访问这些文件或文件夹时会降低速度，从而使计算机的整体性能下降。

因此用户需要定期对磁盘碎片进行整理，减少碎片文件或碎片文件夹的数量，其具体的操作步骤如下。

步骤 **01** 单击“开始”按钮，然后单击“所有程序>附件>系统工具>磁盘碎片整理程序”命令。

步骤 **02** 弹出“磁盘碎片整理程序”窗口，在该窗口中单击选中需要进行磁盘碎片整理的驱动器，然后单击“分析”按钮，如图 3-70 所示。

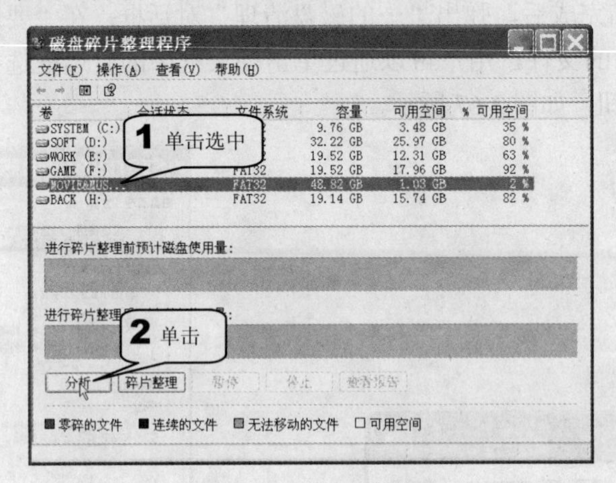

图 3-70　选中驱动器

步骤 **03** 弹出“磁盘碎片整理程序”对话框，该窗口根据文件碎片在磁盘中的发布情况向用户建议是否进行碎片整理操作，单击“查看报告”按钮，如图 3-71 所示。

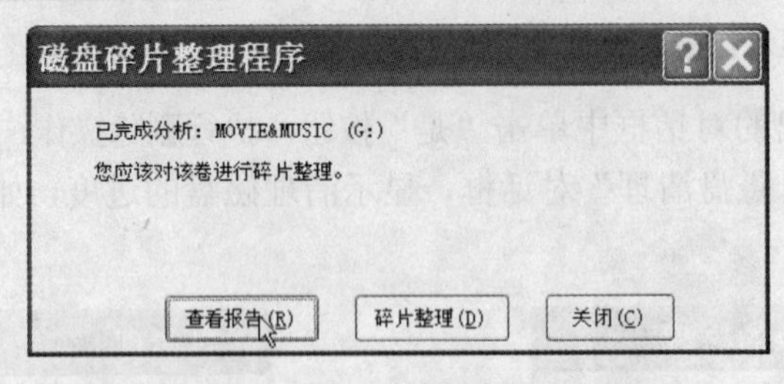

图 3-71　“磁盘碎片整理程序”对话框

步骤 **04** 在“分析报告”对话框中提供了所选驱动器碎片分布的详细信息，若需要进行碎片整理操作，单击“碎片整理”按钮，如图 3-72 所示。否则单击“关闭”按钮退出磁盘碎片整理程序。

步骤 05　单击“碎片整理”按钮后系统开始对碎片进行整理，在整理的过程中可以单击“暂停”按钮停止操作，或单击“停止”按钮终止该操作，如图 3-73 所示。

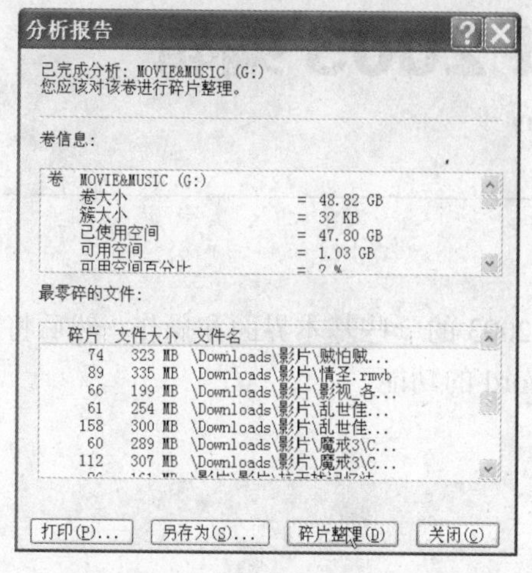

图 3-72　“分析报告”对话框

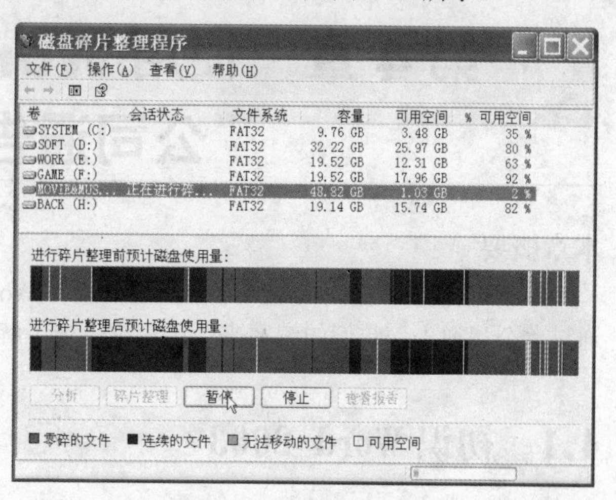

图 3-73　正在进行整理操作

3.3.3　更改驱动器名

由于在大多数计算机中不止一个驱动器，这些驱动器的默认卷标名为“本地磁盘”，用户可以更改这些卷标，使它们具有描述性的名字，其具体的操作步骤如下。

步骤 01　单击“开始”按钮打开“开始”菜单，然后在“我的电脑”级联菜单中右击需要更改名字的驱动器，再在弹出的快捷菜单中单击“属性”命令。

步骤 02　弹出“属性”对话框，在对话框里的文本框中输入新名字，单击“确定”按钮完成操作。

3.4　习题

一、填空题

1. 如果系统因为安装了某些程序或修改了注册表后不能正常工作，可以使用______恢复。

2. 在计算机上添加新的硬件时很多时候并不是直接将它插入对应的计算机插槽就可以让其工作的，还必须给它安装______，让计算机“认得”它。

3. 计算机在使用过程中会在磁盘上留下许多没用的文件，这些文件不但占用了磁盘空间，而且可能影响计算机的处理速度，因此需要定期对磁盘进行______。

二、问答题

1. 简述电源设置里的系统休眠模式和系统待机模式所代表的操作。

2. 为什么需要对磁盘进行清理？

3. 为什么需要对磁盘进行整理？

第4章　使用 Word 2003 编辑“公司通告”

本章概要

本章首先将介绍 Office 2003 中重要的组件 Word 2003 的一些基本界面和操作，然后将通过“公司通告”实例的编写来让用户进一步了解 Word 的功能。

4.1　初识 Word 2003

Word 2003 作为 Office 2003 系列中的一员，是目前最流行的文字处理软件，它具有强大的文字处理能力，不论是编写简单的报告，还是复杂的技术文档，它都能够应付自如。

4.1.1　Word 2003 窗口界面

如图 4-1 所示的就是 Word 2003 的主窗口界面，整个界面看起来并不太复杂，根据功能和作用的不同可以分为标题栏、菜单栏、工具栏、标尺、状态栏等部分。

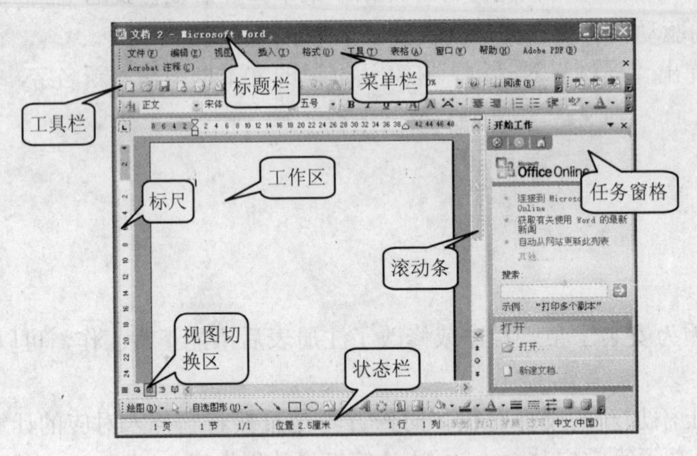

图 4-1　Word 2003 主窗口界面

下面就来一一介绍主窗口上的各个组成部分。

1．标题栏

该栏显示的是当前编辑文档的文件名。当文件名发生变化时，会在标题栏上反映出来。在标题栏的最右边，分别是“最小化”、“最大化”和“关闭”按钮，它们的作用和操作系统中的窗口控制按钮相同。

2．菜单栏

顾名思义，菜单栏中包含的是根据功能不同而划分的各个菜单，执行菜单中包含的各种命令则可以实现对应的功能，完成对工作区中内容的编辑。Word 2003 中默认的常用菜单包括“文件”、“编辑”、“视图”、“插入”、“格式”、“工具”、“表格”、“窗口”和“帮助”菜单，单击菜单栏中对应的选项就可以打开它们。

“文件”菜单中包含跟整个文档操作相关的命令，包括文档的打开、保存、关闭等操作；“编辑”菜单则包含“复制”、“剪切”等具体的操作命令，如图 4-2 所示。

“视图”菜单的命令可以调整窗口的浏览方式，在主窗口的视图切换区也包含对应的命令；“插入”菜单允许插入各种对象，包括文字、图片、页码等，如图 4-3 所示。

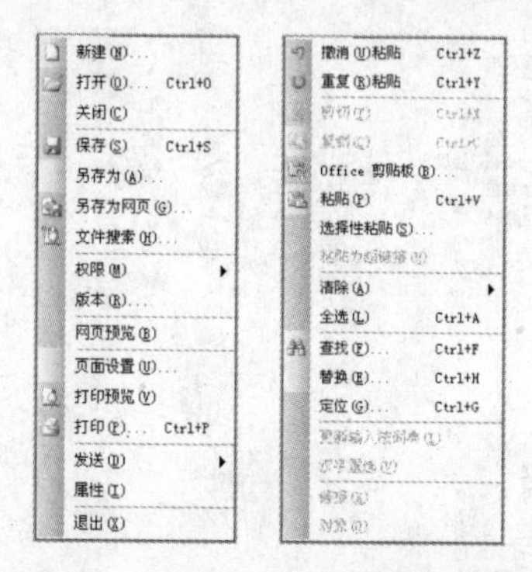

图 4-2　“文件”和“编辑”菜单

图 4-3　“视图”和“插入”菜单

“格式”菜单允许用户调整整个文档或选定对象的格式；而“工具”菜单则可以实现一些诸如字数统计、修订之类的功能；此外，Word 2003 同样能够完成简单的表格编辑功能，对应的命令包含在“表格”菜单中，如图 4-4 所示。

“窗口”菜单包含一些窗口操作命令；而“帮助”菜单中则是一些帮助选项，如图 4-5 所示。

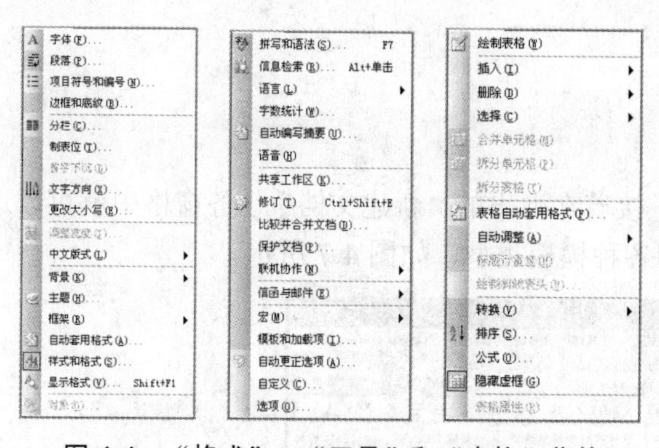

图 4-4　“格式”、“工具”和“表格”菜单

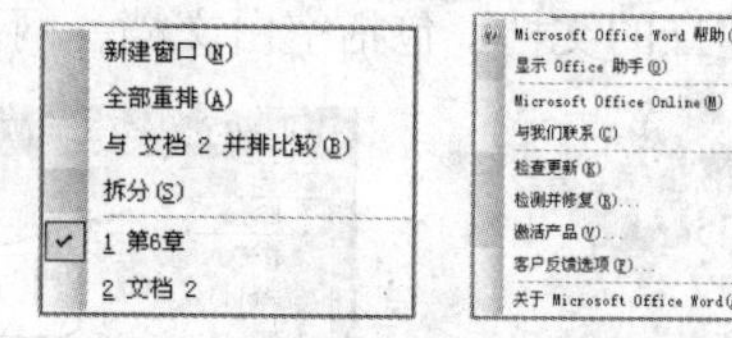

图 4-5　“窗口”和“帮助”菜单

3. 工具栏

工具栏中包含的按钮大部分都和菜单中的命令相对应，直接单击这些按钮能够完成同样的功能。Word 中经常使用的是“常用”和“格式”工具栏。工具栏的位置和命令按钮根据用户的使用习惯可以进行具体的设置，单击“视图>工具栏”命令即可。

4. 标尺

标尺位于工作区的上边和左边，分别是水平标尺和垂直标尺。标尺上包含着刻度，单位通常是厘米，它在文档的排版、制表和定位上起着重要的作用。

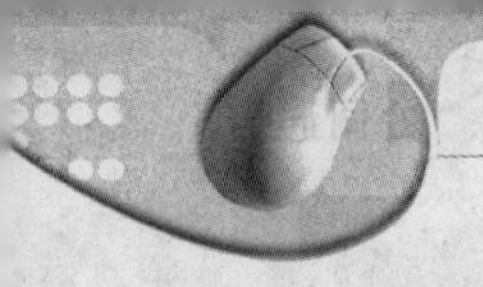

5. 任务窗格

任务窗格其实就是一个位于工作区右边的浮动面板，其位置和工具栏一样可以任意调整。Word 2003 中包含了许多便捷的任务窗格，如图 4-6 所示的就是“样式和格式”、“新建文档”任务窗格。

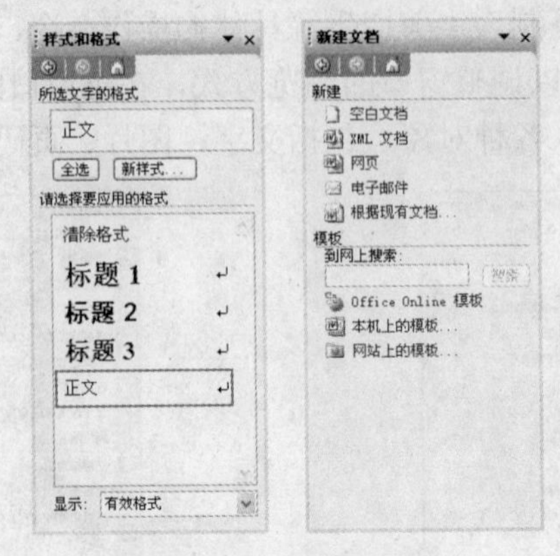

图 4-6　任务窗格

6. 工作区

在主窗口中占用面积最大的部分就是工作区，也可以称为编辑区，在这里能输入和编辑文字、图片和各种对象。根据视图方式的不同，工作区可以呈现出不同的浏览模式。一般情况下，光标的定位符总是停留在工作区中。

7. 状态栏

该栏用来显示 Word 文档当前的状态，包括文档的总页数、当前所在页以及光标的定位信息等等。

4.1.2　新建和打开文档

1. 新建文档

单击菜单栏上的“文件>新建”命令，接着在弹出的“新建文档”任务窗格中就可以选择待建立的文档，包括空白文档、网页和各种模板类型，如图 4-7 所示。

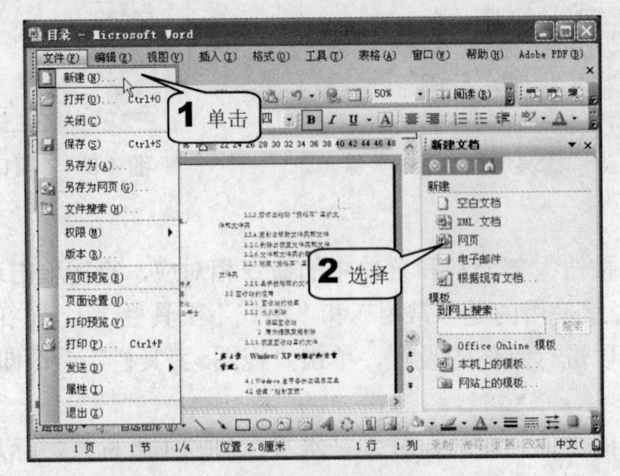

图 4-7　新建文档

另外，也可以直接单击“常用”工具栏上的“新建”按钮，则会在当前窗口之外新建一个空白文档窗口。

2. 打开文档

要打开一个已经存在的文档，则需要单击菜单栏上的“文件>打开”命令或直接单击“常用”工具栏上的“打开”按钮，如图 4-8 所示。

这时就会弹出如图 4-9 所示的“打开”对话框。在“查找范围”下拉列表中选择文档的保存路径并选中文件名，然后单击“打开”按钮即可完成打开操作。

图 4-8　单击“打开”按钮

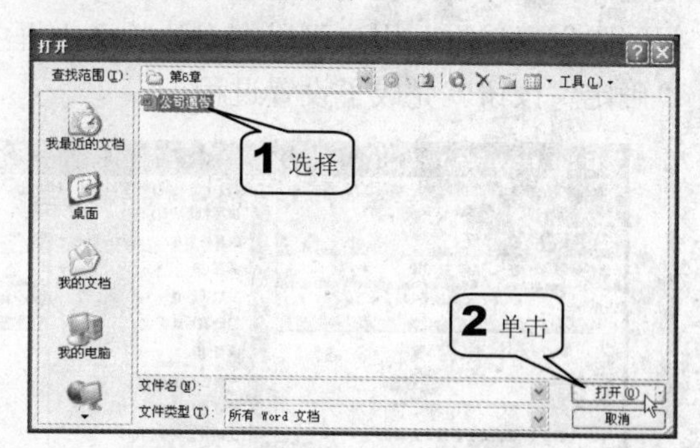

图 4-9　“打开”对话框

提示

如果要打开多个文档，可以按住“Ctrl”键再依次用鼠标单击选中各个文档，然后单击“打开”按钮。

4.1.3　保存和关闭文档

1. 保存文档

具体的方法是单击菜单栏上的“文件>保存”命令或单击“常用”工具栏上的“保存”按钮，如图 4-10 所示。

如果是第一次保存当前文档，则会弹出如图 4-11 所示的“另存为”对话框。选择目的路径和输入文件名之后，单击“保存”按钮即可。

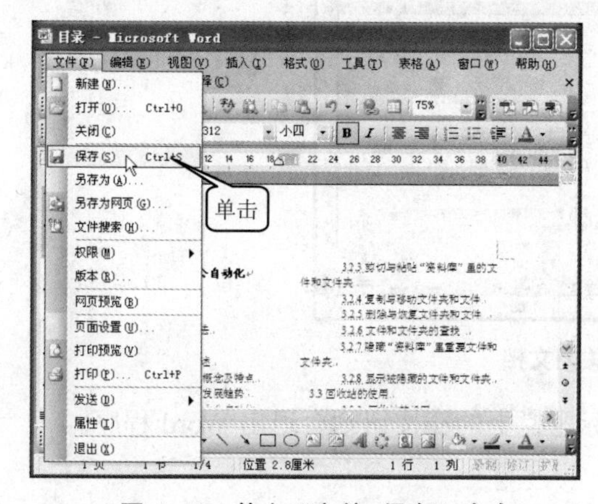

图 4-10　单击“文件>保存”命令

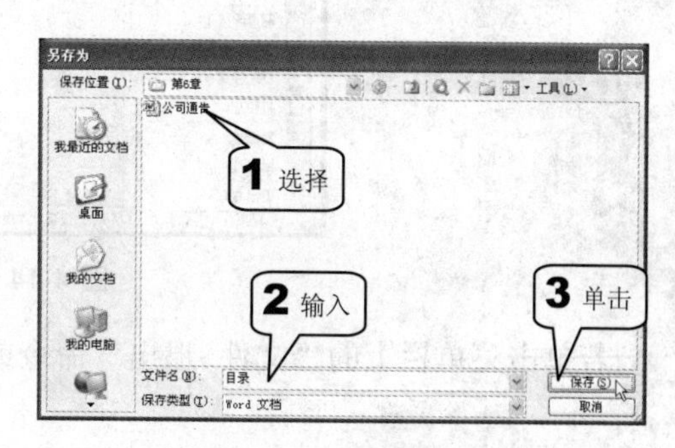

图 4-11　“另存为”对话框

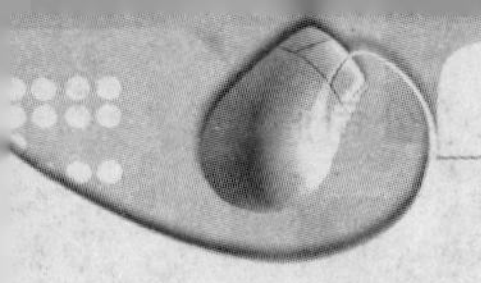

如果单击菜单栏上的“文件>另存为”命令则会直接弹出“另存为”对话框，二者的作用是相同的。

应该养成随时保存文档的习惯，这样就可以避免一些意外原因造成的数据丢失。Word 2003 能够每隔一段时间自动保存当前窗口中的文档，具体的设定方法是单击菜单栏上的“工具>选项”命令，如图 4-12 所示。

接着在弹出的“选项”对话框中打开“保存”选项卡，就会显示出跟文档保存有关的设定，如图 4-13 所示。默认情况下，Word 已经选择了“允许后台保存”和“自动保存时间间隔”复选框，用户可以在右边的文本框中设定自动保存的时间间隔，设定好之后单击“确定”按钮就完成了设置过程。

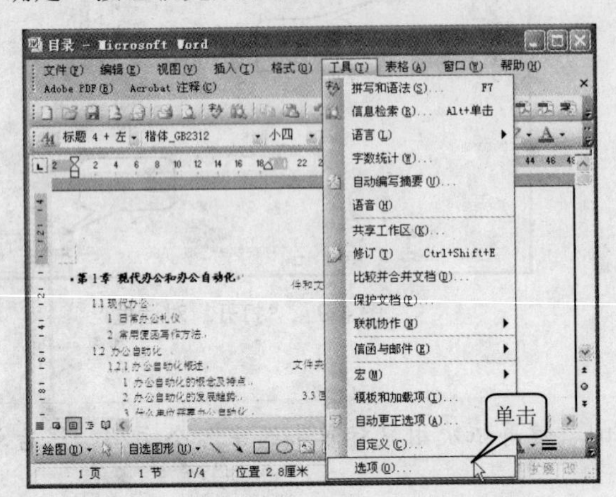

图 4-12 单击“工具>选项”命令

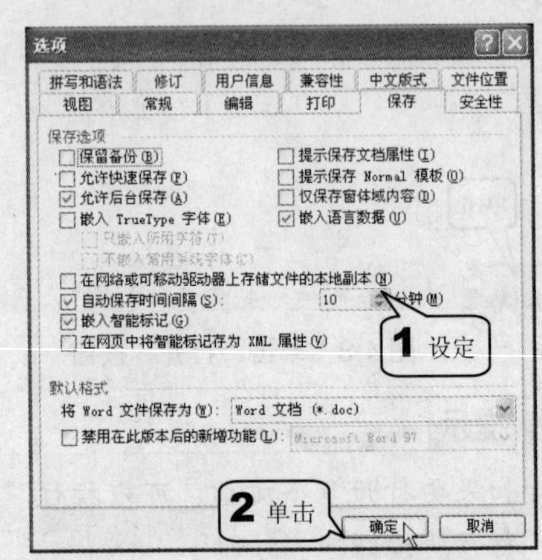

图 4-13 “保存”选项卡

2. 关闭文档

要关闭当前文档，只需单击菜单栏上的“文件>关闭”命令或单击菜单栏上的☒按钮，如图 4-14 所示。

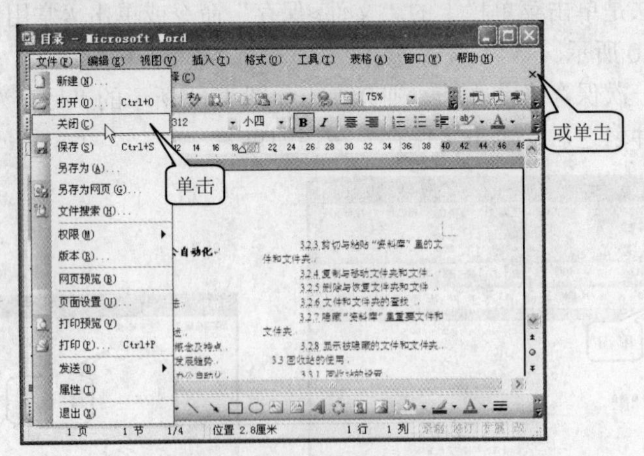

图 4-14 关闭文档

若单击菜单栏上的“文件>退出”命令或标题栏上的☒按钮则会退出 Word 程序。

4.2　Word 的基本操作

在使用 Word 进行文字编辑时首先应该掌握文本的选择、复制、删除、查找等基本操作，熟练地应用这些基本操作可以使编辑速度加快。

4.2.1　文本的选择和删除

要对工作区中的信息进行复制、剪切等操作，首先必须选中待操作的文本对象，例如一段文字。

1. 选择整行文本

将光标移动到工作区的可编辑区之外，并和待选定的行保持水平，这时光标会变成一个反向的白色箭头，单击即可选定整行文本，这时对应的文本变成了黑色，如图 4-15 所示。

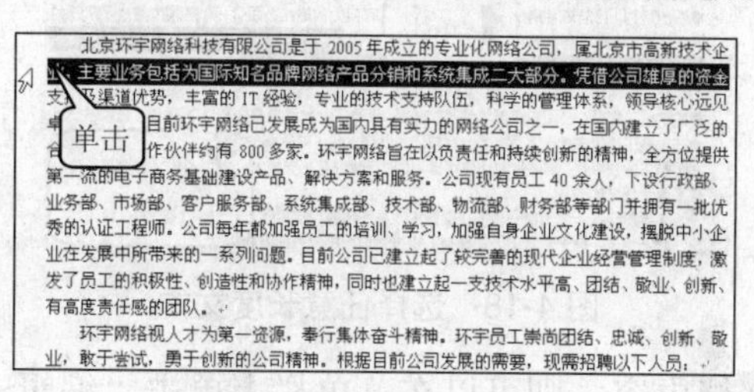

北京环宇网络科技有限公司是于 2005 年成立的专业化网络公司，属北京市高新技术企业。主要业务包括为国际知名品牌网络产品分销和系统集成二大部分。凭借公司雄厚的资金支持及渠道优势，丰富的 IT 经验，专业的技术支持队伍，科学的管理体系，领导核心远见卓识的规划，目前环宇网络已发展成为国内具有实力的网络公司之一，在国内建立了广泛的合作关系，合作伙伴约有 800 多家。环宇网络旨在以负责任和持续创新的精神，全方位提供第一流的电子商务基础建设产品、解决方案和服务。公司现有员工 40 余人，下设行政部、业务部、市场部、客户服务部、系统集成部、技术部、物流部、财务部等部门并拥有一批优秀的认证工程师。公司每年都加强员工的培训、学习，加强自身企业文化建设，摆脱中小企业在发展中所带来的一系列问题。目前公司已建立起了较完善的现代企业经营管理制度，激发了员工的积极性、创造性和协作精神，同时也建立起一支技术水平高、团结、敬业、创新、有高度责任感的团队。

环宇网络视人才为第一资源，奉行集体奋斗精神。环宇员工崇尚团结、忠诚、创新、敬业，敢于尝试，勇于创新的公司精神。根据目前公司发展的需要，现需招聘以下人员：

图 4-15　选择一行文字

2. 选择整句文本

将光标移动到待选择的某句文本上，然后按住 Ctrl 键并单击鼠标左键，这时整句文本就会被选中，如图 4-16 所示。

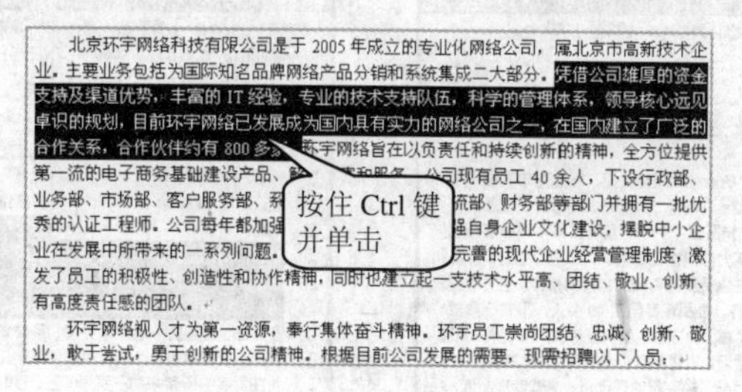

北京环宇网络科技有限公司是于 2005 年成立的专业化网络公司，属北京市高新技术企业。主要业务包括为国际知名品牌网络产品分销和系统集成二大部分。凭借公司雄厚的资金支持及渠道优势，丰富的 IT 经验，专业的技术支持队伍，科学的管理体系，领导核心远见卓识的规划，目前环宇网络已发展成为国内具有实力的网络公司之一，在国内建立了广泛的合作关系，合作伙伴约有 800 多家。环宇网络旨在以负责任和持续创新的精神，全方位提供第一流的电子商务基础建设产品、解决方案和服务。公司现有员工 40 余人，下设行政部、业务部、市场部、客户服务部、系统集成部、技术部、物流部、财务部等部门并拥有一批优秀的认证工程师。公司每年都加强员工的培训、学习，加强自身企业文化建设，摆脱中小企业在发展中所带来的一系列问题。目前公司已建立起了较完善的现代企业经营管理制度，激发了员工的积极性、创造性和协作精神，同时也建立起一支技术水平高、团结、敬业、创新、有高度责任感的团队。

环宇网络视人才为第一资源，奉行集体奋斗精神。环宇员工崇尚团结、忠诚、创新、敬业，敢于尝试，勇于创新的公司精神。根据目前公司发展的需要，现需招聘以下人员：

图 4-16　选择一句文本

3. 选择整段文本

要选择某段文本，只需将光标定位到那段文本上，然后迅速地单击鼠标左键 3 次，这样整段文本就会被选中，如图 4-17 所示。

北京环宇网络科技有限公司是于 2005 年成立的专业化网络公司，属北京市高新技术企业。主要业务包括为国际知名品牌网络产品分销和系统集成二大部分。凭借公司雄厚的资金支持及渠道优势，丰富的 IT 经验，专业的技术支持队伍，科学的管理体系，领导核心远见卓识的规划，目前环宇网络已发展成为国内具有实力的网络公司之一，在国内建立了广泛的合作关系，合作伙伴约有 800 多家。环宇网络旨在以负责任和持续创新的精神，全方位提供第一流的电子商务基础建设产品、解决方案和服务。公司现有员工 40 余人，下设行政部、业务部、市场部、客户服务部、系统集成部、技术部、物流部、财务部等部门并拥有一批优秀的认证工程师。公司每年都加强员工的培训、学习，加强自身企业文化建设，摆脱中小企业在发展中所带来的一系列问题。目前公司已建立起了较完善的现代企业经营管理制度，激发了员工的积极性、创造性和协作精神，同时也建立起一支技术水平高、团结、敬业、创新、有高度责任感的团队。

图 4-17　选择整段文本

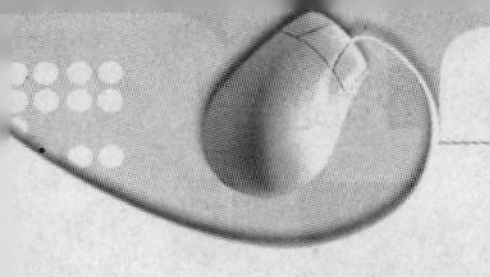

注意

Word 是根据段落结束标记来识别某段文字的，所以用户首先要保证正确的段落结束标记。

4. 任意选择区域文本

方法 1 将光标移动到起始位置，然后拖动鼠标到区域的结束位置即可。利用这种方法可以选中任意长度的文本，例如单字、词、句等。

方法 2 将“I”形光标移动到起始位置，然后单击鼠标使之成为插入点，然后将光标移动到结束位置，按住 Shift 键的同时单击鼠标，这样也可以选中任意长度的文本，如图 4-18 所示。

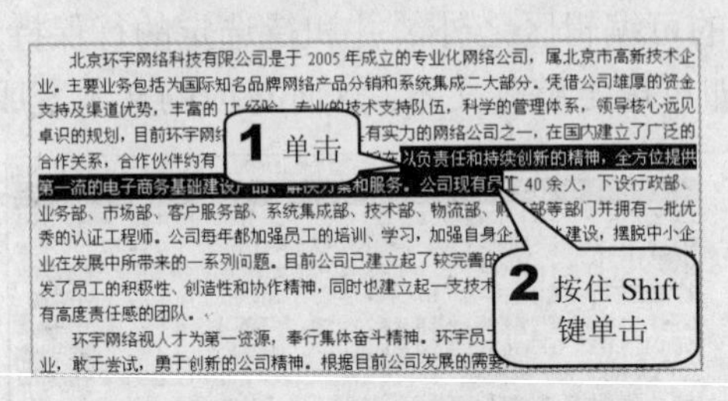

图 4-18 选择任意长度文本

如果需要选中整篇文档内容，则可以在菜单栏上单击“编辑>全选”命令，如图 4-19 所示，该命令对应的快捷键是 Ctrl+A。

在编辑文档时，经常需要删除一些内容。首先要选定它们，然后单击菜单栏上的“编辑>清除”命令，这时就会弹出两个选项：“格式”和“内容”，如图 4-20 所示。

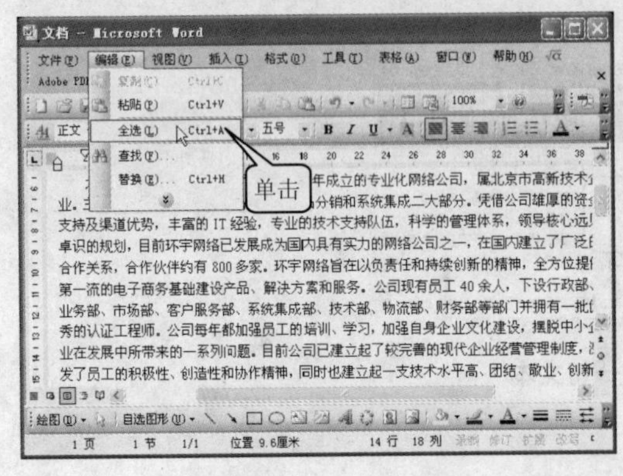

图 4-19 选择全篇文本

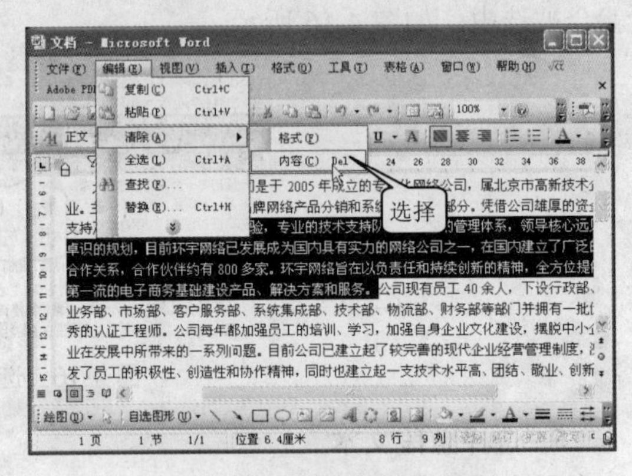

图 4-20 删除格式或内容

选择“格式”命令会将应用在选定文本上所有格式统统删除，包括字体、大小等设置。而选择“内容”命令则会将选定文本的内容全部清除掉。删除选定内容的快捷键是 Delete 或 Del。

4.2.2 文本的剪切、复制和粘贴

文本的剪切、复制和粘贴操作可以通过以下两种方式实现。

方法 1　在剪切和复制文本之前，首先要选定对应的文本内容，然后单击菜单栏上的“编辑>剪切（复制）”命令，如图 4-21 所示。

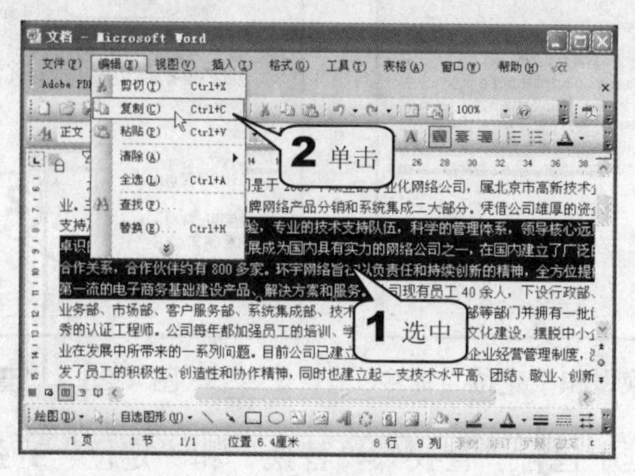

图 4-21　剪切或复制文本

剪切和复制对应的快捷键是 Ctrl+X 和 Ctrl+C，将光标移动到目标位置之后，单击菜单栏上的“编辑>粘贴”命令或按快捷键 Ctrl+V 即可完成操作，这和 Windows 系统的剪切、复制等操作是完全一致的。

方法 2　在 Word 中也允许通过拖动来完成文本的粘贴操作。

例如要将第一段放到第二段的末尾，就可以通过拖动来实现。如图 4-22 所示，首先选中第一段文字，然后将光标移动到上面，这时光标会变成白色箭头。接着拖动鼠标到第二段的末尾，这个过程中光标的后面会出现一个方形的小框。

拖动之后松开鼠标左键即可完成选定文本的移动，如图 4-23 所示。

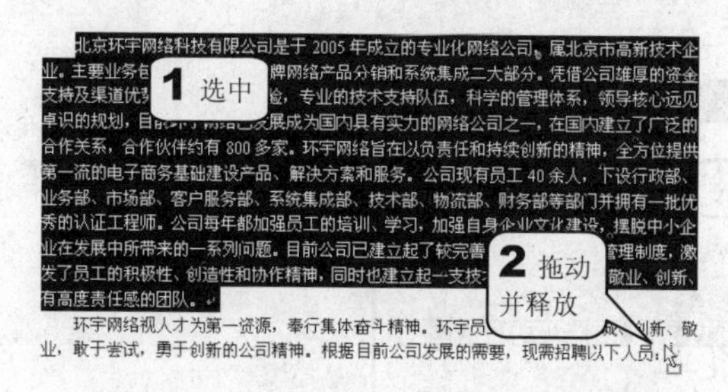

图 4-22　拖动文本

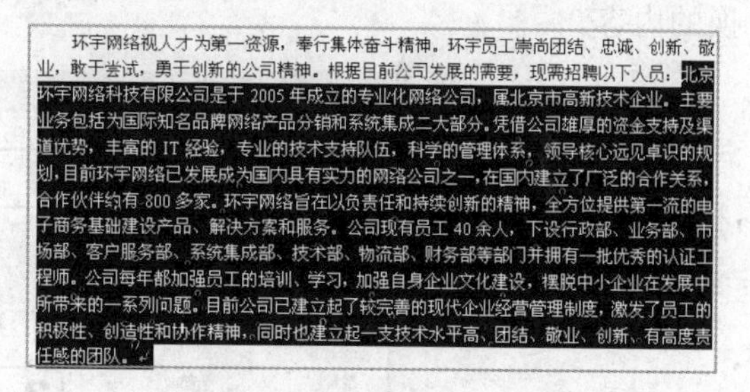

图 4-23　完成文本的移动

如果在拖动过程中按住 Ctrl 键，则相当于对选定文本进行复制操作。

4.2.3　文本的查找、替换和定位

在编辑文本时，经常需要搜索一些关键的词汇，利用 Word 提供的“查找”功能可以很方便地对整篇文档进行搜索；而当需要反复修改重复的内容时，利用“替换”功能则能够节省时间；另外，当文档包含的内容太多而很难用滚动条进行定位时，就可以使用 Word 提供的“定位”功能。

这三个命令都位于菜单栏上的“编辑”菜单中，如图 4-24 所示。

例如，单击菜单栏上的“编辑>查找”命令，将会弹出如图 4-25 所示的“查找和替换”对话框。

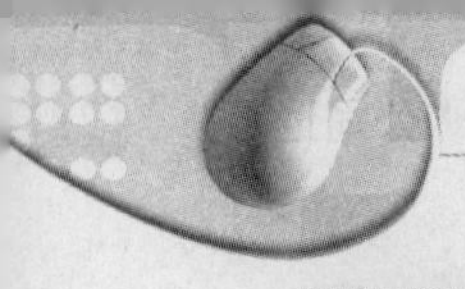

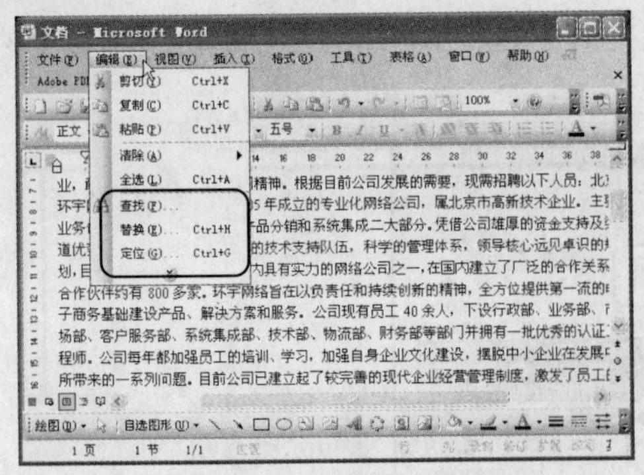

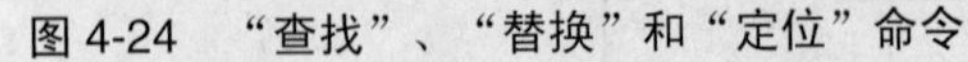
图 4-24　“查找”、“替换”和“定位”命令

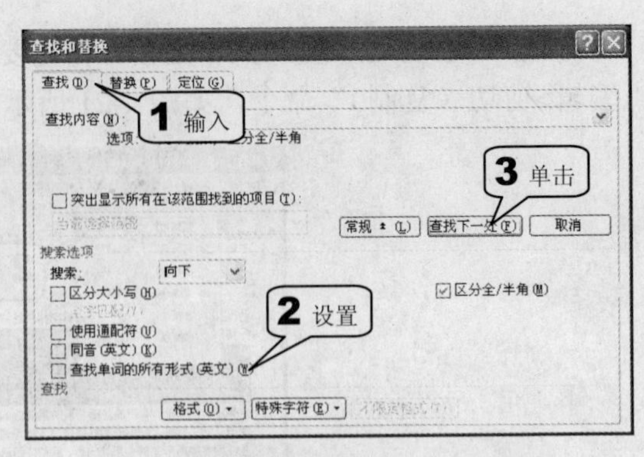

图 4-25　“查找和替换”对话框

可以发现，该对话框中包含“查找”、“替换”和“定位”3 张选项卡，依次对应“编辑”菜单中的命令。

1．查找文本

在“查找”选项卡的“查找内容”文本框输入需要搜索的信息，接着就可以设置一些相关的细节，包括搜索方向、区分大小写和通配符的使用等等。设定完成之后单击“查找下一处”按钮即可开始查找过程。当找到一处符合要求的文本时，该内容会呈现出选中的状态，再次单击“查找下一处”按钮则会继续搜索过程。

2．替换文本

打开“查找和替换”对话框中的“替换”选项卡，则会出现如图 4-26 所示的界面。与“查找”选项卡不同，“替换”选项卡中新增加了一个“替换为”文本框，用于输入需要替换的内容。

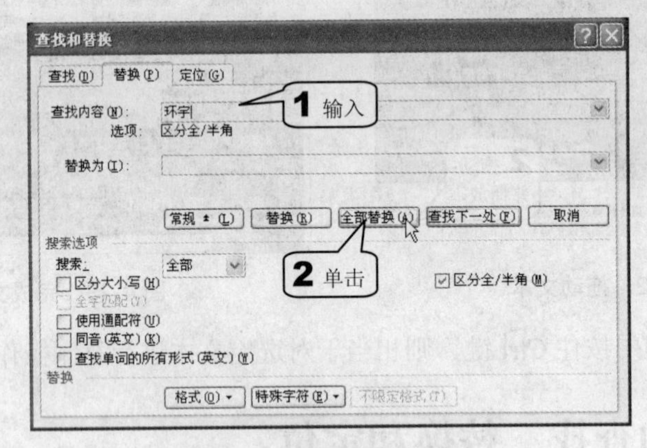

图 4-26　“替换”选项卡

如果要进行有选择的替换，可以通过“替换”和“查找下一处”两个按钮来协同完成。

单击“全部替换”按钮则可以一次性将整篇文档中符合要求的文本全部替换为预先设定的内容。

3．定位文档

打开“查找和替换”对话框中的“定位”选项卡，则会出现如图 4-27 所示的界面。在窗口左边的“定位目标”列表框可以选择定位的方式，这里选择“页”，然后在右边“输入页号”文本框输入具体的数字，最后单击“定位”按钮即可。

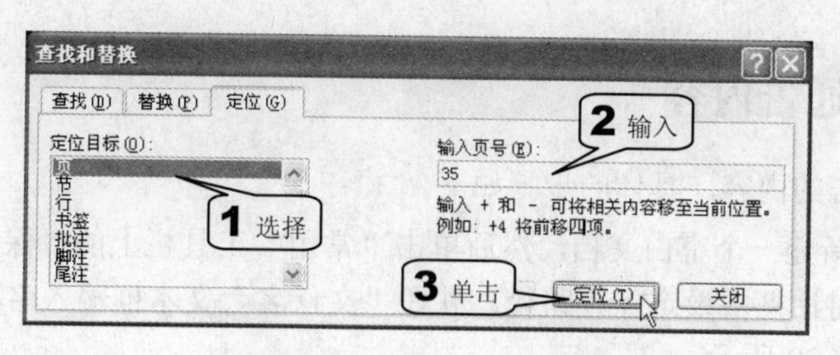

图 4-27　“定位”选项卡

“编辑”菜单中的这 3 个命令都有对应的快捷键，熟练地使用它们能够大大简化编辑时的工作量。

4.2.4　撤消和恢复操作

“撤消”和“恢复”操作是一对相反的操作命令，它们位于菜单栏上的“编辑”菜单中，对应的快捷键分别是 Ctrl+Z 和 Ctrl+Y，如图 4-28 所示。这两个命令在 Word 中的使用频率可以说是最高的。

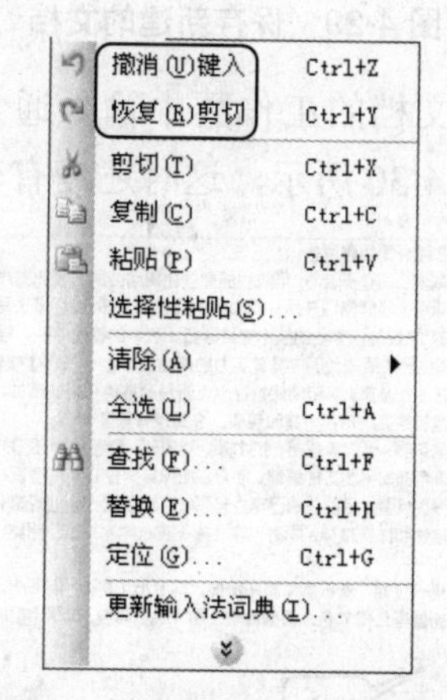

图 4-28　“撤消”和“恢复”命令

当对文本进行剪切、复制等操作时，如果不能达到预期的效果，则可以利用 Word 2003 提供的“撤消”命令来取消执行的动作，这时“恢复”命令被激活，单击它则会恢复撤消之前的状态。

提示

在“常用”工具栏上同样包含了这两个命令的快捷按钮，熟练地使用它们能够节省不少时间。

4.3　制作“公司通告”文件

本节将会以制作一个“公司通告”为实例，让用户进一步体会 Word 2003 强大的文字处理能力。

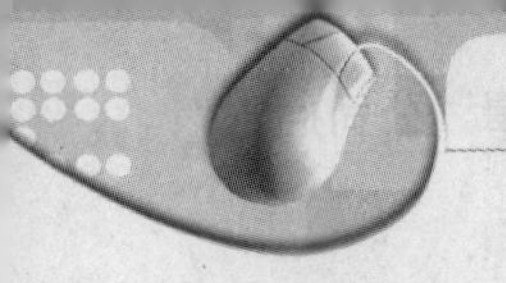

4.3.1 输入通告内容

首先输入通告的内容，具体的步骤如下。

步骤 01 新建一个空白文档，然后单击“常用”工具栏上的“保存”按钮，在弹出的“另存为”对话框中设定保存路径，并在“文件名”文本框输入名称，最后单击“保存”按钮，如图 4-29 所示。

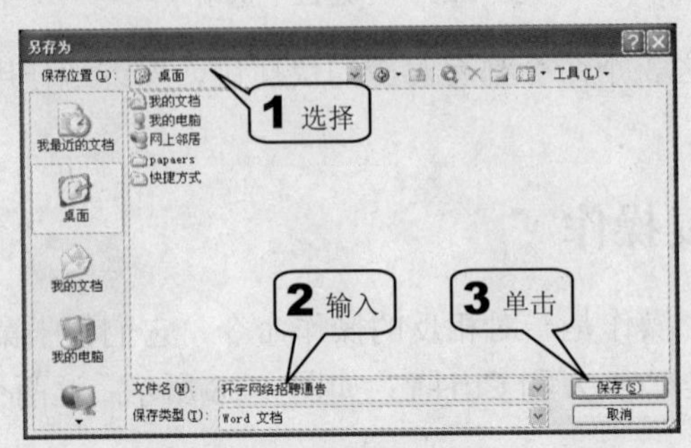

图 4-29 保存新建的文档

步骤 02 在新建好的空白文档的工作区中输入通告的具体内容，在必要的位置按 Enter 键生成段落结束标志，如图 4-30 所示，这时还没有建立任何格式。

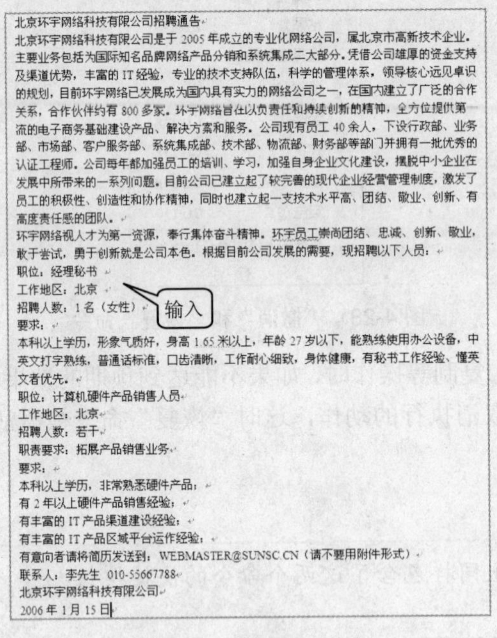

北京环宇网络科技有限公司招聘通告

北京环宇网络科技有限公司是于 2005 年成立的专业化网络公司，属北京市高新技术企业。主要业务包括为国际知名品牌网络产品分销和系统集成二大部分。凭借公司雄厚的资金支持及渠道优势，丰富的 IT 经验，专业的技术支持队伍，科学的管理体系，领导核心远见卓识的规划，目前环宇网络已发展成为国内具有实力的网络公司之一，在国内建立了广泛的合作关系，合作伙伴约有 800 多家。环宇网络旨在以负责任和持续创新的精神，全方位提供第一流的电子商务基础建设产品、解决方案和服务。公司现有员工 40 余人，下设行政部、业务部、市场部、客户服务部、系统集成部、技术部、物流部、财务部等部门并拥有一批优秀的认证工程师。公司每年都加强员工的培训、学习，加强自身企业文化建设，摆脱中小企业在发展中所带来的一系列问题。目前公司已建立起了较完善的现代企业经营管理制度，激发了员工的积极性、创造性和协作精神，同时也建立起一支技术水平高、团结、敬业、创新、有高度责任感的团队。

环宇网络视人才为第一资源，奉行集体奋斗精神。环宇员工崇尚团结、忠诚、创新、敬业，敢于尝试，勇于创新就是公司本色。根据目前公司发展的需要，现招聘以下人员：

职位：经理秘书

工作地区：北京

招聘人数：1 名（女性）

要求：

本科以上学历，形象气质好，身高 1.65 米以上，年龄 27 岁以下，能熟练使用办公设备，中英文打字熟练，普通话标准，口齿清晰，工作耐心细致，身体健康，有秘书工作经验、懂英文者优先。

职位：计算机硬件产品销售人员

工作地区：北京

招聘人数：若干

职责要求：拓展产品销售业务

要求：

本科以上学历，非常熟悉硬件产品；

有 2 年以上硬件产品销售经验；

有丰富的 IT 产品渠道建设经验；

有丰富的 IT 产品区域平台运作经验；

有意向者请将简历发送到：WEBMASTER@SUNSC.CN（请不要用附件形式）

联系人：李先生 010-55667788

北京环宇网络科技有限公司

2006 年 1 月 15 日

图 4-30 输入通告内容

4.3.2 设置通告的格式

将通告的内容输入到工作区之后，接着就需要初步设置通告的格式，具体的步骤如下。

步骤 01 在菜单栏上单击“格式>样式和格式”命令，如图 4-31 所示。

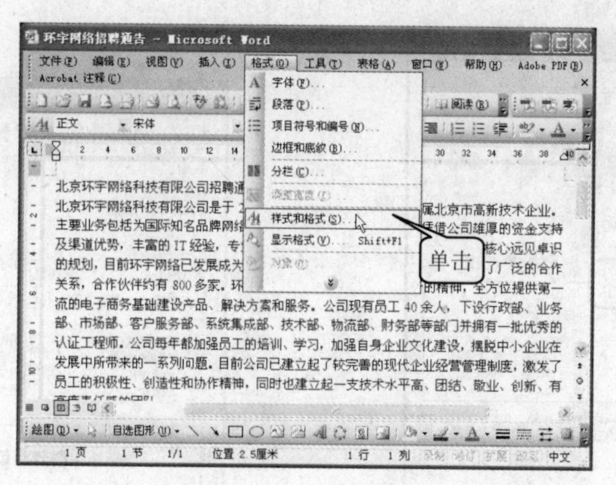

图 4-31　单击“格式>样式和格式”命令

提示

在“格式”工具栏上单击按钮和单击“格式>样式和格式”命令是一致的。

步骤 **02**　在弹出的“样式和格式”任务窗格中，可以看到文档中现有的所有格式。可以发现，窗格中只包含了 Word 默认的几种格式。在“正文”格式上右击鼠标，在弹出的快捷菜单中选择“修改”命令，如图 4-32 所示。

步骤 **03**　弹出“修改样式”对话框，首先在“格式”下拉列表中选择“幼圆”格式，然后将字体大小改为“小四”，最后单击“加粗” **B** 按钮，如图 4-33 所示。

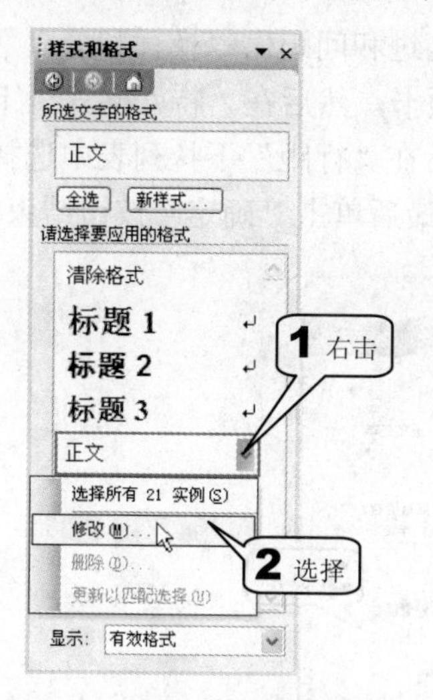

图 4-32　修改正文格式

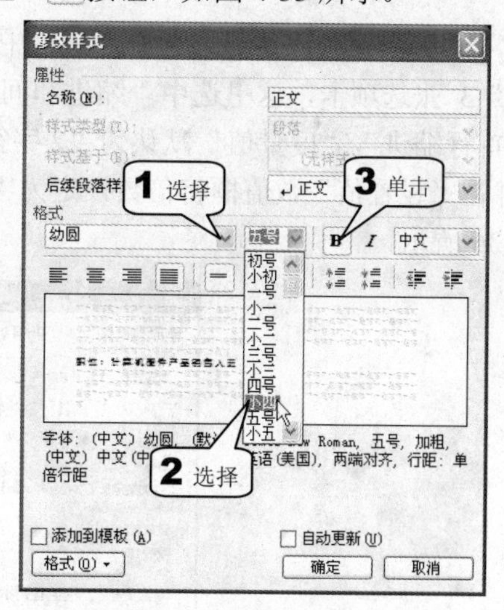

图 4-33　设置文本格式

在对话框中设置文本格式和在“格式”工具栏上进行设置是一致的，由此也可以看出 Word 的人性化设计。

步骤 **04**　接着再来设置段落格式。在“修改样式”对话框中单击左下角的“格式”按钮，并在弹出的快捷菜单中选择“段落”命令，如图 4-34 所示。

在弹出的菜单中，可以看到其他的命令，每一个负责不同的功能，例如单击“字体”命令，则会弹出如图 4-35 所示的“字体”对话框。

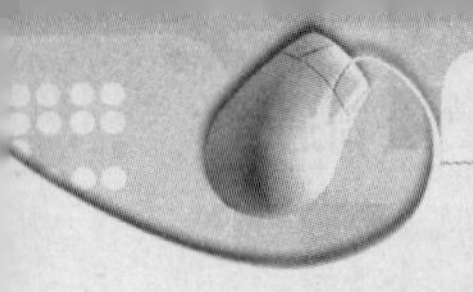

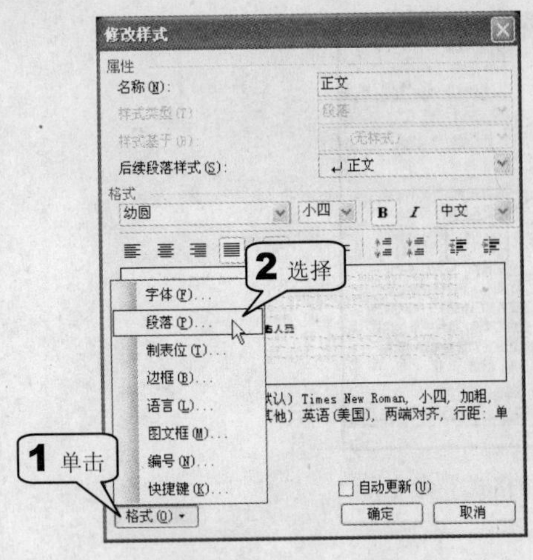

图 4-34　选择“段落”命令

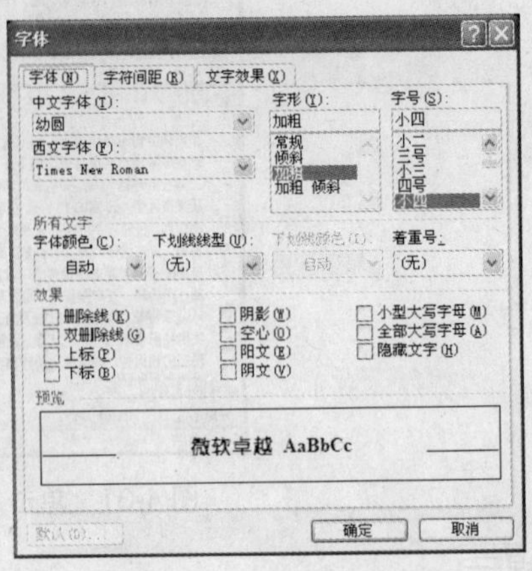

图 4-35　“字体”对话框

在该对话框中，包含了“字体”、“字符间距”和“文字效果”3 张选项卡，能够让用户更加细致地设定文本的效果，Word 强大的文字处理能力由此体现出来。单击菜单栏上的“格式>字体”命令同样会调出该对话框。

提示

用户在“字体”对话框中对字体进行设置时可以在“预览”框中看到文字效果。

步骤 05　在弹出的“段落”对话框中包含“缩进和间距”、“换行和分页”以及“中文版式”3 张选项卡，这里选中“缩进和间距”选项卡，然后在“特殊格式”下拉列表中选择“首行缩进”，“度量值”默认为“2 字符”，然后在“行距”下拉列表中选择“多倍行距”，并在“设置值”数值框将倍数设定为“1.25”，最后单击“确定”按钮结束段落设定，如图 4-36 所示。

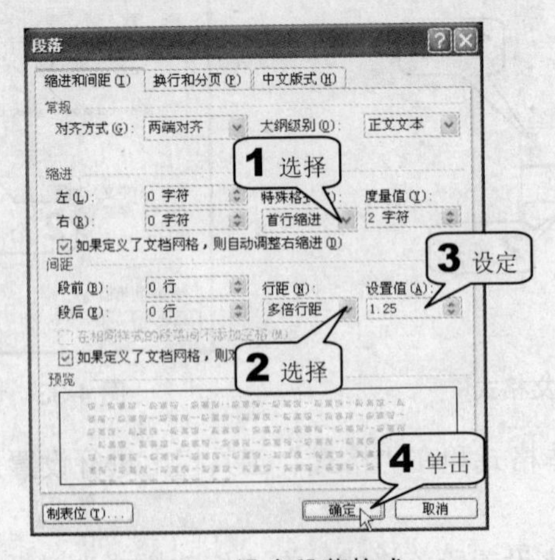

图 4-36　设定段落格式

步骤 06　返回“修改样式”对话框，并单击“确定”按钮完成对全部文本的设置。这时在“样式和格式”任务窗格中会出现一种新的格式：“首行缩进：2 字符”，这就是刚才自定义产生的格式，如图 4-37 所示。

修改后的文本效果如图 4-38 所示，可以发现设定“首行缩进”之后段落的变化，字体格式和大小的变化也是一目了然。

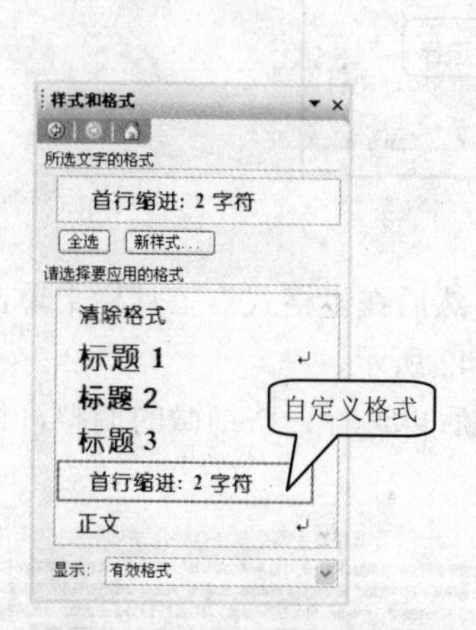

图 4-37　自定义的格式

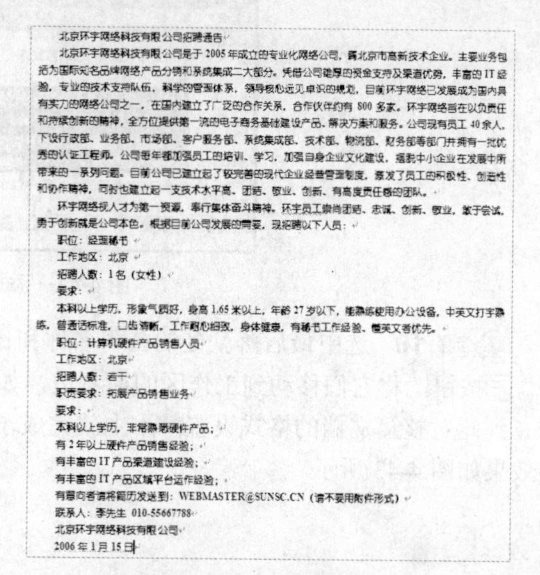

北京环宇网络科技有限公司招聘通告

北京环宇网络科技有限公司是于 2005 年成立的专业化网络公司，属北京市高新技术企业。主要业务包括为国际知名品牌网络产品分销和系统集成二大部分。凭借公司雄厚的资金支持及渠道优势，丰富的 IT 经验，专业的技术支持队伍，科学的管理体系，领导核心远见卓识的规划，目前环宇网络已发展成为国内具有实力的网络公司之一，在国内建立了广泛的合作关系，合作伙伴约有 800 多家。环宇网络旨在以负责任和持续创新的精神，全方位提供第一流的电子商务基础建设产品、解决方案和服务。公司现有员工 40 余人，下设行政部、业务部、市场部、客户服务部、系统集成部、技术部、物流部、财务部等部门并拥有一批优秀的认证工程师。公司每年都加强员工的培训、学习，加强自身企业文化建设，摆脱中小企业在发展中所带来的一系列问题。目前公司已建立起了较完善的现代企业经营管理制度，激发了员工的积极性、创造性和协作精神，同时也建立起一支技术水平高、团结、敬业、创新、有高度责任感的团队。

环宇网络视人才为第一资源，奉行集体奋斗精神。环宇员工崇尚团结、忠诚、创新、敬业，敢于尝试，勇于创新就是公司本色。根据目前公司发展的需要，现招聘以下人员：

职位：经理秘书

工作地区：北京

招聘人数：1 名（女性）

要求：

本科以上学历，形象气质好，身高 1.65 米以上，年龄 27 岁以下，能熟练使用办公设备，中英文打字熟练，普通话标准，口齿清晰，工作耐心细致，身体健康，有秘书工作经验、懂英文者优先。

职位：计算机硬件产品销售人员

工作地区：北京

招聘人数：若干

职责要求：拓展产品销售业务

要求：

本科以上学历，非常熟悉硬件产品；

有 2 年以上硬件产品销售经验；

有丰富的 IT 产品渠道建设经验；

有丰富的 IT 产品区域平台运作经验；

有意向者请将简历发送到：WEBMASTER@SUNSC.CN（请不要用附件形式）

联系人：李先生 010-55667788

北京环宇网络科技有限公司

2006 年 1 月 15 日

图 4-38　调整文本格式后的效果

步骤 07　对整篇文本的格式进行设置之后，接下来就要对通告各部分内容进行具体的设置。选中通告的标题“北京环宇网络科技有限公司招聘通告”，然后在“格式”工具栏上单击“居中”按钮，并将标题的字号修改为“二号”，如图 4-39 所示。

步骤 08　由于在招聘通告中需要对招聘的职位进行突出显示，所以先利用 Ctrl 键选中职位需求的那两行，然后再单击“格式”工具栏上的“项目符号”按钮，接着将它们的字号大小修改为“四号”，如图 4-40 所示。

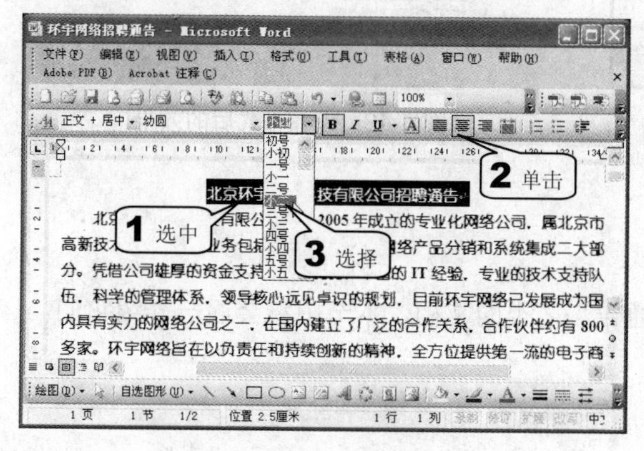

图 4-39　修改标题位置和大小

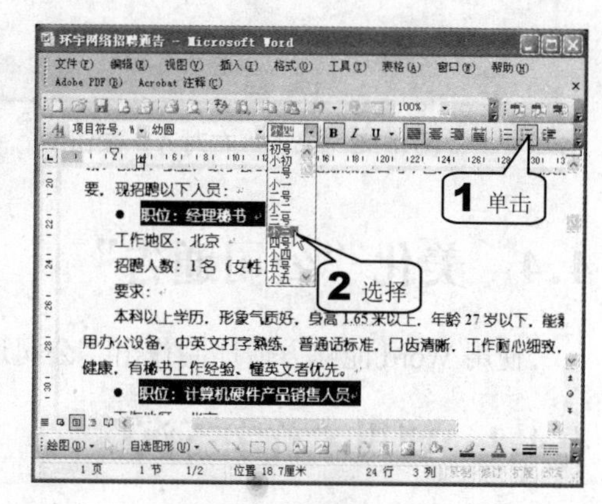

图 4-40　添加项目符号

步骤 09　第二种职位的要求比较多，可以利用编号来区分它们，使整个文档看起来条理性更强。选中目标文本，然后单击“格式”工具栏上的“编号”按钮，如图 4-41 所示。

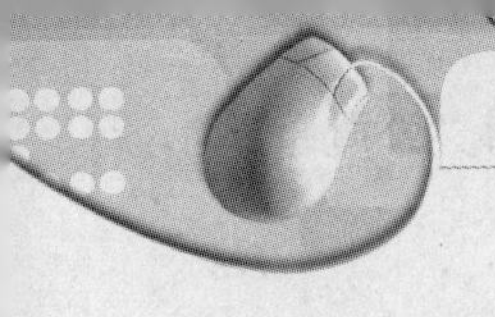

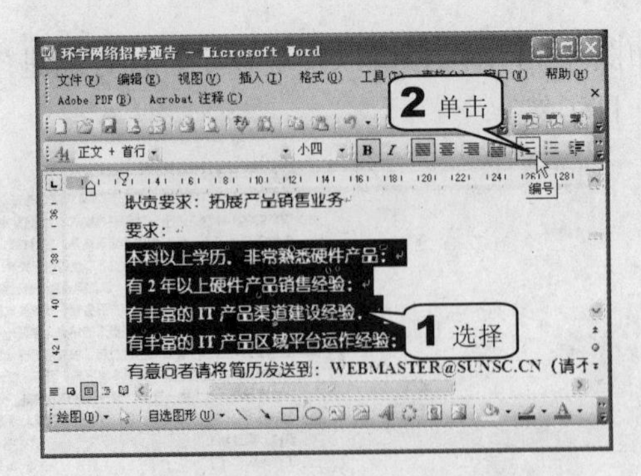

图 4-41　添加编号

步骤 **10**　选中最后落款处的公司名称和日期，然后在“格式”工具栏上单击“右对齐”按钮，将它们移动到工作区的最右边，如图 4-42 所示。

到此对整篇文档的格式设置基本上就完成了，最后再进行一些细微的调整，得到的最终效果如图 4-43 所示。

图 4-42　单击“右对齐”按钮

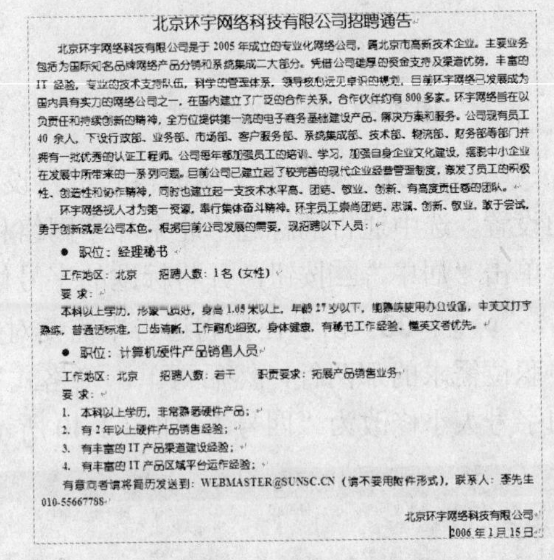

北京环宇网络科技有限公司招聘通告

北京环宇网络科技有限公司是于 2005 年成立的专业化网络公司，属北京市高新技术企业。主要业务包括为国际知名品牌网络产品分销和系统集成二大部分。凭借公司雄厚的资金支持及渠道优势，丰富的 IT 经验，专业的技术支持队伍，科学的管理体系，领导核心远见卓识的规划，目前环宇网络已发展成为国内具有实力的网络公司之一，在国内建立了广泛的合作关系，合作伙伴约有 800 多家。环宇网络旨在以负责任和持续创新的精神，全方位提供第一流的电子商务基础建设产品、解决方案和服务。公司现有员工 40 余人，下设行政部、业务部、市场部、客户服务部、系统集成部、技术部、物流部、财务部等部门并拥有一批优秀的认证工程师。公司每年都加强员工的培训、学习，加强自身企业文化建设，摆脱中小企业在发展中所带来的一系列问题。目前公司已建立起了较完善的现代企业经营管理制度，激发了员工的积极性、创造性和协作精神，同时也建立起一支技术水平高、团结、敬业、创新、有高度责任感的团队。

环宇网络视人才为第一资源，奉行集体奋斗精神。环宇员工崇尚团结、忠诚、创新、敬业，敢于尝试，勇于创新就是公司本色。根据目前公司发展的需要，现招聘以下人员：

- 职位：经理秘书

工作地区：北京　　招聘人数：1名（女性）

要 求：

本科以上学历，形象气质好，身高 1.65 米以上，年龄 27 岁以下，能熟练使用办公设备，中英文打字熟练，普通话标准，口齿清晰，工作细心细致，身体健康，有秘书工作经验、懂英文者优先。

- 职位：计算机硬件产品销售人员

工作地区：北京　　招聘人数：若干　　职责要求：拓展产品销售业务

要 求：

1. 本科以上学历，非常熟悉硬件产品；
2. 有 2 年以上硬件产品销售经验；
3. 有丰富的 IT 产品渠道建设经验；
4. 有丰富的 IT 产品区域平台运作经验；

有意向者请将简历发送到：WEBMASTER@SUNSC.CN（请不要用附件形式），联系人：李先生 010-55667788

北京环宇网络科技有限公司

2006 年 1 月 15 日

图 4-43　设置格式后的效果

4.4 美化“公司通告”

使用 Word 能够方便地制作出“公司通告”之类的文档，本节中将会逐一介绍它们。

4.4.1 使用“首字下沉”

“首字下沉”是将一段的第一个字放大，这样使整篇文章看起来更加醒目，很多杂志或报纸都会采用这种方式。采用“首字下沉”格式的步骤如下。

步骤 **01**　将光标移动到第一段，然后单击菜单栏上的“格式>首字下沉”命令，如图 4-44 所示。

步骤 **02**　在弹出的“首字下沉”对话框中选择“下沉”，然后设置“下沉行数”为“2”，最后单击“确定”按钮，如图 4-45 所示。

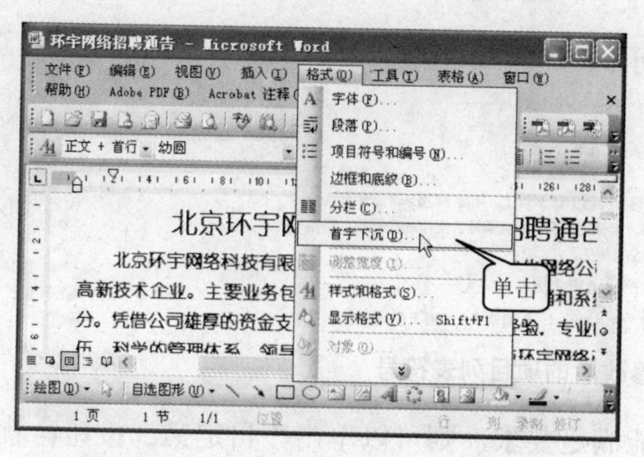

图 4-44　单击“格式>首字下沉”命令

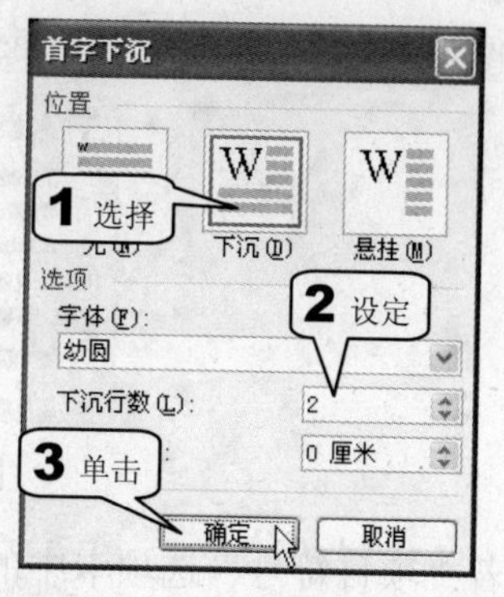

图 4-45　“首字下沉”对话框

第一段采用“首字下沉”格式之后得到的效果如图 4-46 所示。

可以发现，第一个字被一个方框所包围，这个方框其实是一个图文框，双击它就会弹出如图 4-47 所示的“图文框”对话框。

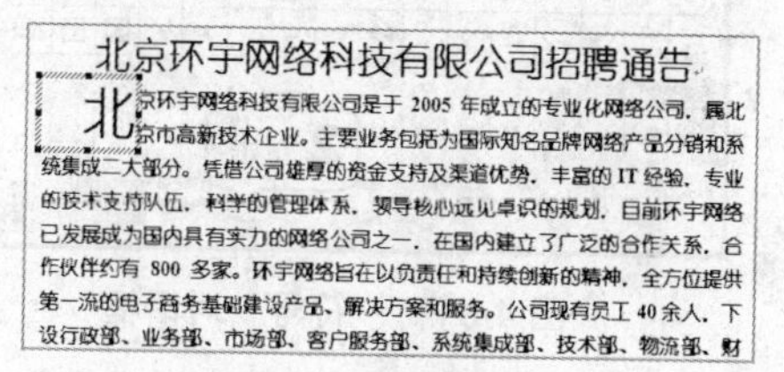
北京环宇网络科技有限公司招聘通告

北京环宇网络科技有限公司是于 2005 年成立的专业化网络公司，属北京市高新技术企业。主要业务包括为国际知名品牌网络产品分销和系统集成二大部分。凭借公司雄厚的资金支持及渠道优势，丰富的 IT 经验，专业的技术支持队伍，科学的管理体系，领导核心远见卓识的规划，目前环宇网络已发展成为国内具有实力的网络公司之一。在国内建立了广泛的合作关系，合作伙伴约有 800 多家。环宇网络旨在以负责任和持续创新的精神，全方位提供第一流的电子商务基础建设产品、解决方案和服务。公司现有员工 40 余人，下设行政部、业务部、市场部、客户服务部、系统集成部、技术部、物流部、财

图 4-46　采用“首字下沉”后的效果

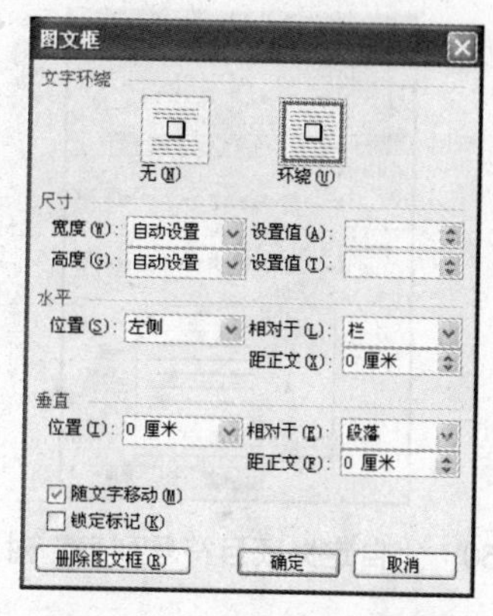

图 4-47　“图文框”对话框

4.4.2　修改项目列表符号

在文本中的项目列表黑点上双击鼠标，这时就会弹出如图 4-48 所示的“项目符号和编号”对话框。该对话框一共包含“项目符号”、“编号”、“多级符号”和“列表样式”4 张选项卡，打开“项目符号”选项卡，然后选择最后一种样式并单击“确定”按钮。

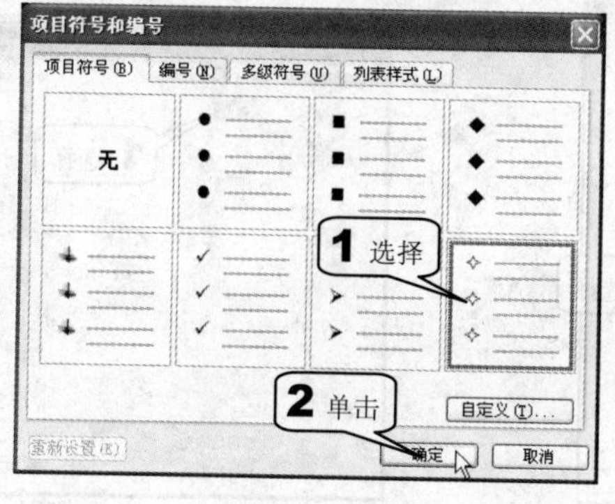

图 4-48　“项目符号和编号”对话框

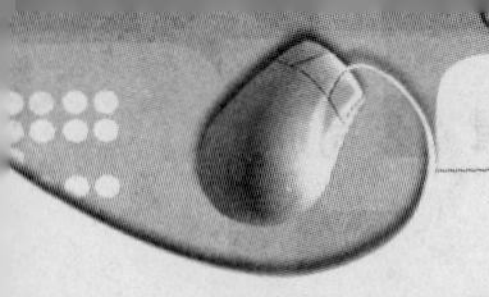

修改后的项目列表符号如图 4-49 所示。

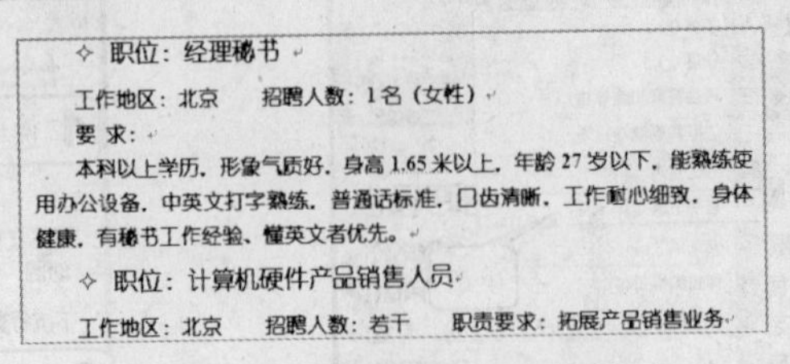

✧ 职位：经理秘书

工作地区：北京　　招聘人数：1名（女性）

要 求：

本科以上学历，形象气质好，身高 1.65 米以上，年龄 27 岁以下，能熟练使用办公设备，中英文打字熟练，普通话标准，口齿清晰，工作耐心细致，身体健康，有秘书工作经验、懂英文者优先。

✧ 职位：计算机硬件产品销售人员

工作地区：北京　　招聘人数：若干　　职责要求：拓展产品销售业务

图 4-49　修改后的项目列表符号

若“项目符号”选项卡中的外观不能满足要求，则可以单击“自定义”按钮，就会弹出如图 4-50 所示的“自定义项目符号列表”对话框，在其中可以对项目符号进行详细的设定。

在对话框中可以选择自己喜欢的项目列表符号。例如单击“字符”按钮，就会弹出如图 4-51 所示的“符号”对话框。选择需要的符号之后，单击“确定”按钮即可。

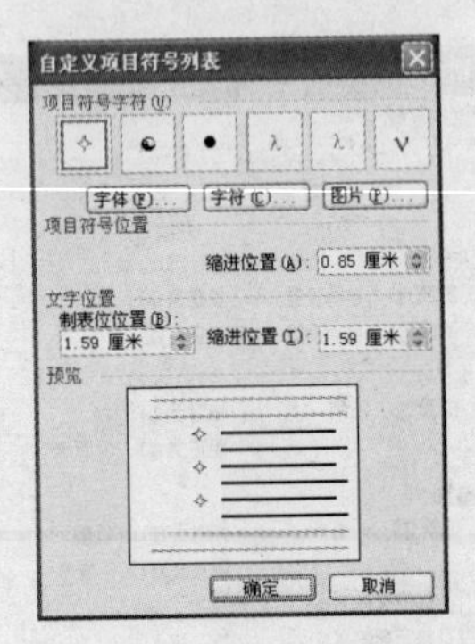

图 4-50　“自定义项目符号列表”对话框

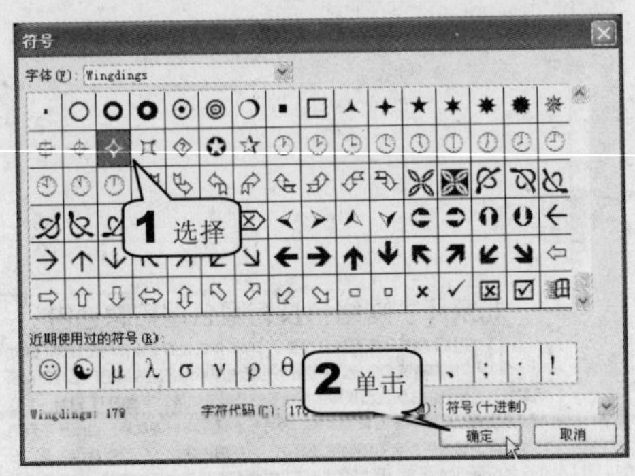

图 4-51　“符号”对话框

如果在“自定义项目符号列表”对话框中单击“图片”按钮，则会弹出如图 4-52 所示的“图片项目符号”对话框，其中包含了数量众多的图片符号，选择合适的符号之后单击“确定”按钮即可返回上级对话框。

在“图片项目符号”对话框中，还可以对外部文件进行导入操作，具体的方法是单击对话框左下角的“导入”按钮，这时就会弹出如图 4-53 所示的“将剪辑添加到管理器”对话框。首先设定导入文件的路径，然后单击“添加”按钮。

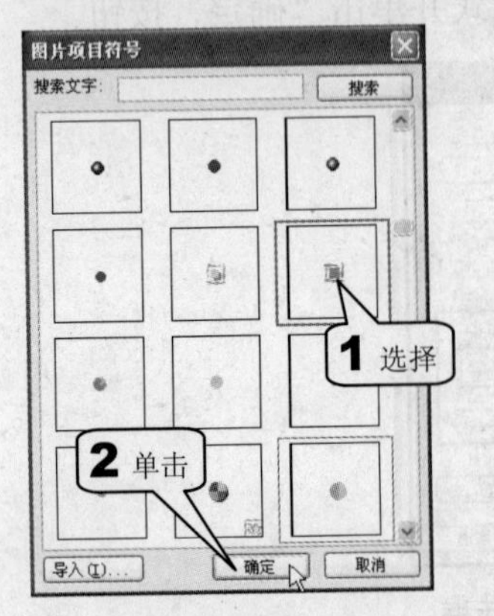

图 4-52　“图片项目符号”对话框

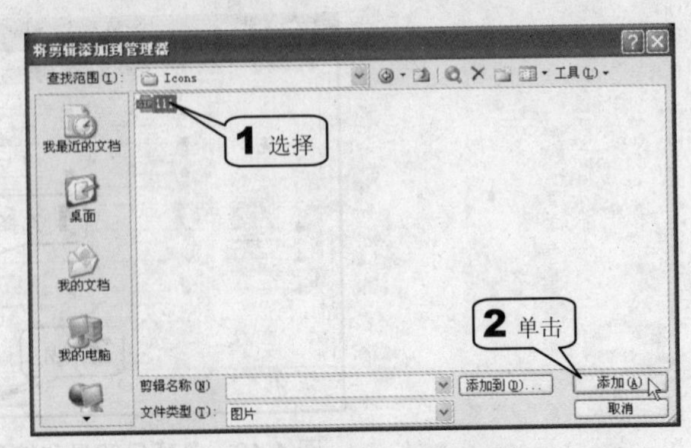

图 4-53　“将剪辑添加到管理器”对话框

4.4.3　插入图片

可以向通告中插入图片来增强通告的感染力，具体的操作步骤如下。

步骤 01　在菜单栏上单击“插入>图片>来自文件”命令或单击“绘图”工具栏上的“插入图片”按钮，如图 4-54 所示。

步骤 02　在弹出的“插入图片”对话框中设定目标路径并选择文件，然后单击“插入”按钮，如图 4-55 所示。

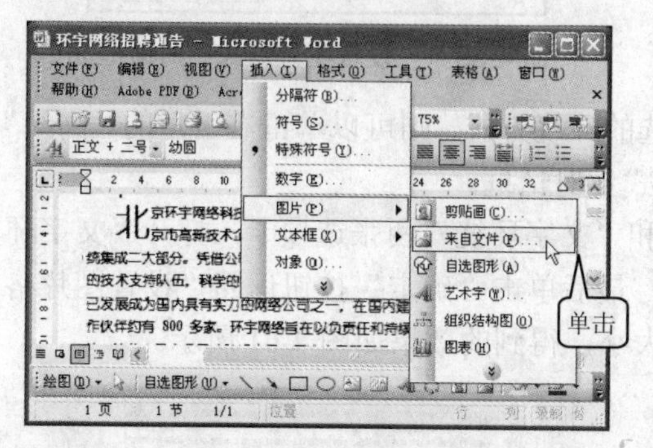

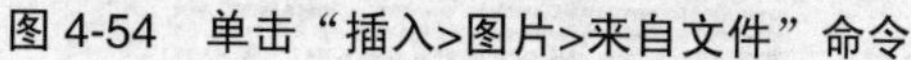
图 4-54　单击“插入>图片>来自文件”命令

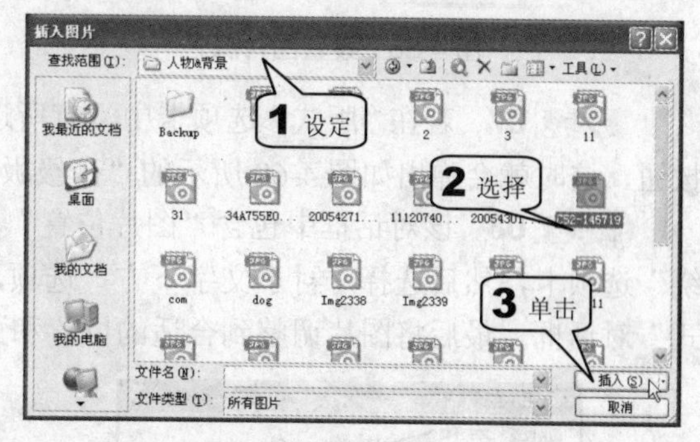

图 4-55　“插入图片”对话框

步骤 03　这样选定的图片就被插入到了文档光标所在的位置，其默认的版式为“嵌入式”。为了达到更好的效果，需要对图片进行编辑。具体的操作方法是单击菜单栏上的“视图>工具栏>图片”命令，如图 4-56 所示。

步骤 04　这时就会弹出如图 4-57 所示的“图片”工具栏，该工具栏上都是跟图片有关的编辑按钮。

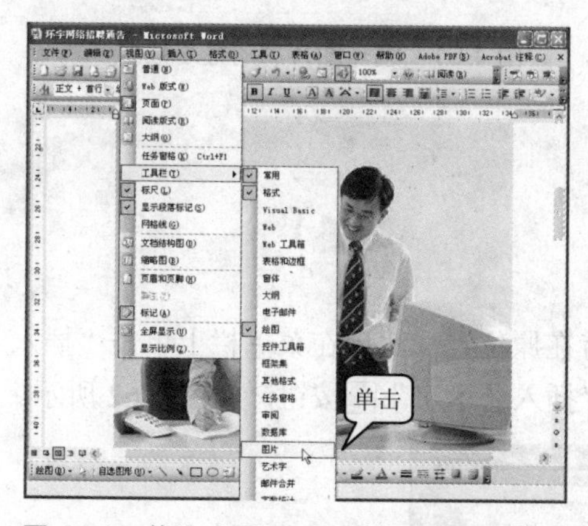

图 4-56　单击“视图>工具栏>图片”命令

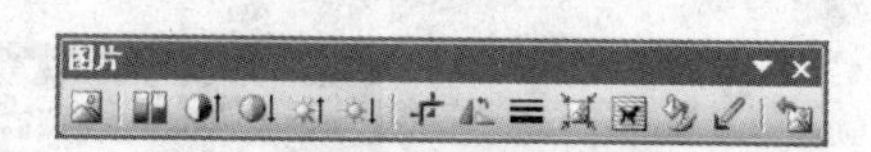

图 4-57　“图片”工具栏

步骤 05　本例中，选择图片，单击“颜色”按钮，在弹出的下拉菜单中依次选择“灰度”和“冲蚀”命令，如图 4-58 所示，这样图片的颜色就会产生明显的变化。

步骤 06　在图片上双击鼠标左键，将会弹出如图 4-59 所示的“设置图片格式”对话框。在该对话框中单击“版式”标签，切换到“版式”选项卡，在其中的“环绕方式”选项区中选择“衬于文字下方”选项，然后单击“确定”按钮。

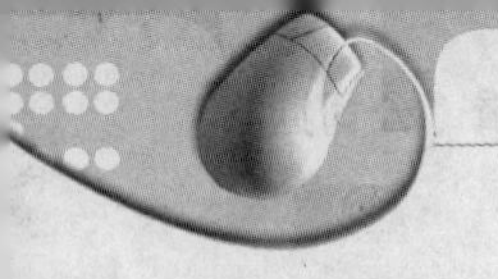

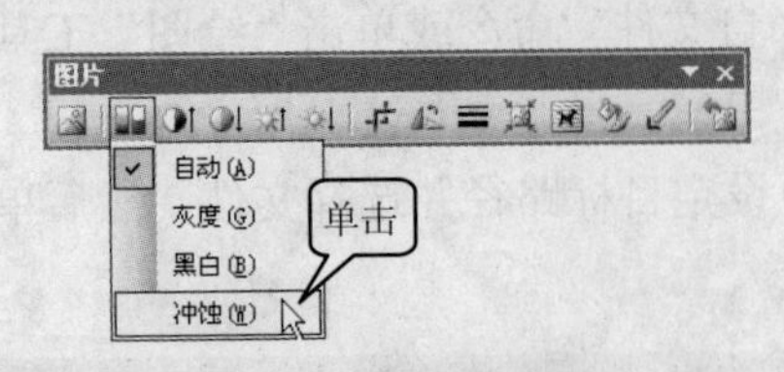

图 4-58 设置图片颜色

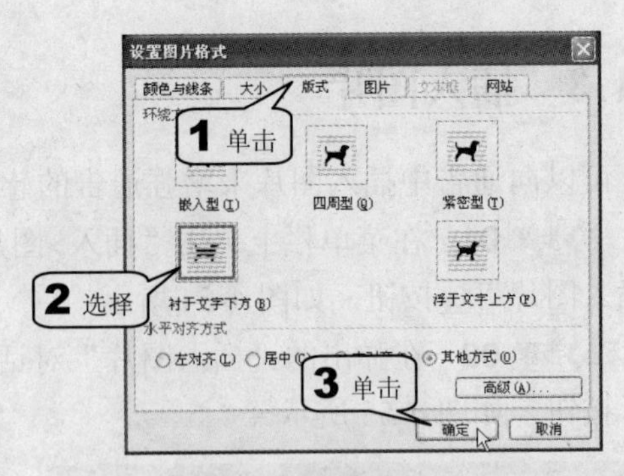

图 4-59 “设置图片格式”对话框

步骤 07 若在“版式”选项卡中没有所选的环绕方式，则可以单击右下角的“高级”按钮，这时就会弹出如图 4-60 所示的“高级版式”对话框。

步骤 08 该对话框中包含“图片位置”和“文字环绕”两张选项卡，打开“文字环绕”选项卡，然后选择“衬于文字下方”选项，最后单击“确定”按钮返回“设置图片格式”对话框。最后将图片调整到合适的位置和大小，得到的效果如图 4-61 所示。

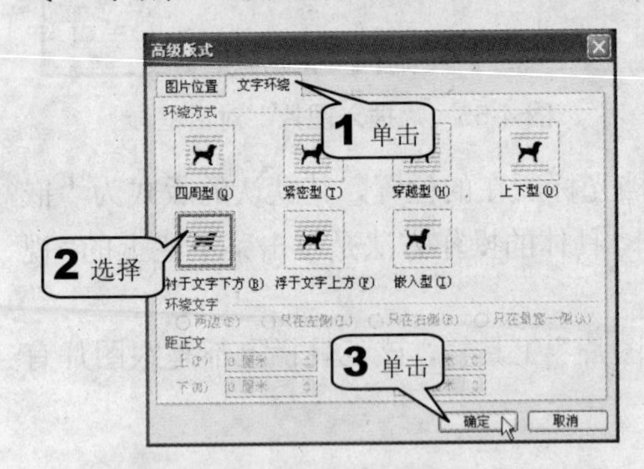

图 4-60 “高级版式”对话框

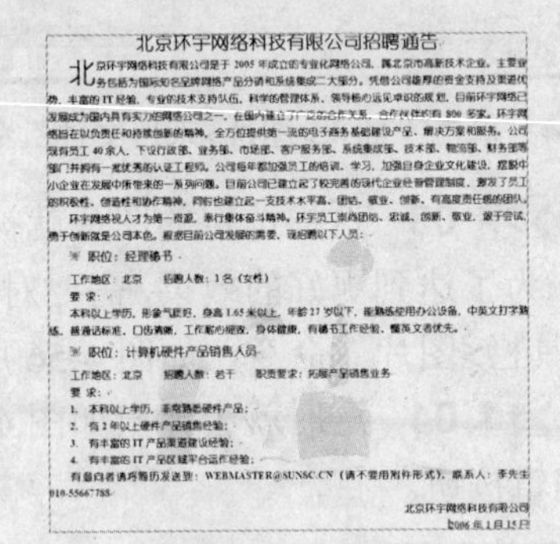

图 4-61 编辑图片后的最终效果

4.4.4 插入艺术字并绘制图形

1. 插入艺术字

具体的操作步骤如下。

步骤 01 将原来的标题删除，并将光标保持在原位置，然后在菜单栏上单击“插入>图片>艺术字”命令或单击“绘图”工具栏上的“插入艺术字”按钮，如图 4-62 所示。

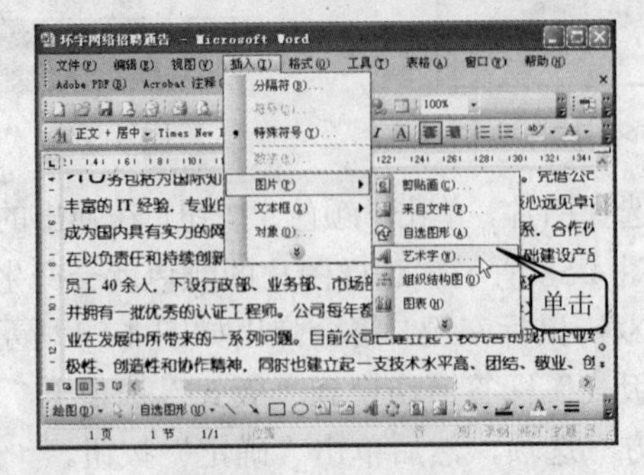

图 4-62 插入艺术字

步骤 02 在弹出的“艺术字库”对话框中选择所需的艺术字体，并单击“确定”按钮，如图 4-63 所示。

步骤 03 接着在弹出的“编辑‘艺术字’文字”对话框中输入待插入的文本，并将“字体”设定为“幼圆”，将“字号”设定为“28”并单击“加粗”按钮，最后单击“确定”按钮完成编辑过程，如图 4-64 所示。

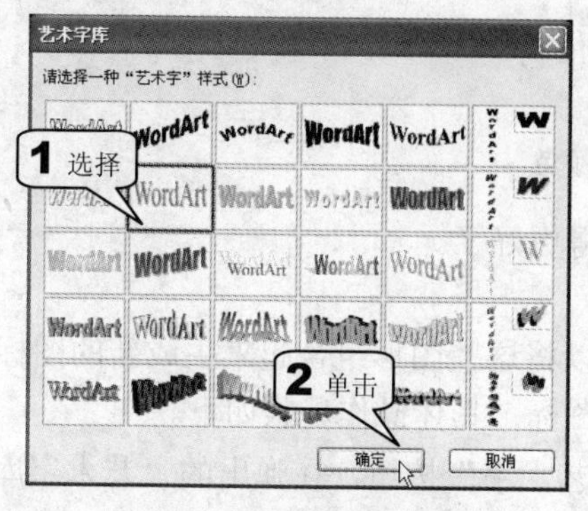

图 4-63　选择艺术字体

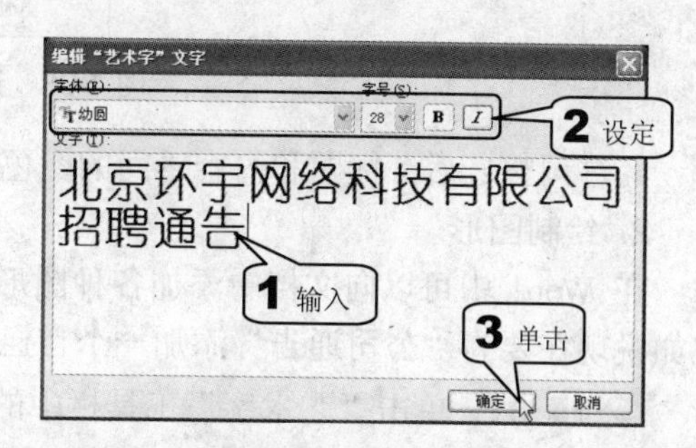

图 4-64　编辑艺术字

插入艺术字后的效果如图 4-65 所示，默认的插入版式为“嵌入式”。

弹出的“艺术字”工具栏，专门用于设置艺术字各种属性。如果在窗口中找不到这个工具栏，则可以在菜单栏上单击“视图>工具栏>艺术字”命令，这时就会出现如图 4-66 所示的“艺术字”工具栏。

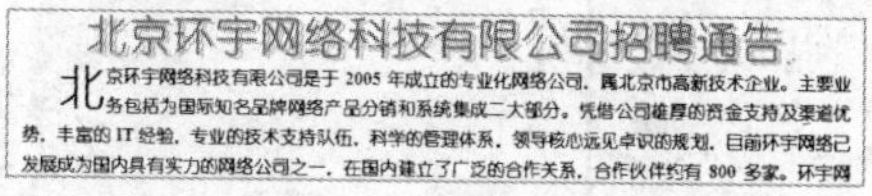

北京环宇网络科技有限公司招聘通告

北京环宇网络科技有限公司是于 2005 年成立的专业化网络公司，属北京市高新技术企业。主要业务包括为国际知名品牌网络产品分销和系统集成二大部分。凭借公司雄厚的资金支持及渠道优势，丰富的 IT 经验，专业的技术支持队伍，科学的管理体系，领导核心远见卓识的规划，目前环宇网络已发展成为国内具有实力的网络公司之一。在国内建立了广泛的合作关系，合作伙伴约有 800 多家。环宇网

图 4-65　插入艺术字后的效果

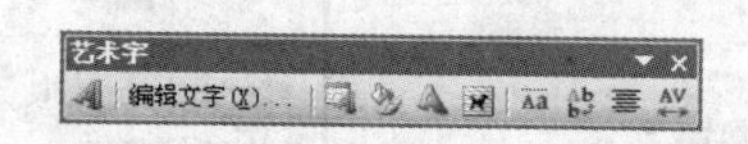

图 4-66　“艺术字”工具栏

利用“艺术字”工具栏选中对象，然后单击工具栏上的“设置艺术字格式”按钮，就会弹出如图 4-67 所示的“设置艺术字格式”对话框。

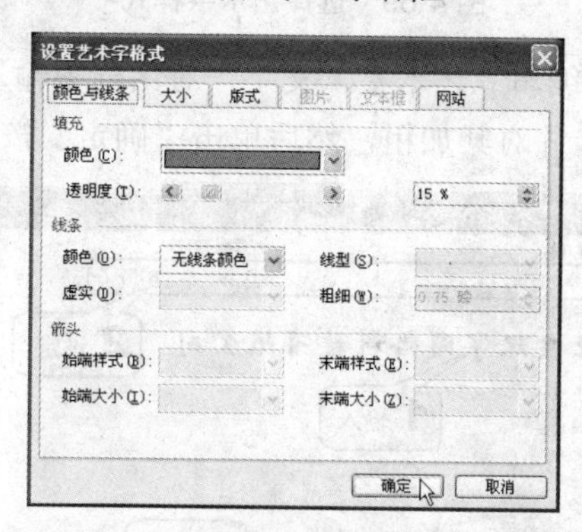

图 4-67　“设置艺术字格式”对话框

在“颜色与线条”选项卡中，将“透明度”设置为“15%”，版式则沿用默认的“嵌入型”，最后单击“确定”按钮完成设置。

将艺术字插入之后，整篇文本的感染力就变得不一样了，如果觉得和内容字体的颜色

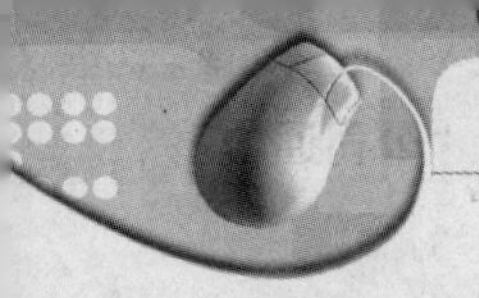

不搭配，则可以按快捷键 Ctrl+A 选中全部文本，然后单击“格式”工具栏上“字体颜色”A·按钮旁的下三角，在弹出菜单中选择“深青”，如图 4-68 所示。

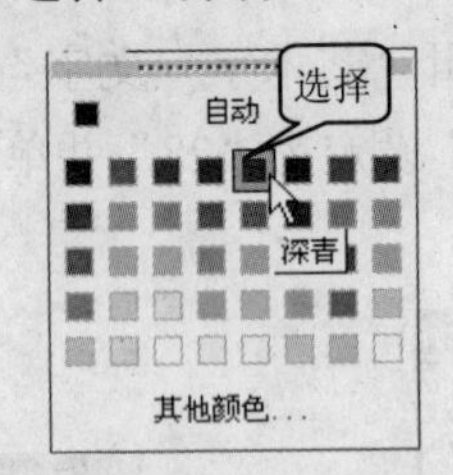

图 4-68　选择字体颜色

经过调整之后，标题和内容之间的颜色就搭配得更好了。

2. 绘制图形

在 Word 中可以向文档中添加各种图形，并可以将这些图形组合起来生成新的图标。比如说现在要为“公司通告”添加一个自己制作的图标，具体操作步骤如下。

步骤 01　单击“艺术字”工具栏中的“插入艺术字”按钮，在弹出的“艺术字库”中选择类型后单击“确定”按钮，如图 4-69 所示。

图 4-69　选择艺术字样式

步骤 02　在弹出的“编辑‘艺术字’文字”对话框中输入文本，并设置“字体”为“华文行楷”，“字号”为 18 并对其加粗，然后单击“确定”按钮，如图 4-70 所示。

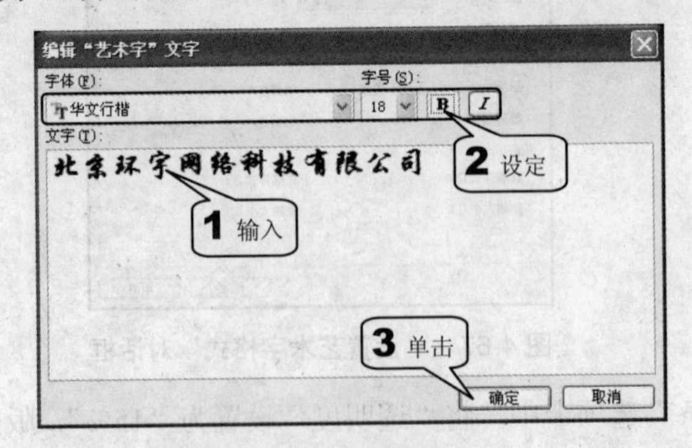

图 4-70　编辑并设定文本

步骤 03　新建立艺术字插入到文档中的光标所在位置，版式为“嵌入式”。在“艺术字”工具栏上单击“文字环绕”按钮，在弹出的菜单中选择“浮于文字上方”，如图 4-71 所示。

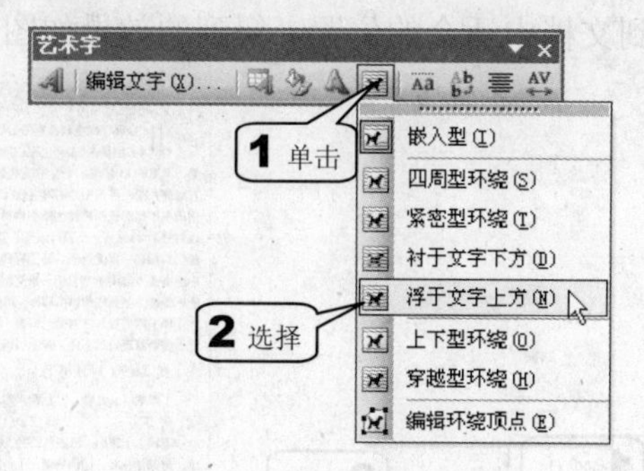

图 4-71　设定文字环绕方式

设定环绕方式之后，就可以在文档中任意拖动插入的艺术字。

步骤 04　在“艺术字”工具栏上单击“艺术字形状”按钮，在弹出的菜单中选择“细环形”，如图 4-72 所示。

利用艺术字周围产生的放缩和旋转柄，就可以使艺术字形成一个环形，其效果如图 4-73 所示。

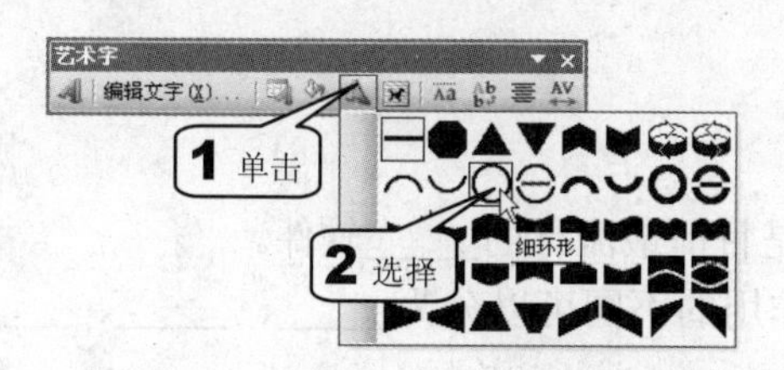

图 4-72　选择艺术字形状

图 4-73　调整艺术字外观

步骤 05　在“绘图”工具栏上单击“自选图形”按钮，然后在弹出的“基本形状”菜单中选择“笑脸”图形，如图 4-74 所示。

步骤 06　按住 Shift 键利用“笑脸”图形周围的控制柄调整其大小，使它成为一个正圆。双击该图形，就会弹出“设置自选图形格式”对话框。在“颜色与线条”选项卡中将“填充颜色”设置为“浅青绿”，并将“线条颜色”改为“紫罗兰”，最后单击“确定”按钮完成设置，如图 4-75 所示。

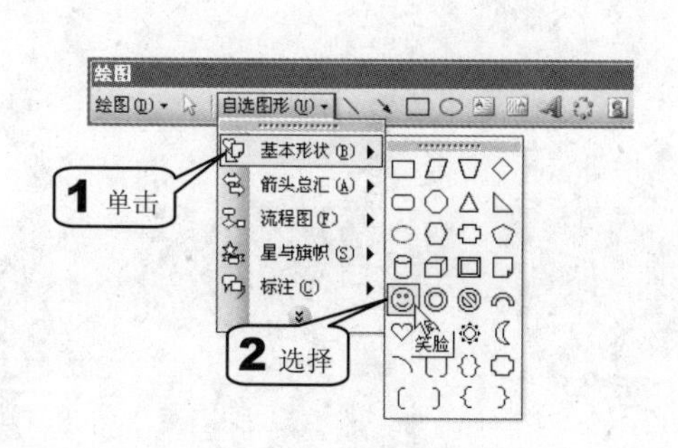

图 4-74　选择图形外观

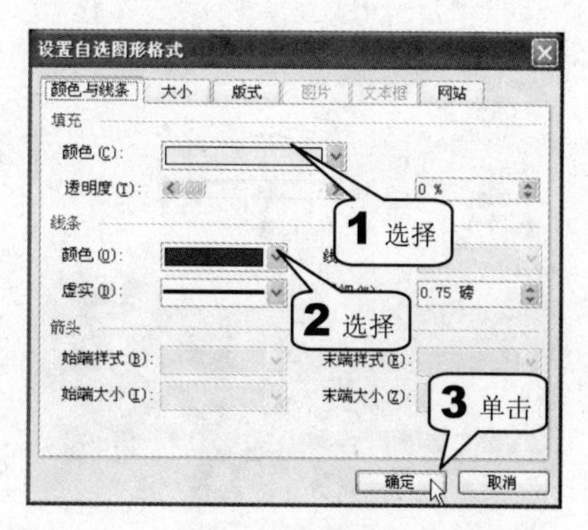

图 4-75　“设置自选图形格式”对话框

步骤 07 将自选图形移动到圆环艺术字的中央，利用 Ctrl 键同时选中这两个对象，然后再右击，在弹出的快捷菜单的“组合”菜单中单击“组合”命令，如图 4-76 所示。

将组合起来的图形放到文档中适合的位置，得到的效果如图 4-77 所示。

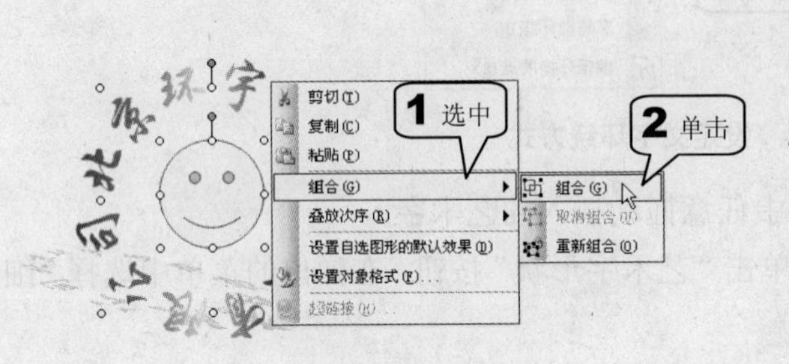

图 4-76　组合两个图形

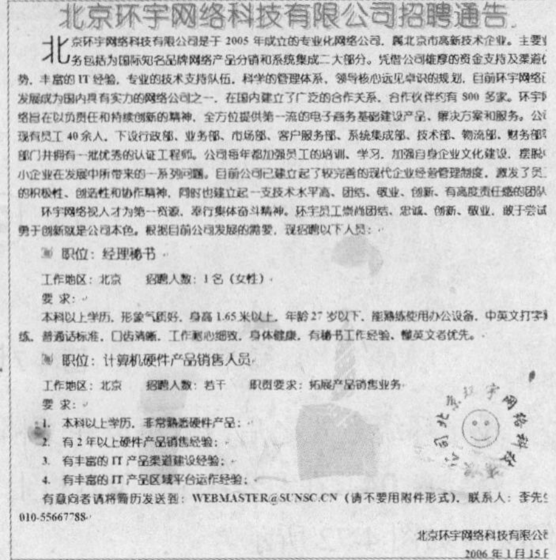

北京环宇网络科技有限公司招聘通告

北京环宇网络科技有限公司是于 2005 年成立的专业化网络公司，属北京市高新技术企业。主要业务包括为国际知名品牌网络产品分销和系统集成二大部分。凭借公司雄厚的资金支持及渠道优势，丰富的 IT 经验，专业的技术支持队伍，科学的管理体系，领导核心远见卓识的规划，目前环宇网络已发展成为国内具有实力的网络公司之一，在国内建立了广泛的合作关系，合作伙伴约有 800 多家。环宇网络旨在以负责任和持续创新的精神，全方位提供第一流的电子商务基础建设产品、解决方案和服务。公司现有员工 40 余人，下设行政部、业务部、市场部、客户服务部、系统集成部、技术部、物流部、财务部等部门并拥有一批优秀的认证工程师。公司每年都加强员工的培训、学习，加强自身企业文化建设，摆脱中小企业在发展中所带来的一系列问题。目前公司已建立起了较完善的现代企业经营管理制度，激发了员工的积极性、创造性和协作精神，同时也建立起一支技术水平高、团结、敬业、创新、有高度责任感的团队

环宇网络视人才为第一资源，奉行集体奋斗精神。环宇员工崇尚团结、忠诚、创新、敬业，敢于尝试勇于创新就是公司本色。根据目前公司发展的需要，现招聘以下人员：

职位：经理秘书

工作地区：北京　　招聘人数：1 名（女性）

要 求：

本科以上学历，形象气质好，身高 1.65 米以上，年龄 27 岁以下，能熟练使用办公设备，中英文打字熟练，普通话标准，口齿清晰，工作耐心细致，身体健康，有秘书工作经验，懂英文者优先。

职位：计算机硬件产品销售人员

工作地区：北京　　招聘人数：若干　　职责要求：拓展产品销售业务

要 求：

1. 本科以上学历，非常熟悉硬件产品；
2. 有 2 年以上硬件产品销售经验；
3. 有丰富的 IT 产品渠道建设经验；
4. 有丰富的 IT 产品区域平台运作经验；

有意向者请将简历发送到：WEBMASTER@SUNSC.CN（请不要用附件形式），联系人：李先

010-55667788

北京环宇网络科技有限公

2006 年 1 月 15

图 4-77　最后的效果

4.5　习题

一、填空题

1. Word 2003 作为 Office 系列中的一员，是目前最流行的_____软件。

2. Word 2003 的主窗口界面根据功能和作用的不同可以分为_____、_____、_____、_____、_____等部分。

3. Word 2003 中默认的常用菜单包括“文件”、_____、_____、_____、_____、_____、_____、_____和“帮助”菜单。

二、问答题

1. 在 Word 2003 文档中如何选择整行文本以及整段文本？

2. 简述两种复制文本的方法。

3. 简述如何查找文本。

第 5 章　使用表格制作“公司员工通讯录”

本章概要

本章将会使用 Word 提供的表格功能来生成“公司员工通讯录”，包括表格的创建、信息的输入和编辑、美化表格等内容。

5.1　表格的组成与创建

在实际使用 Word 中会经常碰到需要加入通信录、工资表等简单表格的情况，这时可利用 Word 中的表格功能进行处理。

1. 表格的组成

表格是由行、列和单元格组成的，在每个单元格中可以输入需要的数据和文字，这样就可以将复杂的关系更有规律地表示出来。

图 5-1 所示的就是利用 Word 2003 在工作区中生成的表格，当把光标移动到表格上的时候，会在表格的角上出现控制点。

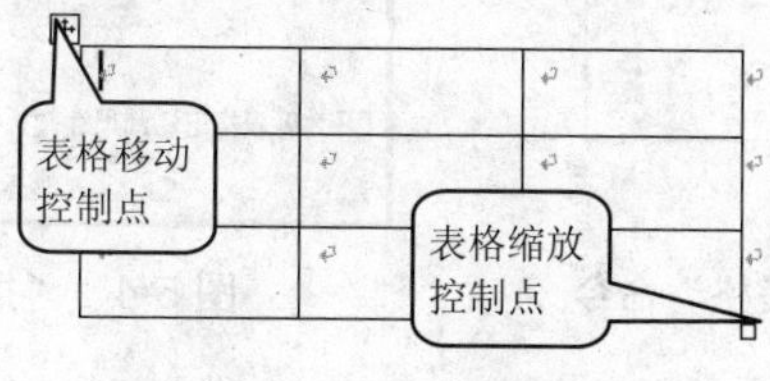

图 5-1　生成的表格

提示

当把光标移动到“表格移动控制点”上时，拖动鼠标就可以在工作区中任意移动表格。而将光标移动到“表格缩放控制点”上时，拖动鼠标就能够改变表格的大小。

2. 表格的创建

在 Word 2003 中有 3 种创建表格的方法。根据情况灵活选择适当的方式能够很快生成我们需要的表格。

方法 1　利用快捷按钮创建简单表格。

在“常用”工具栏上单击“插入表格”按钮，在弹出的菜单中移动鼠标选择待创建表格的行数和列数，例如选择“3×4 表格”，如图 5-2 所示，单击鼠标后表格就被插入到光标所在位置。

利用这种方式来创建表格是非常方便的，但只能创建最大为“5×5”的标准表格。如果想要创建更大的表格，只能通过下面的方法。

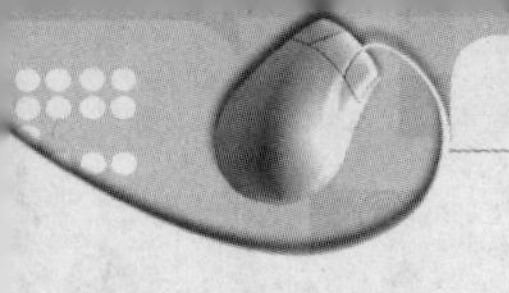

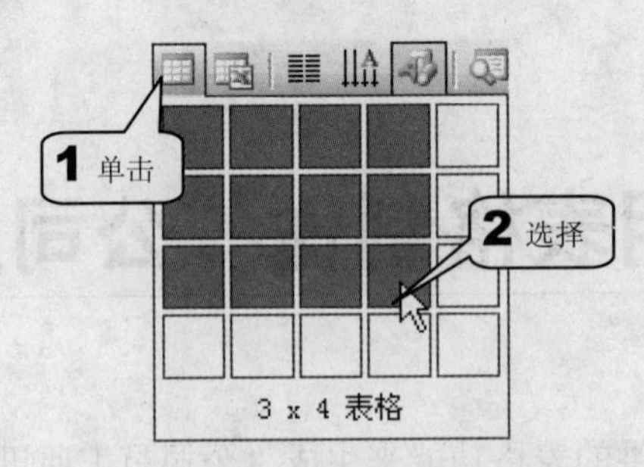

图 5-2 利用快捷按钮创建简单表格

方法 2 利用“插入”命令创建任意行列数的标准表格。

在菜单栏上单击“表格>插入>表格”命令，如图 5-3 所示。

单击“自动套用格式”按钮则可以选择现有的表格样式，若勾选“为新表格记忆此尺寸”复选框，再次使用该命令创建表格时会沿用默认设置，如图 5-4 所示。

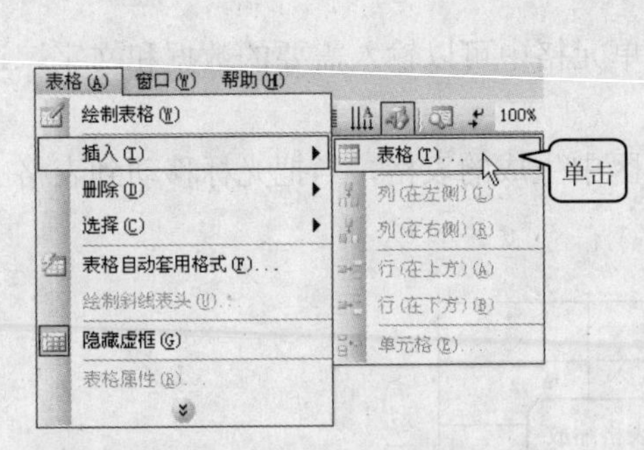

图 5-3 单击“表格>插入>表格”命令

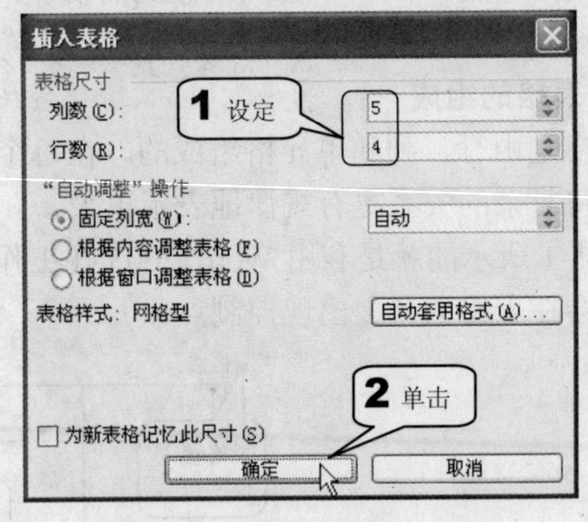

图 5-4 “插入表格”对话框

这种方法虽比较灵活，但在需要创建复杂的不规则表格时，就不能使用该方法。

方法 3 手动绘制不规则表格。

首先在菜单栏上单击“表格>绘制表格”命令，如图 5-5 所示。

接下来就会弹出如图 5-6 所示的“表格和边框”工具栏。

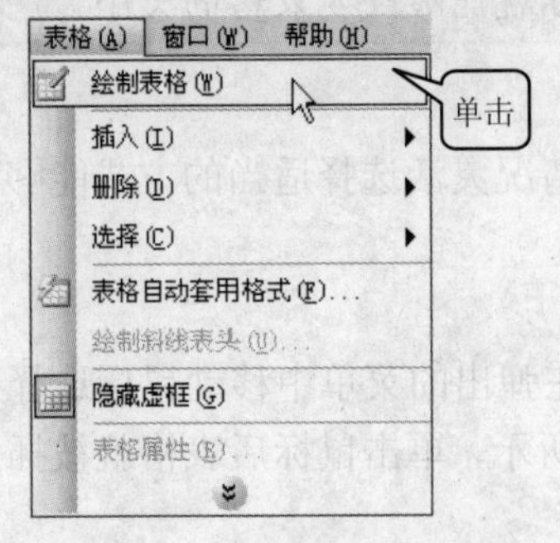

图 5-5 单击“表格>绘制”命令

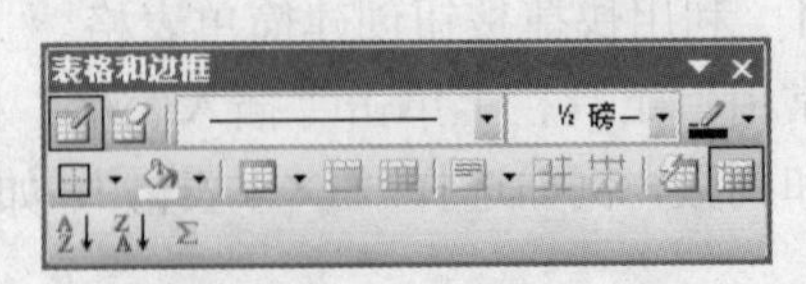

图 5-6 “表格和边框”工具栏

表 5-1 所示为其中按钮的名称和功能。

表 5-1 工具栏按钮

按 钮	功 能
绘制表格	可以通过拖动鼠标在工作区创建任意形状的表格
擦除	删除单元格线并合并相邻的单元格
线型	调整待绘制线条的样式。单击“线型”旁的下拉按钮可以在下拉列表中进行选择
粗细	调整待绘制线条的粗细。单击旁边的下拉按钮可以在弹出的列表框中进行选择
边框颜色	调整待绘制的线条的颜色。单击下拉按钮可以在弹出的颜色列表中进行选择
外侧框线	在所选文字、段落、单元格、图片等对象周围添加或删除边框线
底纹颜色	添加或删除所选对象的填充颜色或填充效果，包括过渡、纹理等方式
插入表格	可在文档中插入任意行列数的表格
合并单元格	将选定的多个单元格合并为一个。合并时单元格中内容自动保留
拆分单元格	对光标所在的单元格进行拆分。单击后会弹出一个“拆分单元格”对话框，在其中可以设定拆分细节
单元格对齐方式	设定单元格的对齐方式，包括“靠上两端对齐”、“中部居中”、“靠下右对齐”等
平均分布各行	使选中的行或单元格具有相同的行高
平均分布各列	使选中的列或单元格具有相同的列宽
自动套用格式样式	将预先存在的格式应用在表格上。在“表格”菜单中包含同样的命令
显示/隐藏虚框	显示或隐藏虚线网格。可以帮助用户查看正处在哪个单元格
升序排序	对光标所在的列按字母、数字顺序进行升序排列
降序排序	对光标所在的列按字母、数字顺序进行降序排列
自动求和	计算光标所在单元格上方或左方单元格中数值的总和

如果要手动绘制表格，只需单击“表格和边框”工具栏中的“绘制表格”按钮，这时光标会变成一支笔的形状，在工作区中拖动鼠标即可进行绘制，如图 5-7 所示。

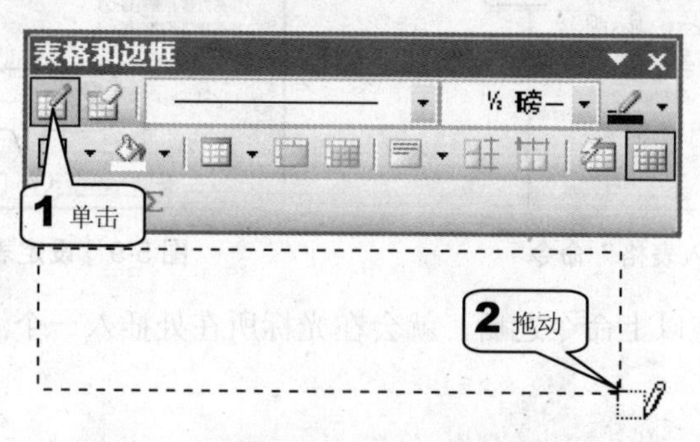

图 5-7 手动绘制表格

在编辑表格时，经常需要在选中某个单元格，或者是多行和多列之后，才能进行插入行、删除列等操作。表 5-2 列出了选择单元格、行和列的方法。

表 5-2　选择单元格、行和列的方法

选择目标	操作方法
一个单元格	单击单元格的左边框
一行	单击该行的左侧
一列	单击该列顶端的边框
多个单元格或多行、多列	拖动鼠标扫过连续的单元格、行和列
选定不连续的多个对象	按住 Ctrl 键，然后选择需要的单元格、行和列
移动光标到下一单元格	按 Tab 键
移动光标到前一单元格	按 Shit+Tab 键
整张表格	单击该表格移动控制点或拖动鼠标扫过整张表格

5.2　创建公司员工通讯录

下面以创建“公司员工通讯录”为例说明一个完整表格的制作方法。

5.2.1　创建通讯录构架

要创建员工通讯录表格，可以按照如下步骤进行。

步骤 01　在菜单栏上单击“表格>插入>表格”命令或在“表格和边框”工具栏上单击“插入表格”按钮，并在弹出的下拉菜单中选择“插入表格”命令，如图 5-8 所示。

步骤 02　在弹出的“插入表格”对话框中将“列数”设定为“8”，“行数”设定为“10”，其他则沿用默认设置，最后单击“确定”按钮，如图 5-9 所示。

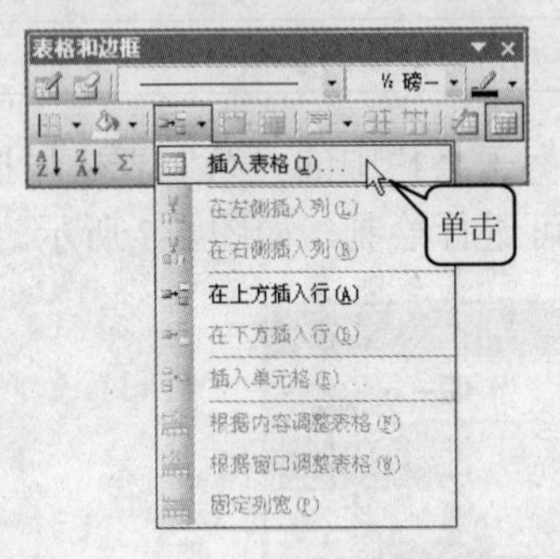

图 5-8　单击“插入表格”命令

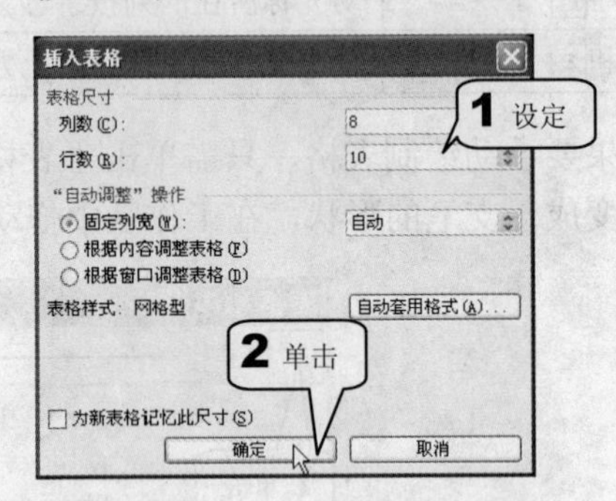

图 5-9　设定表格的行列数

步骤 03　执行完以上命令之后，就会在光标所在处插入一个满足要求的表格，如图 5-10 所示。

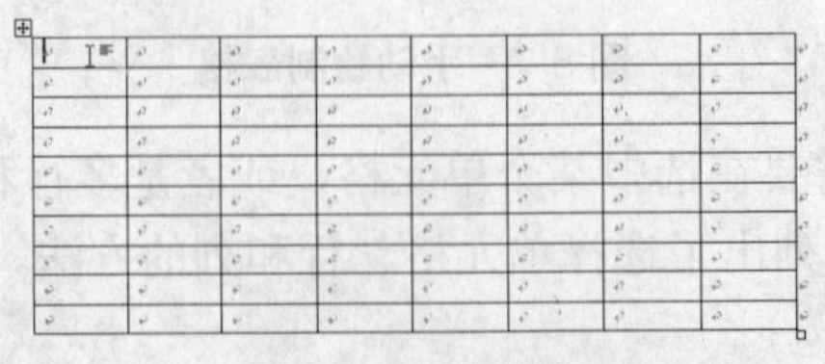

图 5-10　生成的表格

可以发现，表格中的段落标记繁多，看起来十分碍眼。要消除这些段落标记，只需在菜单栏上单击“视图>显示段落标记”命令，如图 5-11 所示。

这样，整个文档中的段落标记都被隐藏起来，如图 5-12 所示。若想重新显示段落标记，只需再次单击“视图>显示段落标记”命令。

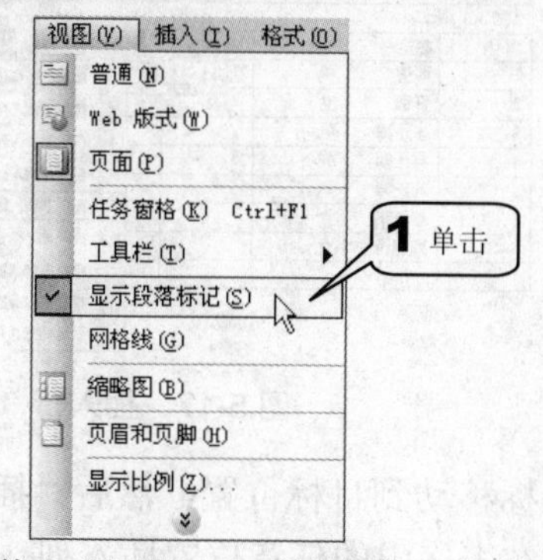

图 5-11　单击“视图>显示段落标记”命令

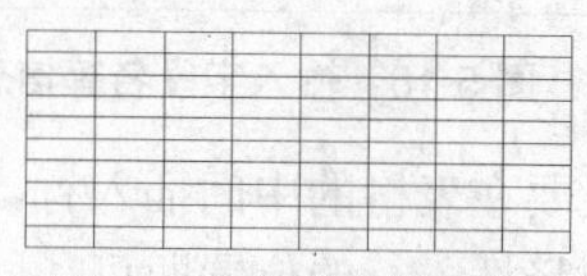

图 5-12　隐藏段落标记

步骤 04　标准表格建立完毕之后，则需要根据需要来改变表格的形状。因为通讯录的最顶端显示公司的名称，所以需要将第一行合并为一个单元格。具体方法是通过拖动鼠标左键选中第一行，然后在“表格和边框”工具栏上单击“合并单元格”按钮，如图 5-13 所示。

这样第一行就被合并为一个单元格，如图 5-14 所示。

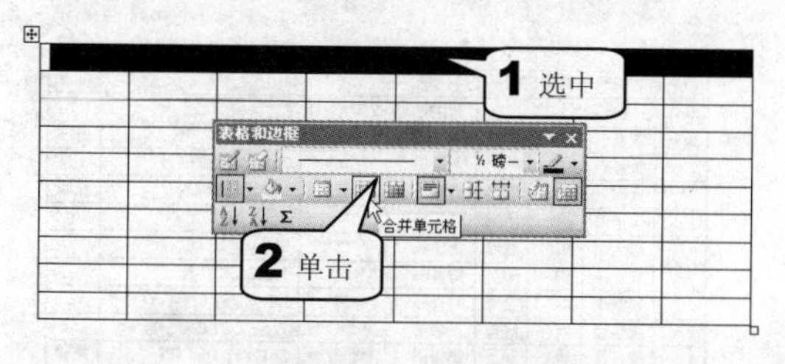

图 5-13　合并第一行

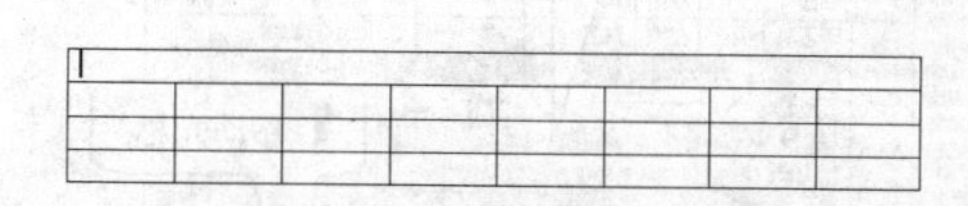

图 5-14　合并后的单元格

步骤 05　通讯录的第二行一般用来显示制作人和时间，这里要对第二行进行合并操作，将它平均分成两个单元格。具体的操作方法和步骤 3 相同，如图 5-15 所示。

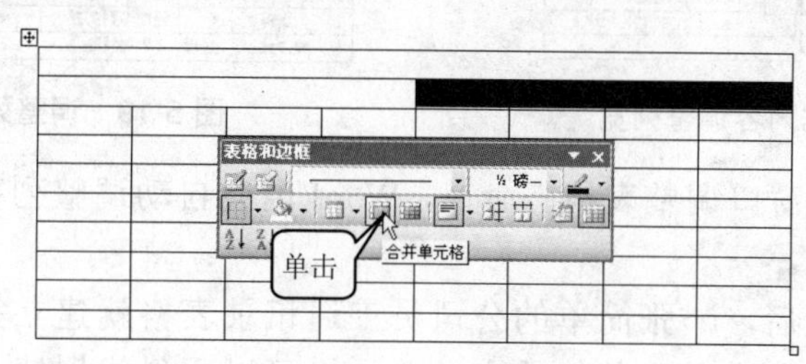

图 5-15　合并第二行单元格

5.2.2　向表格中输入数据

首先输入标题和通讯录的各字段名等信息，完成后的效果如图 5-16 所示。

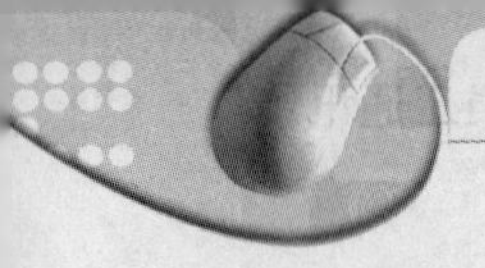

字段名输入完毕之后，就可以输入具体的信息了。如果行数不够的话，则可以将光标移动到最后一行，然后在“表格和边框”工具栏上单击“插入表格”按钮旁边的下拉按钮，并在弹出的下拉菜单中选择“在下方插入行”，如图 5-17 所示。

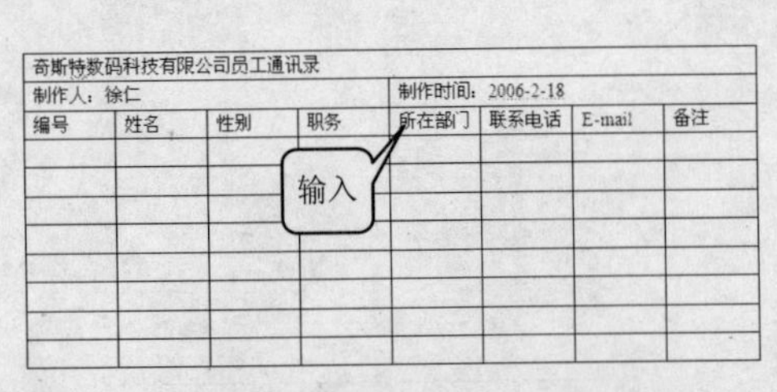

图 5-16　输入字段名等信息

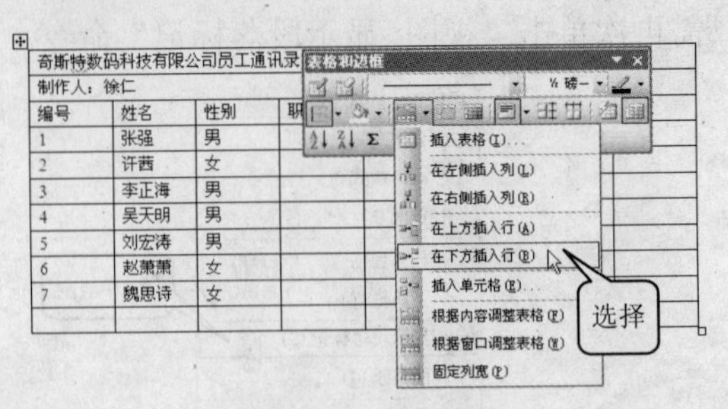

图 5-17　插入行

如果要在表格的中间插入行，则只需将光标移动到目标位置，然后“插入表格”下拉菜单中选择插入行的位置即可。同样，也可以在表格中的任意位置插入列。

因为建立表格的时候列的宽度是固定的，所以如果有的单元格中内容太多时会自动换行。这时就可以利用命令来调整列宽，使整张表格显得美观。

具体的方法是将光标移动到内容超过列宽范围的单元格内，然后在“表格和边框”工具栏上单击“插入表格”按钮旁的下三角按钮，并在弹出的下拉菜单中选择“根据内容调整表格”命令，如图 5-18 所示。

调整列宽之后的效果如图 5-19 所示。

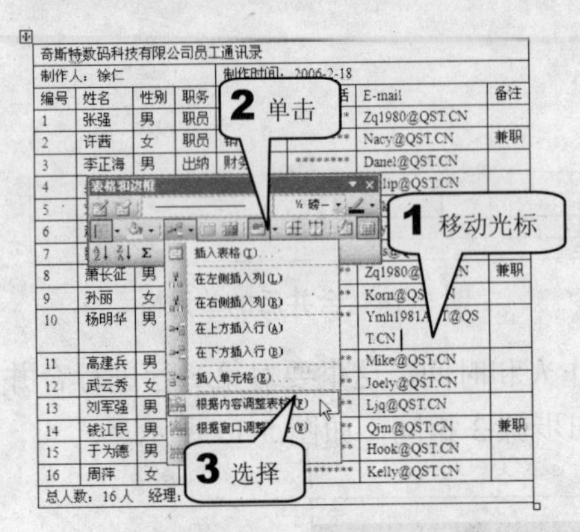

图 5-18　根据内容调整列宽

奇斯特数码科技有限公司员工通讯录							
制作人：徐仁				制作时间：2006-2-18			
编号	姓名	性别	职务	所在部门	联系电话	E-mail	备注
1	张强	男	职员	企划部	********	Zq1980@QST.CN	
2	许茜	女	职员	销售部	********	Nacy@QST.CN	兼职
3	李正海	男	出纳	财务部	********	Danel@QST.CN	
4	吴天明	男	经理	企划部	********	Philip@QST.CN	
5	刘宏涛	男	职员	销售部	********	Jack@QST.CN	
6	赵萧萧	女	会计	财务部	********	Lily@QST.CN	
7	魏思诗	女	经理	人事部	********	Wss@QST.CN	
8	萧长征	男	职员	销售部	********	Zq1980@QST.CN	兼职
9	孙丽	女	职员	人事部	********	Korn@QST.CN	
10	杨明华	男	职员	企划部	********	Ymh1981ACT@QST.CN	
11	高建兵	男	经理	销售部	********	Mike@QST.CN	
12	武云秀	女	会计	财务部	********	Joely@QST.CN	
13	刘军强	男	职员	销售部	********	Ljq@QST.CN	
14	钱江民	男	职员	企划部	********	Qjm@QST.CN	兼职
15	于为德	男	职员	人事部	********	Hook@QST.CN	
16	周萍	女	经理	财务部	********	Kelly@QST.CN	
总人数：16 人　经理：4 人 兼职：3 人							

图 5-19　调整列宽后的效果

如果选择“根据窗口调整表格”命令，Word 也会自动调整列宽。不同的是调整后的列宽仍然是固定的。

经过以上操作之后，一张简单的公司员工通讯录表格就建立完成了。在“备注”字段中，只有 3 格兼职人员，其他的空白单元格可以用斜线划掉，做上记号。具体的方法是将光标移动到目标单元格，然后在“表格和边框”工具栏上单击“外侧框线”按钮旁的下拉按钮，然后在弹出的下拉菜单中选择“斜下框线”，如图 5-20 所示。

在“外侧框线”下拉菜单中，可以选择是否显示上框线、下框线、左框线等单元格属性。至此所有的文本信息都输入到了表格中，其效果如图 5-21 所示。

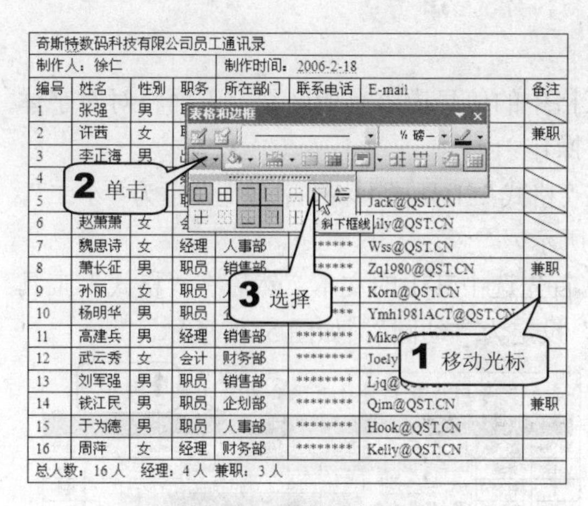

图 5-20　添加斜下框线

奇斯特数码科技有限公司员工通讯录							
制作人：徐仁				制作时间：2006-2-18			
编号	姓名	性别	职务	所在部门	联系电话	E-mail	备注
1	张强	男	职员	企划部	********	Zq1980@QST.CN	
2	许茜	女	职员	销售部	********	Nacy@QST.CN	兼职
3	李正海	男	出纳	财务部	********	Danel@QST.CN	
4	吴天明	男	经理	企划部	********	Philip@QST.CN	
5	刘宏涛	男	职员	销售部	********	Jack@QST.CN	
6	赵萧萧	女	会计	财务部	********	Lily@QST.CN	
7	魏思诗	女	经理	人事部	********	Wss@QST.CN	
8	萧长征	男	职员	销售部	********	Zq1980@QST.CN	兼职
9	孙丽	女	职员	人事部	********	Korn@QST.CN	
10	杨明华	男	职员	企划部	********	Ymh1981ACT@QST.CN	
11	高建兵	男	经理	销售部	********	Mike@QST.CN	
12	武云秀	女	会计	财务部	********	Joely@QST.CN	
13	刘军强	男	职员	销售部	********	Ljq@QST.CN	
14	钱江民	男	职员	企划部	********	Qjm@QST.CN	兼职
15	于为德	男	职员	人事部	********	Hook@QST.CN	
16	周萍	女	经理	财务部	********	Kelly@QST.CN	
总人数：16人　经理：4人 兼职：3人							

图 5-21　文本输入完成后的效果

5.3　美化公司员工通讯录

可以看到在上一个小节中制作的通讯录无论是字体还是样式都显得比较呆板，在这一小节中将对它进行“美化”，让其“漂亮”起来。

5.3.1　调整表格的字体格式

对于一张表格来说，如果所采用的字体格式都一样，会显得主题不够明确，内容不够清晰，显然上一小节所建的通信录就犯了这个毛病，但是可以使用下面的方法改进。

1. 设定单元格对齐方式

通讯录的标题以及一些字段需要将其内容显示在单元格的正中央。具体的操作方法是选中需要居中显示的单元格，然后在“表格和边框”工具栏上单击“单元格对齐方式”下拉按钮，并在弹出的下拉菜单中选择“中部居中”，如图 5-22 所示。

在下拉菜单中还包含其他的文本对齐方式，用户可以根据需要进行选择。经过居中调整之后的表格外观如图 5-23 所示。

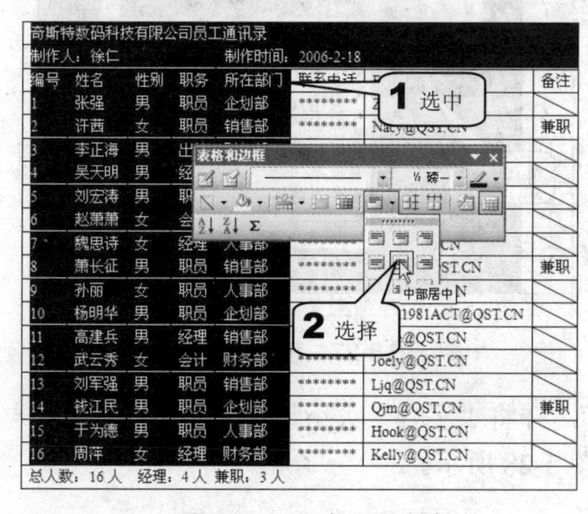

图 5-22　居中显示文本

奇斯特数码科技有限公司员工通讯录							
制作人：徐仁				制作时间：2006-2-18			
编号	姓名	性别	职务	所在部门	联系电话	E-mail	备注
1	张强	男	职员	企划部	********	Zq1980@QST.CN	
2	许茜	女	职员	销售部	********	Nacy@QST.CN	兼职
3	李正海	男	出纳	财务部	********	Danel@QST.CN	
4	吴天明	男	经理	企划部	********	Philip@QST.CN	
5	刘宏涛	男	职员	销售部	********	Jack@QST.CN	
6	赵萧萧	女	会计	财务部	********	Lily@QST.CN	
7	魏思诗	女	经理	人事部	********	Wss@QST.CN	
8	萧长征	男	职员	销售部	********	Zq1980@QST.CN	兼职
9	孙丽	女	职员	人事部	********	Korn@QST.CN	
10	杨明华	男	职员	企划部	********	Ymh1981ACT@QST.CN	
11	高建兵	男	经理	销售部	********	Mike@QST.CN	
12	武云秀	女	会计	财务部	********	Joely@QST.CN	
13	刘军强	男	职员	销售部	********	Ljq@QST.CN	
14	钱江民	男	职员	企划部	********	Qjm@QST.CN	兼职
15	于为德	男	职员	人事部	********	Hook@QST.CN	
16	周萍	女	经理	财务部	********	Kelly@QST.CN	
总人数：16人　经理：4人 兼职：3人							

图 5-23　文本居中显示后的效果

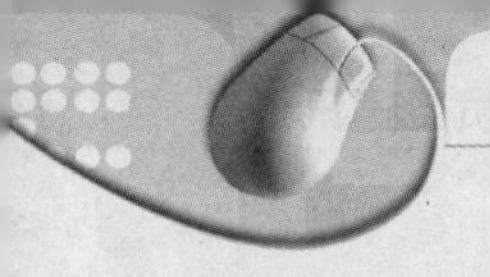

2. 设置字体格式

在通讯录中，标题的字体和字号应该和表格中的信息内容有所区别，下面将对对字体格式进行相应的设置，可以按照如下步骤进行操作。

步骤 01 选中第一行中的文本，然后在“格式”工具栏上将“字号”设定为“小二”，并将“字体”设定为“华文新魏”，如图 5-24 所示。

步骤 02 调整第二行文本的字体格式。首先选中其中的文本，然后在“格式”工具栏上将“字号”设置为“小四”，并将“字体”设定为“幼圆”，如图 5-25 所示。

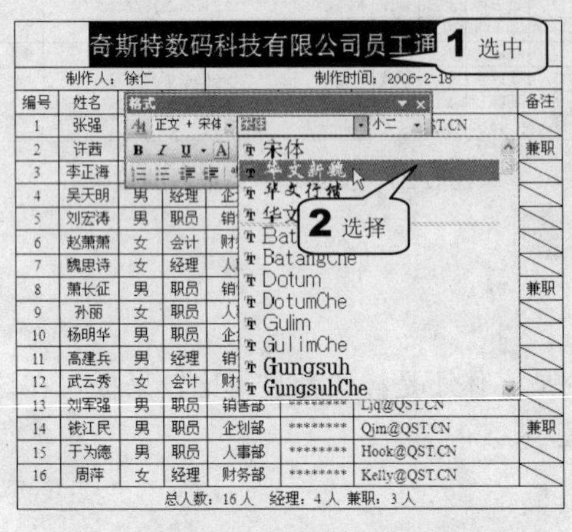

图 5-24 设置标题的字体

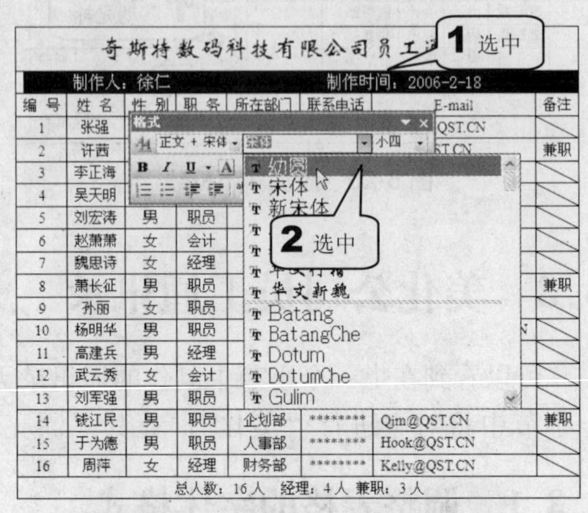

图 5-25 设定第二行的字体格式

步骤 03 设置字段和行标的格式。首先选中它们，然后在“格式”工具栏上将“字号”大小设置为“11”，然后将“字体”设定为“华文新魏”，如图 5-26 所示。

步骤 04 选中通讯录的具体内容，然后在“格式”工具栏上将“字体”设置为“黑体”，如图 5-27 所示。

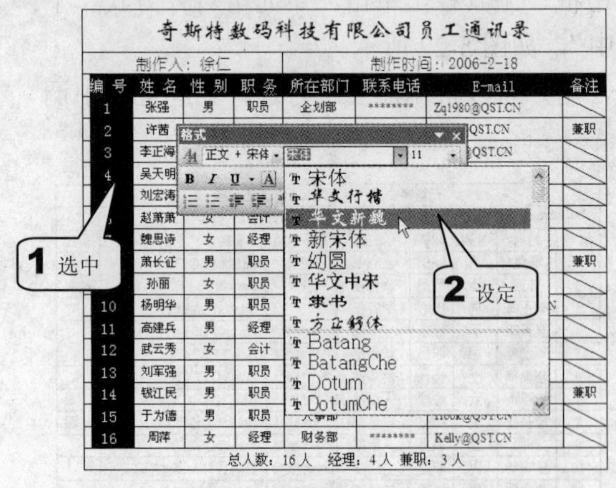

图 5-26 设定字段和行标的格式

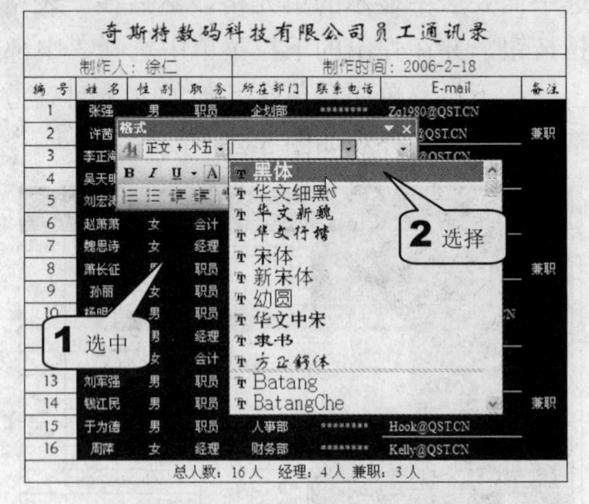

图 5-27 设置内容格式

将最后一行文本的“字体”设置为“幼圆”，并将“字号”大小设置为“小四”，这样所有的字体格式就设置完成了，最后的效果如图 5-28 所示。

奇斯特数码科技有限公司员工通讯录							
制作人：徐仁				制作时间：2006-2-18			
编号	姓名	性别	职务	所在部门	联系电话	E-mail	备注
1	张强	男	职员	企划部	********	Zq1980@QST.CN	
2	许茜	女	职员	销售部	********	Nacy@QST.CN	兼职
3	李正浩	男	出纳	财务部	********	Danel@QST.CN	
4	吴天朗	男	经理	企划部	********	Philip@QST.CN	
5	刘宏涛	男	职员	销售部	********	Jack@QST.CN	
6	赵萧萧	女	会计	财务部	********	Lily@QST.CN	
7	魏思诗	女	经理	人事部	********	Wss@QST.CN	
8	萧长征	男	职员	销售部	********	Zq1980@QST.CN	兼职
9	孙丽	女	职员	人事部	********	Korn@QST.CN	
10	杨明华	男	职员	企划部	********	Ymh1981ACT@QST.CN	
11	高建兵	男	经理	销售部	********	Mike@QST.CN	
12	武云秀	女	会计	财务部	********	Joely@QST.CN	
13	刘军强	男	职员	销售部	********	Ljq@QST.CN	
14	钱江民	男	职员	企划部	********	Qjm@QST.CN	兼职
15	于为德	男	职员	人事部	********	Hook@QST.CN	
16	周萍	女	经理	财务部	********	Kelly@QST.CN	
总人数：16 人　经理：4 人　兼职：3 人							

图 5-28　字体格式设置完成后的效果

5.3.2　设置表格的边框和底纹

1. 设置表格的边框

在 Word 中还能够设置表格的边框，具体的操作步骤如下。

步骤 01　将光标移动到表格中的任意位置，然后在菜单栏上单击“表格>表格属性”命令或右击该表格，在弹出的快捷菜单中选择“表格属性”命令，如图 5-29 所示。

步骤 02　在弹出的“表格属性”对话框包括“表格”、“行”、“列”和“单元格”四张选项卡。打开“表格”选项卡，并在窗口的下方单击“边框和底纹”按钮，如图 5-30 所示。

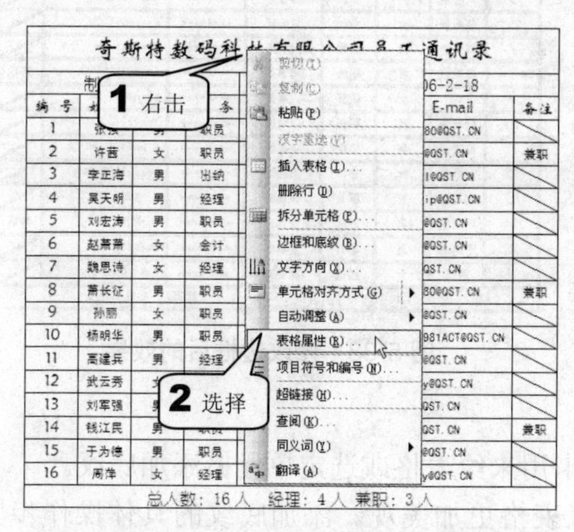

图 5-29　选择“表格属性”命令

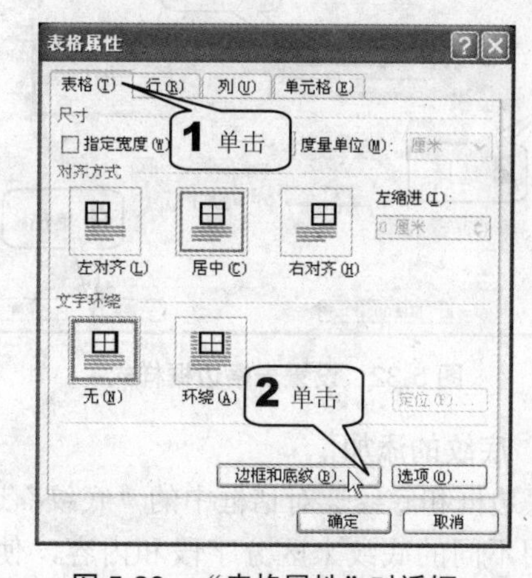

图 5-30　“表格属性”对话框

提示

在“表格”选项卡中，还可以设置整个表格的“对齐方式”和“文字环绕”方式。若单击“选项”按钮，则会弹出如 5-31 所示的“表格选项”对话框。在其中可以设置默认的单元格边距和间距等内容。

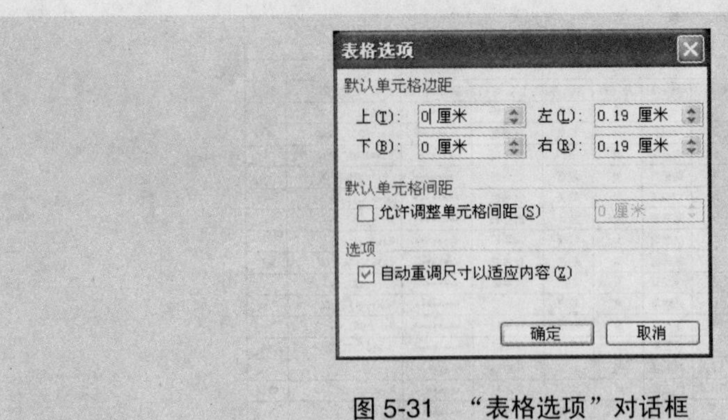

图 5-31 “表格选项”对话框

“表格属性”对话框中的其他选项卡分别对应于行、列和单元格的相关属性设置，用户可以自己尝试。

步骤 **03** 在弹出的“边框和底纹”对话框中单击“边框”标签，切换到“边框”选项卡，然后在其中设置边框方式为“全部”，并将“线型”设置为双实线，其他保持默认设置即可，最后单击“确定”按钮，如图 5-32 所示。

设置完成之后，表格的效果如图 5-33 所示。

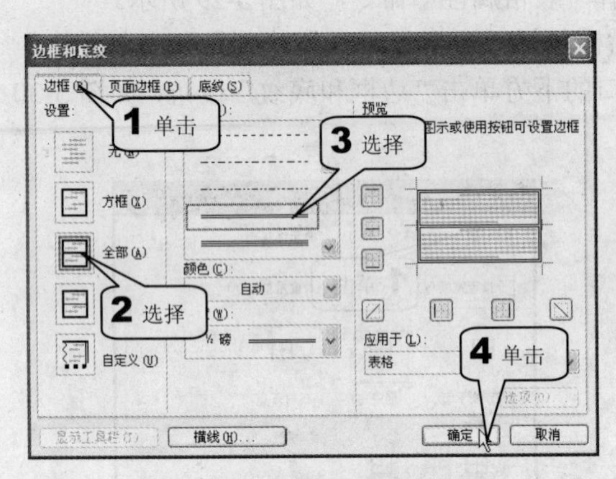

图 5-32 设置表格边框样式

奇斯特数码科技有限公司员工通讯录							
制作人：徐仁				制作时间：2006-2-18			
编号	姓名	性别	职务	所在部门	联系电话	E-mail	备注
1	张强	男	职员	企划部	********	Zq1980@QST.CN	
2	许茜	女	职员	销售部	********	Nacy@QST.CN	兼职
3	李正海	男	出纳	财务部	********	Danel@QST.CN	
4	吴天明	男	经理	企划部	********	Philip@QST.CN	
5	刘宏涛	男	职员	销售部	********	Jack@QST.CN	
6	赵萧萧	女	会计	财务部	********	Lily@QST.CN	
7	姚思诗	女	经理	人事部	********	Wss@QST.CN	
8	萧长征	男	职员	销售部	********	Zq1980@QST.CN	兼职
9	孙丽	女	职员	人事部	********	Korn@QST.CN	
10	杨明华	男	职员	企划部	********	Ymh1981ACT@QST.CN	
11	高建兵	男	经理	销售部	********	Mike@QST.CN	
12	武云秀	女	会计	财务部	********	Joely@QST.CN	
13	刘军强	男	职员	销售部	********	Ljq@QST.CN	
14	钱江民	男	职员	企划部	********	Qjm@QST.CN	兼职
15	于为德	男	职员	人事部	********	Hook@QST.CN	
16	周萍	女	经理	财务部	********	Kelly@QST.CN	
总人数：16 人 经理：4 人 兼职：3 人							

图 5-33 修改边框后的效果

2. 底纹的添加

“边框和底纹”对话框中的“底纹”选项卡用来给表格或选定单元格添加底纹。

用不同的底纹来区分字段和内容，使整张表格更加美观。添加底纹的具体操作步骤如下。

步骤 **01** 选中表格的第 3 行，然后在“表格和边框”工具栏上单击“底纹颜色”按钮旁边的下拉按钮，接着在弹出的下拉菜单中选择“紫罗兰”颜色选项，如图 5-34 所示。

步骤 **02** 选中表格中的行标号，然后在“表格和边框”工具栏上的“底纹颜色”下拉菜单中选择“灰色-80%”选项，如图 5-35 所示。

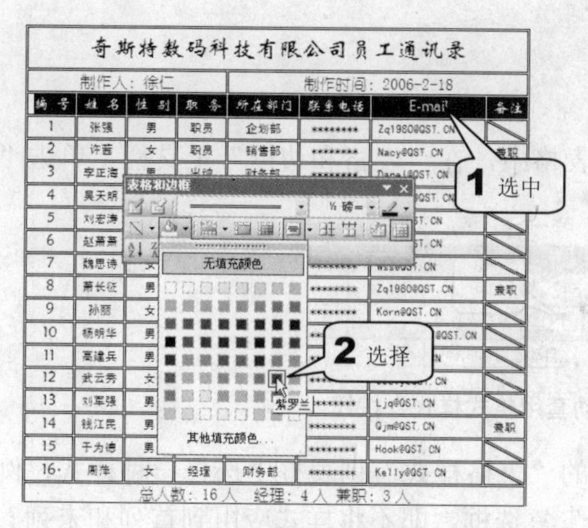

图 5-34　设置字段底纹

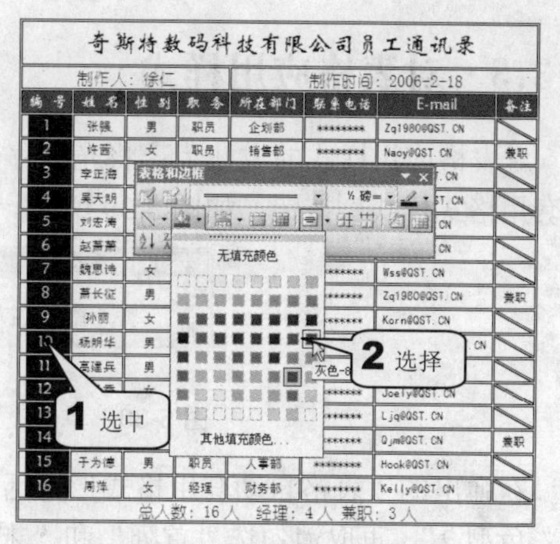

图 5-35　设定行标号的颜色

步骤 03　选中第二行，然后将其底纹颜色设置为“深蓝”，如图 5-36 所示。

步骤 04　选中通讯录的内容，然后将其底纹颜色设为“深绿”，如图 5-37 所示。

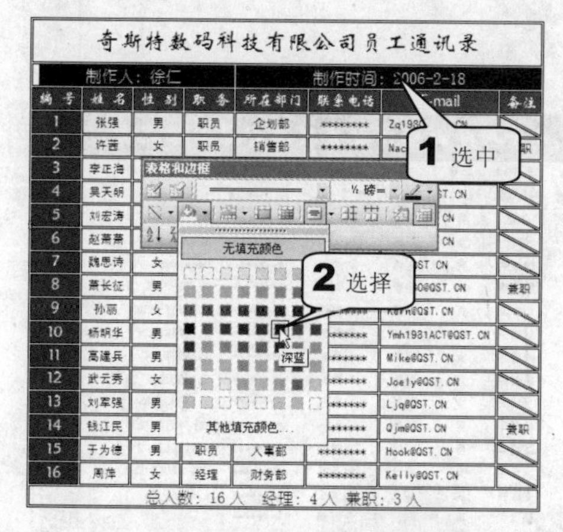

图 5-36　设定第二行颜色

图 5-37　设定内容部分的底纹颜色

步骤 05　最后将标题的底纹颜色设置为“深红”，得到的效果如图 5-38 所示。

奇斯特数码科技有限公司员工通讯录							
制作人：徐仁				制作时间：2006-2-18			
编号	姓名	性别	职务	所在部门	联系电话	E-mail	备注
1	张强	男	职员	企划部	********	Zq1980@QST.CN	
2	许茜	女	职员	销售部	********	Nacy@QST.CN	兼职
3	李正海	男	出纳	财务部	********	Danel@QST.CN	
4	吴天明	男	经理	企划部	********	Philip@QST.CN	
5	刘宏涛	男	职员	销售部	********	Jack@QST.CN	
6	赵萧萧	女	会计	财务部	********	Lily@QST.CN	
7	魏思诗	女	经理	人事部	********	Wss@QST.CN	
8	萧长征	男	职员	销售部	********	Zq1980@QST.CN	兼职
9	孙丽	女	职员	人事部	********	Korn@QST.CN	
10	杨明华	男	职员	企划部	********	Ymh1981ACT@QST.CN	
11	高建兵	男	经理	销售部	********	Mike@QST.CN	
12	武云秀	女	会计	财务部	********	Joely@QST.CN	
13	刘军强	男	职员	销售部	********	Ljq@QST.CN	
14	钱江民	男	职员	企划部	********	Qjm@QST.CN	兼职
15	于为德	男	职员	人事部	********	Hook@QST.CN	
16	周萍	女	经理	财务部	********	Kelly@QST.CN	
总人数：16 人　经理：4 人　兼职：3 人							

图 5-38　为整张表格设置底纹后的效果

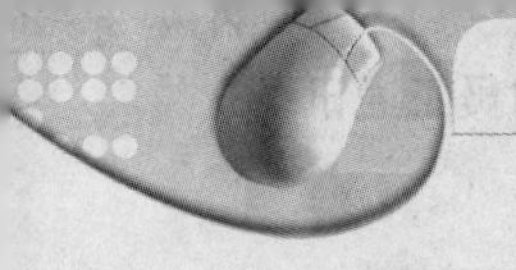

5.3.3 对表格应用样式

对表格应用样式的方法为：将光标移到表格中，在“表格和边框”工具栏上单击“自动套用格式样式”按钮，如图 5-39 所示。

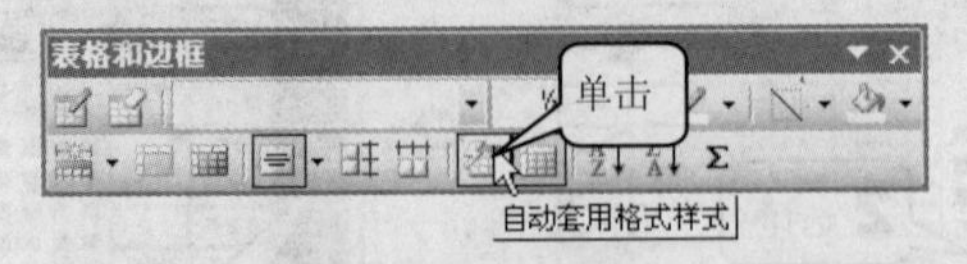

图 5-39 单击“自动套用格式样式”按钮

在弹出的“表格自动套用格式”对话框的“表格样式”列表框中选择一种样式，例如“彩色型 2”，再取消勾选“首列”和“末列”复选框，即不将样式应用到首列和末列。最后单击“应用”按钮，如图 5-40 所示。

将选定样式应用到表格之后，得到的结果如图 5-41 所示。

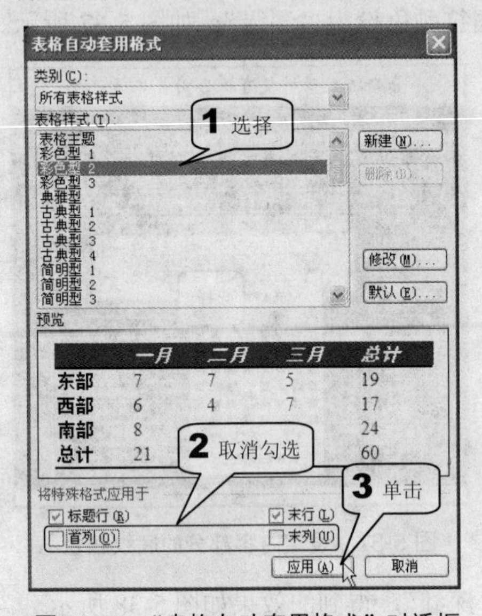

图 5-40 “表格自动套用格式”对话框

奇斯特数码科技有限公司员工通讯录							
制作人：徐仁				制作时间：2006-2-18			
编号	姓名	性别	职务	所在部门	联系电话	E-mail	备注
1	张强	男	职员	企划部	********	Zq1980@QST.CN	
2	许茜	女	职员	销售部	********	Nacy@QST.CN	兼职
3	李正海	男	出纳	财务部	********	Danel@QST.CN	
4	吴天明	男	经理	企划部	********	Philip@QST.CN	
5	刘宏涛	男	职员	销售部	********	Jack@QST.CN	
6	赵萧萧	女	会计	财务部	********	Lily@QST.CN	
7	魏思诗	女	经理	人事部	********	Wss@QST.CN	
8	萧长征	男	职员	销售部	********	Zq1980@QST.CN	兼职
9	孙丽	女	职员	人事部	********	Korn@QST.CN	
10	杨明华	男	职员	企划部	********	Ymh1981ACT@QST.CN	
11	高建兵	男	经理	销售部	********	Mike@QST.CN	
12	武云秀	女	会计	财务部	********	Joely@QST.CN	
13	刘军强	男	职员	销售部	********	Ljq@QST.CN	
14	钱江民	男	职员	企划部	********	Qjm@QST.CN	兼职
15	于为德	男	职员	人事部	********	Hook@QST.CN	
16	周萍	女	经理	财务部	********	Kelly@QST.CN	
总人数：16 人 经理：4 人 兼职：3 人							

图 5-41 应用样式后的结果

Word 2003 还允许用户建立自已的表格样式。其方法是在“表格自动套用格式”对话框中单击“新建”按钮，就会弹出如图 5-42 所示的“新建样式”对话框。

在对话框中输入建立样式的名称，并可以选择是否基于其他的样式进行修改。此外，对话框中还包含其他的一些设置选项，完成后单击“确定”按钮即可。

样式建立好之后，就会出现在“表格样式”列表框中，单击列表框右边的“删除”按钮即可删除掉列表框中的选定样式，如图 5-43 所示。

提示

在 Word 2003 中自带有很多好看的表格样式，用户可以这些样式上稍做修改即可快速得到好看的新样式。

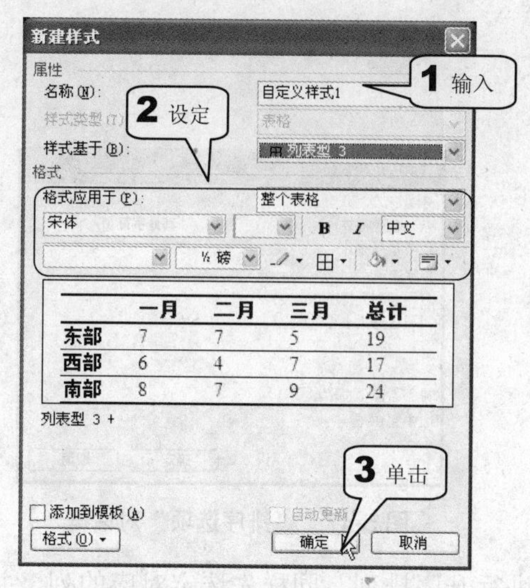

图 5-42 “新建样式”对话框

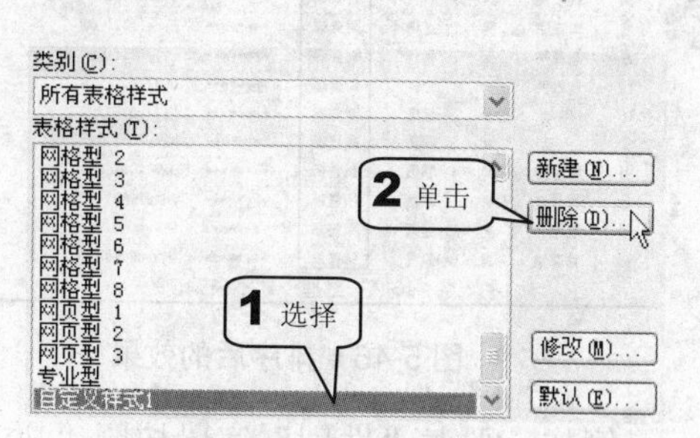

图 5-43 新建的样式

5.3.4 对表格中记录进行排序

在 Word 中能够方便地按照数字、字母或是拼音顺序对表格中的项目进行排序。

例如，要对员工通讯录中的记录按照“所在部门”字段进行排序，具体的操作步骤如下。

步骤 **01** 选中“所在部门”字段列的所有单元格，然后在菜单栏上单击“表格>排序”命令，如图 5-44 所示。

步骤 **02** 在弹出的“排序”对话框中选择排序“类型”为“笔划”，并按照“升序”排列，其他则沿用默认设置，完成后单击“确定”按钮，如图 5-45 所示。

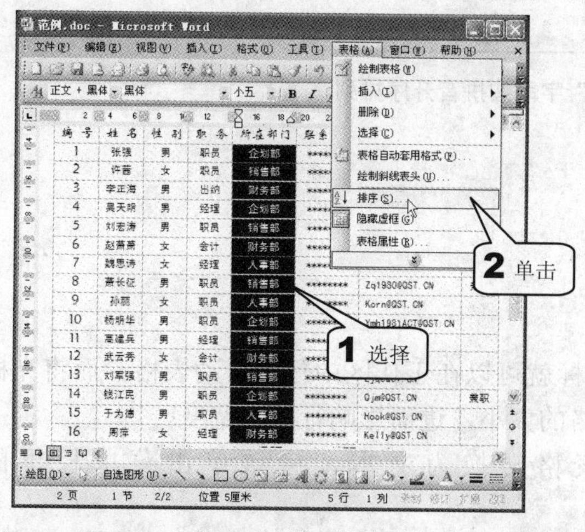

图 5-44 单击“表格>排序”命令

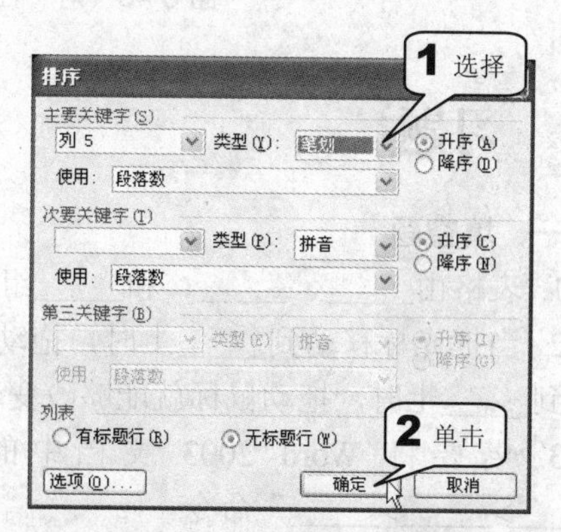

图 5-45 “排序”对话框

按笔划排序后的效果如图 5-46 所示。

在“排序”对话框中包含一个“选项”按钮，单击它之后就会弹出如图 5-47 所示的“排序选项”对话框。在其中可以设置“分隔符”类型、排序的方式和语言。

奇斯特数码科技有限公司员工通讯录							
制作人：徐仁				制作时间：2006-2-18			
编号	姓名	性别	职务	所在部门	联系电话	E-mail	备注
7	魏思诗	女	经理	人事部	********	Wss@QST.CN	
9	孙丽	女	职员	人事部	********	Korn@QST.CN	
15	于为德	男	职员	人事部	********	Hook@QST.CN	
1	张强	男	职员	企划部	********	Zq1980@QST.CN	
4	吴天明	男	经理	企划部	********	Philip@QST.CN	
10	杨明华	男	职员	企划部	********	Ymh1981ACT@QST.CN	
14	钱江民	男	职员	企划部	********	Qjm@QST.CN	兼职
3	李正海	男	出纳	财务部	********	Danel@QST.CN	
6	赵萧萧	女	会计	财务部	********	Lily@QST.CN	
12	武云秀	女	会计	财务部	********	Joely@QST.CN	
16	周萍	女	经理	财务部	********	Kelly@QST.CN	
2	许茜	女	职员	销售部	********	Nacy@QST.CN	兼职
5	刘宏涛	男	职员	销售部	********	Jack@QST.CN	
8	萧长征	男	职员	销售部	********	Zq1980@QST.CN	兼职
11	高建兵	男	经理	销售部	********	Mike@QST.CN	
13	刘军强	男	职员	销售部	********	Ljq@QST.CN	
总人数：16 人　经理：4 人 兼职：3 人							

图 5-46　排序后的效果

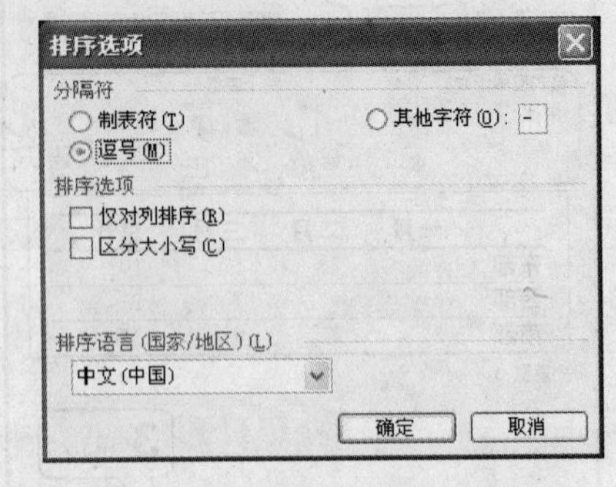

图 5-47　“排序选项”对话框

又例如，要对“性别”字段按照“拼音”进行升序排列，同样先选定对应的列，并在“排序”对话框进行设定，得到的结果如图 5-48 所示。

奇斯特数码科技有限公司员工通讯录							
制作人：徐仁				制作时间：2006-2-18			
编号	姓名	性别	职务	所在部门	联系电话	E-mail	备注
15	于为德	男	职员	人事部	********	Hook@QST.CN	
1	张强	男	职员	企划部	********	Zq1980@QST.CN	
4	吴天明	男	经理	企划部	********	Philip@QST.CN	
10	杨明华	男	职员	企划部	********	Ymh1981ACT@QST.CN	
14	钱江民	男	职员	企划部	********	Qjm@QST.CN	兼职
3	李正海	男	出纳	财务部	********	Danel@QST.CN	
5	刘宏涛	男	职员	销售部	********	Jack@QST.CN	
8	萧长征	男	职员	销售部	********	Zq1980@QST.CN	兼职
11	高建兵	男	经理	销售部	********	Mike@QST.CN	
13	刘军强	男	职员	销售部	********	Ljq@QST.CN	
7	魏思诗	女	经理	人事部	********	Wss@QST.CN	
9	孙丽	女	职员	人事部	********	Korn@QST.CN	
6	赵萧萧	女	会计	财务部	********	Lily@QST.CN	
12	武云秀	女	会计	财务部	********	Joely@QST.CN	
16	周萍	女	经理	财务部	********	Kelly@QST.CN	
2	许茜	女	职员	销售部	********	Nacy@QST.CN	兼职
总人数：16 人　经理：4 人 兼职：3 人							

图 5-48　对“性别”字段按拼音升序排列

5.4　习题

一、填空题

1. 表格由_____、_____、和_____组成。

2. 当把光标移动到_____上时，拖动鼠标就可以在工作区中任意移动表格。而将光标移动到_____上时，拖动鼠标就能够改变表格的大小，进而影响行列的宽度。

3. 若要将 Word 2003 文档中的表格转换为文本，应该单击菜单栏里的“_____>_____>_____”命令。

二、问答题

1. 请简述 3 种在 Word 2003 中创建表格的方法。
2. 在编辑表格时，如何选中某个单元格、一行、一列、多个单元格、多行及多列？
3. 简述如何合并单元格。

第 6 章　Excel 2003 基本操作

本章概要

本章将详细介绍 Excel 2003 的启动方法和操作界面，使用户对该软件有初步的认识，并通过具体创建“销售”工作簿和“月销售”工作表来说明对它的基本操作。

6.1　Excel 2003 基础知识

用户在使用 Excel 2003 之前需要学会如何启动它以及熟悉它的工作界面。

6.1.1　如何启动 Excel 2003

启动 Excel 2003 可以有以下几种方法：

方法 1　单击任务栏上的“开始”按钮，然后在“开始”菜单中单击“所有程序>Microsoft Office>Microsoft Office Excel 2003”命令，即可启动 Excel，如图 6-1 所示。

方法 2　桌面创建快捷方式的方法，方便对程序的启动。创建方法为：选择“开始>所有程序> Microsoft Office> Microsoft Office Excel2003”，右击 Microsoft Office Excel 2003 命令，在弹出的快捷菜单中单击“发送到>桌面快捷方式”命令，如图 6-2 所示。之后，就可以在桌面看见图标，双击该图标，即可启动 Excel。

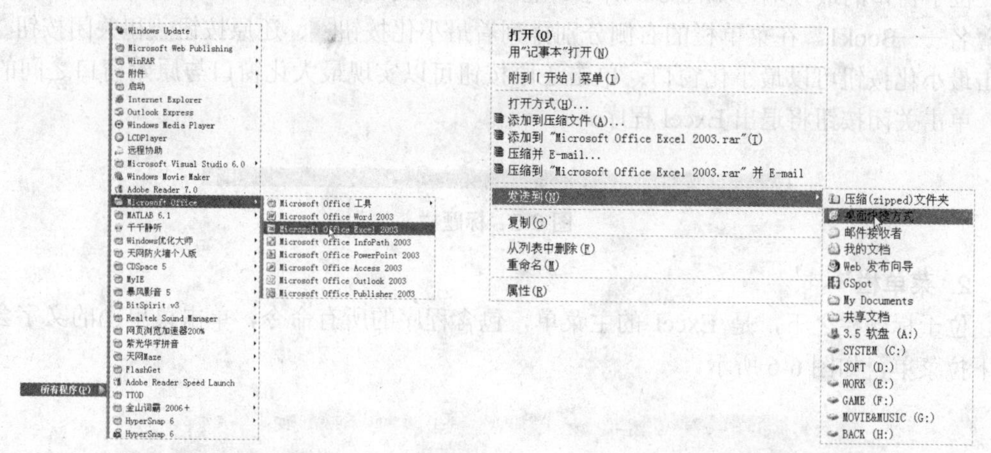

图 6-1　启动 Excel　　　　图 6-2　创建桌面快捷方式

方法 3　如果计算机里有保存过的 Excel 文档，即后缀名为.xls 的文件，如图 6-3 所示，直接双击它，也可启动 Excel。

图 6-3　Excel 文档

6.1.2 Excel 2003 的界面

下面将结合图 6-4 对界面的主要部分进行解释。

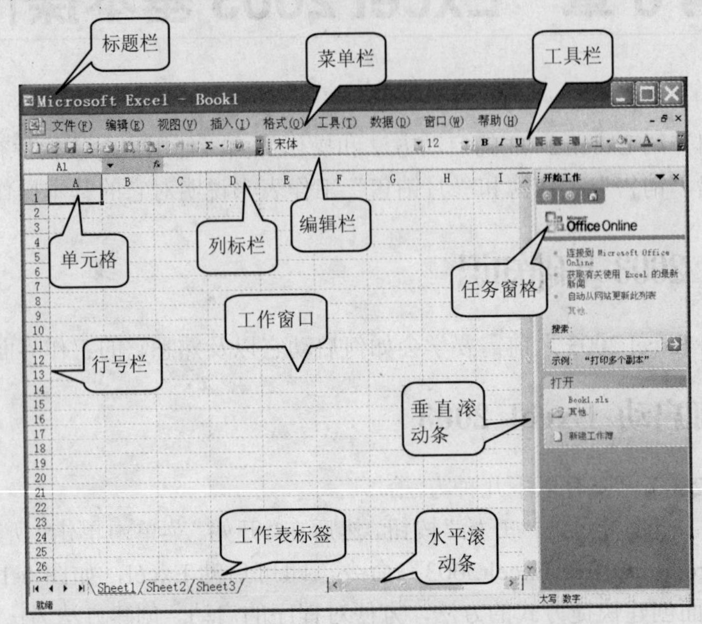

图 6-4 Excel 的工作界面

1. 标题栏

位于窗口的最顶端，如图 6-5 所示。它显示了程序的名字——Microsoft Excel，以及工作簿名——Book1。在菜单栏的右侧分别排列着最小化按钮、还原按钮和关闭按钮。单击最小化按钮可以最小化窗口；单击还原按钮可以实现最大化窗口与原始窗口之间的转换；单击关闭按钮将退出 Excel 程序。

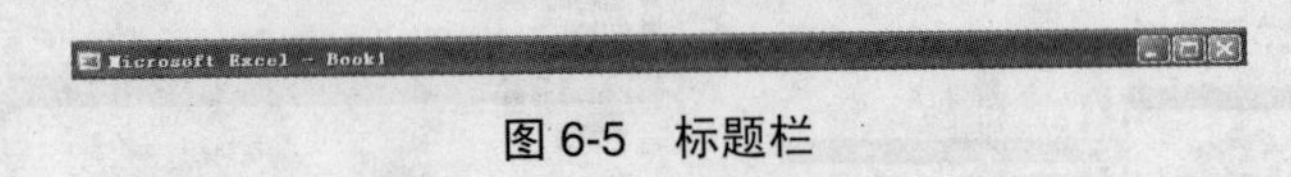

图 6-5 标题栏

2. 菜单栏

位于标题栏之下，是 Excel 的主菜单，包含程序的所有命令，单击菜单上的文字会出现下拉菜单，如图 6-6 所示。

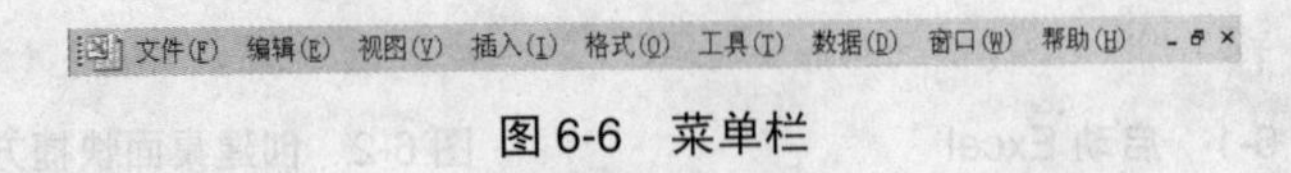

图 6-6 菜单栏

3. 工具栏

它将一些常用命令集中并用图标表示出来，用户可以通过单击图标来对程序发出命令，如图 6-7 所示。

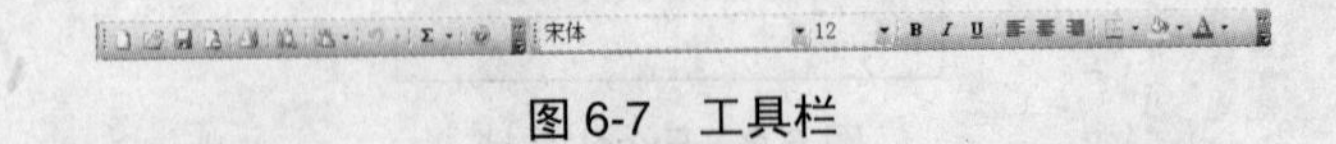

图 6-7 工具栏

4. 编辑栏

位于工具栏的下方，如图 6-8 所示。它的最左侧是名称框，可以显示当前单元格的地址名称或已选定单元格的名称。在图 7-8 中，名称框显示的 A1 表示当前选中的单元格位于第 1 行第 A 列。在编辑栏的右侧是一个编辑区，会显示出单元格中的信息或公式，主要用于当向单元格输入较多信息，当单元格受宽度所限不能显示全部内容时，可以利用该编辑区对该单元格进行编辑。

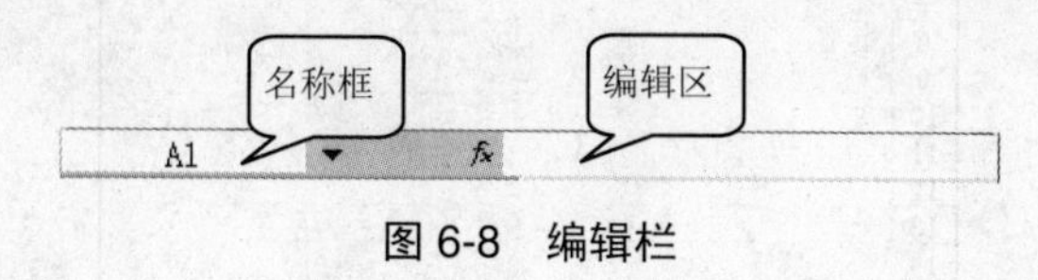

图 6-8　编辑栏

5. 工作表标签

代表工作簿中的不同工作表，默认情况下，一个工作簿中包含 3 张工作表，如图 6-9 所示。

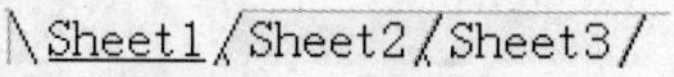

\Sheet1/Sheet2/Sheet3/

图 6-9　工作表标签

6. 行号

用 1～65536 表示工作表中的一行，如图 6-10 所示。

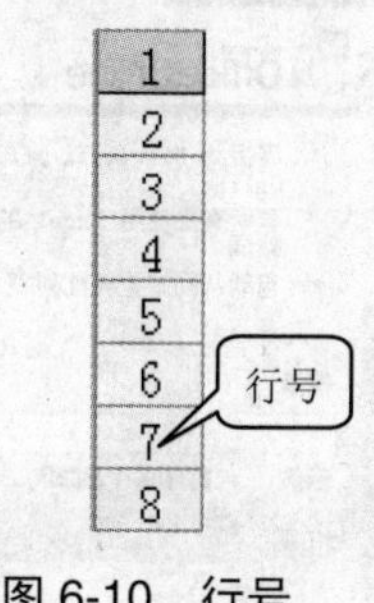

图 6-10　行号

7. 单元格

单元格是 Excel 的最基本操作部分，可以在其中输入文字、数字、符号及图片等相关信息。

8. 滚动条

滚动条分为水平滚动条和垂直滚动条两种。顾名思义，利用这两种不同的滚动条可以在水平方向或垂直方向上滚动地查看工作表。

9. 全选按钮与列标

全选按钮与列标在同一行中，位于行首，单击该按钮即可实现对工作表的全选操作；列标用“A”到“IV”表示工作表中的一列，如图 6-11 所示。

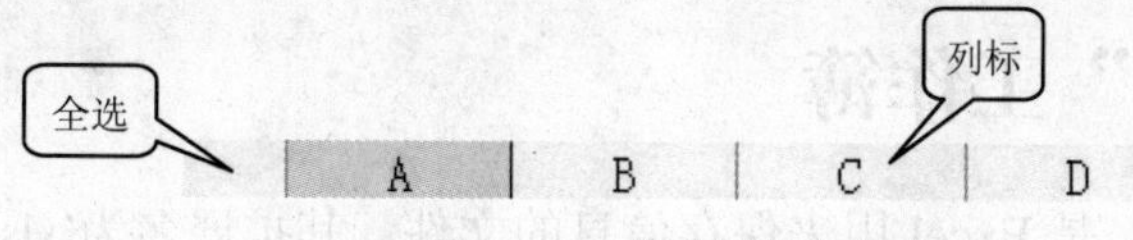

图 6-11　全选按钮与列标

10. 工作表窗口

通过该窗口，可以对工作表进行数据输入或者文字编辑等工作，如图 6-12 所示。

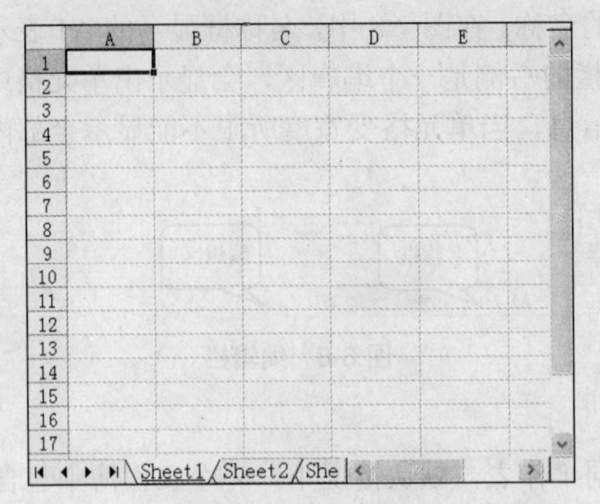

图 6-12　工作表窗口

11. 任务窗格

通过它可以完成多种不同任务，如创建新文件簿、搜索文件、查看剪贴板、插入剪贴画等，如图 6-13 所示。

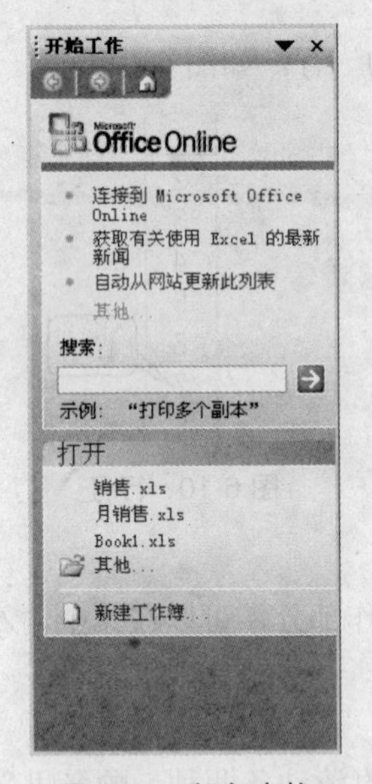

图 6-13　任务窗格

Excel 的界面组成部分和前面所学 Word 的界面有所不同，不要混淆。

6.2　创建“销售”工作簿

工作簿又叫电子表格，是 Excel 用来保存信息的文件，其扩展名为.xls。用户可以同时打开多个工作簿，在默认情况下每个工作簿包含有三张工作表，如果工作表数量不能满足用户的需要，可以创建若干张，但总数不能超过 256 张。

1. 新建工作簿

启动 Excel 后，系统将会自动新建一个默认名为 Book1 的空白工作簿。而在编辑工作簿时，可以通过单击“文件”下拉菜单中的“新建”命令，再单击“新建工作簿”任务窗格中的“空白工作簿”选项，如图 6-14 所示，创建新的工作簿，更为简捷的方法是直接单击工具栏上的“新建”按钮创建。

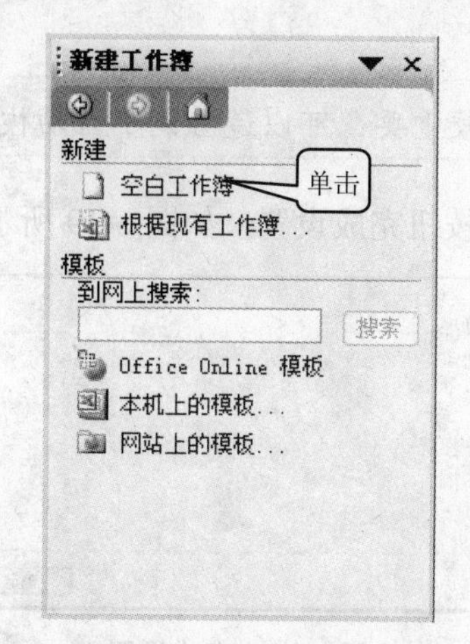

图 6-14　新建空白工作簿

2. 保存工作簿

在编辑工作簿的过程中应注意对工作簿及时进行保存，防止因突然断电、死机等原因非正常退出 Excel，造成数据的丢失。

在编辑过程中可以单击“文件”菜单中的“保存”命令，也可以直接单击工具栏中的“保存”按钮对工作簿进行保存。在 Excel 2003 中，为用户提供了保存自动恢复功能，这样即使上述情况发生，也可以通过该功能恢复文件簿中的信息，具体的操作步骤如下。

步骤 01　在菜单栏中单击“工具>选项”命令，如图 6-15 所示。

步骤 02　在弹出的“选项”对话框中打开“保存”选项卡，如图 6-16 所示。

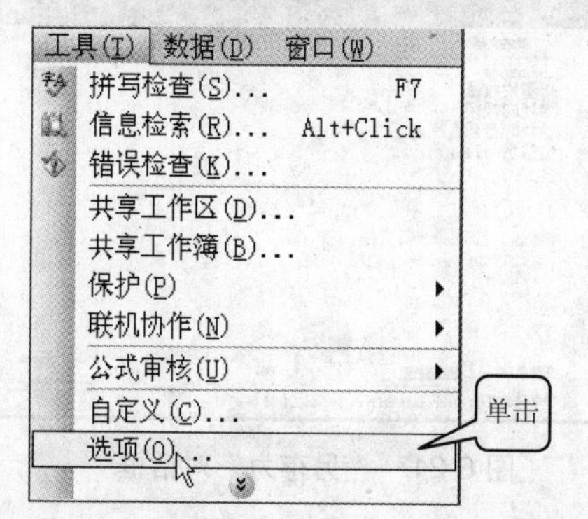

图 6-15　单击“工具>选项”命令

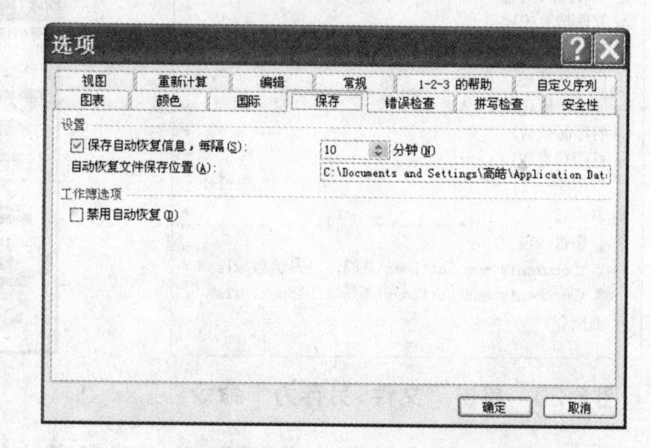

图 6-16　“选项”对话框

步骤 03　选中“保存自动恢复信息，每隔”复选框，在默认情况下此框是被选中的，如图 6-17 所示。

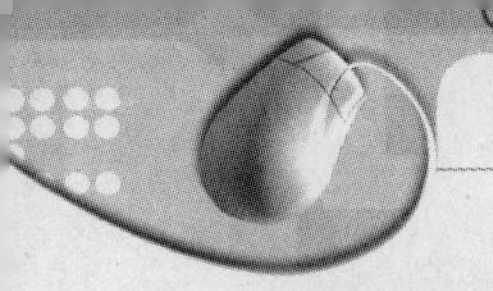

步骤 **04** 在“分钟”文本框中设置自动恢复的间隔时间，可以直接在文本框中输入间隔时间，输入范围为1～120，也可以通过微调按钮进行设置。在这里以设置3分钟为例，如图6-18所示。

☑保存自动恢复信息，每隔(S):

图6-17 选中“保存自动恢复信息，每隔”复选框

3 分钟(M)

图6-18 设置自动恢复间隔时间

提示

若用户正在编辑的文档比较重要，可以适当调小自动恢复的间隔时间。

步骤 **05** 单击“确定”按钮完成设置，如图6-19所示。

图6-19 完成设置

当编辑完成后，若需要把文件保存到某个指定位置，并对其改名时，就要用到“另存为”这个命令，下面将通过创建“销售”工作簿说明这条命令的使用，具体操作步骤如下。

步骤 **01** 在菜单栏中单击“文件>另存为”菜单命令，如图6-20所示，这时将弹出如图6-21所示的对话框。

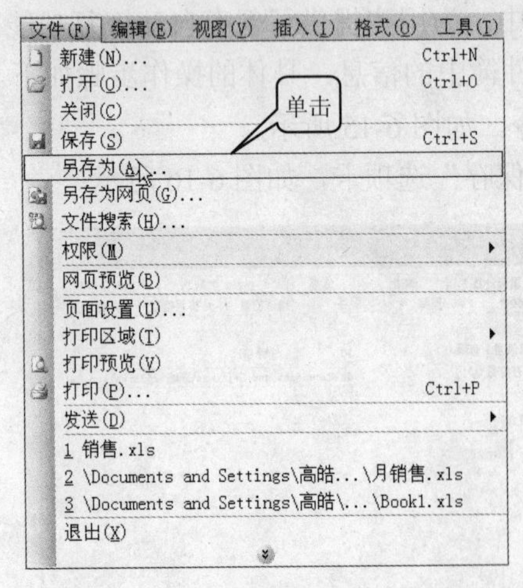

图6-20 单击“文件>另存为”命令

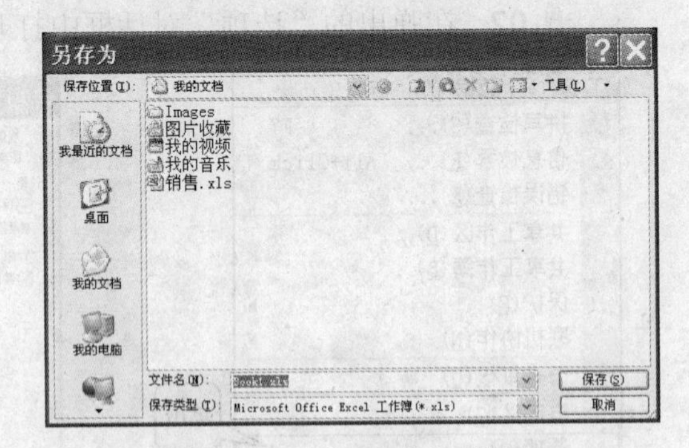

图6-21 “另存为”对话框

步骤 **02** 单击“保存位置”下拉列表旁边的箭头按钮，从列表中选择工作表的保存位置。这里，我们将文件保存到桌面，如图6-22所示。

步骤 **03** 在“文件名”文本框中输入“销售”二字，单击“保存”按钮，如图6-23所示，这时会在桌面发现“销售”工作簿图标，说明文件已经保存成功。

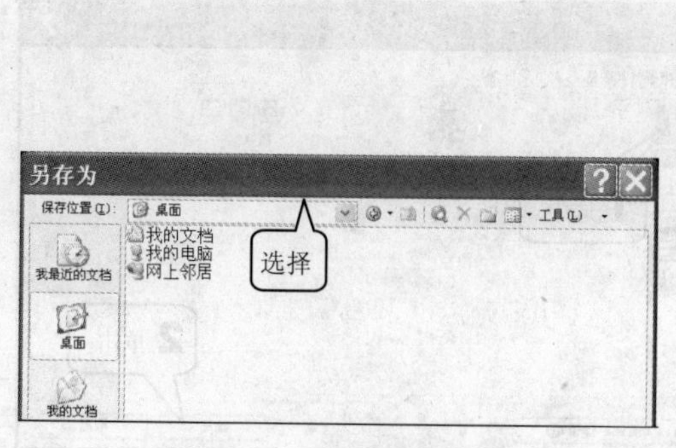

图 6-22　选择保存位置

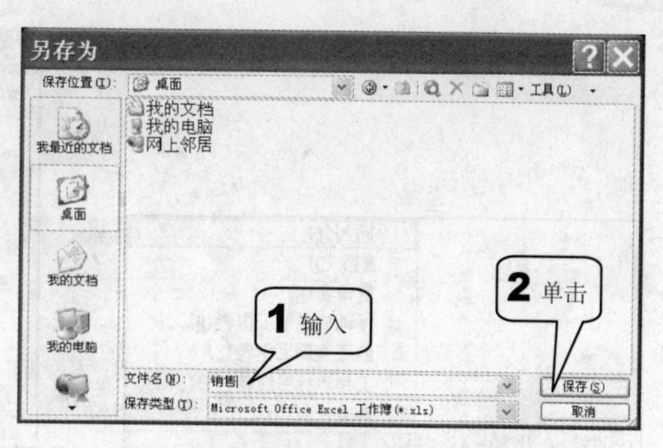

图 6-23　操作完成后的对话框

6.3　“月销售”工作表的基本操作

工作表由单元格构成，位于工作簿中央，是工作簿的主要部分。

在 Excel 中，工作簿和工作表是容易被混淆的两个重要概念，为了便于理解，可以把工作簿看作是一个记事本，把工作表看作记事本的页。用户可以对记事本中的页进行添加、删除、复制等操作，对于 Excel 中的工作表，同样也可进行类似的操作。

下面将介绍工作表的操作，并把这些操作具体地应用到“月销售表”中。

6.3.1　添加一张新工作表

在工作簿中添加一张新工作表，可以用以下几种方法：

方法 1　单击菜单栏中的“插入>工作表”命令，如图 6-24 所示。

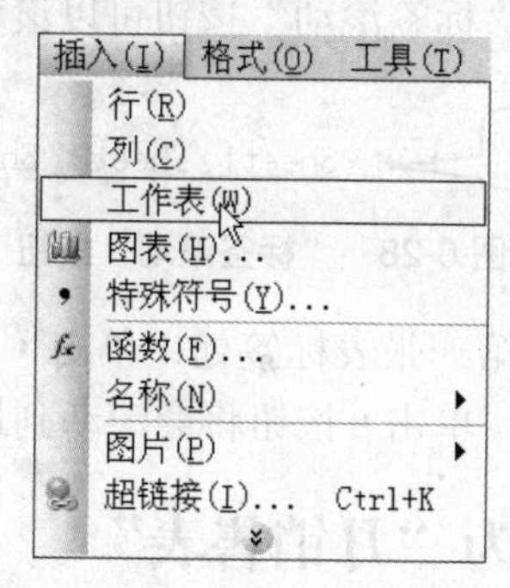

图 6-24　单击“插入>工作表”命令

方法 2　使用快捷菜单添加，具体操作步骤如下。

步骤 01　右击工作表标签，在弹出的快捷菜单中单击“插入”命令，如图 6-25 所示。

步骤 02　在弹出的“插入”对话框中选中“工作表”图标，如图 6-26 所示，然后单击“确定”按钮。

提示

按 Shift+F11 组合键即可添加一张新工作表。

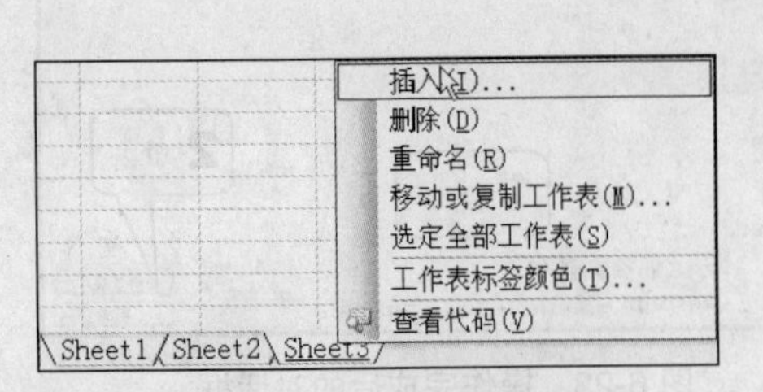

图 6-25　单击“插入”命令

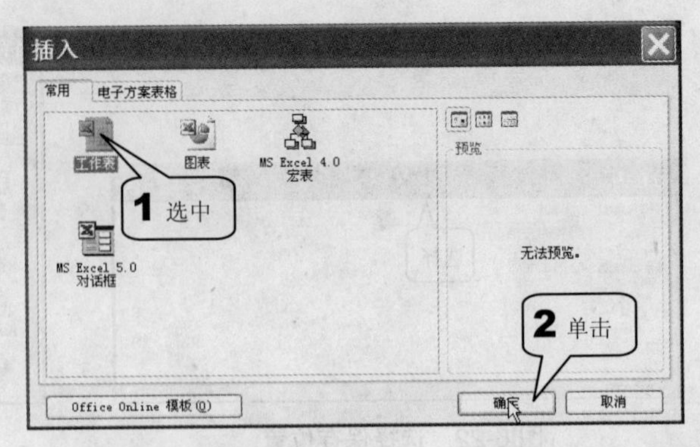

图 6-26　“插入”对话框

6.3.2　选择工作表

在任何时候，工作簿中的当前工作表只有一张，也就是说用户只能对选中的当前工作表操作，不能同时操作一张以上的工作表。这里将介绍两种选择工作表的方法。

方法 1　单击工作簿窗口底端的工作表标签，标签将以白底黑字显示，表明该工作表被选中为当前工作表。图 6-27 表示了名为 Sheet1 的工作表被选为当前工作表。

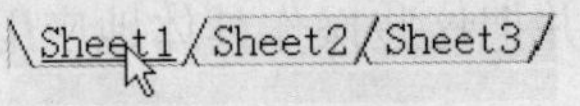

Sheet1 / Sheet2 / Sheet3

图 6-27　选中工作表

方法 2　按快捷键 Ctrl+PageUp，选择当前工作表的前一张表；按快捷键 Ctrl+PageDown，选择当前工作表的后一张表。当工作簿中含有多张工作表时可能所有的标签不会全部显示出来，这时使用“标签滚动”按钮可以滚动显示标签，如图 6-28 所示。

图 6-28　“标签滚动”按钮

其中单击⏮按钮将会滚动到第一张表标签处；单击◀按钮将会向前滚动一张标签；单击▶按钮将会向后滚动一张标签；单击⏭按钮将会滚动到最后一张表标签处。

6.3.3　把工作表重命名为“月销售表”

由于工作表的默认名为 Sheet1、Sheet2 等，对表中的内容没有好的描述性，不利于记忆，所以需要对工作表起一个有意义的名字。下面将用 3 种方法把名为 Sheet1 的工作表重命名为月销售表。

方法 1　利用快捷菜单命令。

步骤 01　在名为 Sheet1 的工作表标签上右击，再在弹出的快捷菜单中单击“重命名”命令，如图 6-29 所示，这时 Sheet1 将以反色显示，如图 6-30 所示。

步骤 02　输入“月销售表”覆盖 Sheet1，结果如图 6-31 所示。

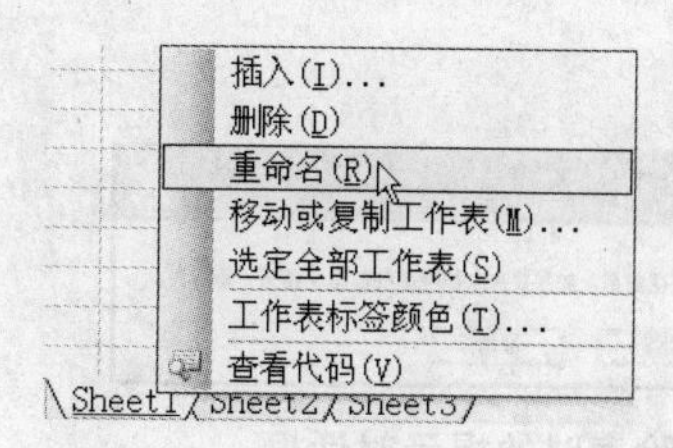

图 6-29 单击“重命名”命令

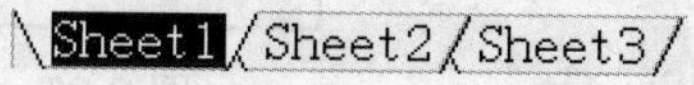

Sheet1 Sheet2 Sheet3

图 6-30 工作表标签名的反色显示

图 6-31 重命名后的工作表标签

方法 2 利用菜单栏。

步骤 01 单击名为 Sheet1 的工作表标签，使其被选中。

步骤 02 单击“格式>工作表>重命名”命令，如图 6-32 所示。

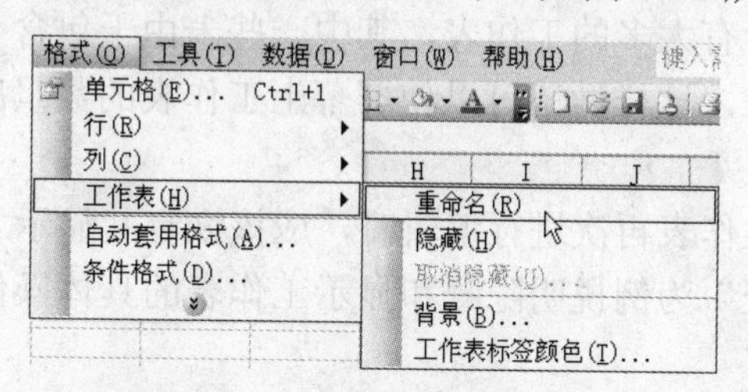

图 6-32 单击“重命名”命令

步骤 03 输入文字“月销售表”覆盖 Sheet1。

方法 3 双击 Sheet1 工作表标签，Sheet1 立即以反色显示，再输入文字“月销售表”既可。

6.3.4 删除工作表

如果一个工作表已经不再使用，或是一张多余的空表，可以把它删除掉，下面以删除“月销售表”为例，介绍两种删除方法。

方法 1 选中“月销售表”，单击菜单栏中的“编辑>删除工作表”命令，如图 6-33 所示。

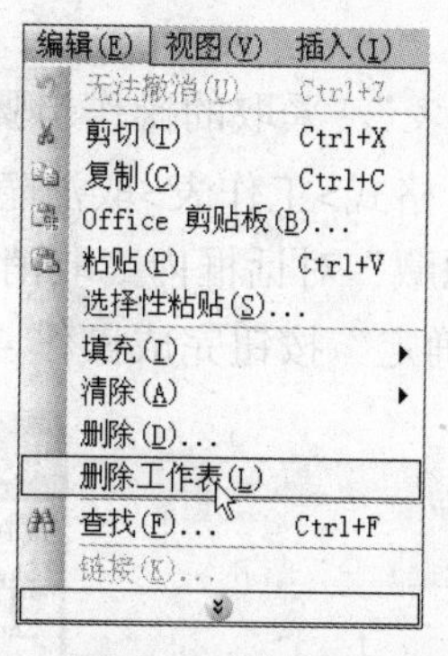

图 6-33 单击“删除工作表”命令

方法 2 右击工作表标签，在弹出的快捷菜单中单击“删除”命令，如图 6-34 所示。

如果表中包含有信息，在删除时会出现如图 6-35 所示的提示对话框，提示用户是否真要删除该表，若确实要删除则单击“删除”按钮，否则单击“取消”按钮。

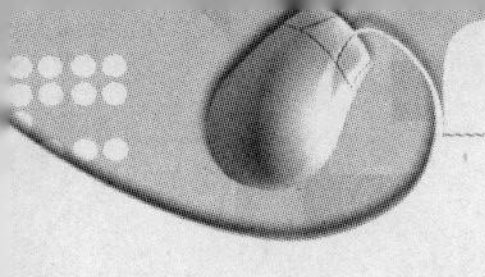

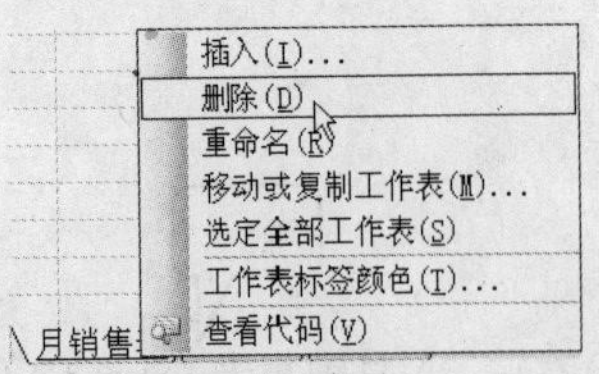

图 6-34　使用快捷菜单中的“删除”命令

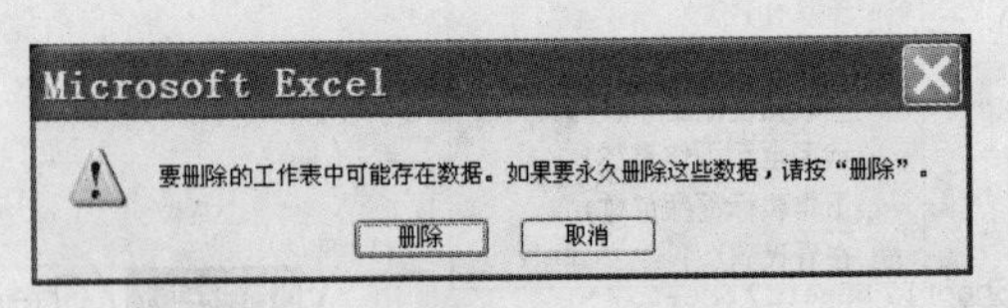

图 6-35　删除表时的提示对话框

如果该表是一张空表，则该对话框将不会弹出。

6.3.5　隐藏和显示“月销售表”

若当前工作簿中包含有太多的工作表，其中一些表由于包含有重要信息不愿让别人知道，可以把它们隐藏起来，这样做还可以使屏幕上工作表的数量减少，防止对工作表的误操作。

当需要对隐藏后的工作表再次进行编辑时，应该恢复其显示才能继续操作。

下面将以“月销售表”为例说明隐藏和显示工作表的具体操作步骤。

1. 隐藏“月销售表”

隐藏“月销售表”的步骤如下。

步骤 **01**　在名为月销售表的工作表标签上单击，选中该表。

步骤 **02**　在菜单栏中单击“格式>工作表>隐藏”命令，如图 6-36 所示。这时月销售表被隐藏，在工作簿中不再出现该工作表的标签。

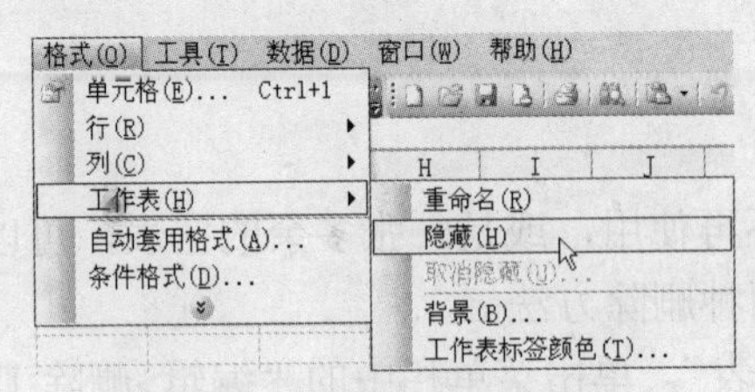

图 6-36　单击“隐藏”命令

2. 显示“月销售表”

要恢复显示被隐藏的“月销售表”，采取的操作步骤如下。

步骤 **01**　在菜单栏中单击“格式>工作表>取消隐藏”命令，如图 6-37 所示。

步骤 **02**　在弹出的“取消隐藏”对话框内“取消隐藏工作表”列表框中选中要恢复显示的“月销售表”，然后单击“确定”按钮完成操作，如图 6-38 所示。

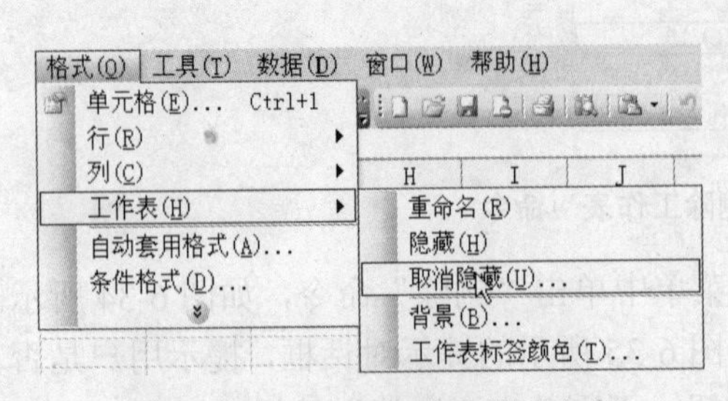

图 6-37　单击“取消隐藏”命令

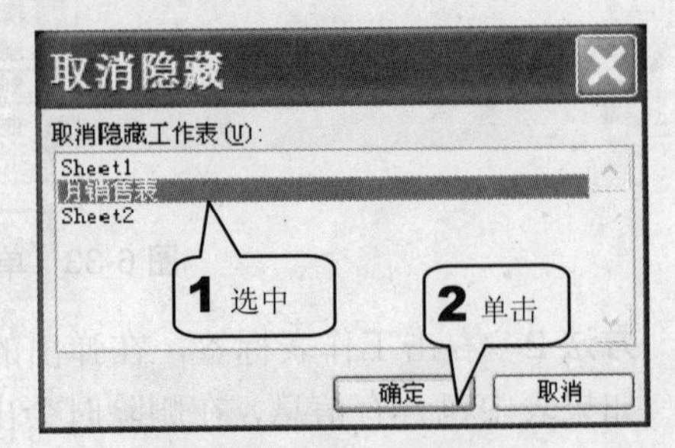

图 6-38　选中要恢复的表

6.3.6 保护“月销售表”

当用户编辑完工作表后，若不希望该表的内容被别人修改，可以设置密码将它保护起来，这里以保护“月销售表”为例，说明具体的操作步骤。

步骤 01 选中要保护的工作表——“月销售表”。

步骤 02 在菜单栏上单击“工具>保护>保护工作表”命令，如图 6-39 所示，这时会立即弹出“保护工作表”对话框。

步骤 03 在弹出的对话框中选中“保护工作表及锁定的单元格内容”复选框，再在“取消工作表保护时使用的密码”文本框中输入密码，如图 6-40 所示。

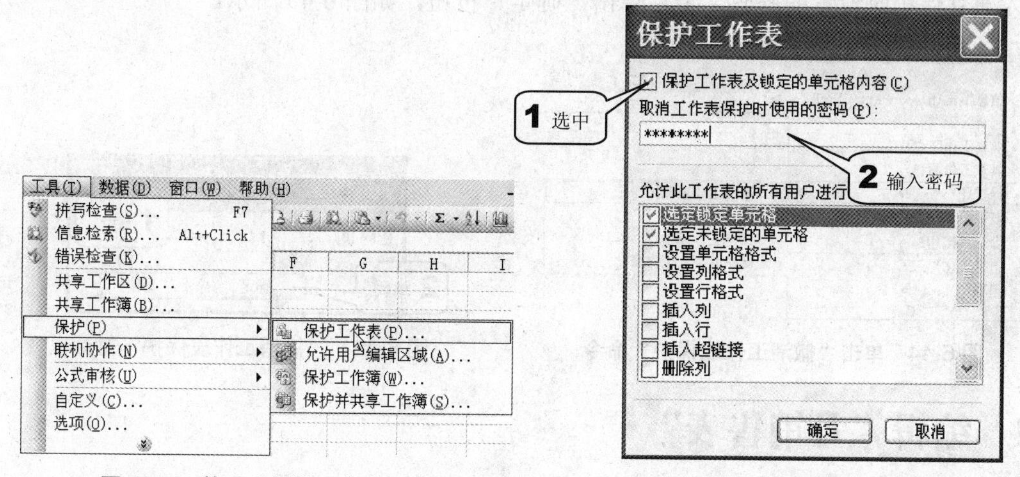

图 6-39 单击“保护工作表”命令

图 6-40 “保护工作表”对话框

步骤 04 接着在“允许此工作表的所有用户进行”选项区内设置其他用户对该表的使用权限，然后单击“确定”按钮，如图 6-41 所示。

步骤 05 在弹出的“确认密码”对话框中再次输入同一密码，最后单击“确定”按钮，完成对“月销售表”的保护设置，如图 6-42 所示。

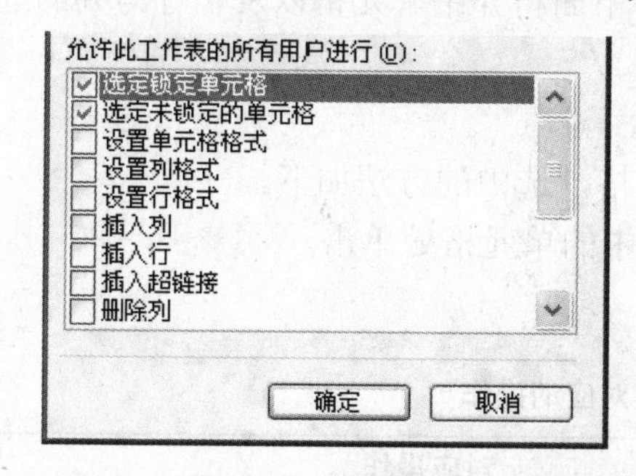

图 6-41 设置权限

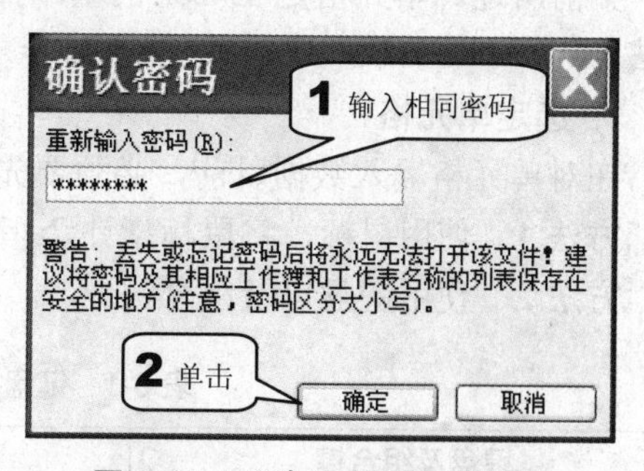

图 6-42 “确认密码”对话框

注意

选择密码时应当注意，最好不要使用电话号码、生日号码等，也不要用过于简单的密码（如纯数字的），所选密码中至少要有一个特殊字符，最好是使用大小字母与特殊字符相结合，以免很容易被他人破译。

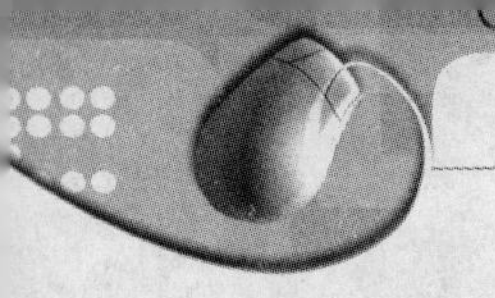

当试图对所保护的工作表进行超出权限范围的操作时，系统将会自动弹出一个提示对话框，如图 6-43 所示，要求撤消对工作表的保护。

图 6-43　提示对话框

如果要撤消对工作表的保护，可按以下具体步骤操作。

步骤 **01**　在菜单栏中单击“工具>保护>撤消工作表保护”命令，如图 6-44 所示。

步骤 **02**　这时将会弹出“撤消工作表保护”对话框，在该对话框的“密码”文本框中输入建立保护时设置的密码，最后单击“确定”按钮，如图 6-45 所示。

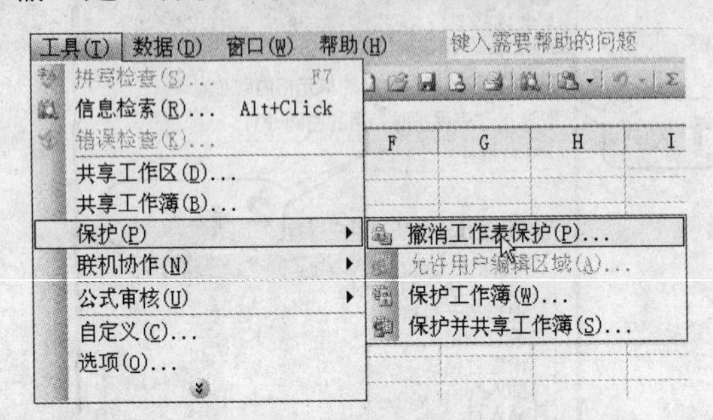

图 6-44　单击“撤清工作表保护”命令

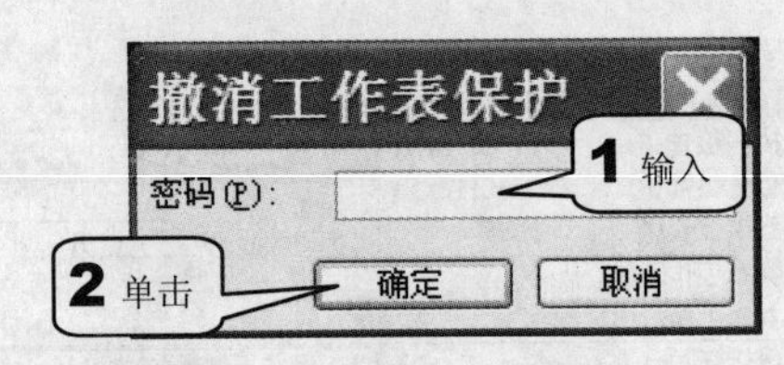

图 6-45　“撤消工作表保护”对话框

6.4　编辑“月销售表”

在工作簿中创建好了“月销售表”以后，用户需要根据实际销售情况对工作表进行编辑处理，下面将介绍这些处理方法。

6.4.1　选定单元格及整行与列

如前所述，单元格是 Excel 的基本操作单元，下面将介绍单元格以及整行与列的选定方法。

1. 选定单元格

在对单元格输入数据以前，必须要先选中单元格，选中的方法如下。

方法 1　使用鼠标，将鼠标指针✚指向要被选中的单元格处单击。

方法 2　使用键盘以及组合键。

表 6-1　键盘及组合键与对应的操作

键盘及组合键	对应操作
上、下、左、右方向键	一次移动一个单元格
Home 键	移到当前行的第一个单元格
PageUp	向上移动一整屏
PageDown	向下移动一整屏

（续表）

键盘及组合键	对应操作
Tab+Shift	向左移动一格
Tab	向右移动一格
Enter	向下移动一格
Enter+Shift	向上移动一格
Ctrl+Home	移动到工作表第一个单元格
Enter+Shift	向上移动一格
Ctrl+End	移动到工作表中最后使用过的单元格

方法 3 使用名称框，在名称框中直接输入单元格名称，如 A1、A2 等，然后按下 Enter 键。

2. 选定整行与列

选定整行/整列的操作步骤是将鼠标指针移动到需要选定行的行号/列标处，待鼠标指针由✚变为➡后单击，即可选中整行或整列，图 6-46 显示了对整行的选择。

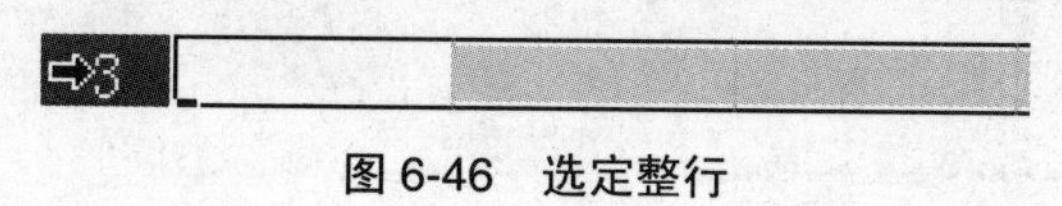

图 6-46 选定整行

6.4.2 选择区域

在工作表中选择了一个区域，即可对该区域的数据进行操作，下面介绍 3 种常用的方法。

方法 1 首先单击区域的第一个单元格，然后按住鼠标左键，拖动到区域的最末一个单元格释放左键，如图 6-47 所示。

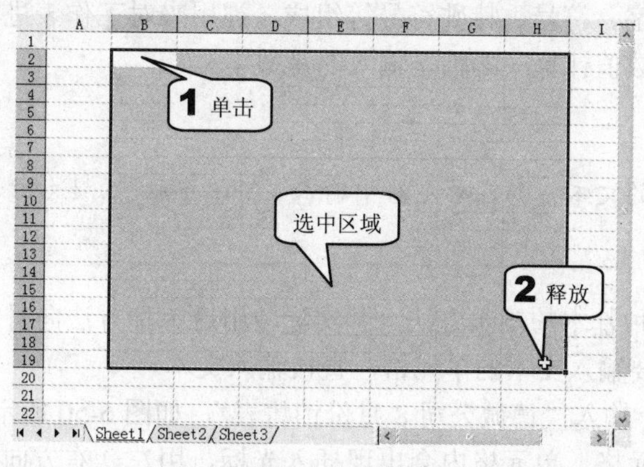

图 6-47 选择区域

方法 2 按住 Shift 键，然后再按上、下、左、右方向键选择区域。

方法 3 按 F8 键，这时工作簿窗口最下边的状态栏会出现“扩展”两字，如图 6-48 所示，接着再按上、下、左、右方向键选择区域。选择完成后，再次按 F8 键回到移动状态。

就绪　扩展　数字

图 6-48　状态栏

在 Excel 中，用户不但可以选择单个区域，还可以在同一张表中选择多个区域，具体的操作步骤如下。

步骤 01　利用方法 1 介绍的操作选中第一块区域。

步骤 02　按住 Ctrl 键，继续选择其他区域，选择完成后释放 Ctrl 键。图 6-49 显示了选择多块区域。

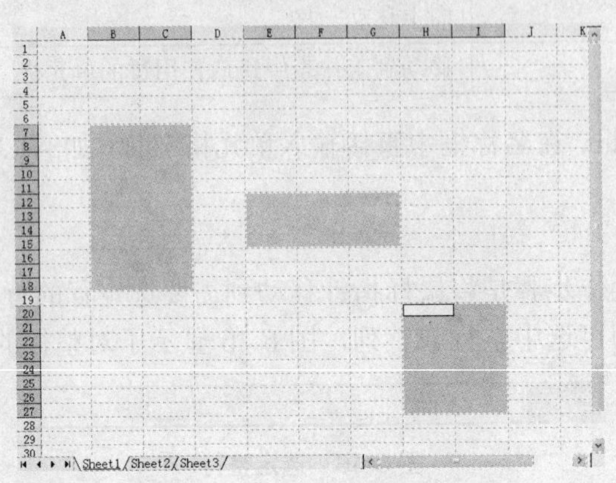

图 6-49　选择多块区域

6.4.3　输入文本与数据

文本与数据构成了一个表中所包含的信息内容，下面将介绍如何向单元格里输入文本与数据。

1. 输入文本

文本由字符、数字、符号、特殊符号等组成，被用来对工作表进行说明，但是这里要注意，文本不能用于数值计算（哪怕是输入的是数字）。

提示

一些包含有数字的文本，如在单元格中输入“586 电脑”，Excel 会把它当作文本，因此不能进行数值计算。

这里介绍 3 种基本的输入方法。并实际应用这 3 种方法向月销售表中输入文本。

方法 1　单击需要输入文本的单元格，直接输入文本。

选中 E1 单元格，输入“德诚公司 8 月份销售表”，如图 6-50 所示。

方法 2　双击单元格，单元格内会出现插入光标，用左、右方向键移动光标到需要插入位置处，输入文本。

双击 A2 单元格，在插入光标处输入“产品名”，如图 6-51 所示。

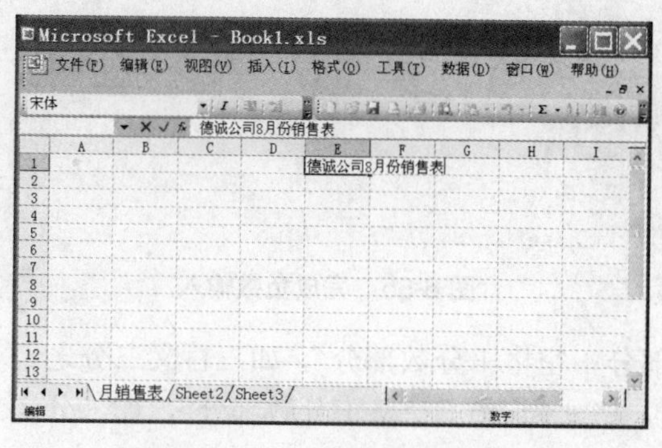

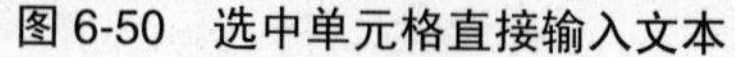

图 6-50　选中单元格直接输入文本

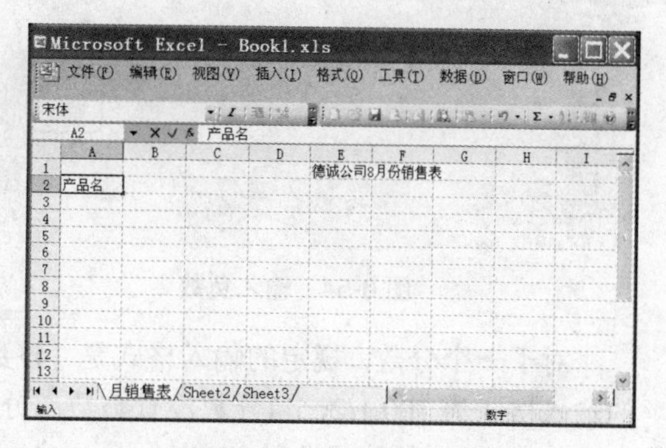

图 6-51　双击输入文本

方法 3　首先单击需要输入文本的单元格，然后单击编辑栏，这时插入光标出现，输入文本。

单击 B2 单元格，再单击编辑栏，在插入光标处输入“单价（台 / 元）”，如图 6-52 所示。

采用上述 3 种方法，输入所有文本，得到如图 6-53 所示的表格。

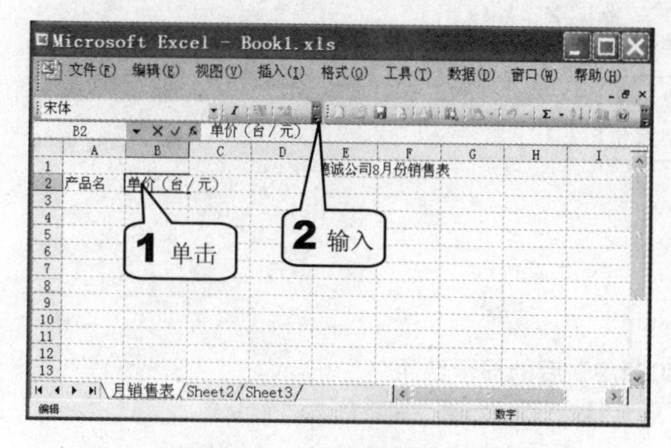

图 6-52　从编辑栏输入文本

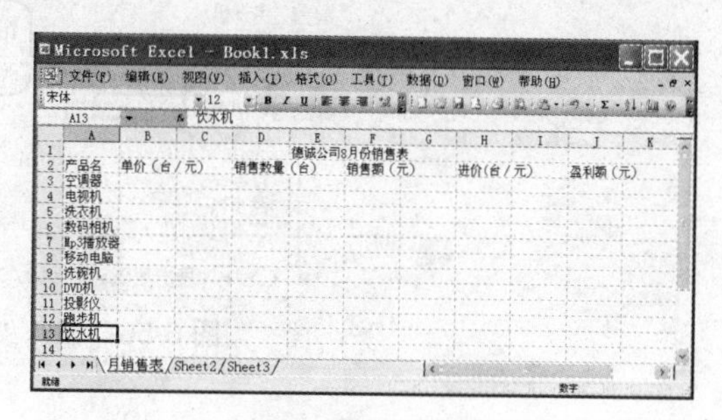

图 6-53　输入所有文本

2. 输入数字

数字是可以用于数值计算的，数字输入和文本输入一样，需要注意的是数字的输入格式，这里将对分数和负数的输入方法做详细的讲解。

在输入负数时，有如下两种方法，读者在实际操作中可灵活选用。

方法 1　直接向单元格输入“减号＋阿拉伯数字”，如-300。

方法 2　输入被小括号括起来的数字，如（300），再按下 Enter 键，这时单元格里的（300）会立即变为-300。

在此采用方法 2 向表中的空调器盈利额栏内填入负 300 元表示亏损。

步骤 01　单击 J3 单元格，即表中的空调器盈利额栏，向单元格中输入（300），如图 6-54 所示。

步骤 02　单击 Enter 键，完成操作，完成输入后如图 6-55 所示。

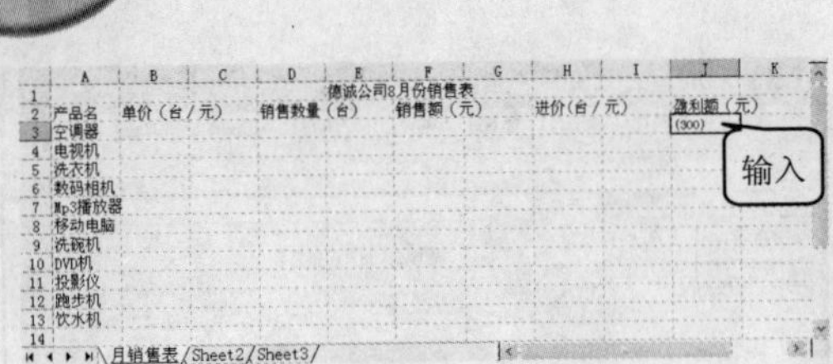

图 6-54　输入负数

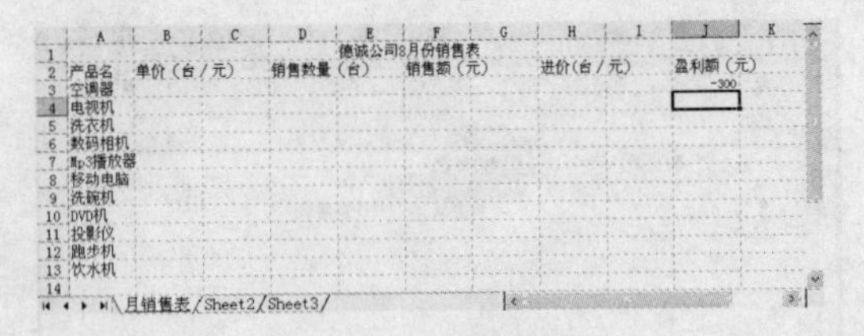

图 6-55　完成负数输入

对于一个分数，规定的输入格式是“整数部分＋空格＋分数部分”，如三百又二分之一的输入格式为 300 1/2，当分数没有整数部分时，格式为“0＋空格＋分数部分”，如二分之一应当以 0 1/2 的格式输入。

注意

分数的输入与日常的分数表示法不同，如果按照日常的表示法输入分数，即把三百又二分之一以 3001/2 的格式输入，Excel 会认为是输入的日期，图 6-56 显示的就是输入 3001/2 后产生的结果。

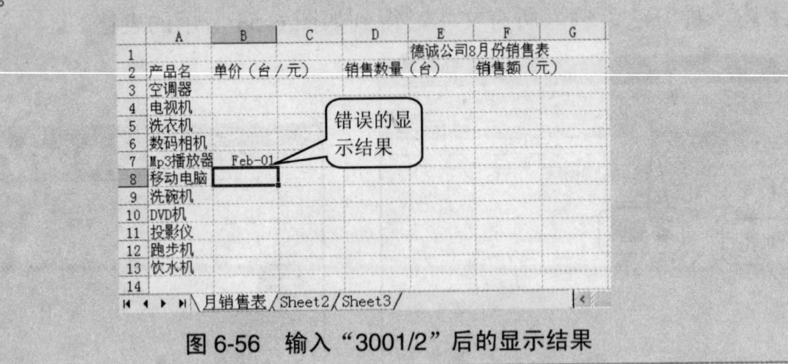

图 6-56　输入“3001/2”后的显示结果

3. 输入日期与时间

日期的输入可以用“／”或“-”分隔年、月、日，如 2006／1／30 或 2006-1-30，也可以直接输入 2006 年 1 月 30 日。不论以哪种形式输入，按 Enter 键后，都会转换为默认的日期格式。

在 Excel 中选择默认的日期格式的具体操作步骤如下。

步骤 01　单击菜单栏中的“格式>单元格”命令，如图 6-57 所示。

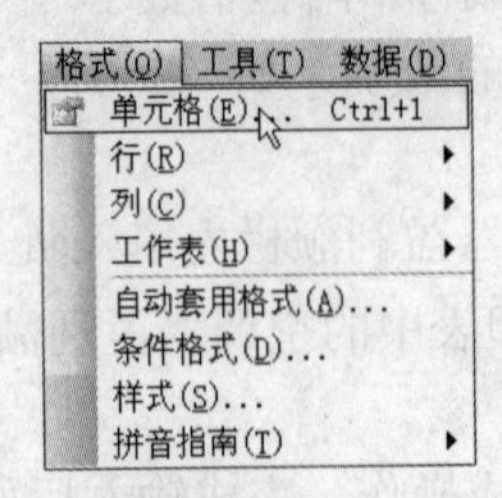

图 6-57　单击“格式>单元格”命令

步骤 02　弹出“单元格格式”对话框，在对话框中的“分类”列表框中选择“日期”选项，在“类型”列表框中选择“日期”的表示格式，最后单击“确定”按钮，完成操作，如图 6-58 所示。

时间的输入分为 12 小时制和 24 小时制，12 小时制的输入格式为“时:分:秒”＋“空格”＋“A 或 P”，其中 A 代表上午，P 代表下午，在这里，A 和 P 可以写为 a 和 p。例如下午 10 点 30 分 30 秒的输入格式为 10:30:30 P。

当用户以 24 小时制输入时，其格式为“时:分:秒”。例如下午 10 点 30 分 30 秒的输入格式为 22:30:30。

下面在月销售表的右上角输入制表时间 2005 年 8 月 3 日下午 10 点 30 分 30 秒。

单击单元格 L1，输入“2005-8-3”，再单击单元格 M1，输入“10:30:30 P”，最后按 Enter 键，如图 6-59 所示。

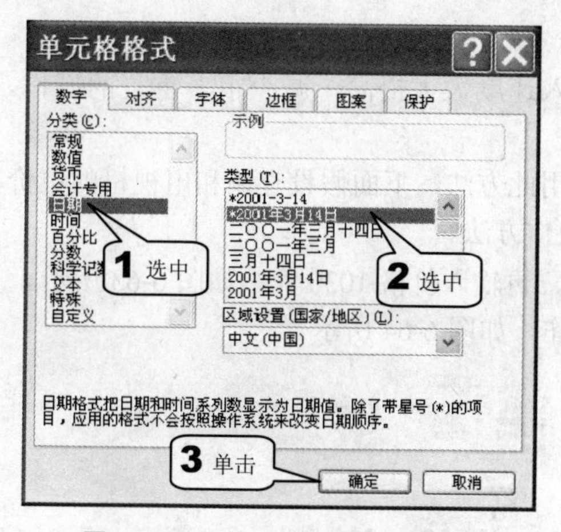

图 6-58　“单元格格式”对话框

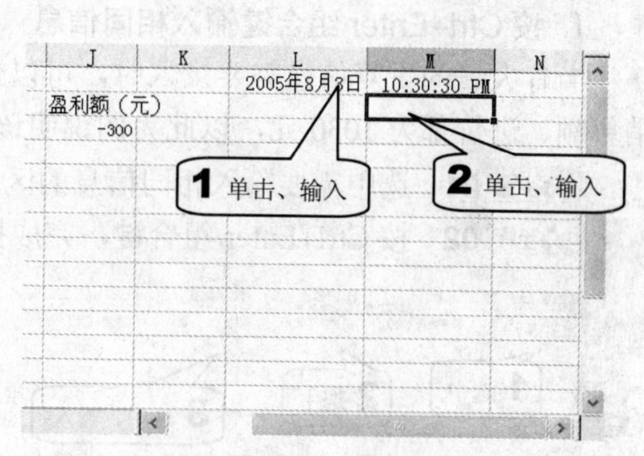

图 6-59　输入日期和时间

6.4.4　插入特殊符号

当需要输入键盘上没有的特殊符号时，可以通过下面的操作查找并插入所需符号，这里以向空调器单价栏插入符号“$”为例进行说明，具体操作步骤如下。

步骤 01　选中空调器单价栏，即 B3 单元格。

步骤 02　单击菜单栏中的“插入>特殊符号”命令，如图 6-60 所示。

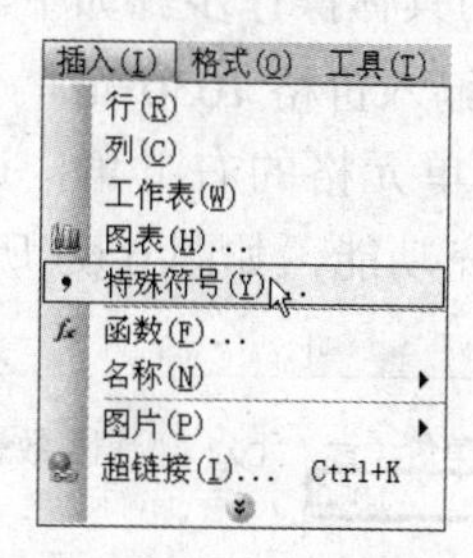

图 6-60　单击“插入>特殊符号”命令

步骤 03　弹出“插入特殊符号”对话框，单击需要插入的特殊符号，最后单击“确定”按钮，完成插入操作，如图 6-61 所示。

最后得到如图 6-62 所示的结果。

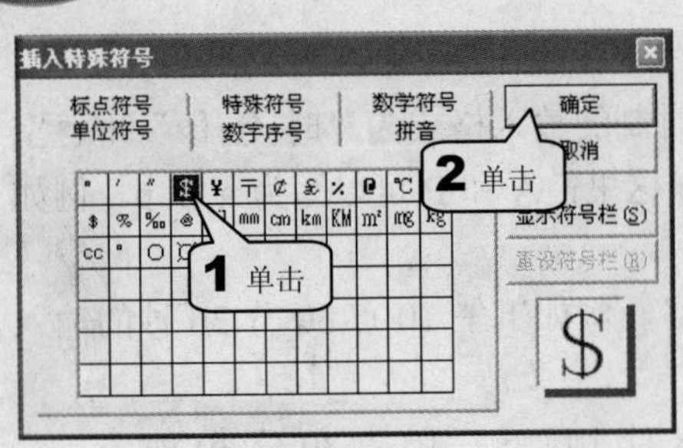

图 6-61 “插入特殊符号”对话框

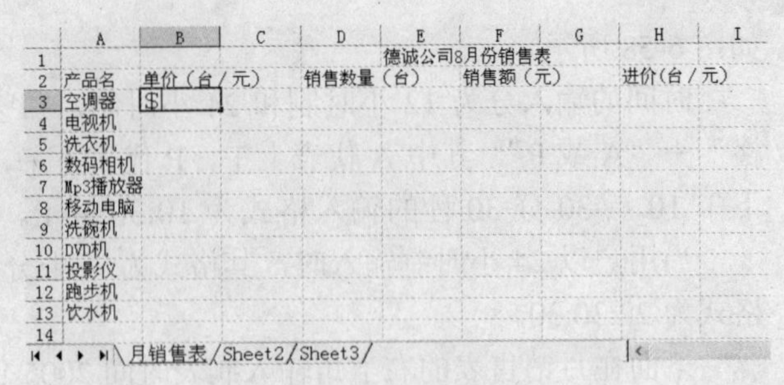

图 6-62 插入特殊符号的结果

6.4.5 输入小技巧

在输入时熟练地应用下面的技巧可以使输入速度大大提高，减少很多重复的操作。

1. 按 Ctrl+Enter 组合键输入相同信息

当有大量的重复信息需要录入时，可以使用此方法，下面假设空调和电视机的单价、销售额、进价都为 1030 元，以此为例说明该操作方法。

步骤 01 选中需要输入相同信息的区域，再输入价格 1030 元，如图 6-63 所示。

步骤 02 按 Ctrl+Enter 组合键，完成操作，如图 6-64 所示。

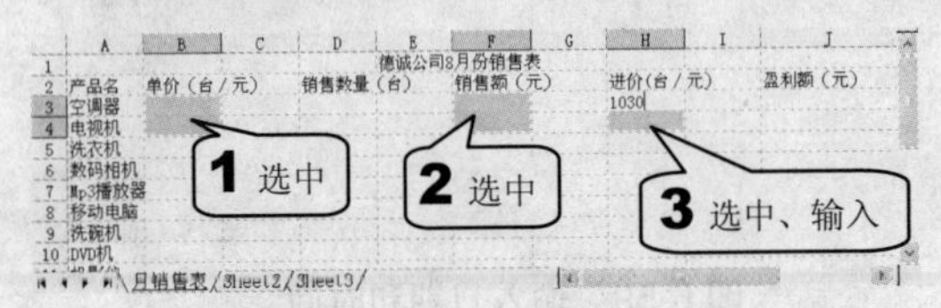

图 6-63 选中区域并输入价格

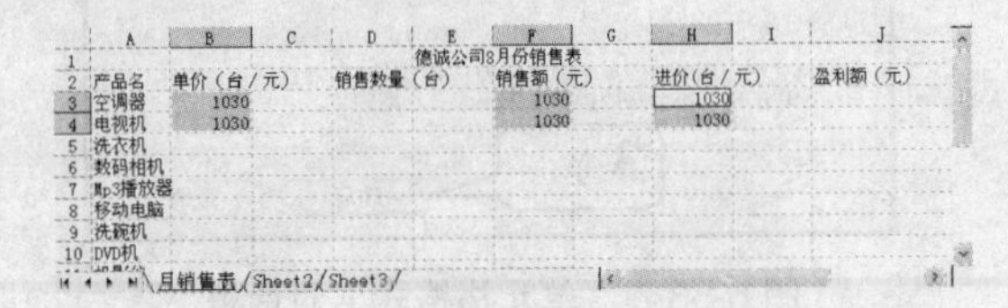

图 6-64 同时录入后的结果

2. 利用组合键输入当前的日期和时间

这里介绍以下两个组合键。

Ctrl + ；在选中单元格内输入当前日期；Ctrl + Shift + ；在选中单元格内输入当前时间。

3. 自动填充功能

在 Excel 中设置自动填充功能的具体操作步骤如下。

步骤 01 在选中的单元格中输入价格 1030 元。

步骤 02 移动鼠标指针到该单元格的右下角，这时鼠标指针将变为黑色的十字形状，此时即说明已经激活了自动填充功能，如图 6-65 所示。

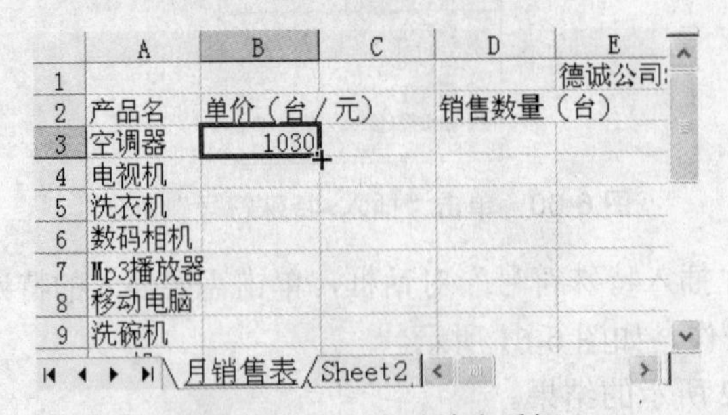

图 6-65 激活自动填充手柄

步骤 03 在按住鼠标左键的同时通过拖动手柄来覆盖需要填充的行或列，如图 6-66 所示。

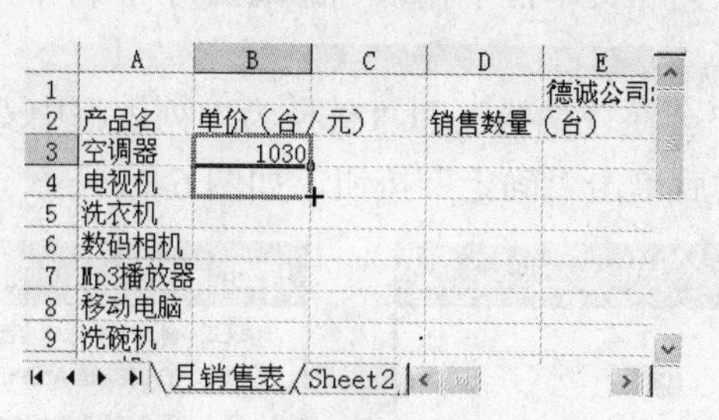

图 6-66 覆盖需要填充的区域

4. 记忆式键入

Excel 2003 具有记忆式输入法，可以将上步输入的内容“记忆”下来。下面将介绍它是如何工作的。

在上面所建表的基础上添加“进货单位”一栏，假设空调器和电视机都是从同一单位进的货，具体操作步骤如下。

步骤 01 在单元格 L2 处输入“进货单位”，接着在单元格 L3 处输入“皓海实业”，如图 6-67 所示。

步骤 02 在单元格 L4 处输入“皓”字，会出现如图 6-68 所示的情况，最后按 Enter 键完成输入。

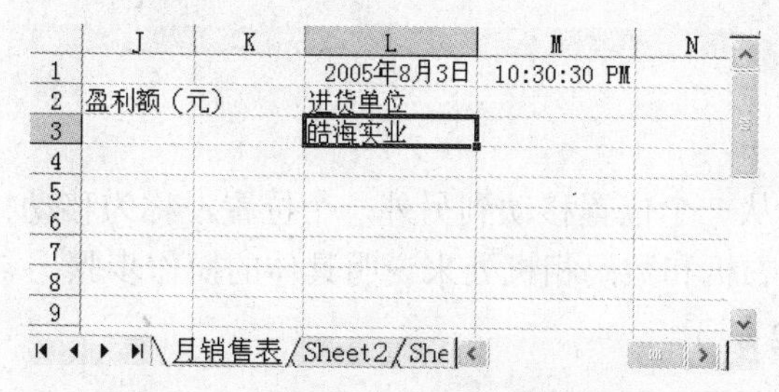

图 6-67 输入文本

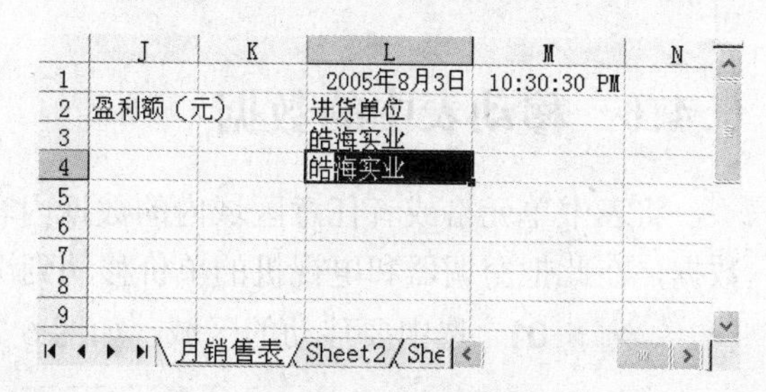

图 6-68 记忆式键入

5. 巧用自动更正功能

Excel 2003 具有自动更正功能，它可以自动更正一些常见的错误，巧用这个功能，把一些常用的长词条（如公司名）创建为自动更正词条，以提高输入效率，具体的操作步骤如下。

步骤 01 单击菜单栏中的“工具>自动更正选项”命令，见图 6-69。

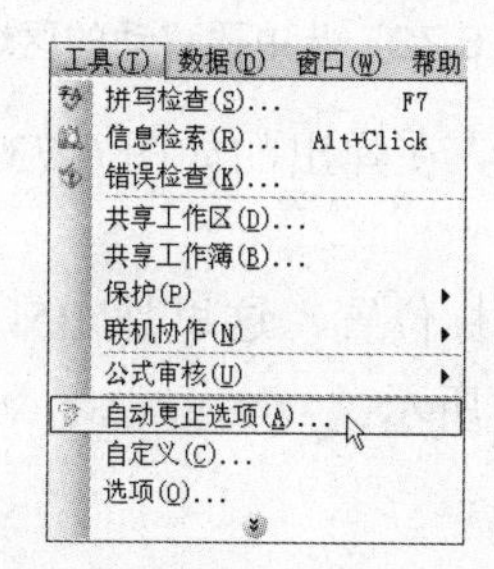

图 6-69 单击“工具>自动更正选项”命令

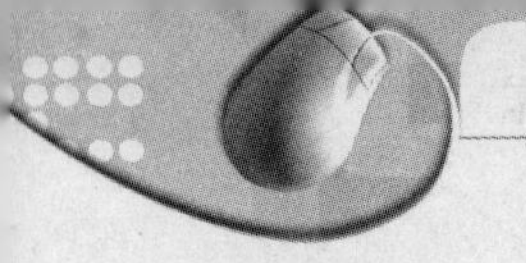

步骤 02 在弹出的“自动更正”对话框内的“替换”文本框中输入“德诚公司”的缩写“dc”，然后在“替换为”文本框中输入“德诚公司”，再单击“添加”按钮，如图6-70所示。

步骤 03 这时用户会在“替换”和“替换为”列表框中看见“dc”和“德诚公司”词条，说明添加成功，然后单击“确定”按钮，如图6-71所示。

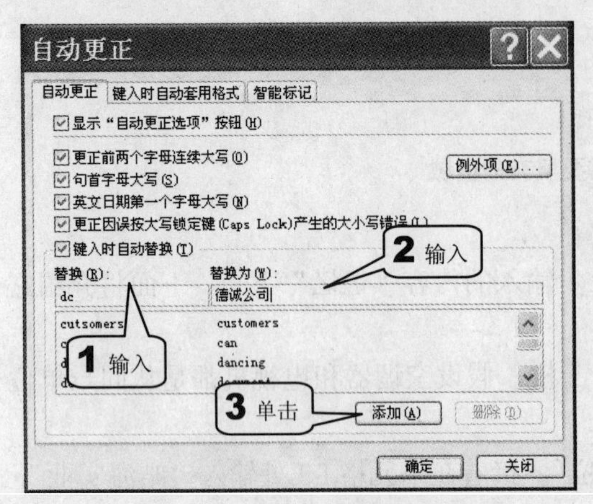

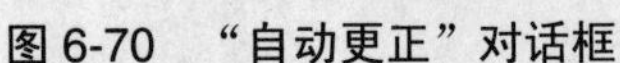

图6-70 “自动更正”对话框

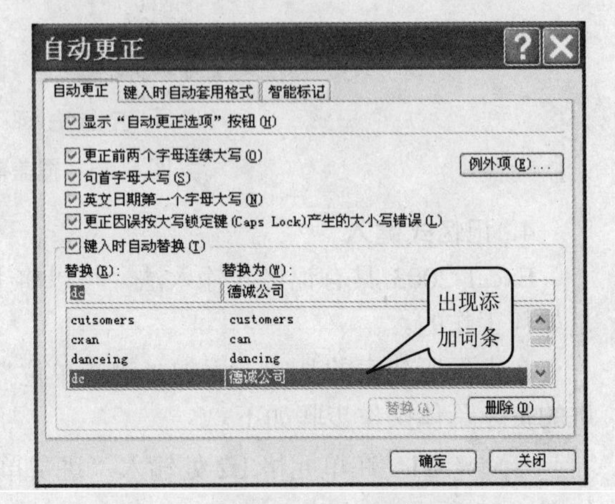

图6-71 添加更正词条

以后只要在表中的单元格内输入“dc”，按“Enter”键后Excel会自动更正为“德诚公司”。

6.4.6 移动表中的数据

将表中单元格或者任意区域内的数据内容从一个位置移动到另外一个位置，称为移动数据，在此把空调器和电视机的单价移动到洗衣机和数码相机处来说明具体的操作步骤。

步骤 01 选中要移动的区域，如图6-72所示。

	A	B	C	D
1				
2	产品名	单价（台/元）		销售数量
3	空调器	1030		
4	电视机	1030		
5	洗衣机			
6	数码相机			
7	Mp3播放器			
8	移动电脑			
9	洗碗机			
10	DVD机			

图6-72 选中要移动的区域

步骤 02 在选中区域处右击，在弹出的如图6-73所示的快捷菜单中单击“剪切”命令。

步骤 03 单击要移动到的目标位置，这里是B5单元格，再右击，在弹出的快捷菜单中单击“粘贴”命令，如图6-74所示。

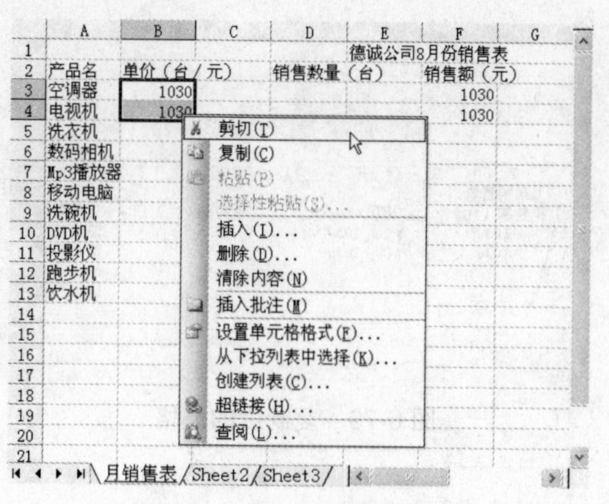

图 6-73　单击“剪切”命令

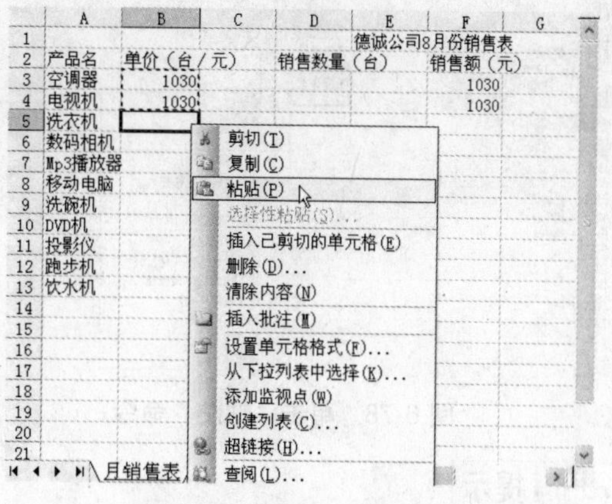

图 6-74　单击“粘贴”命令

接着介绍一种拖放式移动数据的方法，其优点为可快速移动数据，具体步骤如下。

步骤 **01**　选中要移动的区域，将鼠标指针放在选中区域的边框上，这时鼠标指针变为如图 6-75 所示形状。

步骤 **02**　拖动鼠标到目标位置，释放鼠标完成操作，如图 6-76 所示。

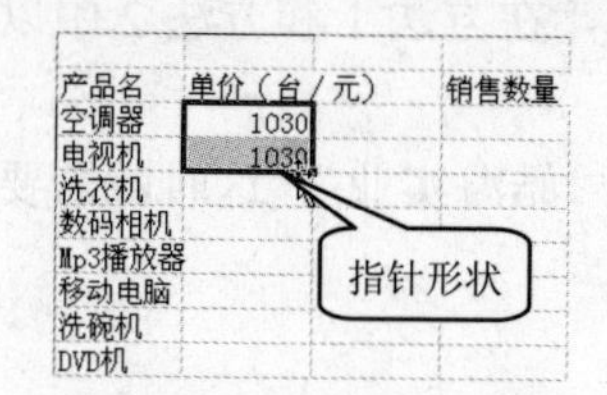

图 6-75　将鼠标指针放在边框上

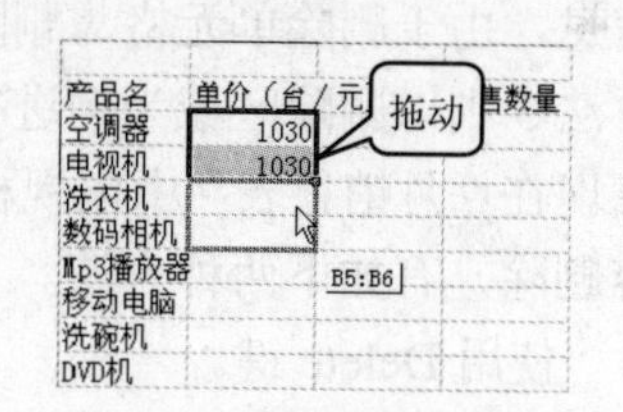

图 6-76　拖动鼠标到目标位置

6.4.7　复制表中的信息

在同一张表中经常会遇到不同单元格里包含有相同内容的情况，采用复制的方法可以减少用户再次输入的麻烦，这里以复制 L3、L4 单元格里的内容说明复制表中内容的具体操作。

步骤 **01**　选中要复制的区域，即 L3、L4 单元格，然后右击，弹出如图 6-77 所示的快捷菜单，并单击“复制”命令。

图 6-77　单击“复制”命令

步骤 **02**　选中要粘贴的位置，即 L5、L6 单元格，然后右击，在弹出的快捷菜单中单击“粘贴”命令，如图 6-78 所示。最后得到如图 6-79 的结果。

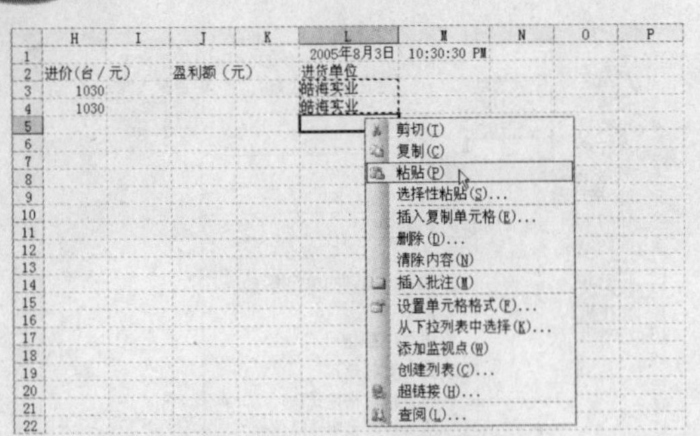

图 6-78 单击“粘贴”命令

	F	G	H	I	J	K	L
1	月份销售表						2005年8月3日
2	销售额（元）		进价(台/元)		盈利额（元）		进货单位
3	1030		1030				皓海实业
4	1030		1030				皓海实业
5							皓海实业
6							皓海实业
7							
8							
9							
10							

图 6-79 复制后的表格

提示

用户也可以采用“Ctrl+C”组合键完成复制，“Ctrl+V”组合键完成粘贴。

6.4.8 删除表中的信息

在编辑工作表的过程中有时难免会在表中输入了一些错误信息，下面将介绍 3 种方法删除错误信息，由于删除单元格与删除区域的方法相同，在方法 1 和方法 2 中以删除单元格为例，方法 3 则以删除区域为例进行讲解。

比如发现在“月销售表”中电视机的进货单位不是“皓海实业”，这时就需要将此单元格里的内容删除，有如下两种方法。

方法 1 使用 Delete 键。

选中“月销售表”中的 L4 单元格，按下 Delete 键，“皓海实业”被删除。

方法 2 使用“清除”命令。

选中“月销售表”中的 L4 单元格，单击菜单栏中的“编辑>清除”命令，弹出级联菜单，如图 6-80 所示。

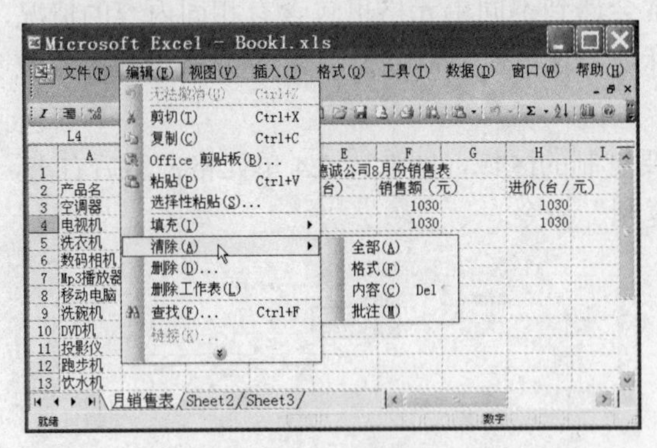

图 6-80 单击“清除”命令

“清除”级联菜单中包括了“全部”、“格式”、“内容”、“批注”等命令。其具体含义如下。

单击“全部”命令将删除单元格里所有的内容、格式、批注等。

单击“格式”命令将删除单元格里的格式，而不删除内容、批注等。

单击“内容”命令将删除单元格里的内容，而不删除格式、批注等。

单击“批注”命令将删除单元格里的批注，而不删除内容、格式等。

在这里，单击“全部”命令，可以看到 L4 单元格变为空单元格。

当发觉销售额与进价也输入错误时，希望一次将其删除掉，这里不采用上述方法，而用下面的方法 3。

方法 3 使用“删除”命令。

步骤 01 选中要被删除的区域并右击，在弹出的快捷菜单中单击“删除”命令，如图 6-81 所示。

图 6-81 单击“删除”命令

步骤 02 弹出“删除”对话框，选择“右侧单元格左移”选项，再单击“确定”按钮，如图 6-82 所示。这时将出现如图 6-83 所示的情况。

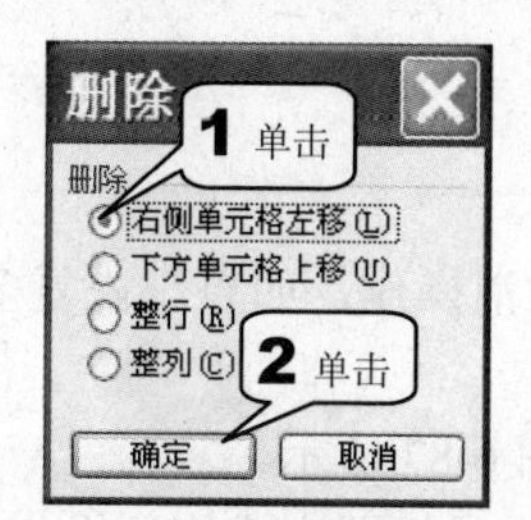

图 6-82 “删除”对话框

	A	B	C	D	E	F	G	H	I
1					德诚公司8月份销售表				
2	产品名	单价（台／元）		销售数量（台）		销售额（元）		进价(台／元)	
3	空调器							皓海实业	
4	电视机							皓海实业	
5	洗衣机	1030							
6	数码相机								
7	Mp3播放器								
8	移动电脑								
9	洗碗机								
10	DVD机								

图 6-83 选择“右侧单元格左移”选项的情况

下面将对“删除”对话框中的四个选项进行说明：

选择“右侧单元格左移”选项，删除区域右侧的单元格将向左移。

选择“下方单元格上移”选项，删除区域下方的单元格将向上移。

选择“整行”选项，删除区域所在行的所有单元格里的全部内容，在这里将删除 3、4 行的所有内容。

选择“整列”选项，删除区域所在列的所有单元格里的全部内容，在这里将删除 E, F, G, H 列的所有内容。

6.4.9 撤消与恢复

显然，对图 7-89 的删除结果不满意，因为“进货单位”的名称“皓海实业”移动到了“进价”栏里，可以通过单击菜单栏中的“编辑>撤消 删除”命令，如图 6-84 所示，也可以通过单击工具栏上的“撤消”按钮撤消上次操作。

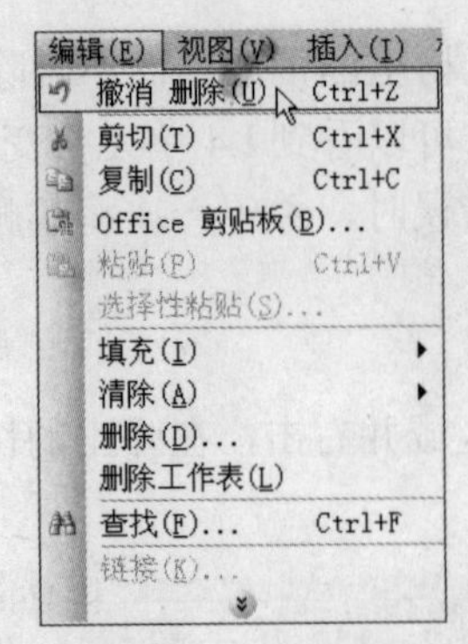

图 6-84 撤消命令

如果需要撤消多次操作，可以通过如下操作进行。

步骤 01 单击工具栏中“撤消”按钮右侧的下拉按钮，如图 6-85 所示。

步骤 02 用鼠标选中需要撤消的操作，如图 6-86 所示，单击鼠标即完成撤消。

图 6-85 “撤消”按钮

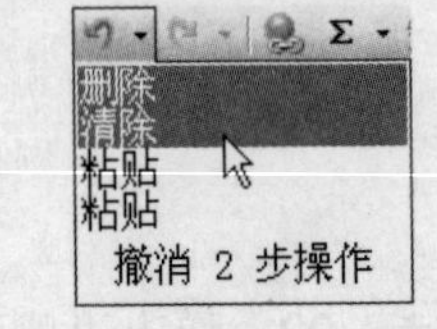

图 6-86 选择撤消范围

提示

连续按“Ctrl+Z”组合键可撤消多次操作。

如果撤消的次数过多，可以单击恢复按钮恢复最后一次撤消操作，如果想恢复多次撤消了的操作可以通过如下操作进行。

步骤 01 单击工具栏中“恢复”按钮右侧的下拉按钮，如图 6-87 所示。

步骤 02 用鼠标选中需要恢复的操作，如图 6-88 所示，单击鼠标即完成恢复操作。

图 6-87 “恢复”按钮

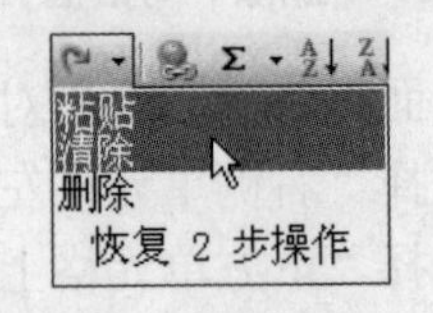

图 6-88 选择恢复范围

6.4.10 调整行高和列宽

设置行高和列宽的方法有两种，一是使用鼠标调整，用这种方法不可能进行精确的调整，二是使用“行高”或“列宽”命令精确地调整行高或列宽。

方法 1 用鼠标调整行高。

步骤 01 将鼠标指针放在要设置行高的行号下边界处，如图 6-89 所示。

步骤 02 通过拖动鼠标左键的方法来设置行高，然后再释放鼠标左键，将会得到如图 6-90 所示的结果。

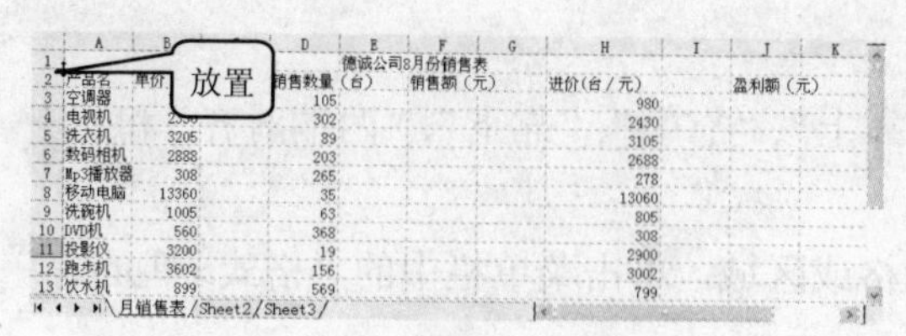

图 6-89　将鼠标指针放在行号下边界处

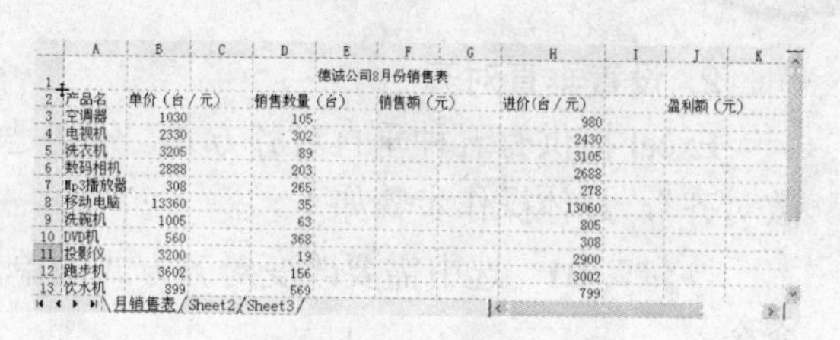

图 6-90　改变行高

方法 2　用命令精确调整列宽。

步骤 01　选中 B2 到 K2 的单元格区域，如图 6-91 所示。

步骤 02　单击菜单栏中的“格式>列>列宽”命令，如图 6-92 所示。

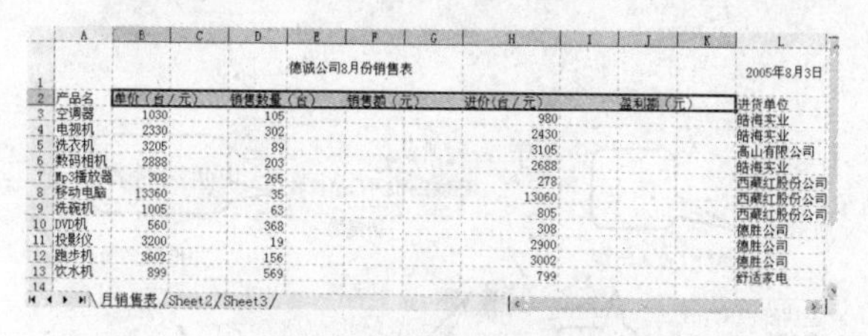

图 6-91　选中单元格区域

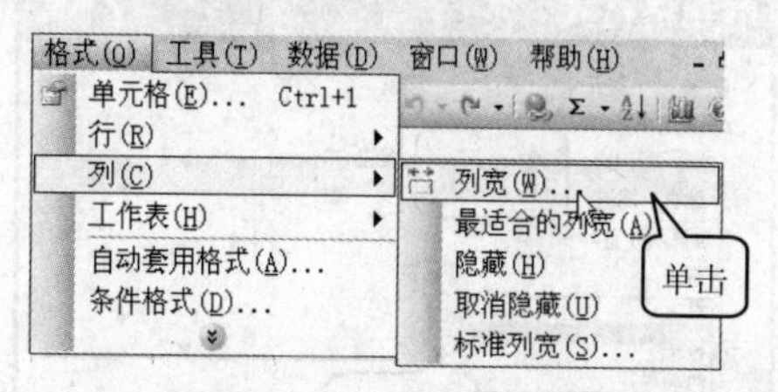

图 6-92　单击“列宽”命令

步骤 03　在弹出的“列宽”对话框中的“列宽”文本框里输入 6，如图 6-93 所示，然后单击“确定”按钮。最后得到如图 6-94 所示的效果。

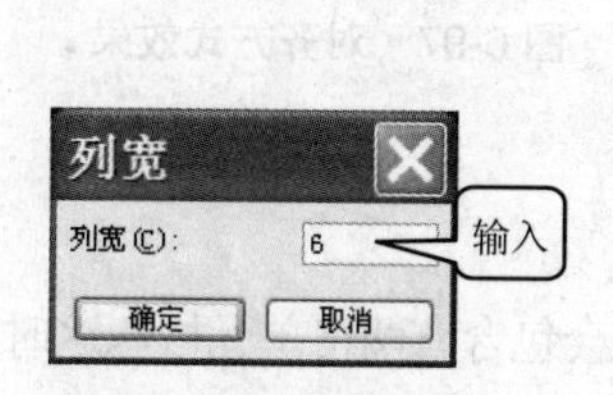

图 6-93　输入列宽值

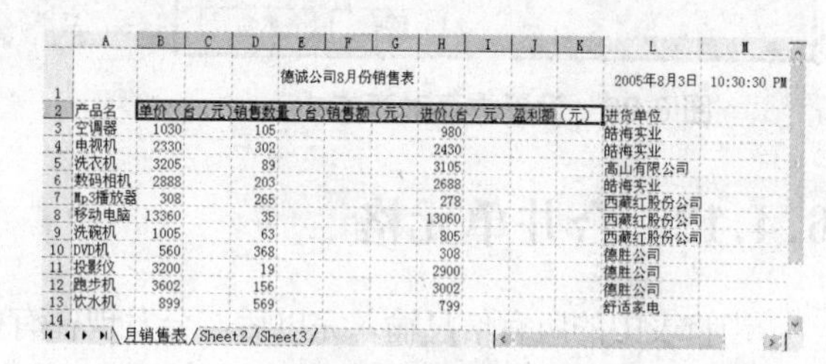

图 6-94　调整后的表

6.4.11　设置对齐方式

在 Excel 中，对齐方式的默认状态是文本靠左对齐，逻辑值靠中对齐，数字、日期和时间靠右对齐。为了表的美观，有时需要对表中的信息进行对齐设置。

1. 设置水平对齐

在工具栏中提供了 3 个对齐按钮，分别为左对齐按钮，居中对齐按钮和右对齐按钮。其使用方法是先选中需要改变对齐方式的单元格或区域，然后单击对齐按钮即可，图 6-95 显示了使用 3 种对齐方式后的效果。

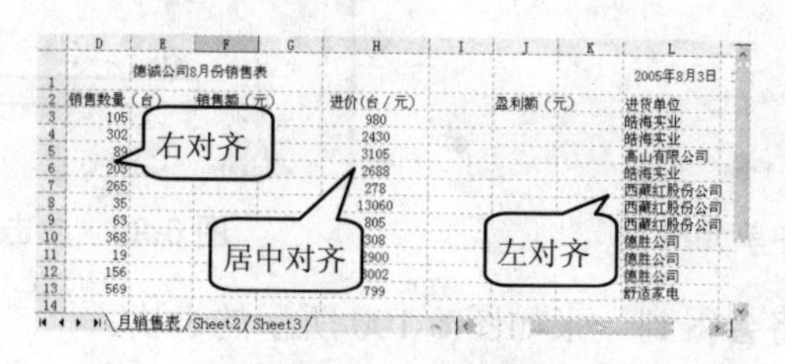

图 6-95　对齐效果

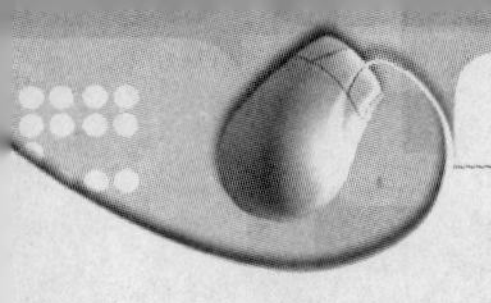

2. 设置垂直对齐

Excel 提供有五种垂直对齐方式，分别是“靠上”、“靠中”、“靠下”、“两端对齐”和“分散对齐”，具体操作步骤如下。

步骤 01　选中需要改变对齐方式的单元格或区域，单击菜单栏中的“格式>单元格”命令。

步骤 02　在弹出的“单元格格式”对话框中打开“对齐”选项卡，再在“垂直对齐”下拉列表中选择“居中”选项，最后单击“确定”按钮，如图 6-96 所示。图 6-97 显示了五种对齐方式的效果。

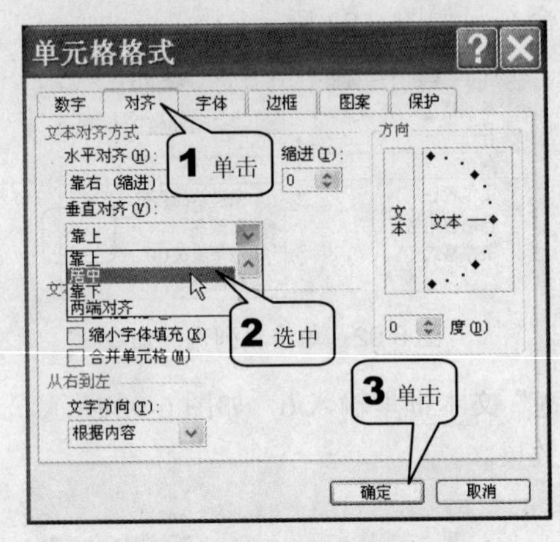

图 6-96　设置垂直对齐方式

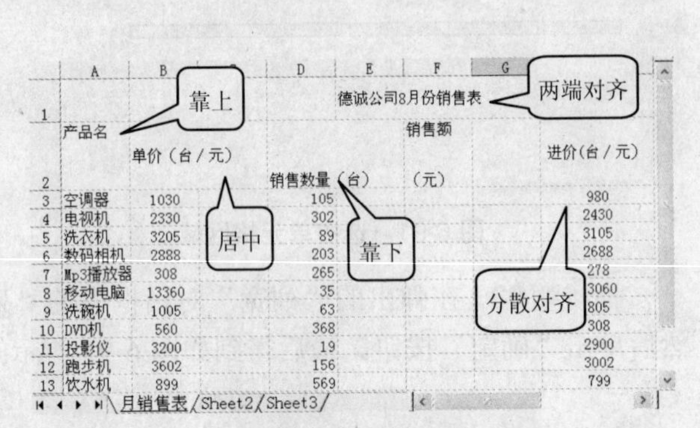

图 6-97　对齐方式效果

6.4.12　合并单元格

当将表中的所有信息输入完以后，会发现在有些栏里会包含有两格单元格，这时就需要把两个单元格合并为一个单元格，具体操作步骤如下。

步骤 01　选中表中需要合并的单元格 B3、C3，如图 6-98 所示。

步骤 02　单击工具栏上的“合并及居中”按钮从而完成合并单元格的操作，如图 6-99 所示。

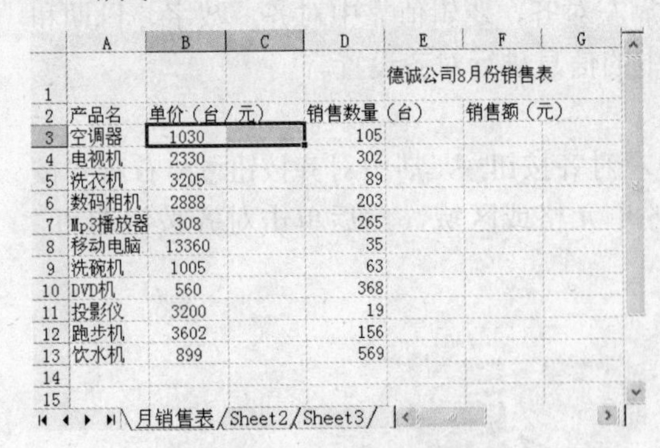

图 6-98　选中单元格

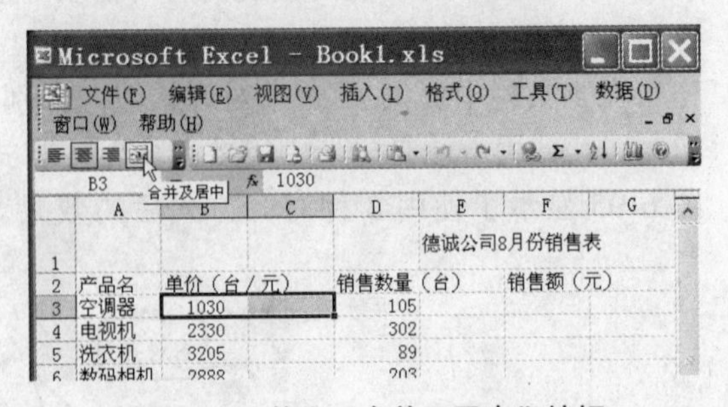

图 6-99　单击“合并及居中”按钮

经过此番调整后，将会得到一张如图 6-100 所示的表格。

德诚公司8月份销售表						2005年8月3日
产品名	单价（台／元）	销售数量（台）	销售额（元）	进价(台／元)	盈利额（元）	进货单位
空调器	1030	105		980		皓海实业
电视机	2330	302		2430		皓海实业
洗衣机	3205	89		3105		高山有限公司
数码相机	2888	203		2688		皓海实业
Mp3播放器	308	265		278		西藏红股份公司
移动电脑	13360	35		13060		西藏红股份公司
洗碗机	1005	63		805		西藏红股份公司
DVD机	560	368		308		德胜公司
投影仪	3200	19		2900		德胜公司
跑步机	3602	156		3002		德胜公司
饮水机	899	569		799		舒适家电

月销售表／Sheet2／Sheet3

图 6-100　合并单元格后的月销售表

注意

打印时，打印机会以单元格边框为表的边框，因此在上例中如果不对这些单元格进行合并，则打印出的表将不会是希望的那样。

6.5　习题

一、填空题

1. 工作簿又叫_____，是 Excel 用来保存信息的文件，其扩展名为_____，在默认情况下每个工作簿包含有_____张工作表。

2. 工作表由_____构成，是_____的主要部分。用于对数据的处理。

3. 文本由_____、_____、_____、特殊符号等组成，被用来对工作表进行说明，使人易懂，不能用于_____计算。

二、问答题

1. 选择密码时应该注意哪些事项？如何选择一个好的密码？

2. 请简述在工作表中选择一个区域的三种常用方法。

3. 在 Excel 中如何输入负数和分数？

第 7 章　用 Excel 2003 轻松管理数据

本章概要

Excel 2003 具有强大的数据管理功能，它能进行复杂的数值运算和数据分析，下面将结合第 7 章所建立的“月销售表”来讲解这些强大的数据管理功能。本章的知识将有助于提高读者日后实际工作中的相关应用。

7.1　数据的操作

这一节重点讲述公式和函数在表中的应用。

7.1.1　公式的使用——计算销售额

公式是对工作表中的数值进行计算的等式，可以是简单的算术等式，也可以是含有 Excel 内嵌函数的等式。

在单元格中输入公式，在进行计算后会返回计算结果，公式主要由运算符、单元格引用、数据、函数组成，下面以一个具体的公式解释公式的输入格式。

＝56＋36*4－（A2+6）*SUN(B5:B6:B7)

在输入公式时候，必须以“＝”号开头，式中的 56、36 等是常数值，A2、B5、B6、B7 等是单元格引用，“＋”、“－”、“*”等是运算符。

注意

如果在公式中输入的是单元格的引用，可以不必在意大小写，如 A2、B5、B6、B7 也可写为 a2、b5、b6、b7。

1. 输入公式

现在输入公式计算销售额，销售额的计算公式是：销售额＝单价×销售数量。

输入公式的具体操作步骤如下。

步骤 01　单击“月销售表”中的 D3 单元格，在其中输入“＝”号，之后再单击 B3 单元格，这时会发现销售额栏中的 D3 单元格里显示的内容将会变为“＝B3”，其中 B3 表示引用 B3 单元格内的数据 1030，如图 7-1 所示。

步骤 02　在其中输入乘法运算符“*”，之后再单击 C3 单元格，这时 D3 单元格将显示为“＝B3*C3”，如图 7-2 所示。

步骤 03　按 Enter 键，D3 单元格显示出计算结果 108150，如图 7-3 所示。

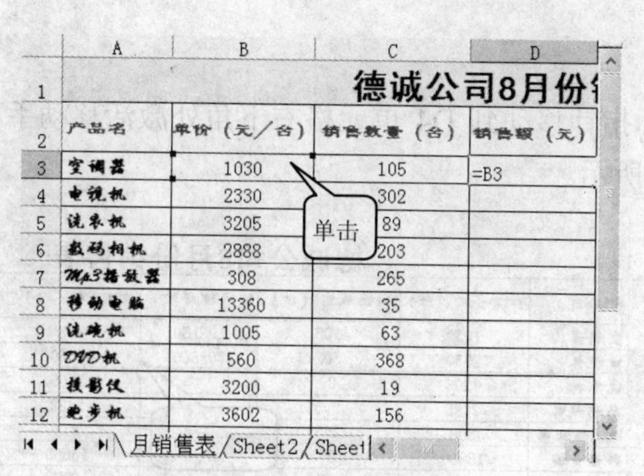

图 7-1 引用单元格

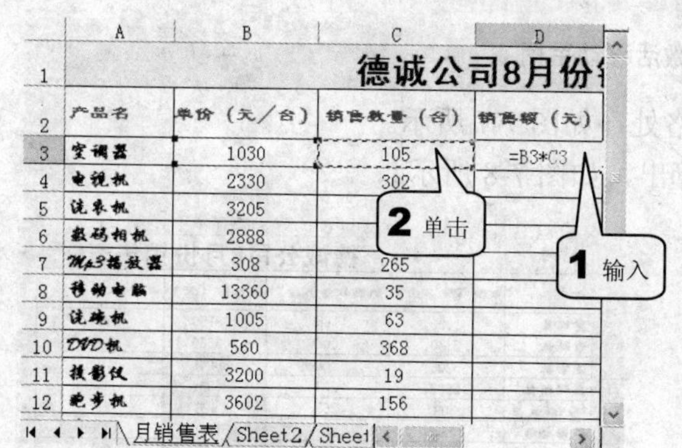

图 7-2 输入公式

图 7-3 计算结果

2. 复制公式

当采用相同的计算公式计算时，可以进行复制公式操作，具体的操作步骤如下。

步骤 01 单击选中 D3 单元格并右击，然后在弹出的快捷菜单中单击“复制”命令，如图 7-4 所示。

步骤 02 单击 D4 单元格并右击，在弹出的快捷菜单内单击“粘贴”命令，即可得到计算结果，如图 7-5 所示。

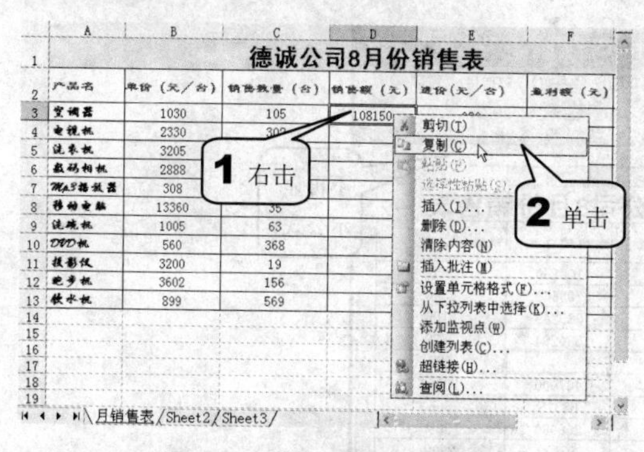

图 7-4 单击“复制”命令

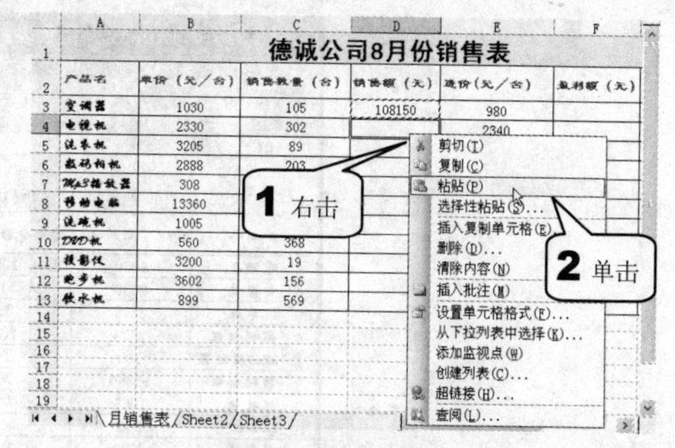

图 7-5 单击“粘贴”命令

3. 移动公式

如果在使用了公式的单元格周围有大量的单元格或者区域都将使用同一公式，这时若采用复制公式的方法计算仍然比较费劲，这里介绍一个可以提高效率的方法——移动公式。

具体操作步骤如下。

步骤 01　将鼠标指针移动到 D4 单元格右下角处激活移动手柄，这时指针会变为黑色的十字形，如图 7-6 所示。

	A	B	C	D	E
1	德诚公司8月份销售表				
2	产品名	单价（元/台）	销售数量（台）	销售额（元）	进价（元/台）
3	空调器	1030	105	108150	980
4	电视机	2330	302	703660	2340
5	洗衣机	3205	89		3105
6	数码相机	2888	203		2688
7	Mp3播放器	308	265		278
8	移动电脑	13360	35		13060
9	洗碗机	1005	63		805
10	DVD机	560	368		308

图 7-6　激活移动手柄

步骤 02　向下拖动手柄到 D13 单元格处，如图 7-7 所示。

步骤 03　释放鼠标，数据立即被计算出，如图 7-8 所示。

	A	B	C	D	E
1	德诚公司8月份销售表				
2	产品名	单价（元/台）	销售数量（台）	销售额（元）	进价（元/台）
3	空调器	1030	105	108150	980
4	电视机	2330	302	703660	2340
5	洗衣机	3205	89		3105
6	数码相机	2888	203		2688
7	Mp3播放器	308	265		278
8	移动电脑	13360	35		13060
9	洗碗机	1005	63		805
10	DVD机	560	368		308
11	投影仪	3200	19		2900
12	跑步机	3602	156		3002
13	饮水机	899	569		799
14					
15					

图 7-7　拖动移动手柄

	A	B	C	D	E
1	德诚公司8月份销售表				
2	产品名	单价（元/台）	销售数量（台）	销售额（元）	进价（元/台）
3	空调器	1030	105	108150	980
4	电视机	2330	302	703660	2340
5	洗衣机	3205	89	285245	3105
6	数码相机	2888	203	586264	2688
7	Mp3播放器	308	265	81620	278
8	移动电脑	13360	35	467600	13060
9	洗碗机	1005	63	63315	805
10	DVD机	560	368	206080	308
11	投影仪	3200	19	60800	2900
12	跑步机	3602	156	561912	3002
13	饮水机	899	569	511531	799
14					
15					

图 7-8　计算出结果

4. 删除公式

删除公式比较简单，只需单击单元格，再按下 Delete 键即可，删除成功后在编辑栏上不再显示公式，如图 7-9 所示。

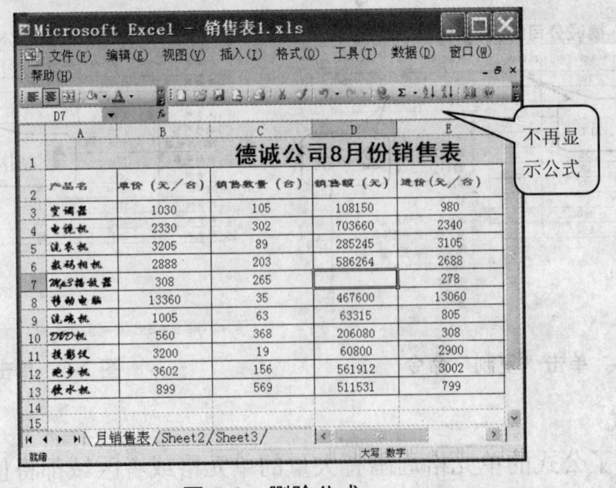

	A	B	C	D	E
1	德诚公司8月份销售表				
2	产品名	单价（元/台）	销售数量（台）	销售额（元）	进价（元/台）
3	空调器	1030	105	108150	980
4	电视机	2330	302	703660	2340
5	洗衣机	3205	89	285245	3105
6	数码相机	2888	203	586264	2688
7	Mp3播放器	308	265		278
8	移动电脑	13360	35	467600	13060
9	洗碗机	1005	63	63315	805
10	DVD机	560	368	206080	308
11	投影仪	3200	19	60800	2900
12	跑步机	3602	156	561912	3002
13	饮水机	899	569	511531	799
14					
15					

图 7-9　删除公式

7.1.2　函数的使用——计算盈利额

函数是被预先写好的公式，通过设置参数得出计算结果，在 Excel 中，提供了常用函数、财务函数、统计函数、数学与三角函数等。

首先需要认识函数，这里以求和函数为例进行讲解。

求和函数的格式为 SUM(Number1，[Number2])，其中 SUM 是函数名，括号里面的 Number1, Number2 是参数，在 SUM 函数中允许参数是数据或是单元格引用。

对函数参数的设定要特别留心其参数格式，不同函数要求的参数格式不尽相同，若格式错误将得不到正确的运算结果。

下面将介绍在 Excel 2003 中比较常见的几个函数。

求和函数：SUM(Number1，Number2，…)，该函数用于计算输入的所有参数的和。

平均值函数：AVERAGE(Number1，Number2，…)，该函数用于计算输入的所有参数的平均数值。

最大值函数：MAX(Number1, Num- ber2，…)，该函数用于计算输入参数的最大数值。

合理利用这些常用函数可以使公式变得简单，以下将利用求和函数计算“月销售表”中的盈利额。

盈利额＝（单价－进价）×销售数量，为了利用求和函数，可以把上面的数学计算公式改写为：盈利额＝〔单价＋（－进价）〕×销售数量。

计算盈利额的具体操作步骤如下。

步骤 01　单击选中 F3 单元格，在编辑栏中输入公式“=SUM(B3, -E3)*C3”，如图 7-10 所示。

步骤 02　按下 Enter 键，用移动公式的方法得出所有的盈利额，如图 7-11 所示。

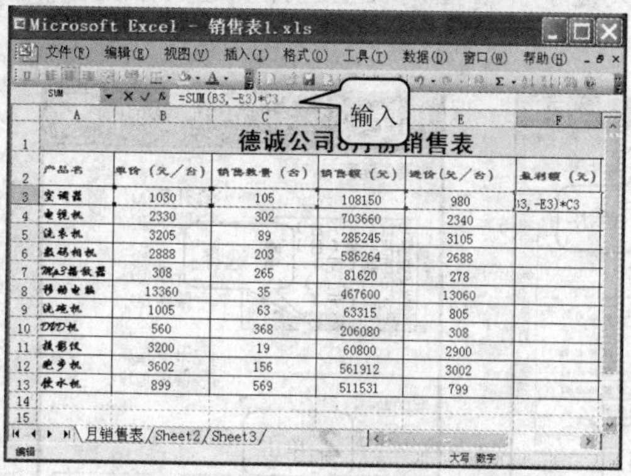

图 7-10　输入公式

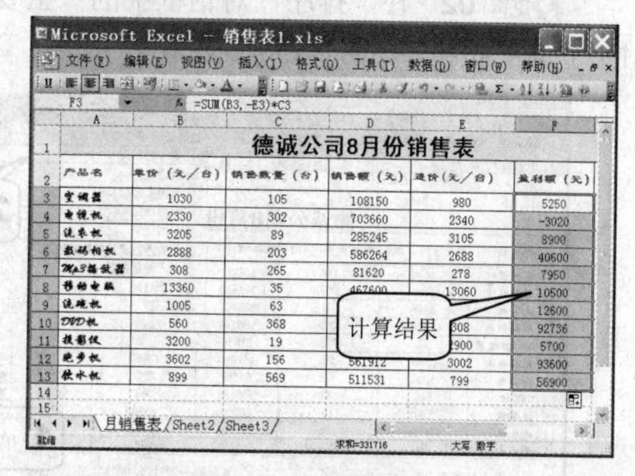

图 7-11　计算盈利额

7.1.3　对销售额排序

对数据进行排序可以使数据具有条理性，它不改变单元格里的内容，只改变行或列在

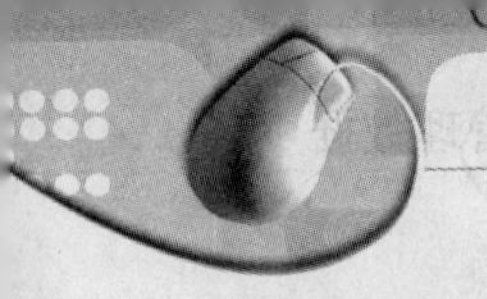

表中的顺序。

1. 简单排序

简单排序是根据表中某一列数据对整个数据清单进行升序或降序排序，所谓升序排序是将数据从小排到大，降序排序则相反。

在 Excel 中，用工具栏中的“升序排序”按钮或“降序排序”按钮即可实现排序。

下面以对销售额进行升序排序为例子，说明其操作步骤。

步骤 01 单击“销售额”栏中的任意一个单元格，再在工具栏中单击“升序排序”按钮，如图 7-12 所示。

步骤 02 得到“升序排序”结果，如图 7-13 所示。

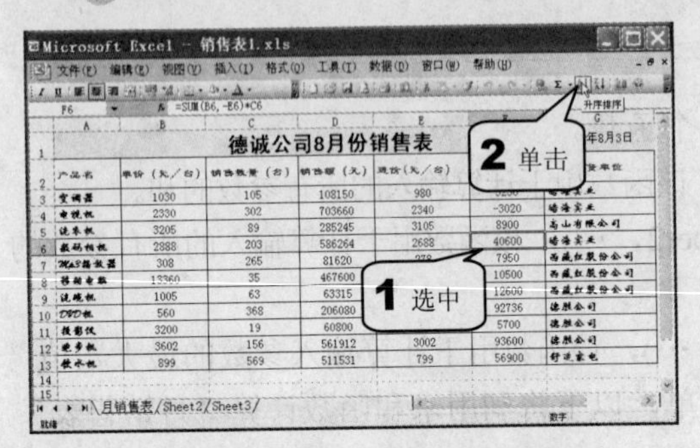

图 7-12 单击“升序排序”按钮

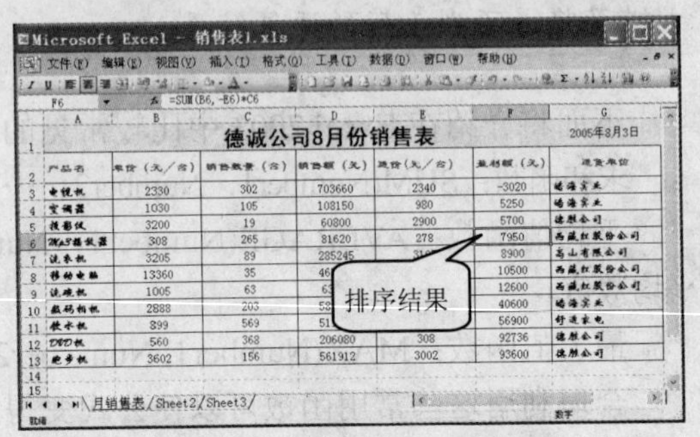

图 7-13 排序后的结果

2. 复杂排序

当用户需要对两列或多列内容进行排序时，比如在销售表中，同一家供货单位不同产品按盈利额由高到低排列。这时需要应用到“排序”命令，具体的操作步骤如下。

步骤 01 单击“进货单位”栏里的任意一个单元格，再单击菜单栏中的“数据>排序”命令，如图 7-14 所示。

步骤 02 在“排序”对话框中的“主要关键字”下拉列表里选择“进货单位”，再单击“选项”按钮，如图 7-15 所示。

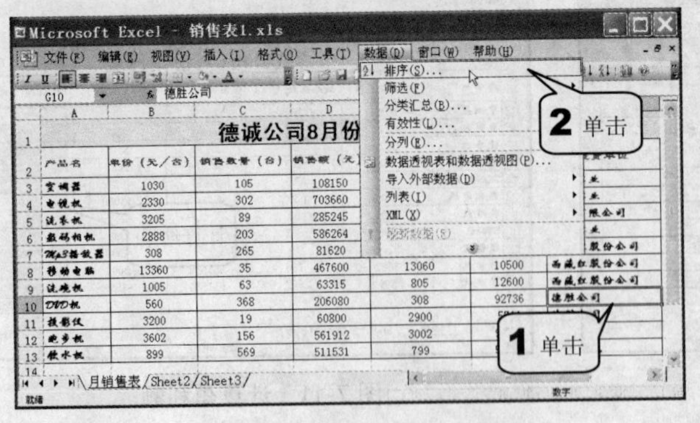

图 7-14 单击“排序”命令

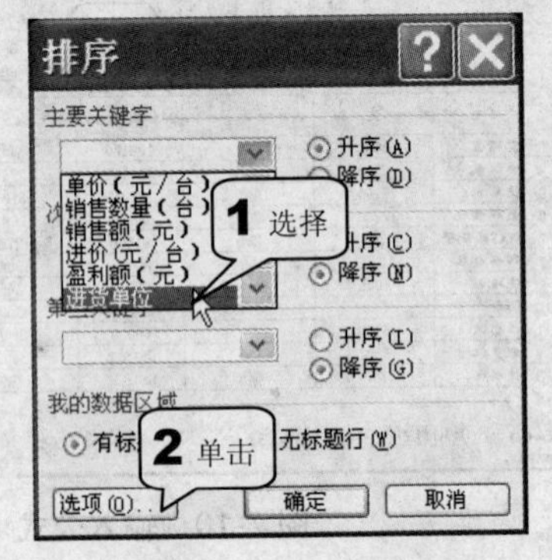

图 7-15 选择主关键字

步骤 03 在“排序选项”对话框的“方向”区域中选中“按列排序”，再在“方法”区域中选中“笔划排序”，接着单击“确定”按钮返回“排序”对话框，如图 7-16 所示。

步骤 04　在返回的“排序”对话框中的“次要关键字”下拉列表里选择“盈利额”，接着单击“降序”单选按钮，再单击“确定”按钮完成操作，如图 7-17 所示。

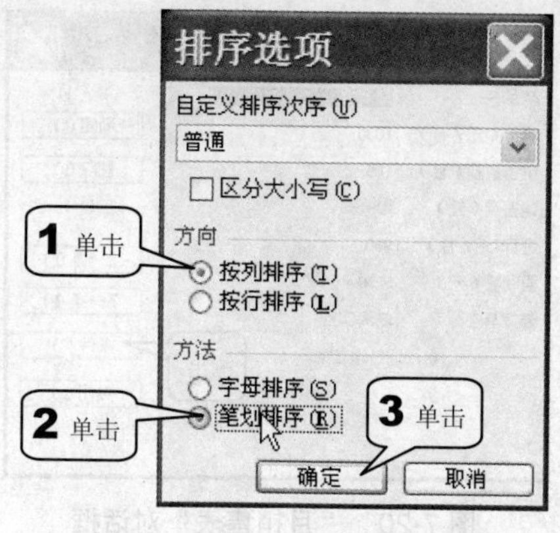

图 7-16　设置排序选项

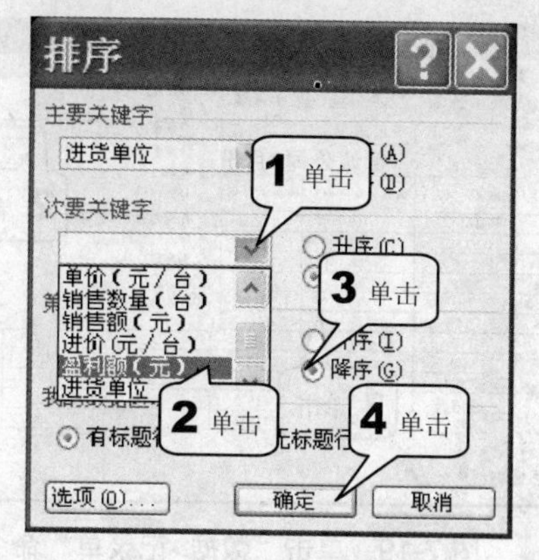

图 7-17　设置排序选项

最后完成排序后的结果如图 7-18 所示，可以看到“进货单位”栏里进货单位按第一个字笔划由少到多的顺序向下排列，从同一进货单位购进的产品盈利额按照由多到少的顺序向下排列，这样可以很清楚地知道同一家进货单位哪种产品盈利最多。

Microsoft Excel - 销售表1.xls

德诚公司8月份销售表　2005年8月3日

产品名	单价（元/台）	销售数量（台）	销售额（元）	进价(元/台)	盈利额（元）	进货单位
洗碗机	1005	63	63315	805	12600	西藏红股份公司
移动电脑	13360	35	467600	13060	10500	西藏红股份公司
MP3播放器	308	265	81620	278	7950	西藏红股份公司
洗衣机	3205	89	285245	3105	8900	高山有限公司
数码相机	2888	203	586264	2688	40600	晴海实业
空调器	1030	105	108150	930	5250	晴海实业
电视机	2330	302	703660	2340	-3020	晴海实业
饮水机	899	569	511531	799	56900	舒适家电
跑步机	3602	156	561912	3002	93600	德胜公司
DVD机	560	368	206080	308	92736	德胜公司
投影仪	3200	19	60800	2900	5700	德胜公司

月销售表/Sheet2/Sheet3/　求和=4032719

图 7-18　排序完成后的表

提示

在使用复杂排序时是先按照主关键字的排序要求排序，然后再在排序结果中按照满足次关键字的要求排序。

7.1.4　筛选数据

通过对表格里数据的筛选，可在表里只显示用户感兴趣的数据，在筛选条件中，经常用到比较运算符，在 Excel 中定义的比较运算符如下。

“=”等于，“>”大于，“<”小于，“>=”大于等于，“<=”小于等于和“<>”不等于。

1. 记录单的使用

记录单可以很方便地为用户找到符合要求的信息，下面以在“月销售表”中查找单价小于 2000 元，销售数量大于 200 的产品信息为例，讲解具体的操作步骤。

步骤 01 单击其中的任意一个单元格，单击“数据>记录单”命令，如图 7-19 所示。

步骤 02 在弹出的“月销售表”对话框中单击“条件”按钮，如图 7-20 所示。

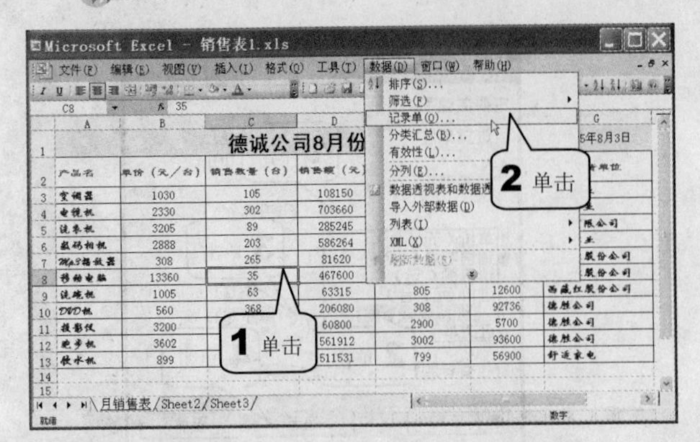

图 7-19 单击“数据>记录单”命令

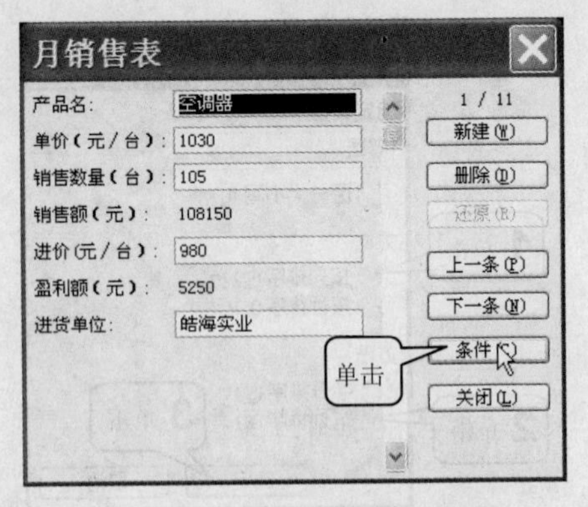

图 7-20 “月销售表”对话框

步骤 03 在弹出的“月销售表”对话框中输入筛选条件，这里在“单价”文本框中输入“<2000”，在“销售数量”文本框中输入“>200”，如图 7-21 所示。

步骤 04 单击其中的“上一条”或“下一条”按钮，显示筛选结果，如图 7-22 所示。

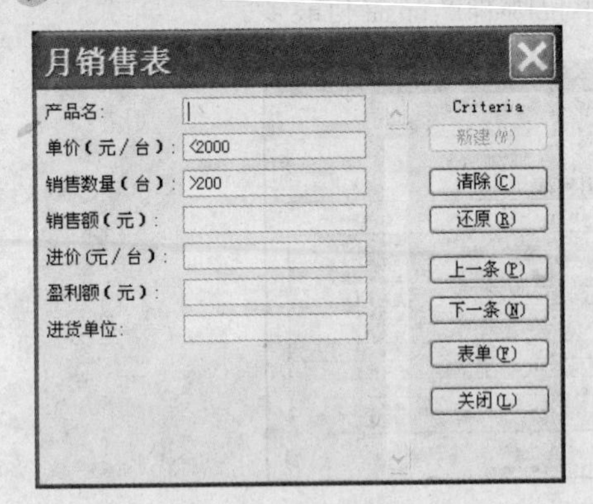

图 7-21 输入筛选条件

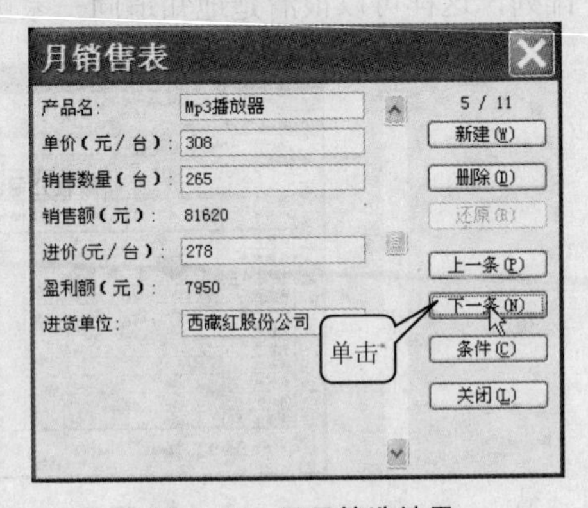

图 7-22 显示筛选结果

2. 使用自动筛选功能

自动筛选命令可以使用户只进行简单的操作就可以筛选出所需要的信息，下面在“月销售表”中使用自动筛选功能，具体操作步骤如下。

步骤 01 单击表中任意一个单元格，再单击菜单栏中的“数据>筛选>自动筛选”命令，如图 7-23 所示。

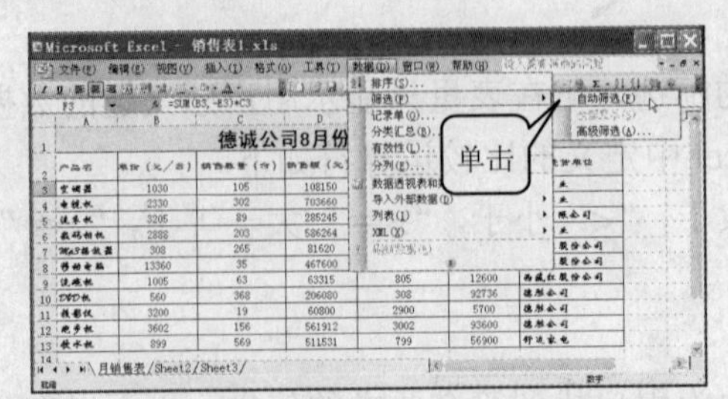

图 7-23 单击“自动筛选”命令

步骤 02　在表中每栏都出现了一个三角按钮，如图 7-24 所示。

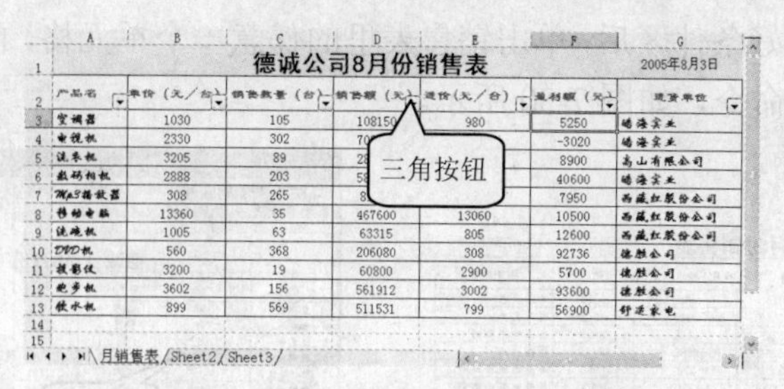

图 7-24　执行“自动筛选”命令后的表

步骤 03　单击要筛选的数据列（如“销售额”）右边的三角按钮，在弹出的可选项目中单击“自定义”选项，如图 7-25 所示。

步骤 04　弹出“自定义自动筛选方式”对话框，单击“销售额”选项区中的第一个下拉列表，选择“大于”，如图 7-26 所示。

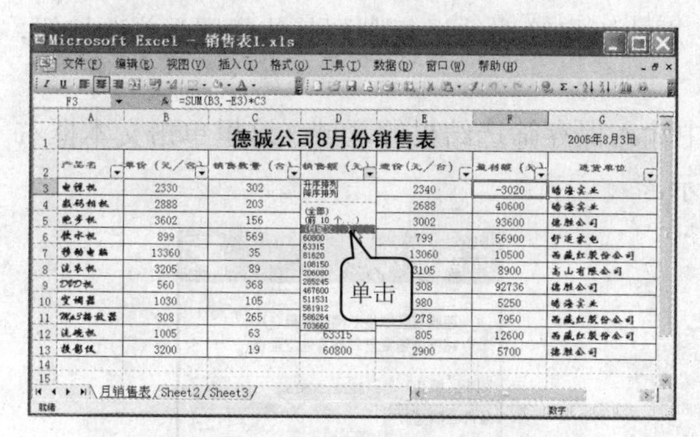

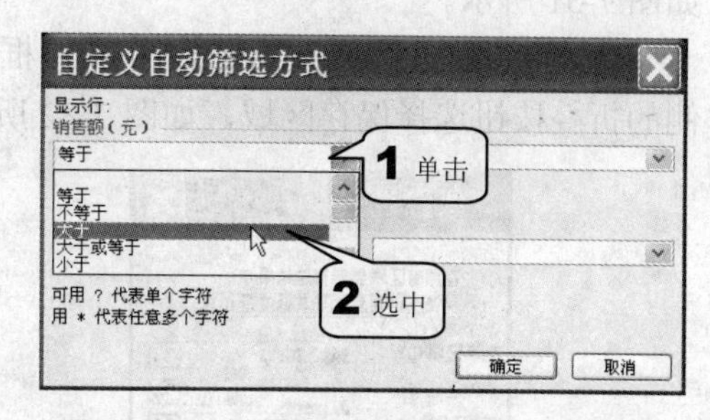

图 7-25　“销售额”下拉列表　　　图 7-26　“自定义自动筛选方式”对话框

步骤 05　在“销售额”选项区的第二个下拉列表中输入 100000，单击“确定”按钮，如图 7-27 所示。在当前表中筛选出了销售额大于 100000 元的所有信息，如图 7-28 所示。

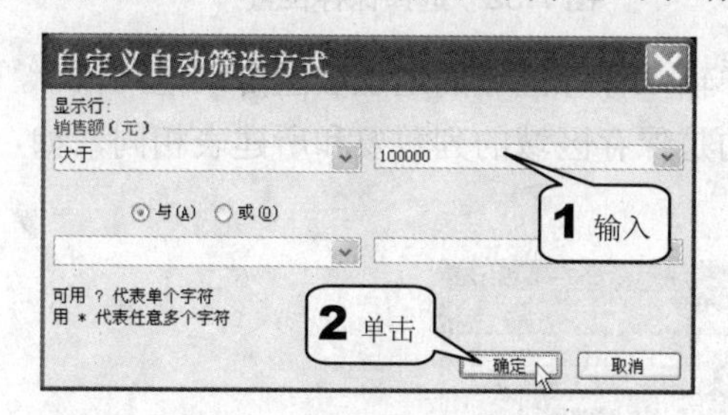

图 7-27　设置筛选条件　　　图 7-28　筛选后的表

3. 使用高级筛选功能

使用自动筛选的缺点是不可以进行复杂的筛选，如果要使用复杂的筛选，就需要用到高级筛选功能。下面仍以“月销售表”为例，讲解如何使用该功能。

步骤 01　建立条件区域并在区域中设置筛选条件，将列标志“产品名”、“单价（元/台）”和“盈利额（元）”分别复制到 B16, C16 和 D16 单元格，并在下面分别输入筛选条件，例如需要筛选单价大于 2000 元，盈利小于 10000 元的产品的所有信息，在 C17 和 D17 单

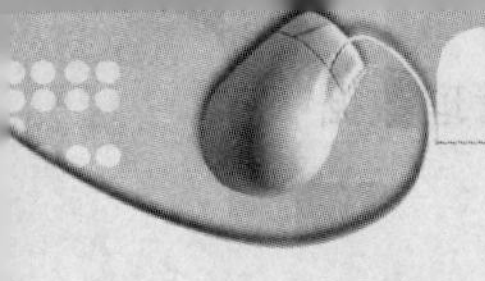

元格分别输入“>2000”，“<10000”，如图 7-29 所示。

步骤 02　建立好条件区后，单击销售表里的任意一个单元格，再单击菜单栏中的“数据>筛选>高级筛选”命令，如图 7-30 所示。

图 7-29　建立条件区

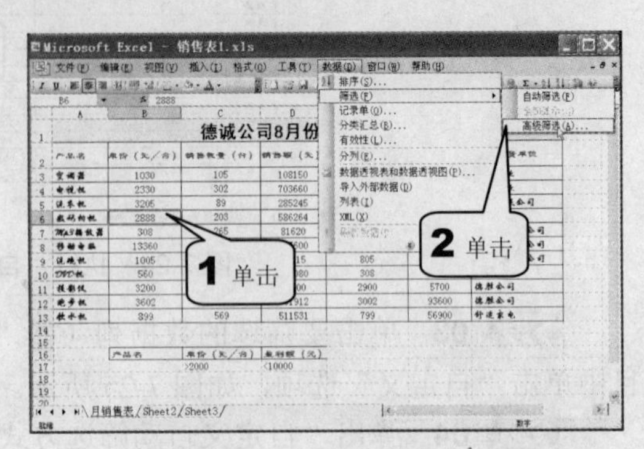

图 7-30　单击“高级筛选”命令

步骤 03　弹出“高级筛选”对话框，单击“将筛选结果复制到其他位置”单选按钮，如图 7-31 所示。

步骤 04　可以在“复制到”文本框中输入保存筛选结果的区域，这里单击文本框右侧的折叠按钮选择保存区域，如图 7-32 所示。

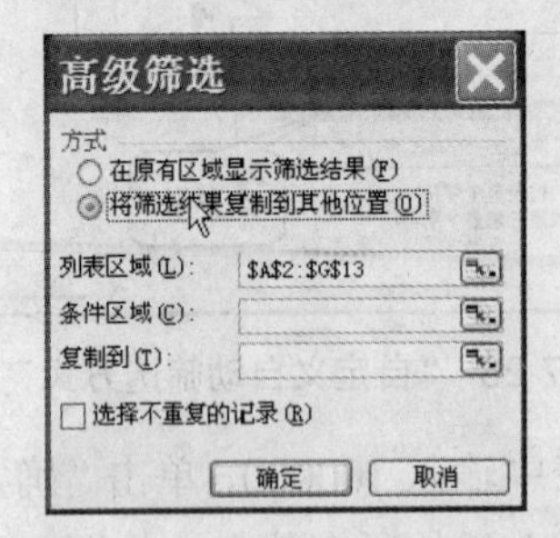

图 7-31　“高级筛选”对话框

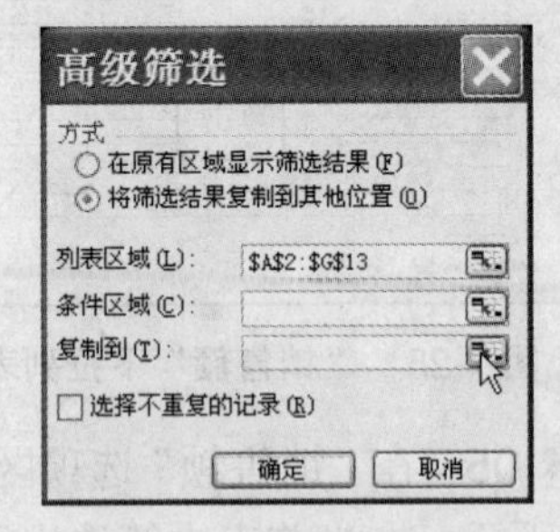

图 7-32　选择保存位置

步骤 05　在“高级筛选－复制到”对话框中输入保存区域的地址，也可以拖动鼠标选择保存区域，这里采用第 2 种方法，需要注意的是保存区域的列数要和所建表相同，如图 7-33 所示。

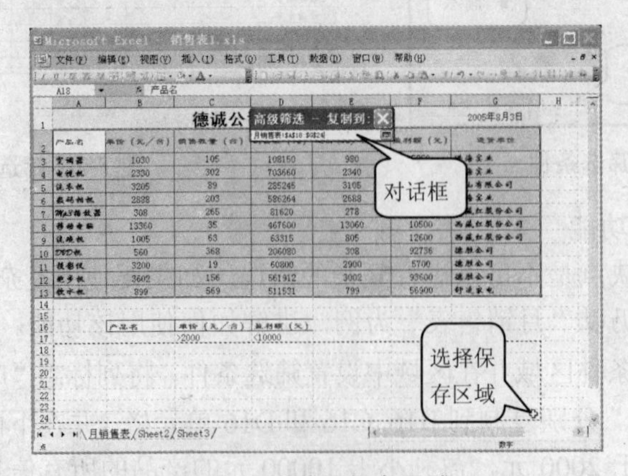

图 7-33　选择保存区域

步骤 06　单击“高级筛选－复制到”对话框右下侧的折叠按钮，如图 7-34 所示。

图 7-34　单击折叠按钮

步骤 07　单击“条件区域”文本框右侧的折叠按钮，如图 7-35 所示。

步骤 08　选中条件区域，再单击“高级筛选－条件区域”对话框右下侧的折叠按钮，如图 7-36 所示。

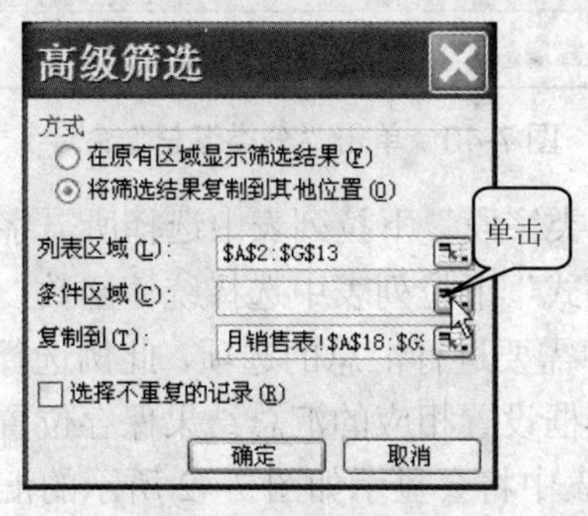

图 7-35　选择条件区域

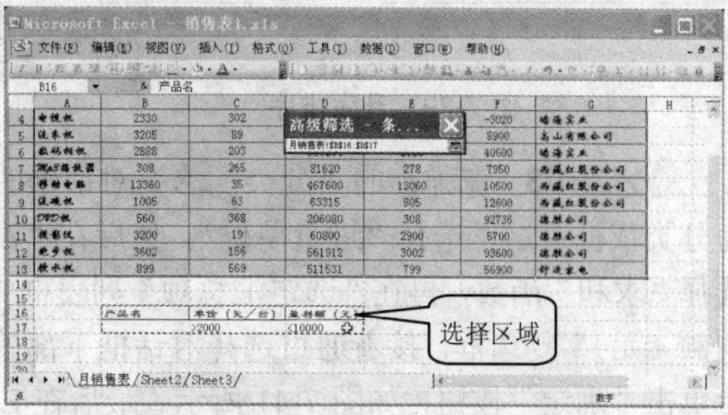

图 7-36　再次选中条件区域

步骤 09　单击“确定”按钮，完成操作，如图 7-37 所示。完成筛选后的表如图 7-38 所示，可以看见表的下部多了一个新的表，显示筛选结果。

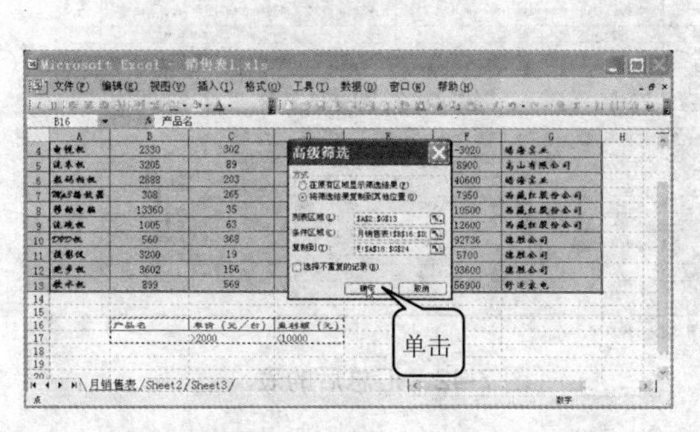

图 7-37　单击“确定”按钮完成操作

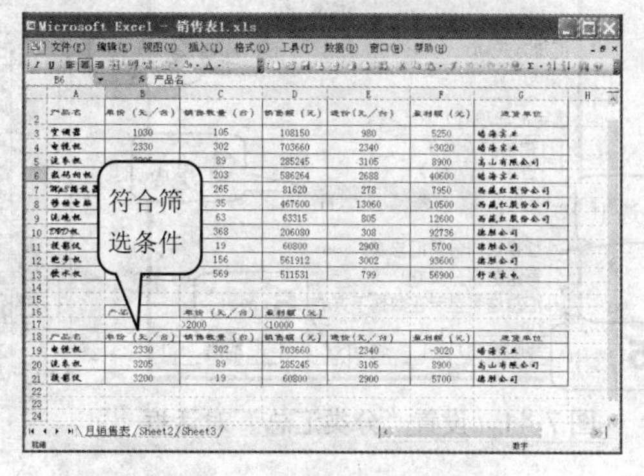

图 7-38　筛选完成后的表

提示

筛选功能在一张包含有很多数据的表中非常适用，用户应该熟练地掌握它。

7.1.5　分类汇总

使用“分类汇总”命令不需要创建公式，Excel 已经创建了公式，实现汇总的具体操作步骤如下。

步骤 01　先将需要进行分类汇总的字段进行排序，这里把产品的同一进货单位用升序方式排列在一起，如图 7-39 所示。

步骤 02　选定要进行汇总的单元格区域，在此选择“月销售表”除第一行外的整个区域，然后单击菜单栏中的“数据>分类汇总”命令，如图 7-40 所示。

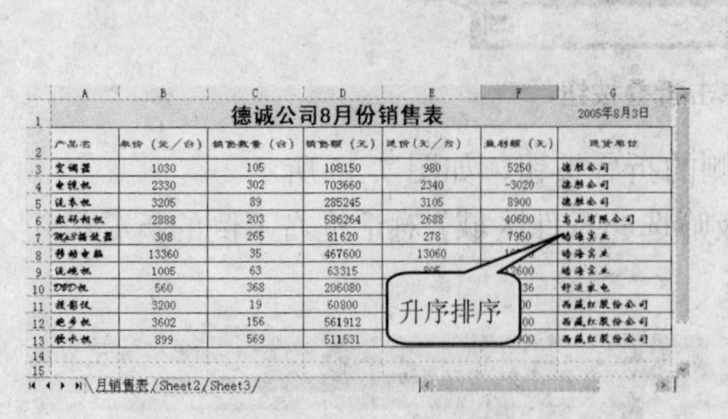

图 7-39　升序排序

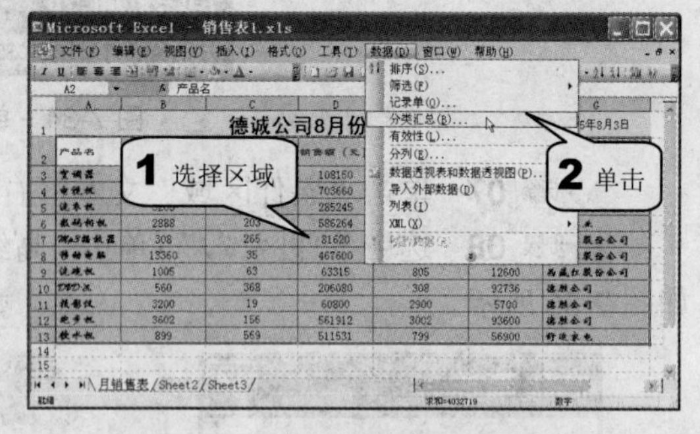

图 7-40　单击“分类汇总”命令

步骤 03　在弹出的“分类汇总”对话框的“分类字段”下拉列表中选择所需字段作为分类依据，这里选择“进货单位”。然后在“汇总方式”下拉列表中选择统计函数，这里选择“求和”函数，再在“选定汇总项”列表框中选中需要进行汇总的选项，此例选择“盈利额（元）”复选框，接着通过选择对话框下部的复选框设置相应的汇总结果保存位置，最后单击“确定”按钮，如图 7-41 所示。最后在 Excel 表中将会显示如图 7-42 所示的汇总结果，可以看到，盈利额按照进货单位汇总，表的最下面对所有的盈利额进行了汇总。

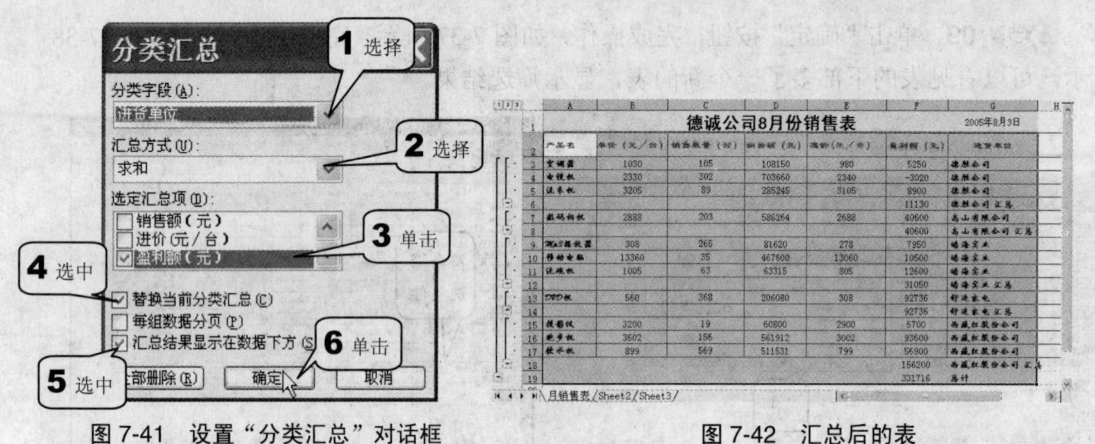

图 7-41　设置“分类汇总”对话框　　图 7-42　汇总后的表

7.2　图表的使用

图表具有很好的视觉效果，方便观察数据的差异以及对数据趋势的预测。在这一节里，将介绍如何制作和编辑图表。

7.2.1　图表简介

在新建图表以前，需要先了解图表的组成部分，下面以二维柱形图来说明，如图 7-43 所示。

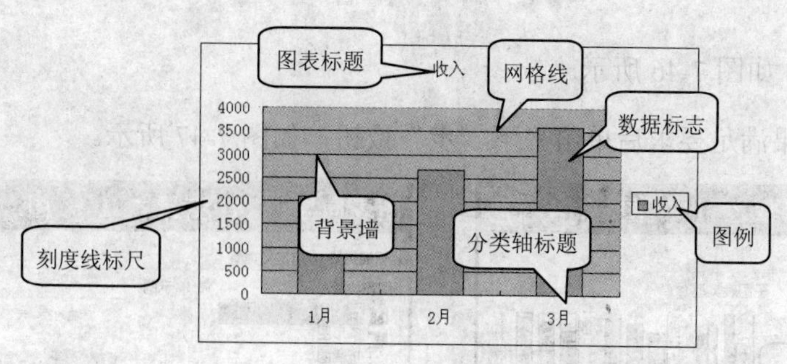

图 7-43　图表的组成

1. 数据标志

数据标志体现了工作表中的数据，表现为条形、饼形、点、面积等形状。

2. 图表标题

表示图表内容的说明性文字。

3. 网格线

刻度线的延伸，方便用户估算数据。

4. 图例

用于标示数据的图案和颜色。

5. 刻度线标尺

表示网格线所对应的数据大小。

6. 分类轴标题

表示数据所对应的分类。

7. 背景墙

用于显示图表的维数和边界。

7.2.2　创建图表

下面介绍创建图表的方法，其具体操作步骤如下。

步骤 01　在“月销售表”中选中“产品名”栏，然后按住 Ctrl 键继续选择“盈利额”栏，如图 7-44 所示。

步骤 02　单击菜单栏中的“插入>图表”命令，如图 7-45 所示。

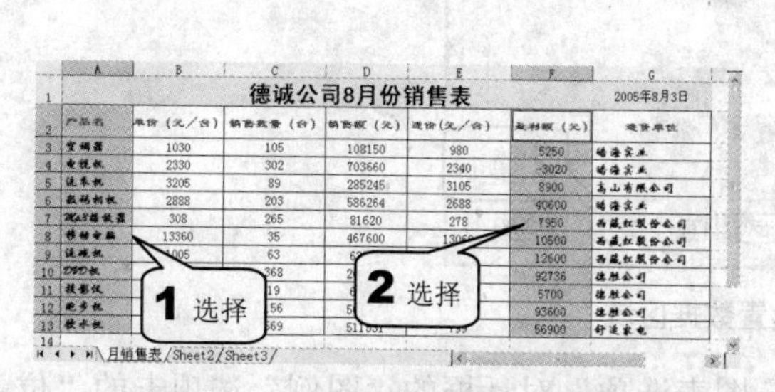

图 7-44　选中要创建表的数据区域

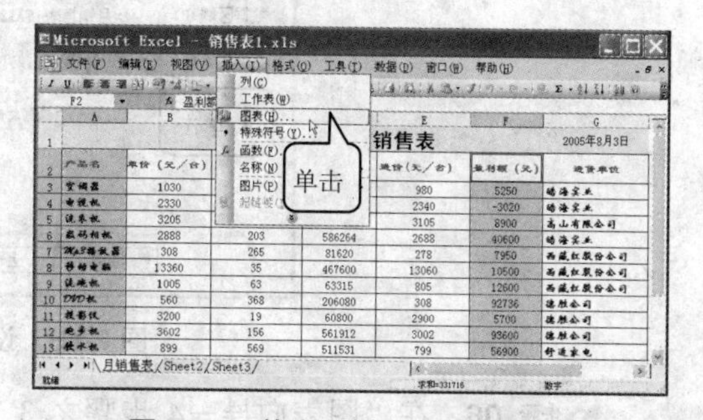

图 7-45　单击“插入>图表”命令

步骤 03　在“图表向导－4 步骤之 1－图表类型”对话框中的“图表类型”列表框中单击“柱形图”，然后单击选中“子图表类型”列表框中的图形格式，再按下“按下不放

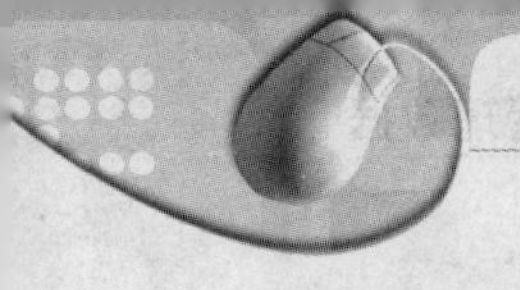

可查看示例”按钮，如图 7-46 所示。

步骤 04　效果满足要求后单击“下一步”按钮，如图 7-47 所示。

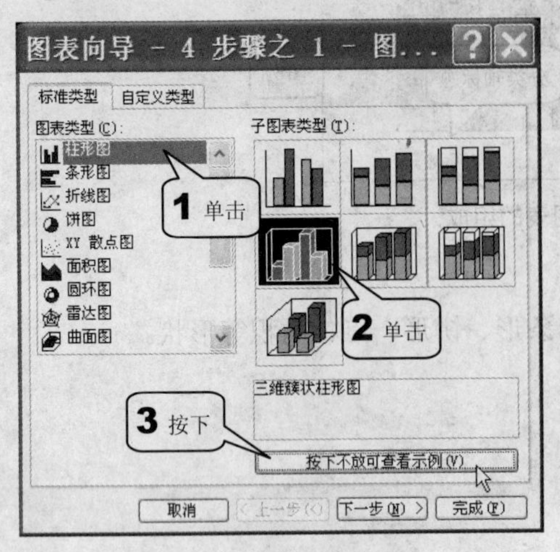

图 7-46　设置图表的类型

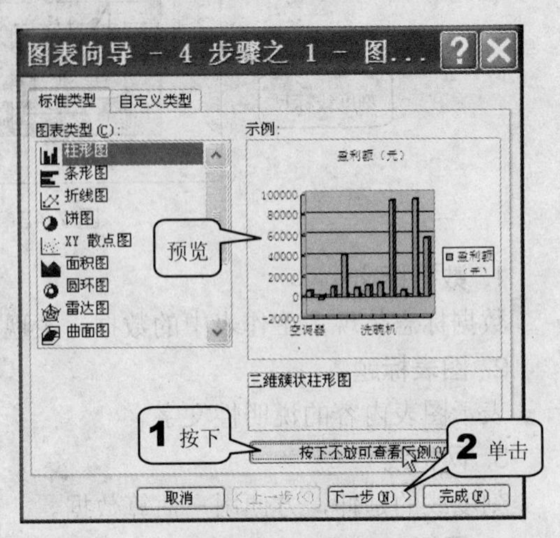

图 7-47　预览图表

提示

在“图表类型”列表框中包含有很多图表类型，它们各有优点，用户应该根据实际需要选择。

步骤 05　在弹出的“图表向导－4 步骤之 2 一图表源数据”对话框中单击“系列产生在”选项区里的“行”单选按钮，然后单击“下一步”按钮，如图 7-48 所示。

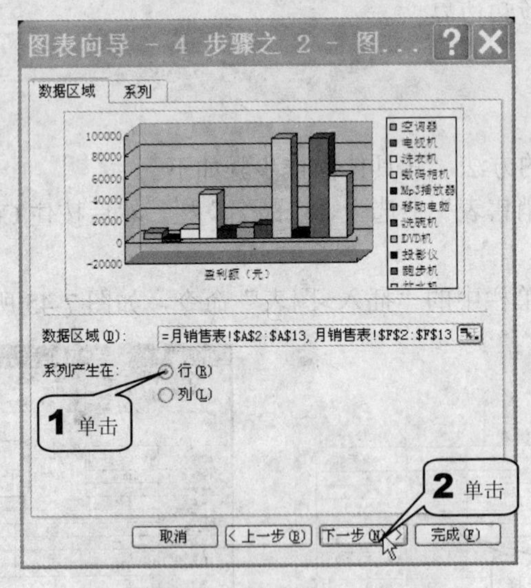

图 7-48　设置数据区域

步骤 06　在“图表向导－4 步骤之 3 一图表选项”对话框的“图例”选项卡的“位置”选项区中单击“靠右”单选按钮，再单击“下一步”按钮，如图 7-49 所示。

步骤 07　在弹出的“图表向导－4 步骤之 4 一图表位置”对话框中单击“作为其中

的对象插入”单选按钮，然后在其下拉列表中选中“月销售表”，如图 7-50 所示。

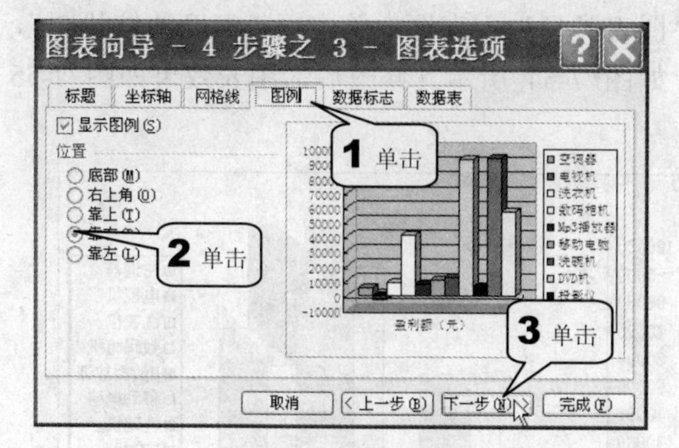

图 7-49　设置图例

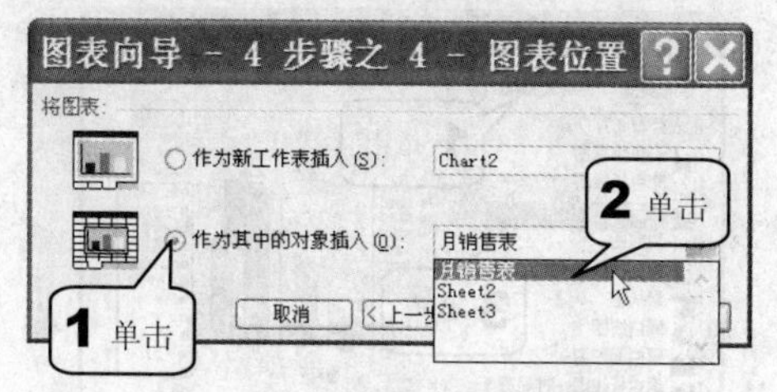

图 7-50　设置表的插入位置

步骤 08　最后单击“完成”按钮，完成图表的制作，如图 7-51 所示。这样，一张漂亮的图表就制作完成了，此时在表中很容易看出电视机是亏损的，如图 7-52 所示。

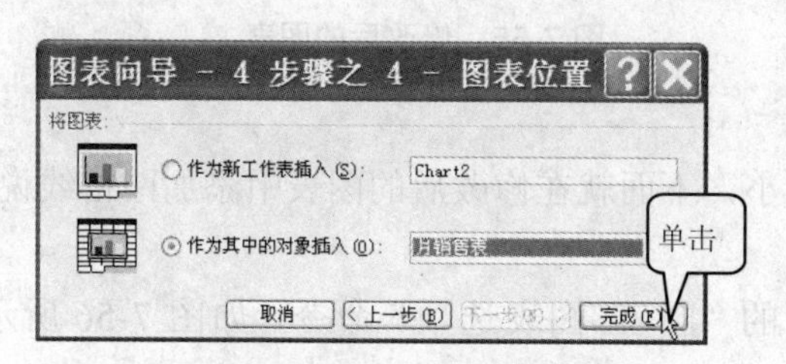

图 7-51　完成图表制作

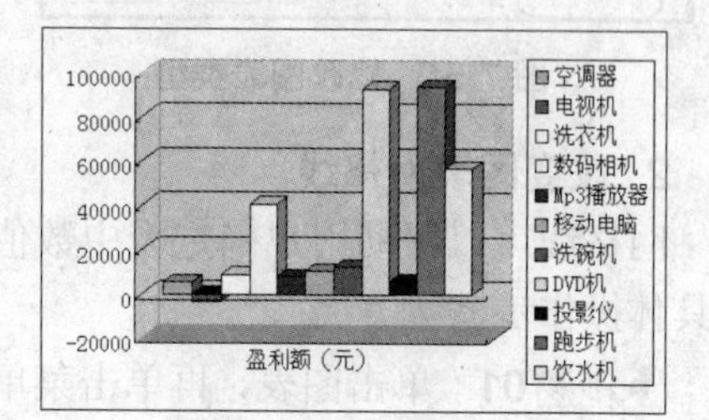

图 7-52　盈利额图表

7.2.3　编辑图表

下面就以上面建立的“盈利额”图表为例，讲解常用的编辑图表方法。

1. 修改图表类型

如果觉得当前的图表类型不能很直观地表现数据的意义，可以用如下方法进行修改。

步骤 01　单击图表，然后单击菜单栏中的“图表>图表类型”命令，如图 7-53 所示。

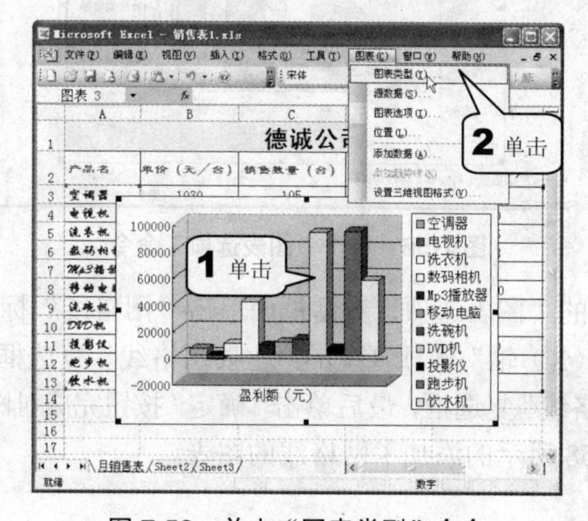

图 7-53　单击“图表类型”命令

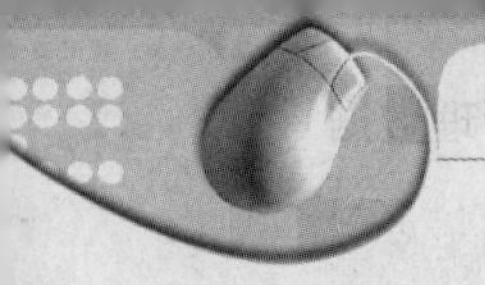

步骤 02 在弹出的“图表类型”对话框中打开“自定义类型”选项卡，然后单击“选自”选项区里的“内部”单选按钮，再在“图表类型”列表框中单击“带深度的柱状图”，最后单击“确定”按钮完成对图表的修改，如图 7-54 所示。修改后的图表效果如图 7-55 所示。

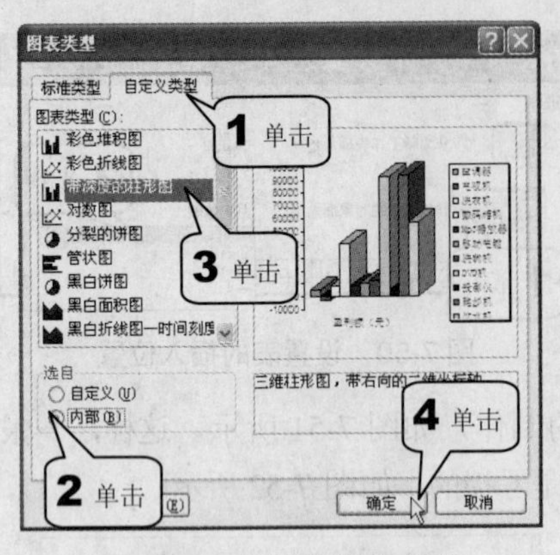

图 7-54 修改图表类型

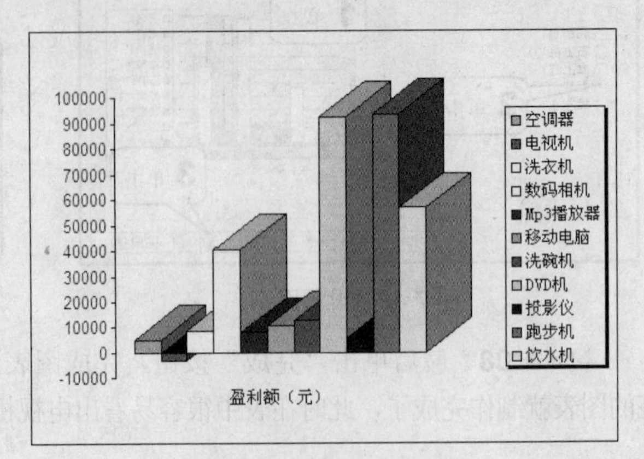

图 7-55 修改后的图表

2. 改变图表网格线

网格线可以帮助用户确定表中数值的大小，下面就在修改后的图表中添加网格线说明其具体操作步骤。

步骤 01 单击图表，再单击菜单栏中的“图表>图表选项”命令，如图 7-56 所示。

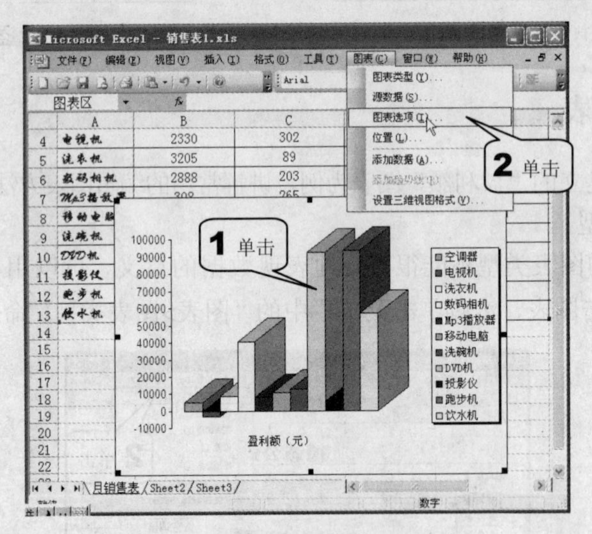

图 7-56 单击“图表选项”命令

步骤 02 在弹出的“图表选项”对话框中单击“网格线”标签，打开“网格线”选项卡，然后选中“分类（X）轴”选项区里的“主要网格线”复选框，再在“数值（Z）轴”选项区中选中“主要网格线”复选框，最后单击“确定”按钮完成对网格线的修改，如图 7-57 所示。最后得到如图 7-58 所示的添加了网格线的图表。

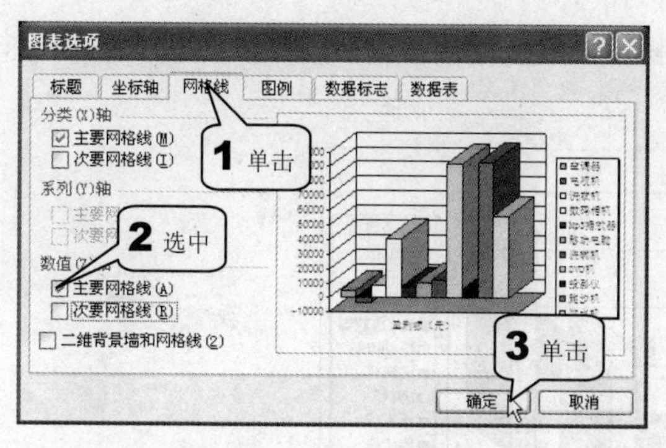

图 7-57　设置“网络线”

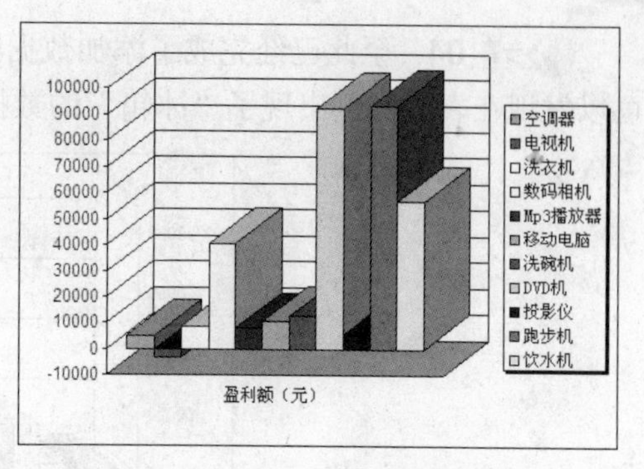

图 7-58　添加了网格线的图表

3. 使用“源数据”命令添加数据

在实际应用中如需向已有图表里再添数据，不必通过更改工作表后再产生图表，可以利用“源数据”命令添加，下面通过向“盈利额”图表里增添冰箱盈利额讲解其使用方法。

步骤 01　单击“盈利额”图表后再单击 “图表>源数据”命令，如图 7-59 所示。

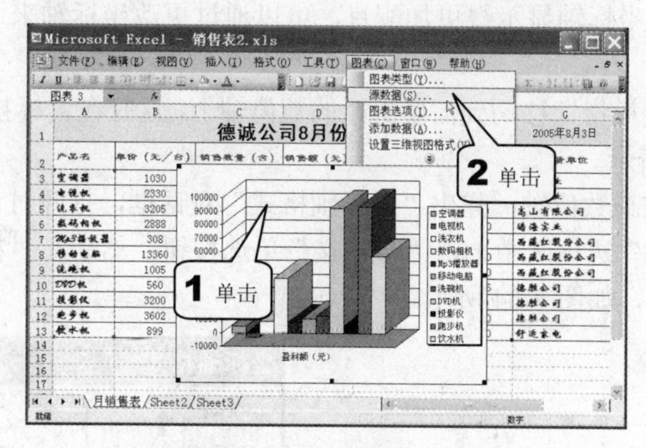

图 7-59　单击“源数据”命令

步骤 02　在弹出的“源数据”对话框中打开“系列”选项卡，如图 7-60 所示。

步骤 03　单击“添加”按钮，在“名称”文本框中输入“冰箱”后在“值”文本框中输入={200000}，最后单击“确定”按钮完成对图表数据的添加操作，如图 7-61 所示。

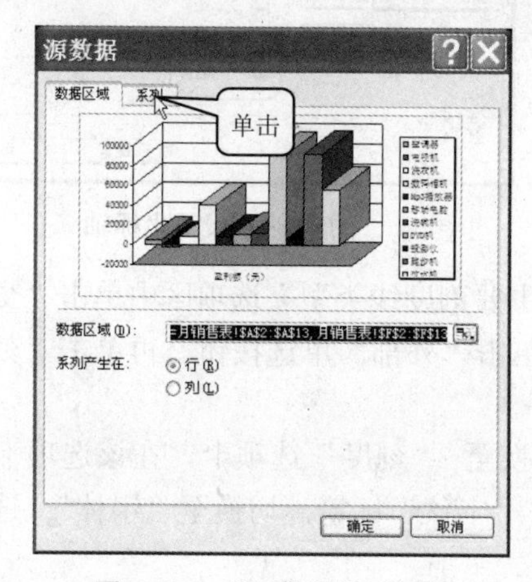

图 7-60　“源数据”对话框

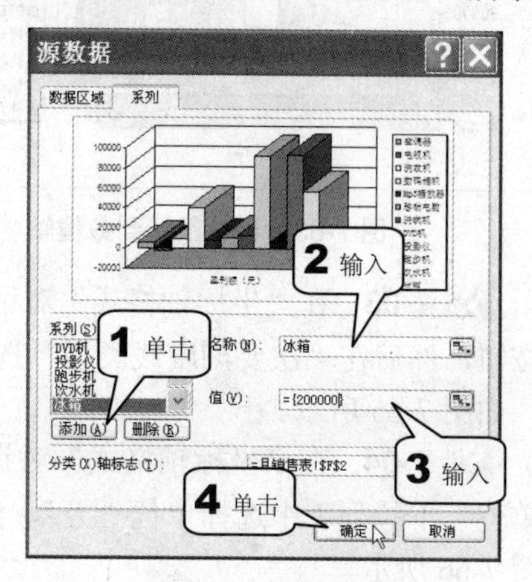

图 7-61　添加数据

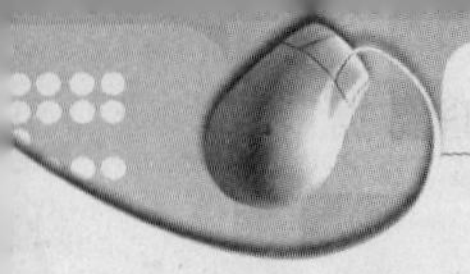

步骤 04　至此已经完成了添加数据的操作，完成添加数据后的图表如图 7-62 所示，可以发现在表的右侧出现了“冰箱”的数据。

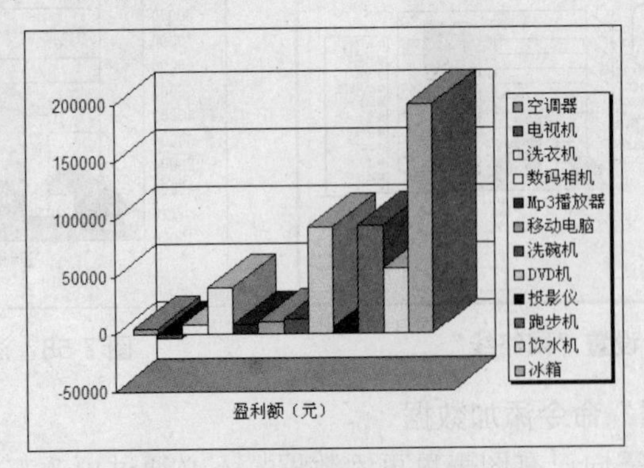

图 7-62　添加数据后的图表

4. 更改坐标轴

为了使图表中的坐标轴显示得更加醒目，可以通过更改坐标轴来达到这一目的，具体的操作步骤如下。

步骤 01　将鼠标指针移动到需要更改的数值轴上，这时在鼠标指针下出现“数值轴”三个字，如图 7-63 所示。

步骤 02　双击该数值轴，弹出“坐标轴格式”对话框，打开对话框中的“图案”选项卡，再在“坐标轴”选项区中单击“自定义”单选按钮，然后在“粗细”下拉列表中选择坐标轴的粗细程度，如图 7-64 所示。

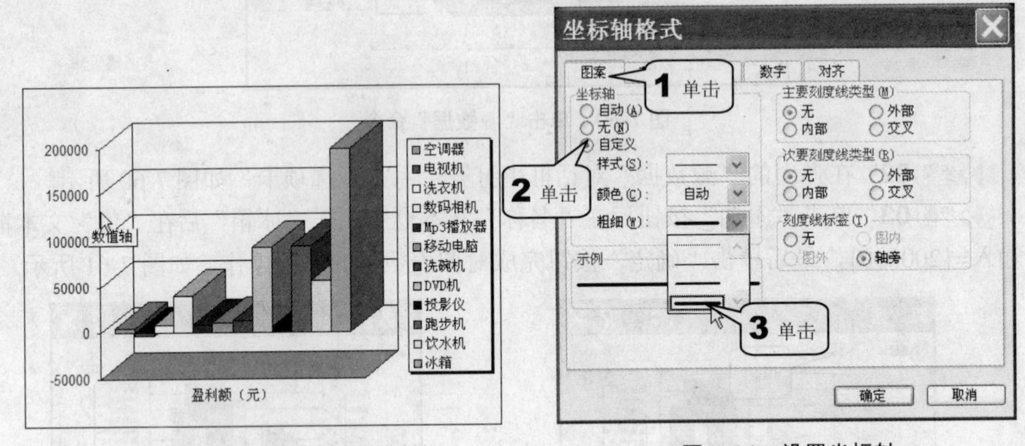

图 7-63　移动鼠标到数值轴　　图 7-64　设置坐标轴

步骤 03　在“坐标轴格式”对话框的“主要刻度线类型”选项区中单击“交叉”单选按钮，然后在“次要刻度线类型”选项区中单击“外部”单选按钮，再单击“刻度”标签，如图 7-65 所示。

步骤 04　在“坐标轴格式”对话框中切换至 “刻度”选项卡，在该选项卡的“显示单位”下拉列表中选择单位“万”，然后单击“字体”标签，切换至“字体” 选项卡，如图 7-66 所示。

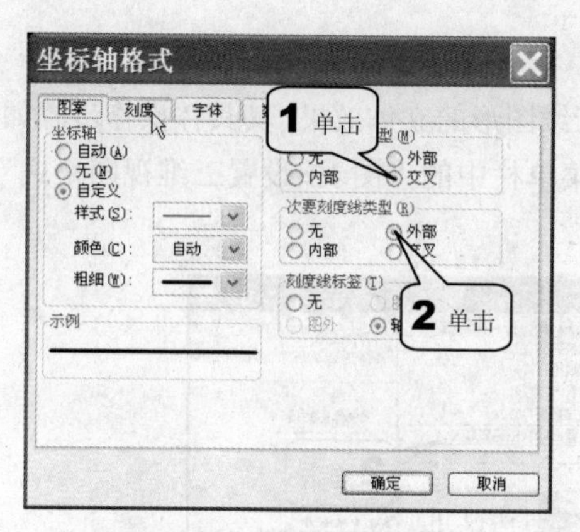

图 7-65　设置刻度线类型

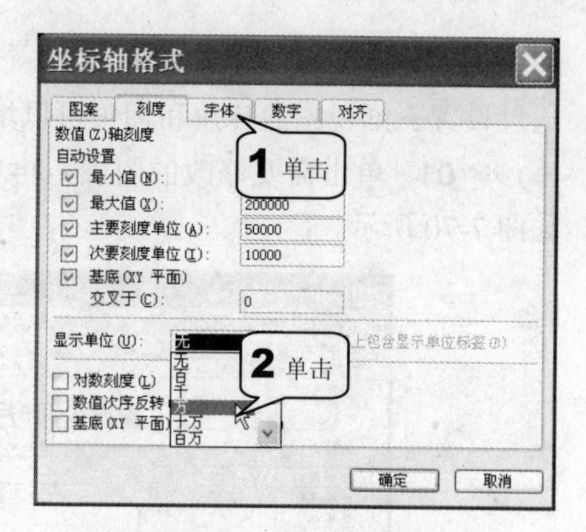

图 7-66　选择刻度单位

注意

设置“显示单位”时应当和实际的数据相结合，选择相对过小的或过大的单位都不能起到很好的表示效果。

步骤 05　打开“字体”选项卡，接着在“字形”列表框中选中“加粗”选项，再在“字号”列表框中选中字号“10”，然后单击“数字”标签，如图 7-67 所示。

步骤 06　打开“数字”选项卡，在“分类”列表框中选中“数值”，然后在“小数位数”文本框中输入“1”，最后单击“确定”按钮完成操作，如图 7-68 所示。

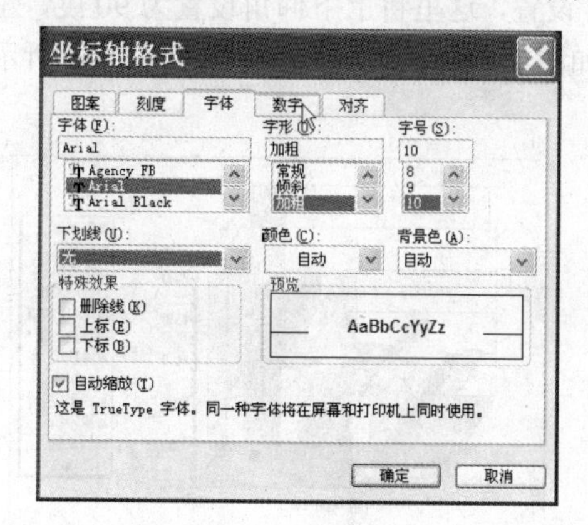

图 7-67　设置字体

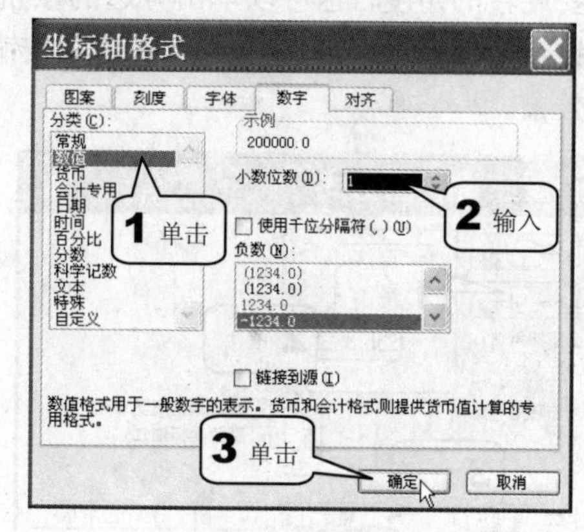

图 7-68　设置坐标轴数值

图 7-69 显示的是修改过的图表效果。

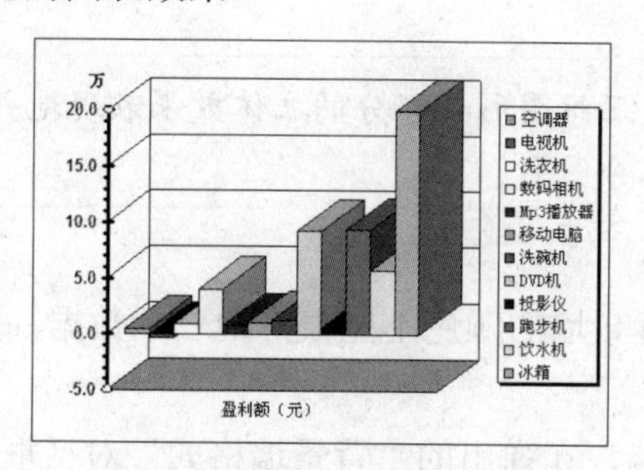

图 7-69　修改坐标轴后的图表

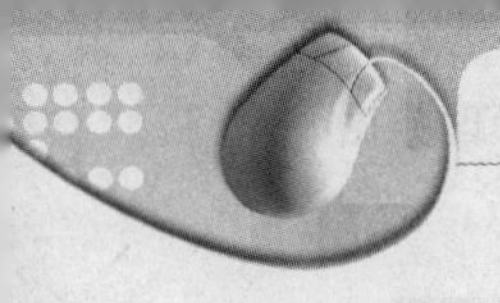

5. 设置三维视图的转角和仰角

通过设置三维视图的转角和仰角可以增加三维图形的立体效果，其具体操作步骤如下。

步骤 01 单击需要修改的图表，再单击菜单栏中的“图表>设置三维视图格式”命令，如图 7-70 所示。

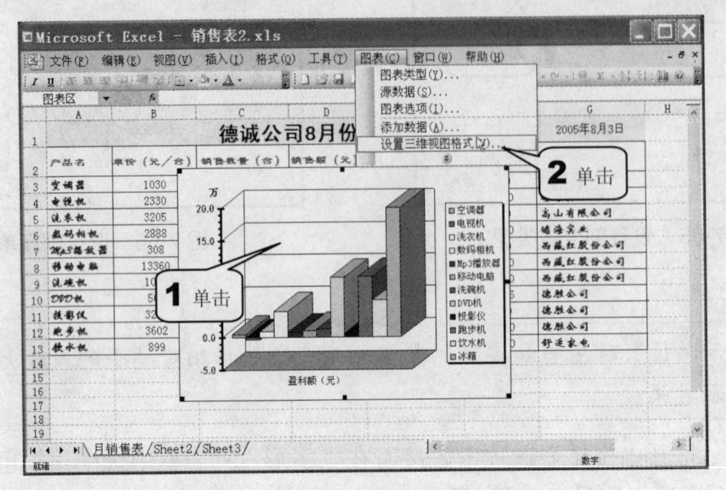

图 7-70 单击“设置三维视图”命令

步骤 02 在“上下仰角”文本框中输入仰角的角度，再在“左右转角”文本框中输入需要旋转的角度，也可以单击旁边的按钮进行设置，这里将上下仰角设置为 90 度，左右转角设置为 320 度，最后单击“确定”按钮，如图 7-71 所示。最后得到如图 7-72 所示的图表效果。

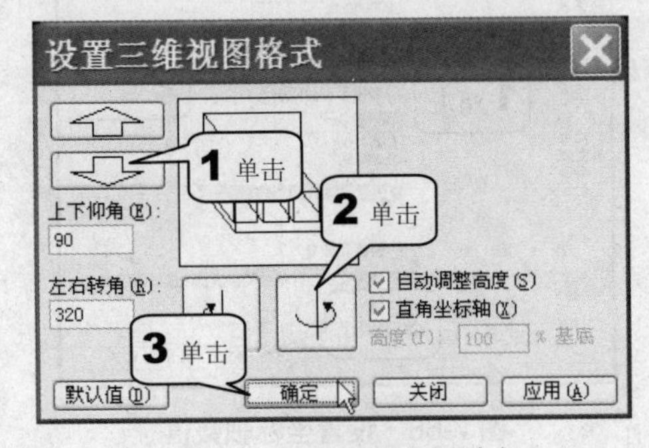

图 7-71 设置仰角和转角

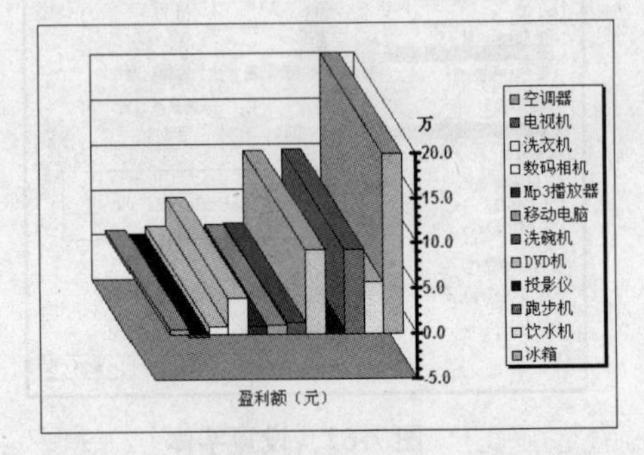

图 7-72 设置仰角和转角后的图表效果

提示

由于默认的设置可能使三维图形某部分的立体效果表现地并不突出，用户可以通过上面的步骤加以调整，突出这部分图形。

6. 设置背景墙颜色

如果用户觉得图表中背景墙的颜色不能很好地表示数据，可以重新对其进行设定，具体的步骤如下。

步骤 01 双击背景墙，在弹出的“背景墙格式”对话框中单击“填充效果”按钮，如图 7-73 所示。

步骤 02 在弹出的“填充效果”对话框中打开“渐变”选项卡，在“颜色”选项区中单击“单色”单选按钮，再在“颜色 1”下拉列表中选中颜色，如图 7-74 所示。

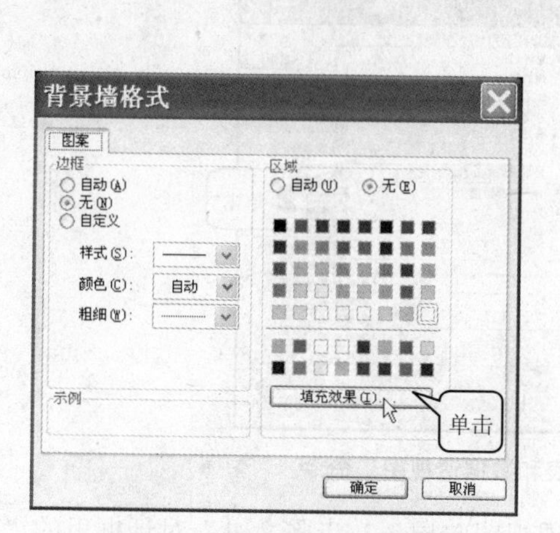

图 7-73　设置背景墙填充效果

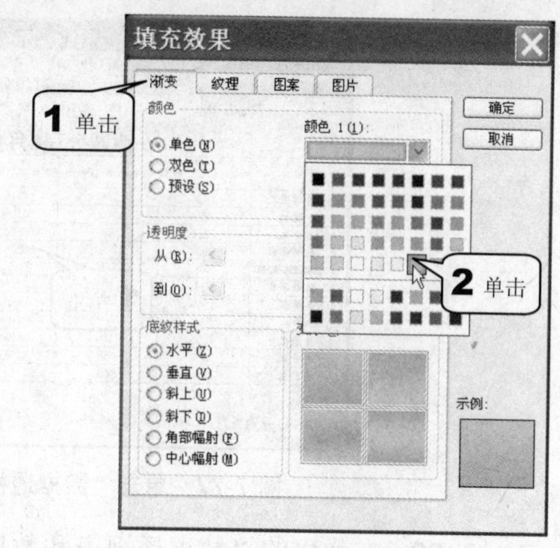

图 7-74　选择颜色

步骤 03 接着在“底纹样式”选项区中选择底纹样式，这里选择“水平”选项，最后单击“确定”按钮完成设置，如图 7-75 所示。最后得到如图 7-76 所示的图表效果。

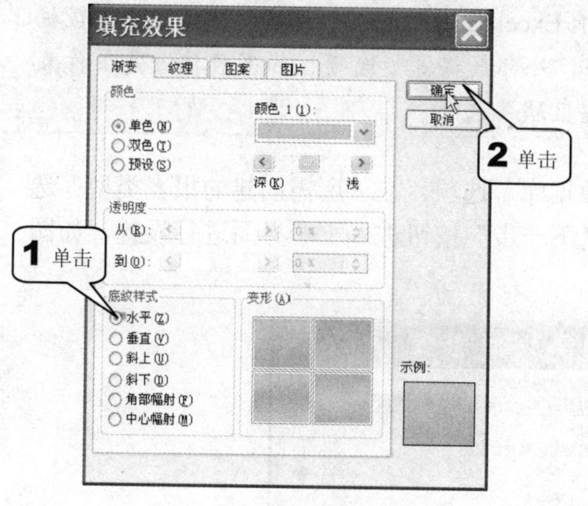

图 7-75　设置填充效果

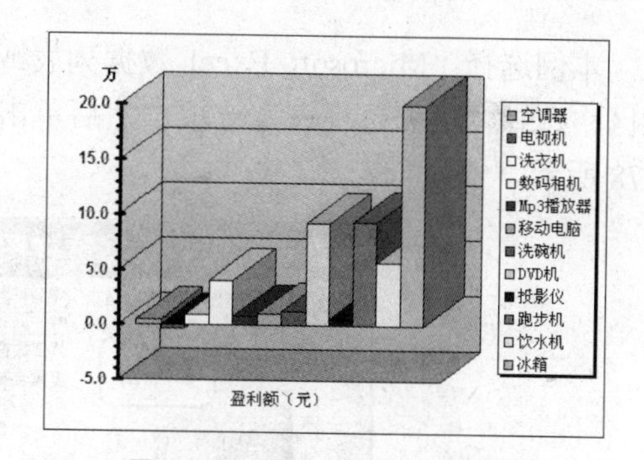

图 7-76　设置背景颜色的图表

7.3　数据透视表的使用

简单地说，数据透视表是从数据库中动态生成的总结报告。通过使用该表，用户可以快速合并和比较大量数据。

7.3.1　创建数据透视表

利用“数据透视表和数据透视图向导”命令可以很快地创建图表，下面将利用已创建好的“月销售表”里的数据创建数据透视表，其具体操作步骤如下。

步骤 01 打开要创建数据透视表的工作表，在本例中使用“月销售表”，并单击任意单元格，然后单击 “数据>数据透视表和数据透视图”命令，如图 7-77 所示。

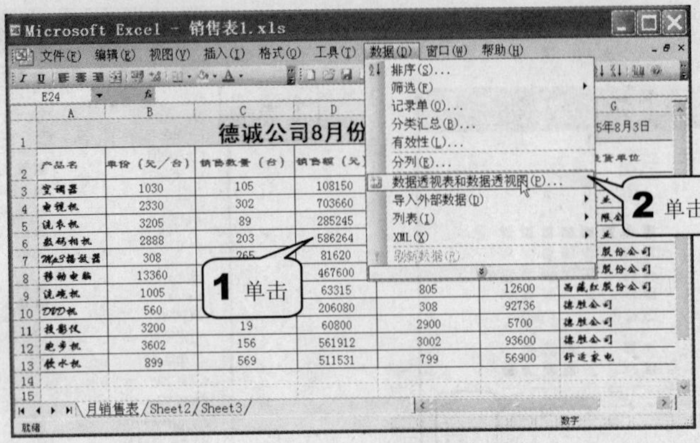

图 7-77 单击“数据透视表和数据透视图”命令

步骤 02 在弹出的“数据透视表和数据透视图向导－3 步骤之 1”对话框里的“请指定待分析数据的数据源类型”选项区中有 4 个选项。

注意

如果数据源来自于 Excel，选择“Microsoft Excel 数据列表或数据库”选项，如果数据源来自于 Excel 之外的数据库或者文件，选择“外部数据源”选项，如果数据源是工作表中的多个不同区域，选择“多重合并计算数据区域”选项。

本例选择“Microsoft Excel 数据列表或数据库”选项，在“所需创建的报表类型”选项区中选择“数据透视表”选项，然后单击“下一步”按钮进入下一界面进行设置，如图 7-78 所示。

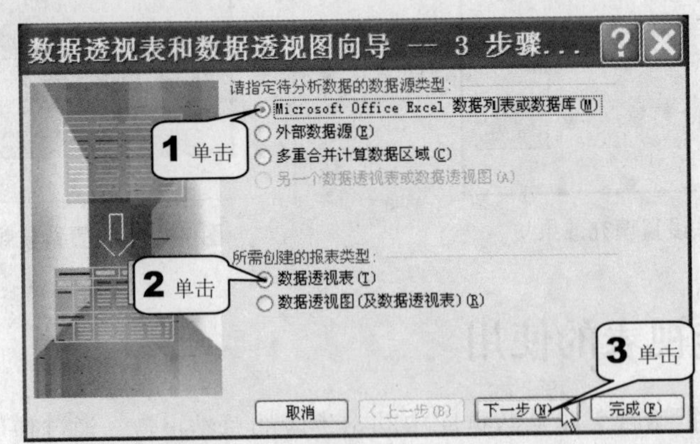

图 7-78 “数据透视表和数据透视图向导－3 步骤之 1”对话框

步骤 03 在弹出的对话框中的“选定区域”文本框中输入数据源的区域，也可以用鼠标框选，这里采用鼠标框选，选中表中 2、3、4、5 行单元格，如图 7-79 所示，然后单击“下一步”按钮进入下一界面进行设置。

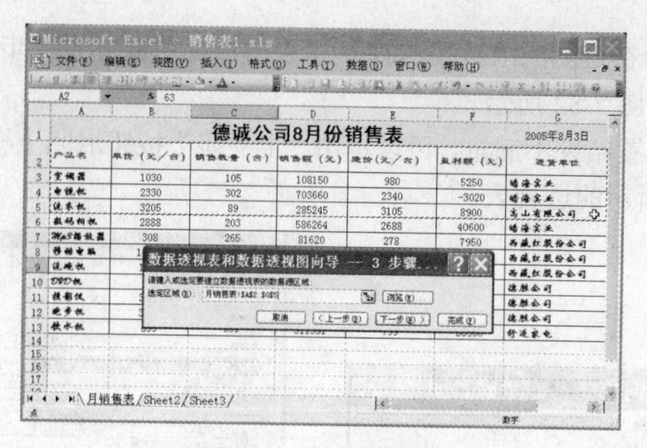

图 7-79　选择数据源

步骤 **04**　此时将会弹出“数据透视表和数据透视图向导－3 步骤之 3”对话框，在其中的“数据透视表显示位置”选择区里有“新建工作表”选项和“现有工作表”选项，如果用户想把透视表放在新表中，选择第 1 个选项，如果想放在现有表中，则选第 2 个选项，这里选择第 2 个，然后用鼠标框选透视表所在区域，再单击“布局”按钮，如图 7-80 所示。

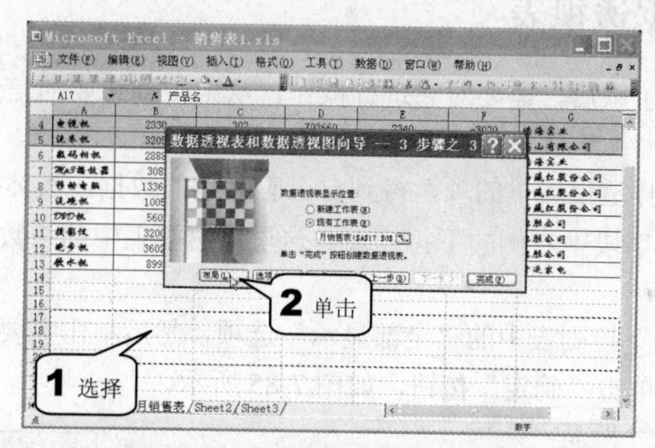

图 7-80　设置数据透视表所在位置

步骤 **05**　弹出“数据透视表和数据透视图向导－布局”对话框，将字段按钮拖到布局图上，再将需要求和的数据拖到布局图里的“数据”框中，如图 7-81 所示，设置完成后单击“确定”按钮。

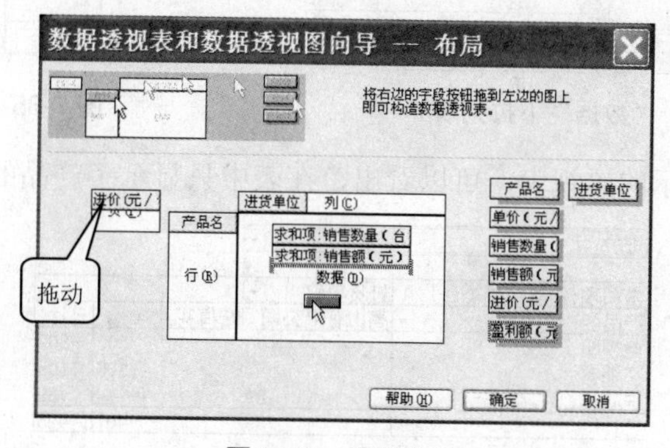

图 7-81　设置布局

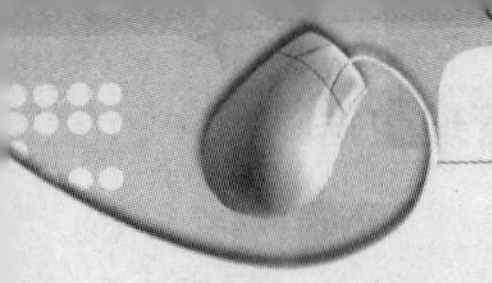

步骤 06 接着在返回的“数据透视表和数据透视图向导－3 步骤之 3”对话框中单击“完成”按钮，如图 7-82 所示。

如果对上步的设置结果不满意，可以单击“上一步”按钮退回上一操作步骤重新设置。最后得到如图 7-83 所示的透视表。

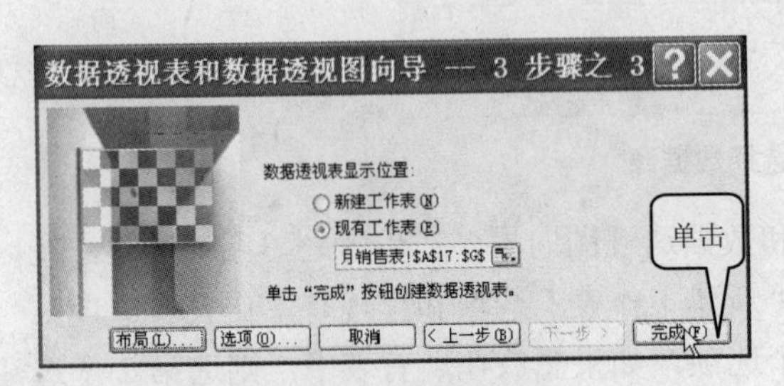

图 7-82 完成设置

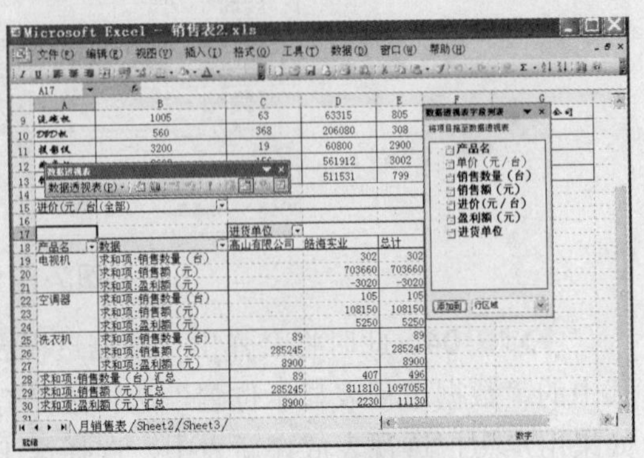

图 7-83 数据透视表

7.3.2 操作数据透视表

当透视表制作好了以后，需要对它进行操作，从中得到想要的信息。

1. 查看透视表

用户可以通过选择透视表里的项，得到自己感兴趣的数据，具体操作步骤如下。

步骤 01 单击字段中右侧的下拉列表，这里以透视表中的“数据”字段为例，如图 7-84 所示。

步骤 02 单击下拉列表中的“全部显示”选项，然后单击需要显示的“求和项：销售数量”选项，最后单击“确定”按钮，如图 7-85 所示。

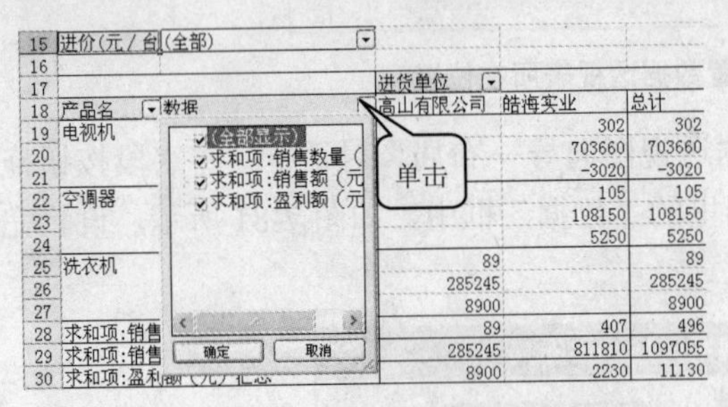

图 7-84 “数据”下拉列表

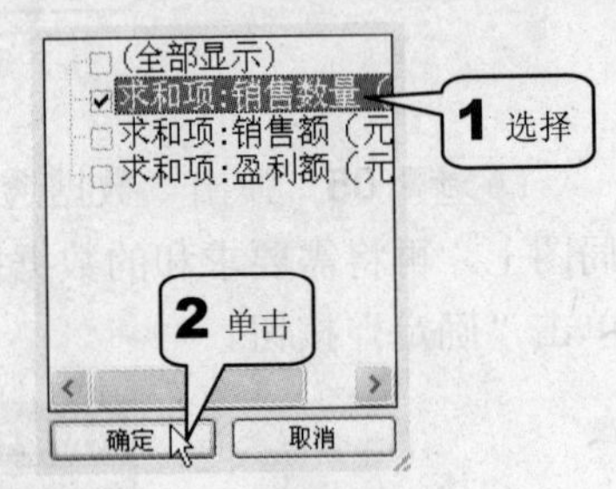

图 7-85 选择选项

得到如图 7-86 所示的透视表，可以看出，在表中只显示了产品的销售数量。

进价（元／台）	（全部）		
求和项:销售数量（台）	进货单位		
产品名	高山有限公司	皓海实业	总计
电视机		302	302
空调器		105	105
洗衣机	89		89
总计	89	407	496

图 7-86 显示“销售数量”的透视表

2. 更改汇总方式

在数据透视表中提供了很多种汇总方式，如求和、计算、平均值等，具体的操作步骤如下。

步骤 01　单击 Excel 表的数据区域中的任意一格单元格，然后单击“数据透视表”工具栏上的“字段设置”按钮，如图 7-87 所示。

步骤 02　在弹出的“数据透视表字段”对话框中单击“数字”按钮，如图 7-88 所示。

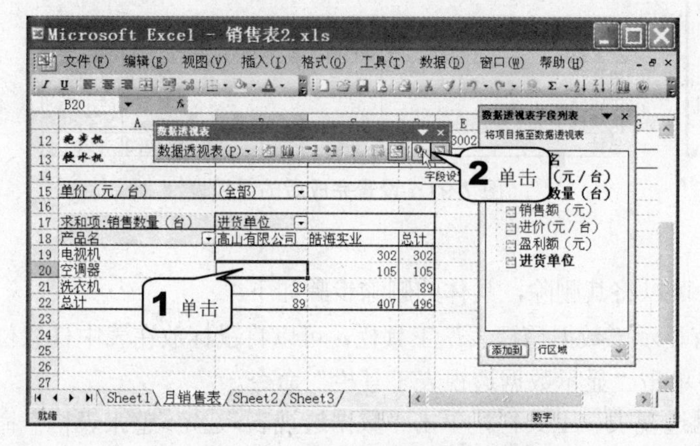

图 7-87　单击“字段设置”按钮

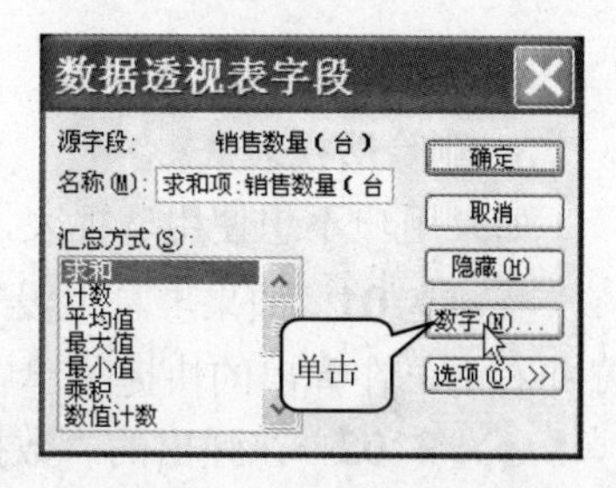

图 7-88　单击“数字”按钮

步骤 03　在弹出的“单元格格式”对话框中的“分类”选项区中选择所需的分类，这里选中“货币”，再在“小数位数”文本框中输入小数点的位数，此例输入“1”，然后在“货币符号”下拉列表中选择货币的符号，这里选择“￥中文（中国）”，接着单击“确定”按钮，如图 7-89 所示。

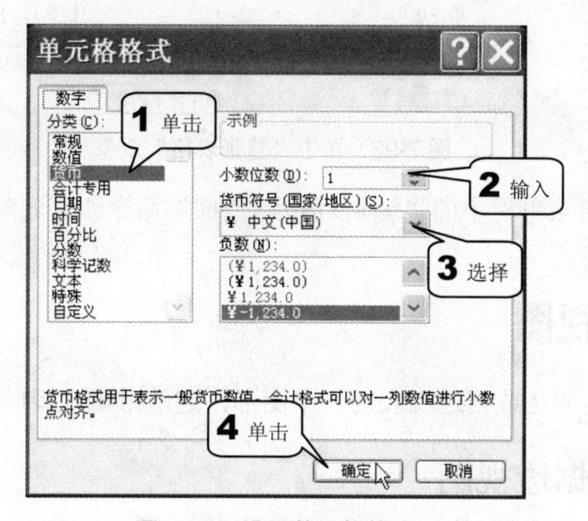

图 7-89　设置单元格格式

提示

在“分类”选项区中提供了大量的几乎所有可以想到的数据分类，在具体应用中用户应根据实际的数据类型选择合适的分类。

步骤 04　在返回的对话框的“汇总方式”列表框中选中“最大值”选项，然后单击“确定”按钮，如图 7-90 所示。最后，得到如图 7-91 所示的透视表，在表中最下面一栏“总计”中可以看到，显示的是供货单位提供货物单价的最大值。

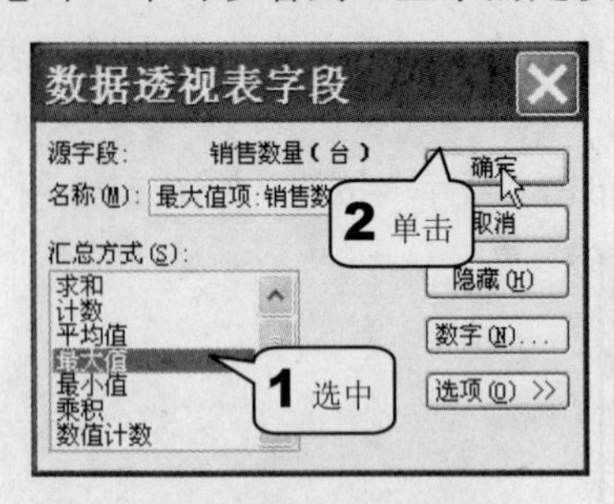

图 7-90　完成设置

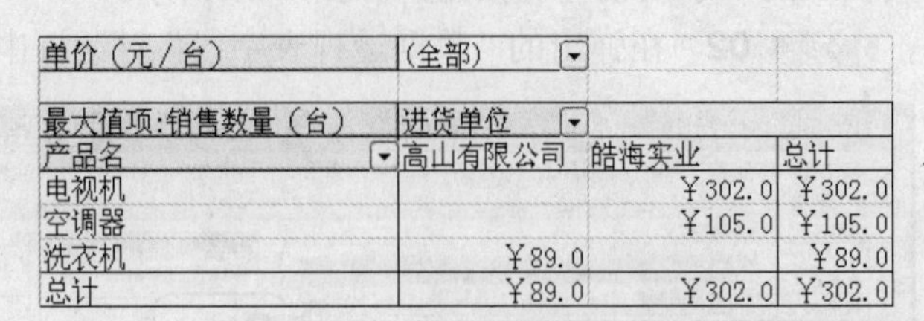

单价（元／台）	(全部)		
最大值项:销售数量（台）	进货单位		
产品名	高山有限公司	皓海实业	总计
电视机		￥302.0	￥302.0
空调器		￥105.0	￥105.0
洗衣机	￥89.0		￥89.0
总计	￥89.0	￥302.0	￥302.0

图 7-91　设置完成后的透视表

3. 删除透视表

如果用户不想使用透视表，可以将其删除，具体的删除步骤如下。

步骤 01　如果屏幕上没有显示“数据透视表”工具栏，可以将鼠标放在表中任意位置并右击，在弹出的快捷菜单中单击“显示数据透视表工具栏”命令。

步骤 02　在弹出的“数据透视表”工具栏，单击“数据透视表>选定>整张表格”命令，如图 7-92 所示。

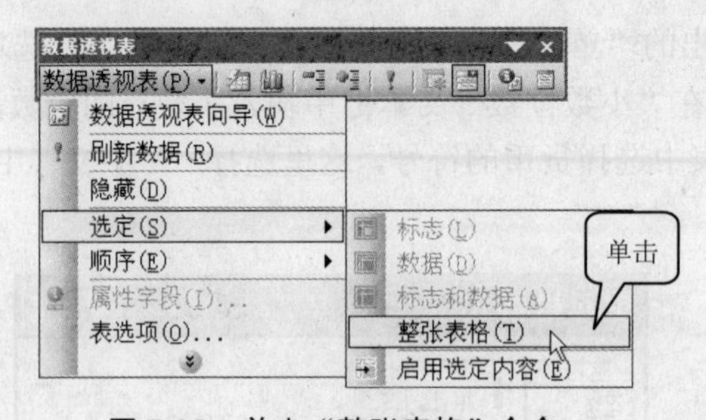

图 7-92　单击“整张表格”命令

步骤 03　单击菜单栏中的“编辑>清除>全部”命令即可删除整张工作表。

7.4　数据透视图

数据透视图的实质是数据透视表的一个图形，它能准确地反映透视表中的数据。

7.4.1　创建数据透视图

假设用户在创建透视图之前没有创建透视表，可以通过以下步骤进行创建。

步骤 01　打开要创建数据透视图的工作表（本例为“月销售表”）并单击其中任意单元格，再单击菜单栏中的“数据>数据透视表和数据透视图”命令。

步骤 02　在“数据透视表和数据透视图向导－3 步骤之 1”对话框的“所需创建的报表类型”选项区中选择“数据透视图”后单击“下一步”按钮，如图 7-93 所示。

步骤 03　在当前界面的“选定区域”文本框中输入数据源区域，这里选中 2、3、4、5 行单元格，然后单击“下一步”按钮。

步骤 04　在当前界面的“数据透视表显示位置”选择区下选择“现有工作表”选项，然后用鼠标框选透视图所在区域，再单击“布局”按钮，参见图 7-80。

步骤 05　在当前界面中将各字段按钮拖到布局图上，将需要求和的数据拖到布局图里的“数据”框中。

步骤 06　单击“确定”按钮，然后单击“完成”按钮，参见图 7-82，立刻可以看到如图 7-94 所示的数据透视图。

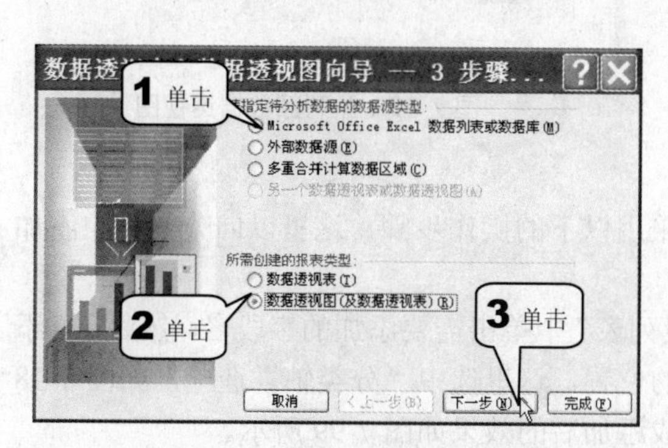

图 7-93　选择创建的报表类型

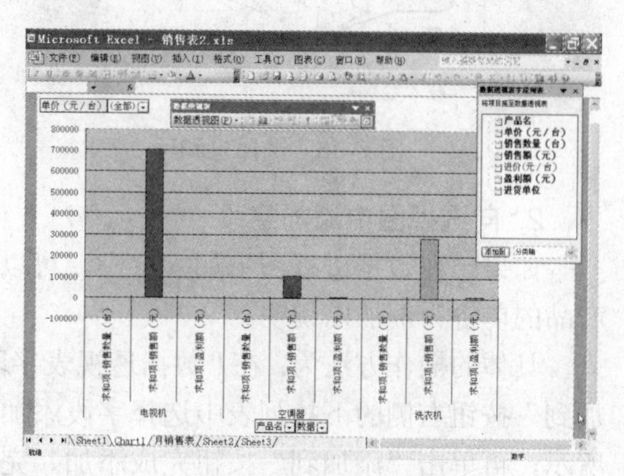

图 7-94　数据透视图

如果用户已经创建了“数据透视表”，则只需要单击“数据透视表”工具栏上的“图表向导”按钮即可创建数据透视图，如图 7-95 所示。

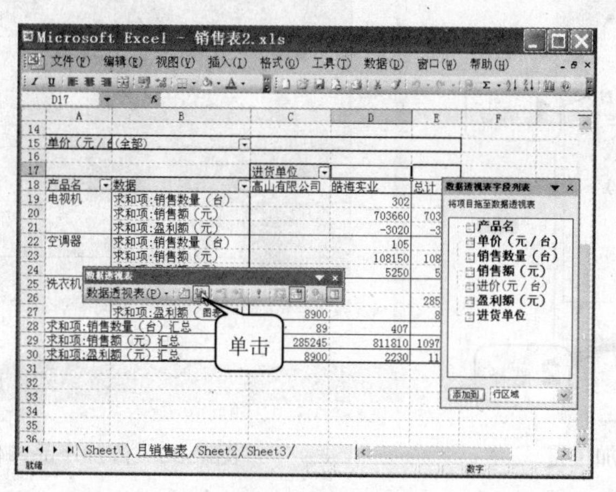

图 7-95　用“图表向导”按钮建立透视图

7.4.2　操作数据透视图

当透视图制作好之后，只需对它进行简单的操作就可以得到直观的数据信息。

1. 查看透视图

在字段的下拉列表框中选中需要的字段即可，例如需要显示产品的盈利额图形，具体的操作步骤是单击“数据”字段右侧的下拉列表，并选中“求和项：盈利额(元)”，然后单

击“确定”按钮，如图 7-96 所示。最后得到如图 7-97 所示的数据透视图。

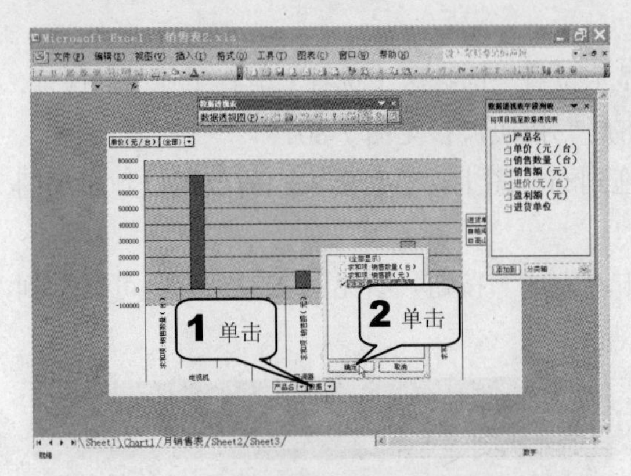

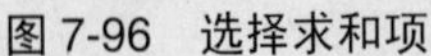

图 7-96　选择求和项

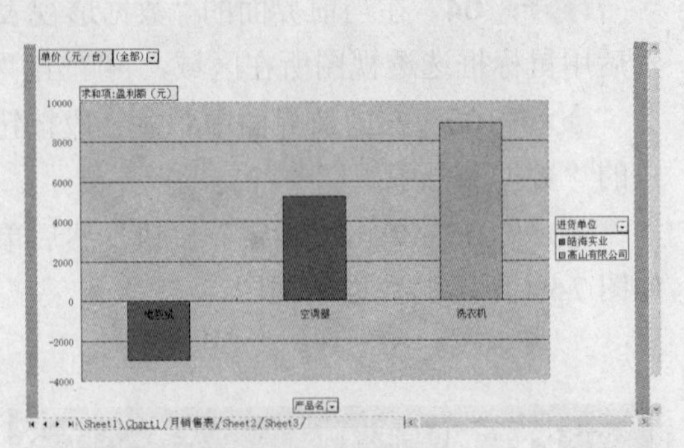

图 7-97　盈利额数据透视图

2. 向透视图中添加字段

如果想在数据透视图中加入字段，可以采用以下的操作步骤，这里以向分类轴中添加产品的单价为例加以说明。

具体的操作方法为：在“数据透视表字段列表”中单击需要添加的字段名，然后在“添加到”按钮右侧的下拉列表中选择字段添加的位置，这里选中“分类轴”选项，如图 7-98 所示，再单击“添加到”按钮完成添加。完成添加后的效果如图 7-99 所示。

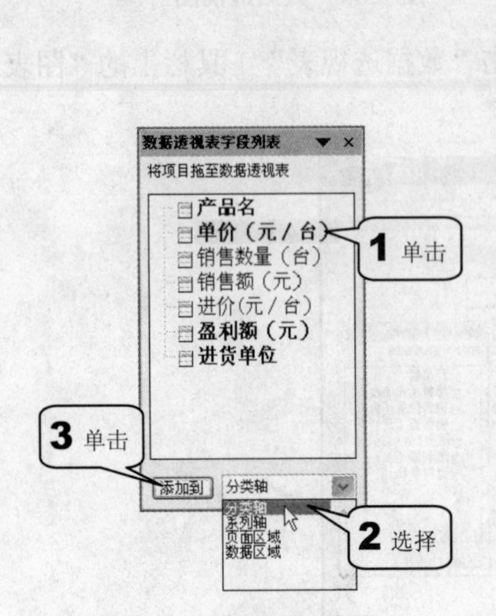

图 7-98　选择添加位置

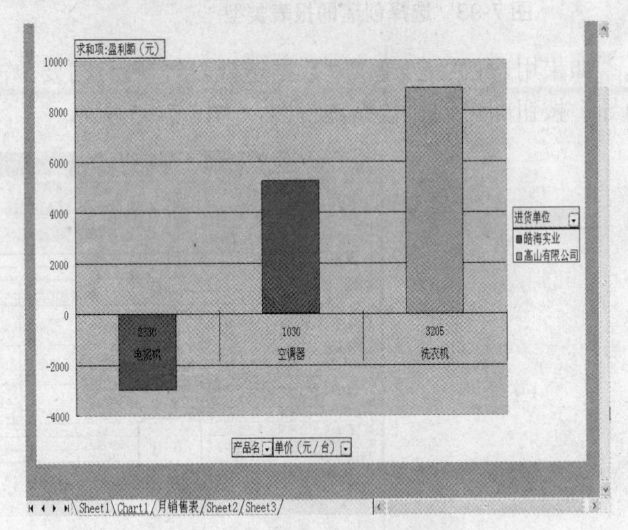

图 7-99　添加产品单价字段

3. 更改数据透视图类型

如果觉得数据透视图的类型不能很好地反映数据，可以通过更改类型达到更醒目的效果，更改类型的具体操作步骤如下。

步骤 01　在透视图区域右击，在弹出的快捷菜单中单击“图表类型”命令，如图 7-100 所示。

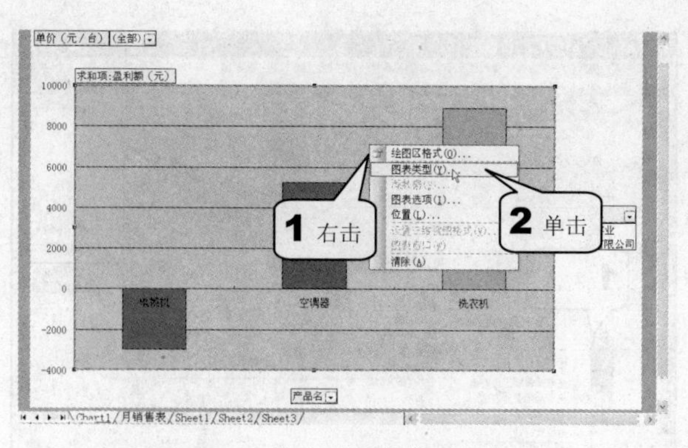

图 7-100 单击“图表类型”命令

步骤 **02** 在“图表类型”对话框中选择图表的类型，此例选择“面积图”，然后单击“确定”按钮，如图 7-101 所示。

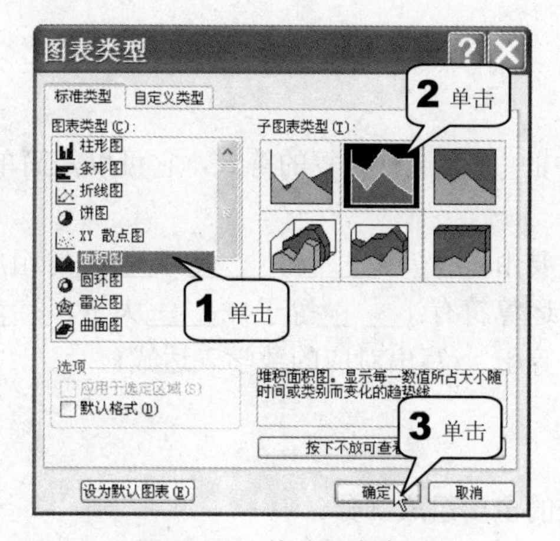

图 7-101　修改图表类型

最后的数据透视图效果如图 7-102 所示。

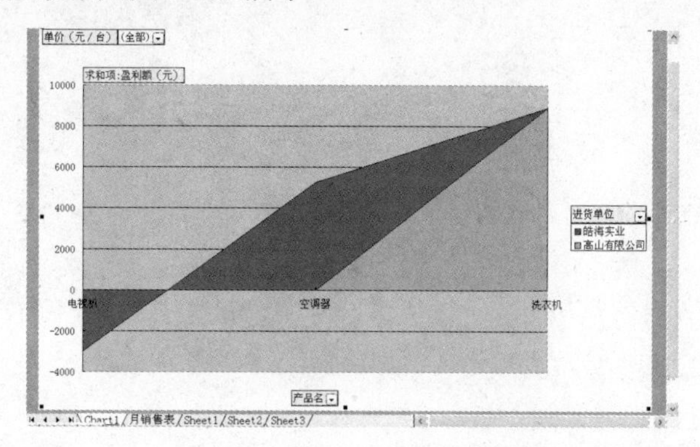

图 7-102　修改后的数据透视图

4. 删除数据透视图

如果用户需要删除数据透视图，则直接在需要删除的透视图的标签上单击鼠标右键，再在弹出的快捷菜单中单击“删除”命令即可将当前选择的数据透视图删除，如图 7-103 所示。

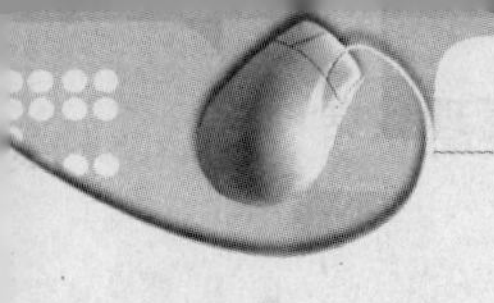

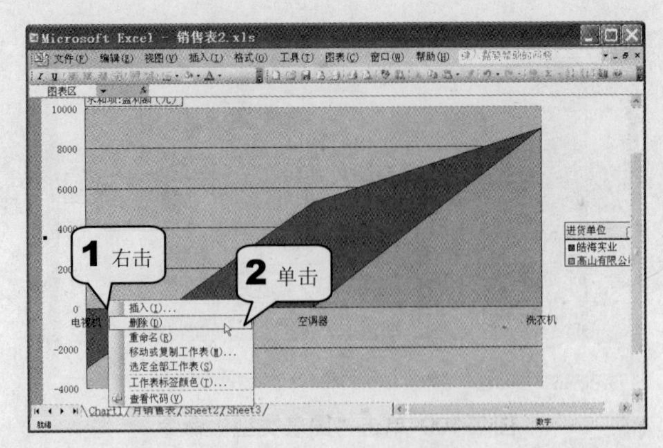

图 7-103 删除透视图

7.5 习题

一、填空题

1. 公式是对工作表中的_____进行计算的等式，它可以是简单的_____，也可以是含有Excel 内嵌函数的等式。

2. 在 Excel 中公式主要由_____、_____、_____、_____等组成。

3. 在 Excel 中定义的运算符有：_____等于，_____大于，_____小于，_____大于等于，_____小于等于和_____不等于。(写出对应的数学表达式)

二、问答题

1. 什么是简单排序？

2. 请简述 Excel 图表的主要组成部分。

3. 什么是数据透视图？

第 8 章　制作演示文稿
——PowerPoint 2003

本章概要

PowerPoint 2003 是一种演示文稿程序，可以结合声音、动画及图象等创建出适合商品展览会、学术研讨会、公司会议等各种场合的演示文稿。

本章将详细介绍 PowerPoint 2003 的操作方法，并以具体创建“产品推广”演示文稿为例说明它的操作方法。

8.1　初识 PowerPoint 2003

在本小节中，将介绍一个好的演示文稿所具备的特点，然后介绍它的启动方法、工作界面以及基本操作。

8.1.1　什么才是好的演示文稿

演示文稿由一张或者多张幻灯片构成，好的演示文稿应该能结合主题，给观众留下深刻印象，一般具有重点突出、直观、形象、通俗易懂等特点。在设计文稿的时候应尽量减少对文字的使用，如果需要用文字进行说明的地方也应该使字体足够大、足够醒目，方便观众辨识。

8.1.2　如何启动和关闭 PowerPoint 2003

启动 PowerPoint 2003 可以单击任务栏上的“开始”按钮，然后在“开始”菜单中单击“所有程序>Microsoft Office>Microsoft Office PowerPoint 2003”命令，即可启动 PowerPoint 2003，如图 8-1 所示。

在编辑完文档后，需要关闭 PowerPoint 2003，可以单击 PowerPoint 2003 菜单栏上的“文件>退出”命令，如图 8-2 所示，或是单击 PowerPoint 2003 窗口标题栏右上侧的关闭按钮。

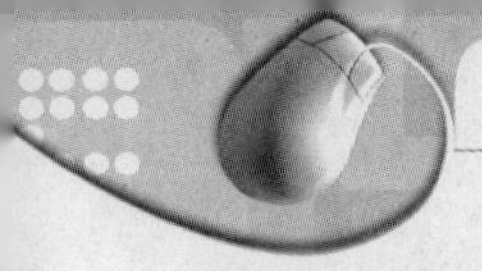

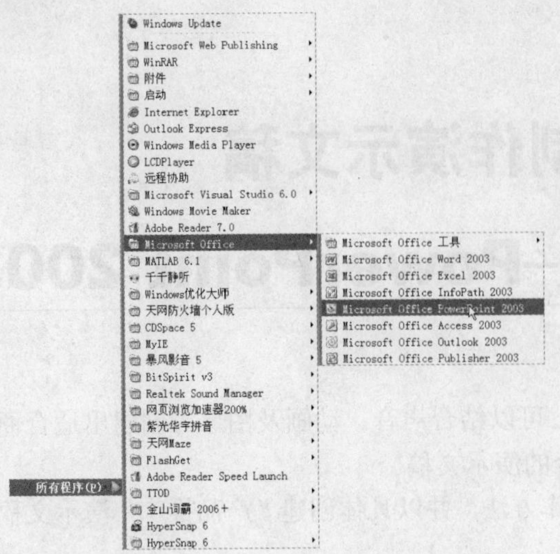

图 8-1 启动 PowerPoint 2003

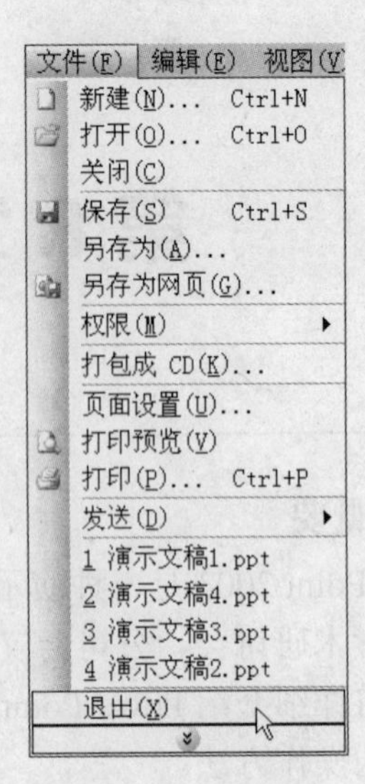

图 8-2 退出 PowerPoint 2003

8.1.3 PowerPoint 2003 的界面

PowerPoint 2003 启动后的工作界面如图 8-3 所示。

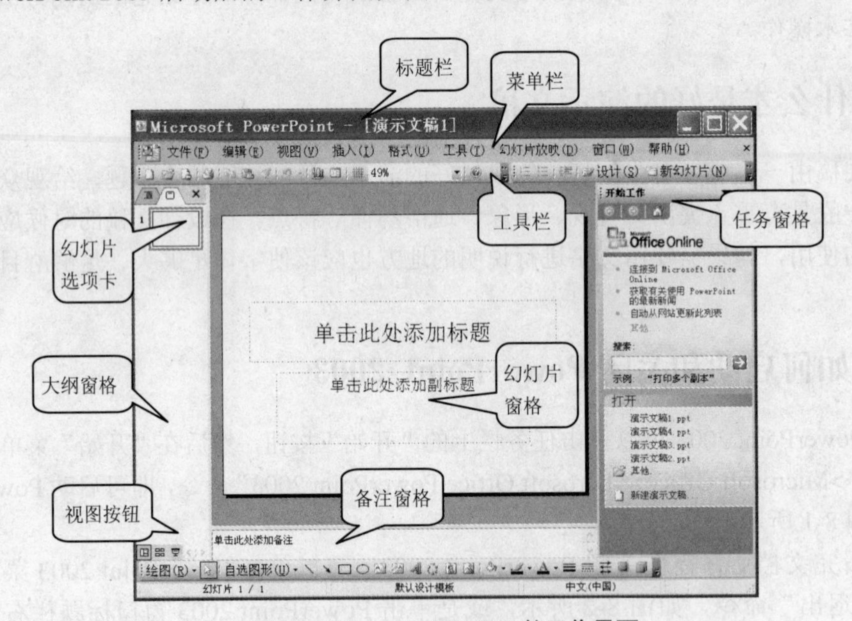

图 8-3 PowerPoint 2003 的工作界面

1. 标题栏

位于窗口的最顶端，如图 8-4 所示。它显示了程序的名称—Microsoft PowerPoint，以及工作文稿—[演示文稿]。在菜单栏的右侧分别排列着最小化按钮、还原按钮和关闭按钮。

图 8-4 标题栏

2. 菜单栏

位于标题栏之下，包含 PowerPoint 的所有命令，它的最左边是当前演示文稿的控制菜单图标，单击该菜单可以对文稿进行“还原”、“最小化”、“关闭”及“移动拆分”操作，如图 8-5 所示。

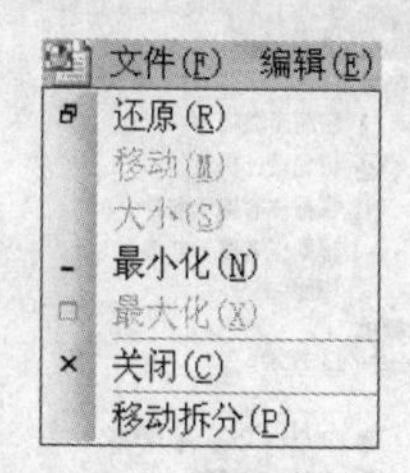

图 8-5　控制菜单

3. 工具栏

它将 PowerPoint 2003 的一些常用命令集中并用图标表示出来，用户可以通过单击图标来对程序发出命令，如图 8-6 所示。

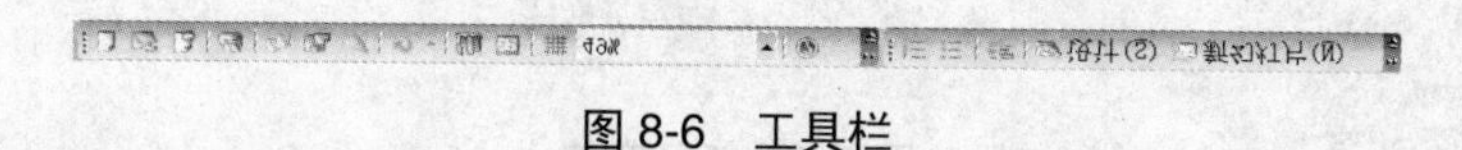

图 8-6　工具栏

4. 幻灯片窗格

显示当前的幻灯片，用户可以在该窗格中对幻灯片进行编辑和修改，如图 8-7 所示。

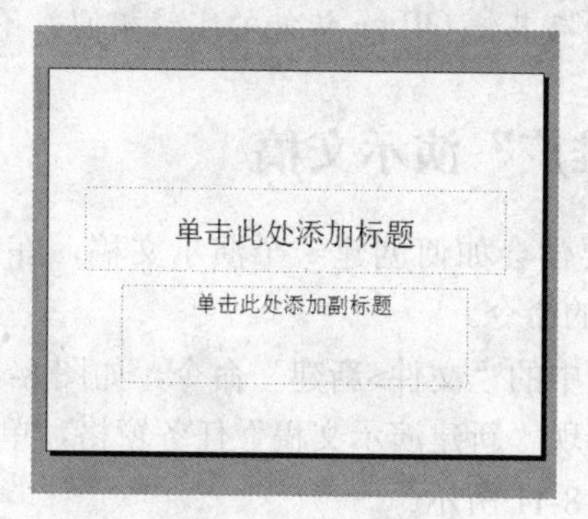

图 8-7　幻灯片窗格

5. 备注窗格

通过此窗格向幻灯片输入备注，如图 8-8 所示。

图 8-8　备注窗格

6. 大纲窗格

显示幻灯片的文本，演示文稿中的所有幻灯片按编号在该窗格中排列。

7. 幻灯片选项卡

用缩略图的方式显示文稿中的幻灯片，如果文稿中含有很多的幻灯片，可以单击它将幻灯片选中为当前幻灯片。

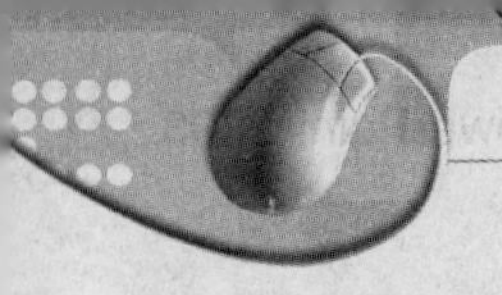

8. 任务窗格

位于操作窗口的右侧，用于提供常用命令，通过它可以完成多种不同的任务，如新建空演示文稿、选择设计模板、动画方案创建等，如图 8-9 所示。

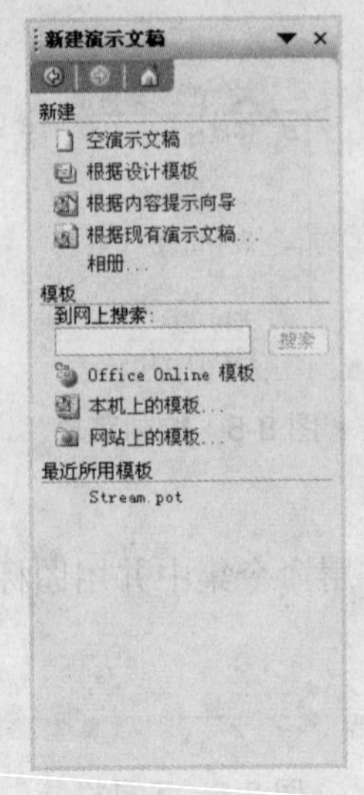

图 8-9 任务窗格

注意

PowerPoint 的工作界面与其他 Office 组件的比较相似，不要混淆。

8.1.4 创建“芯片推广”演示文稿

要制作文稿以前首先要学会如何创建一个演示文稿，在这里将介绍以下两种方法。

方法 1 利用菜单栏中的命令。

步骤 01 单击菜单栏中的“文件>新建”命令，如图 8-10 所示。

步骤 02 窗口右侧出现“新建演示文稿”任务窗格，单击“新建”选项区中的“空演示文稿”选项即可，如图 8-11 所示。

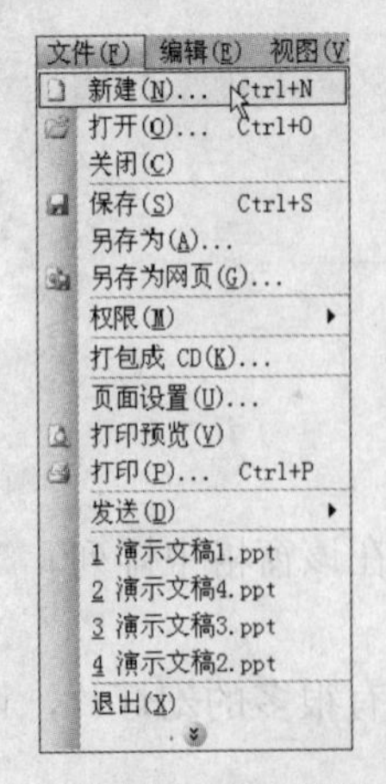

图 8-10 单击“文件>新建”命令

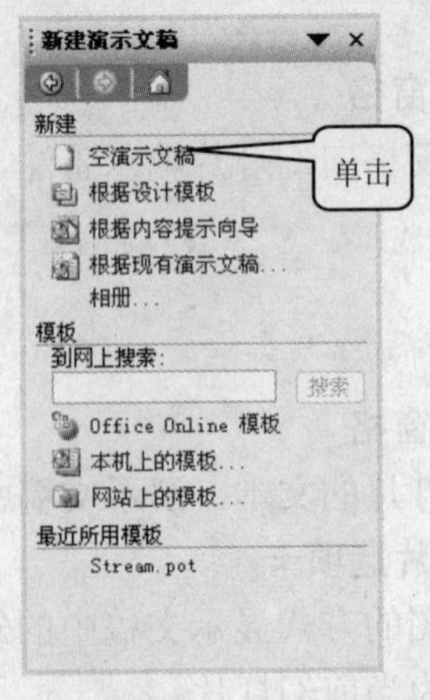

图 8-11 “新建演示文稿”任务窗格

采用这种方法创建的文稿是空白的文稿，不包含任何信息。

方法 2　使用“内容提示向导”创建“芯片推广”文稿。

步骤 01　单击“新建演示文稿”任务窗格中“新建”选项区中的“根据内容提示向导”选项，如图 8-12 所示。

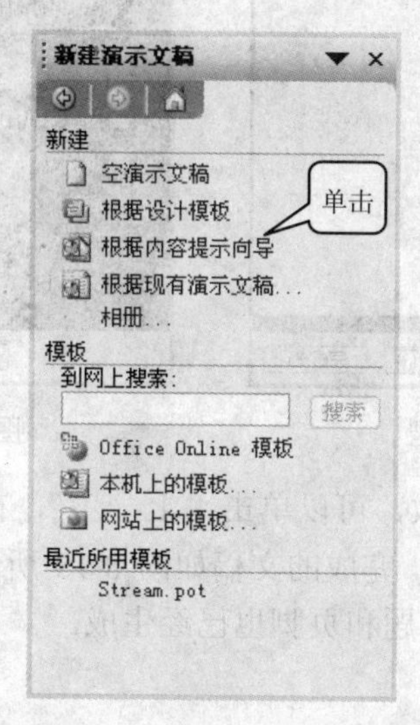

图 8-12　单击“根据内容提示向导”选项

步骤 02　在弹出的“内容提示向导”对话框的“开始”界面中，阅读“内容提示向导”第 1 页的内容，然后单击“下一步”按钮进入下一界面进行相应的参数设置，如图 8-13 所示。

步骤 03　在“内容提示向导”对话框的“演示文稿类型”界面的“选择将使用的演示文稿类型”选择区中提供了丰富大量的类型选择按钮，这里单击“销售 / 市场”按钮，然后在旁边的列表框中选中“产品 / 服务概况”选项，接着单击“下一步”按钮进入下一界面进行相应的参数设置，如图 8-14 所示。

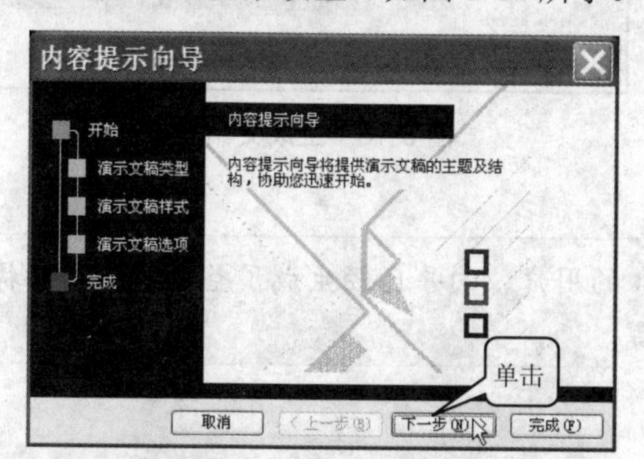

图 8-13　内容提示向导界面

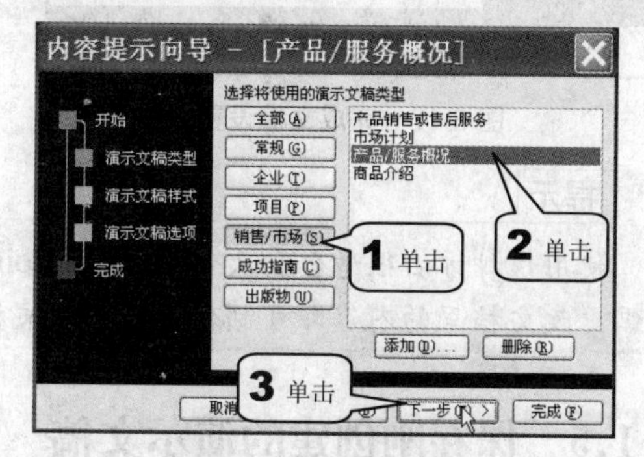

图 8-14　选中文稿类型

步骤 04　在“内容提示向导”对话框的“演示文稿样式”界面的“您使用的输出类型？”选项区内选择“屏幕演示文稿”选项，然后单击“下一步”按钮，如图 8-15 所示。

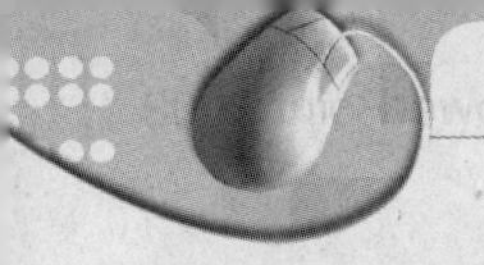

步骤 05 在“演示文稿标题”文本框内输入文稿标题（假设为 AMD 公司的芯片推广），在文本框内输入“AMD 芯片推广”字样，再在“每张幻灯片都包含的对象”选项区内选择页脚的样式，这里在“页脚”文本框中输入“AMD”字样，并选中“上次更新日期”和“幻灯片编号”复选框，然后单击“下一步”按钮，如图 8-16 所示。

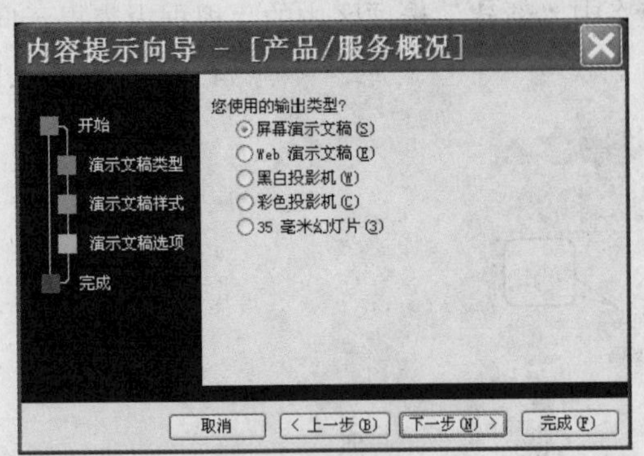

图 8-15　选择播放类型

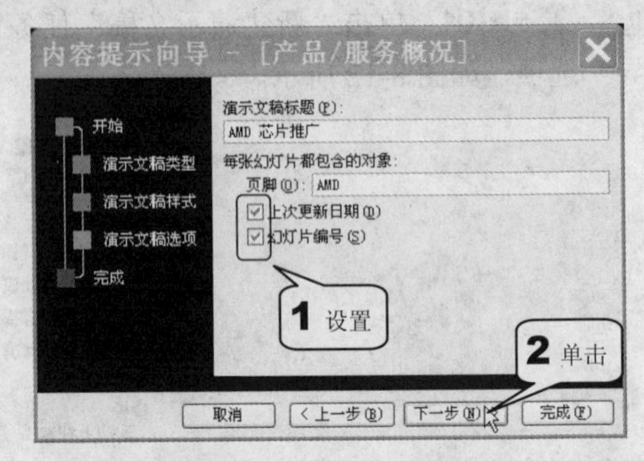

图 8-16　设置标题及页脚

步骤 06 如果要进行修改，可以单击“上一步”，在确定所有设定准确无误后单击“完成”按钮，如图 8-17 所示。完成的文稿如图 8-18 所示，在文稿中可以看见左边的大纲窗格已经自动生成了大纲，标题和页脚也已经生成。

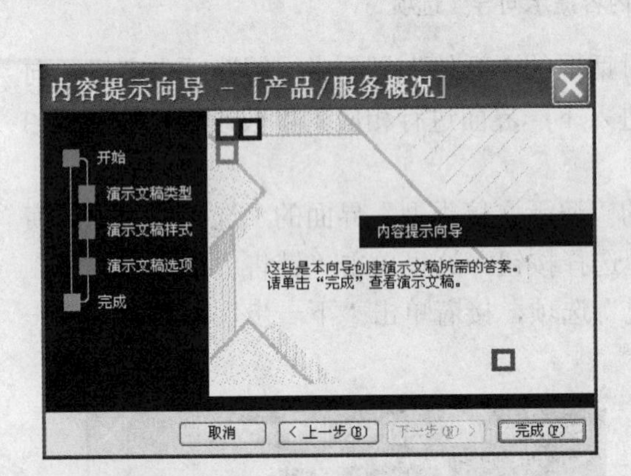

图 8-17　完成文稿设置

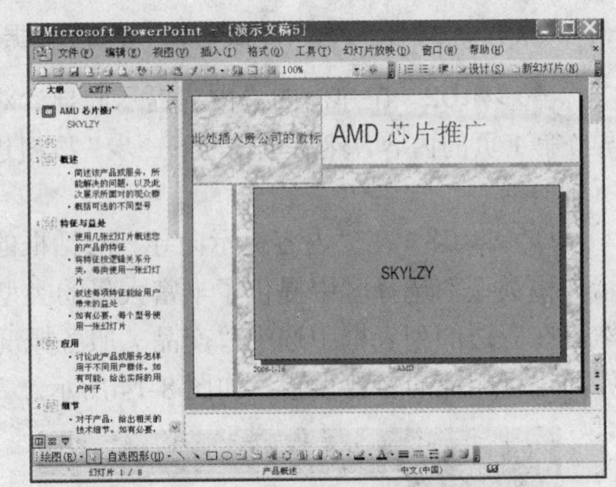

图 8-18　生成文稿的首页

提示

使用该种方法很适合初次使用 PowerPoint 的用户，向导已经生成了整篇文档的结构，只需更改文档里的内容即可制作出自己的文稿。

8.1.5　保存刚创建的演示文稿

在完成创建工作后，需要对文稿进行保存，可以单击菜单栏中的“文件>保存”命令完成保存，如图 8-19 所示，也可以单击工具栏上的“保存”按钮。

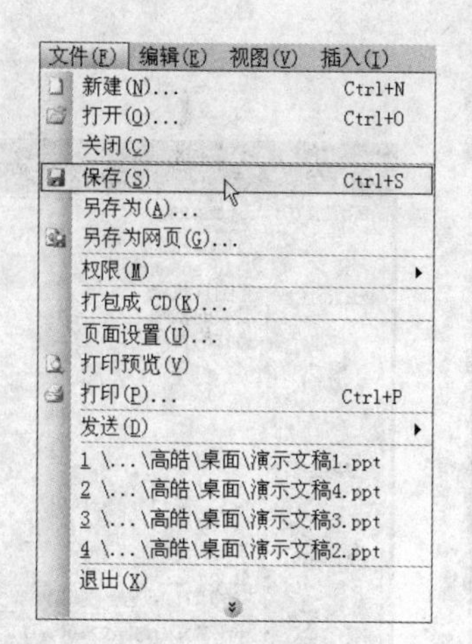

图 8-19　单击“文件>保存”命令

PowerPoint 2003 具备自动存储演示文稿的功能，可以根据设置的时间间隔对文稿进行信息的保存，其具体设置步骤如下。

步骤 **01**　单击菜单栏中的“工具>选项”命令，如图 8-20 所示。

步骤 **02**　在弹出的“选项”对话框中打开“保存”选项卡，然后选中“保存自动恢复信息，每隔”复选框，并在其右侧的文本框内输入时间间隔，这里设置为“10”，最后单击“确定”按钮完成设置，如图 8-21 所示。

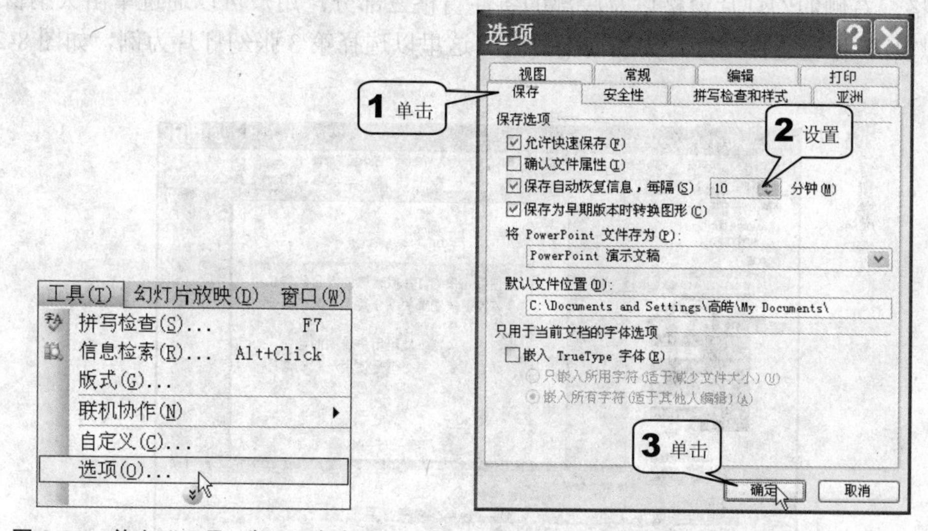

图 8-20　单击“工具>选项”命令　　图 8-21　设置自动保存

在编辑完文稿后如果用户想把文稿保存到自己指定的位置，具体操作步骤如下。

步骤 **01**　单击菜单栏中的“文件>另存为”命令，如图 8-22 所示。

步骤 **02**　在弹出的“另存为”对话框中选择保存路径和保存文件类型，并输入保存文件的名字，最后单击“保存”按钮完成操作，这里以把刚创建的文稿保存到“我的文档”文件夹为例，如图 8-23 所示。

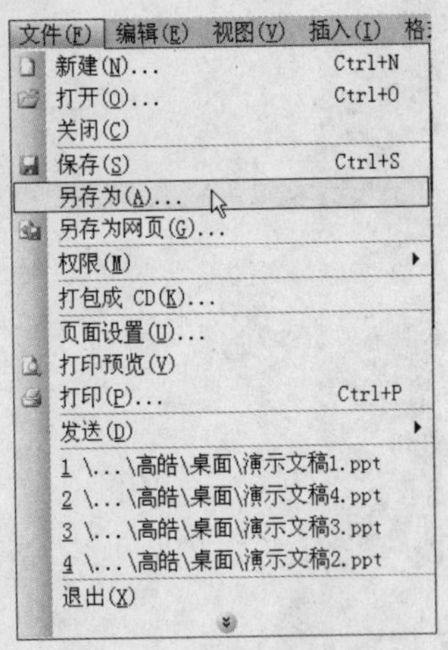

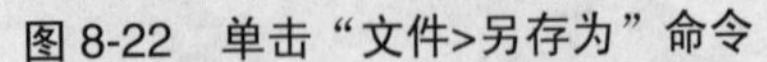
图 8-22 单击“文件>另存为”命令

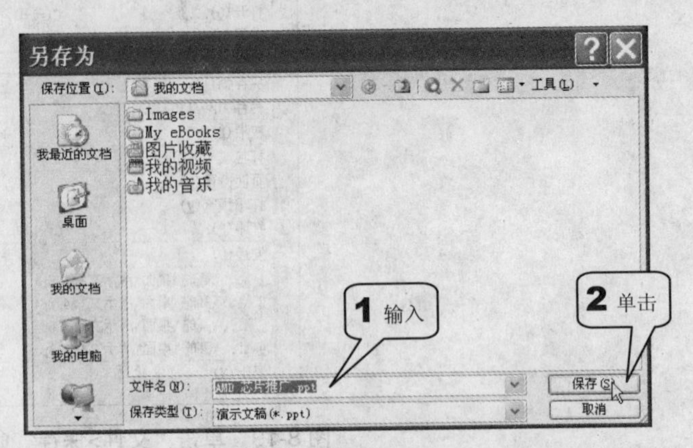

图 8-23 “另存为”对话框

8.1.6 查看文稿

在 PowerPoint 2003 中用户可以利用 4 种视图观察幻灯片的效果，各种视图的特点如下。

1. 普通视图

图 8-18 显示的即为普通视图的效果，它是程序默认的视图模式，整个视图分为左侧的大纲窗格，右侧的幻灯片窗格以及底部的备注窗格三部分，用户可以通过单击大纲窗格中的“幻灯片”标签选择幻灯片为当前幻灯片。这里以选择第 3 张幻灯片为例，如图 8-24 所示。

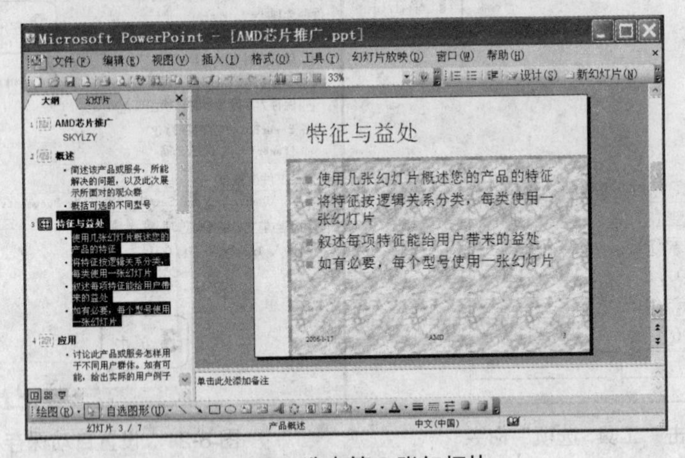

图 8-24 选中第 3 张幻灯片

2. 幻灯片浏览视图

采用该视图，程序将以缩略图的方式显示文稿中所有的幻灯片，便于从总体观察设计的文稿，在该视图可以很容易地对幻灯片的播放顺序进行调整，如图 8-25 所示。

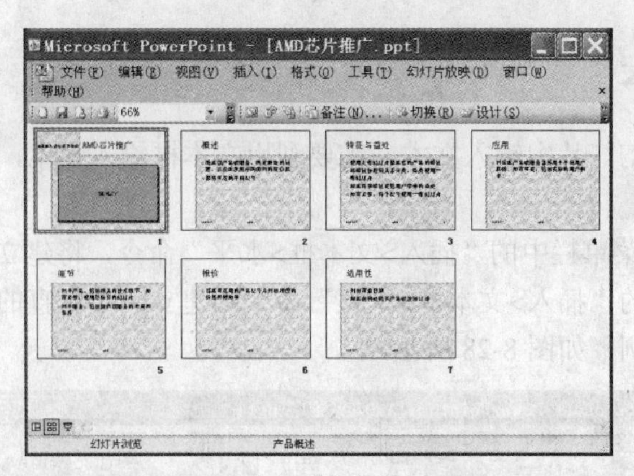

图 8-25　幻灯片浏览视图

3. 幻灯片放映视图

幻灯片放映视图将幻灯片以放映的方式显示，采用此视图，幻灯片会占据整个屏幕，用于查看设计好了的文稿的播放效果，如图 8-26 所示。

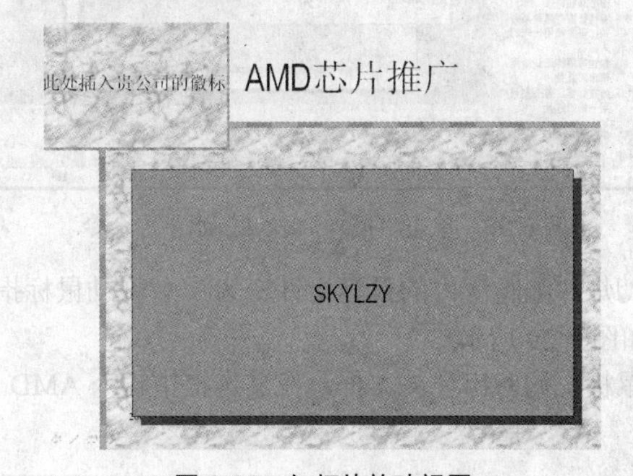

图 8-26　幻灯片放映视图

4. 备注页视图

在该视图中，用户可以在备注窗格中添加备注，在放映的时候，备注不会出现在显示屏幕上，如图 8-27 所示。

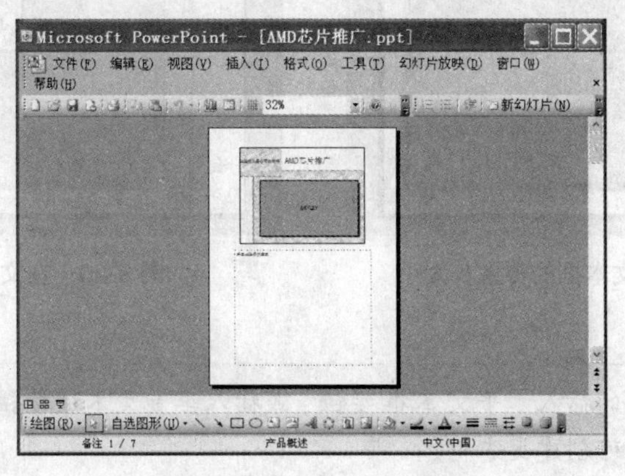

图 8-27　备注页视图

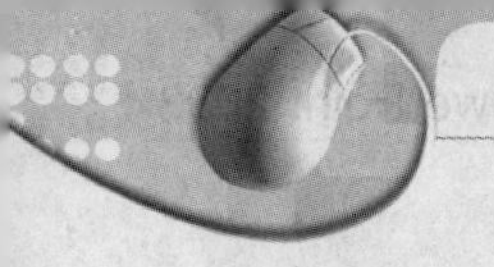

8.1.7 输入文本

用户不能直接在幻灯片中输入文本，需要利用文本框输入文本，在幻灯片中插入文本框的步骤如下。

步骤 01 单击菜单栏中的“插入>文本框>水平”命令，将建立一个水平方向的文本框，若单击菜单栏中的“插入>文本框>垂直”命令则建立一个竖直的文本框，这里以建立水平方向的文本框为例，如图 8-28 所示。

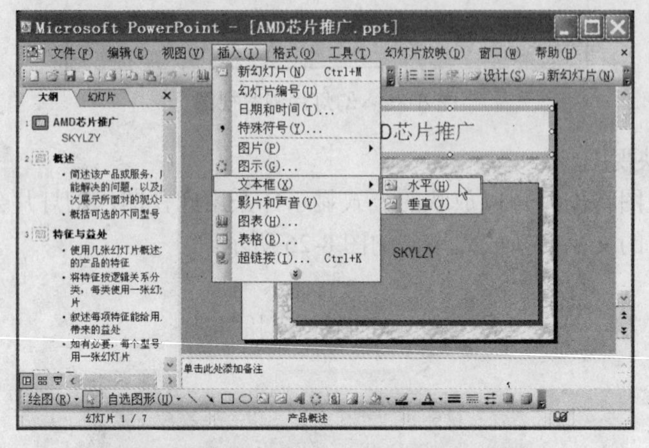

图 8-28 单击“插入>文本框>水平”命令

步骤 02 这时幻灯片编辑区内的鼠标指针变为↓，拖动鼠标指针，选择需要插入文本框的位置和大小，如图 8-29 所示。

步骤 03 释放鼠标，这时出现文本框，在文本框中输入 AMD Athlon 64，如图 8-30 所示。

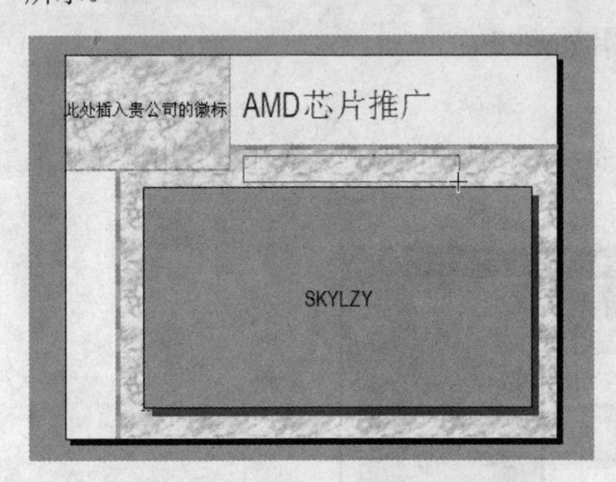

图 8-29 设置插入文本框的位置及大小

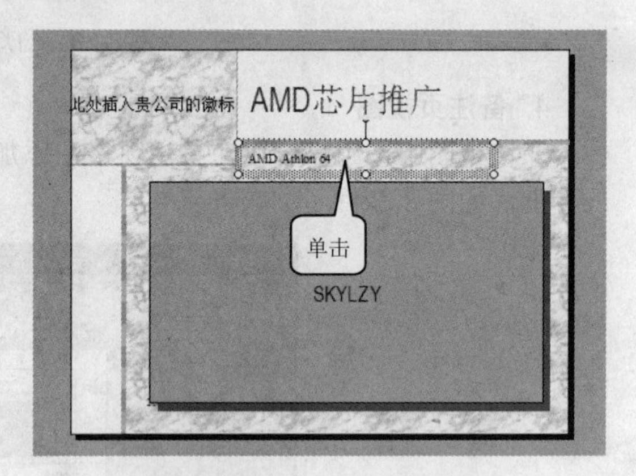

图 8-30 在文本框中输入文本

提示

单击绘图工具栏中的插入水平文本框按钮或插入垂直文本框按钮，然后再在幻灯片编辑区内拖动鼠标指针即可创建文本框。

8.1.8　应用设计模板与幻灯片母版的设计

母版的作用是使演示文稿具有统一的背景或外观，用户可以将文稿格式设置在母版中，这样每当新增一张幻灯片，就可以不必重新设定文稿格式。

1. 应用设计模板

下面将介绍如何把这些模板应用到文稿中。具体的操作步骤如下。

步骤 01　单击菜单栏中的“视图>任务窗格”，如图 8-31 所示。

步骤 02　弹出“开始工作”任务窗格，在“开始工作”下拉列表中单击“幻灯片设计”命令，如图 8-32 所示。

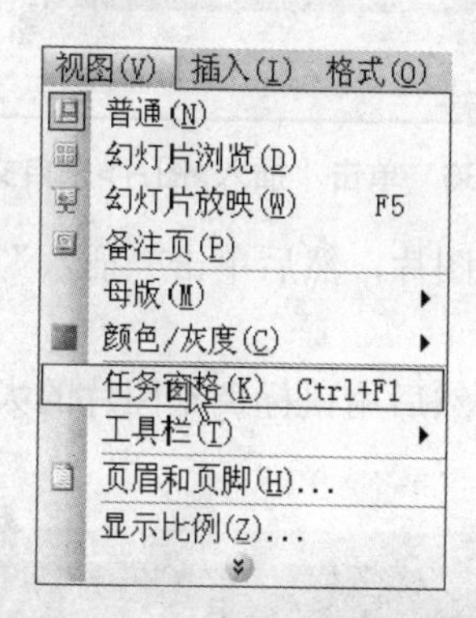

图 8-31　单击“视图>任务窗格”命令

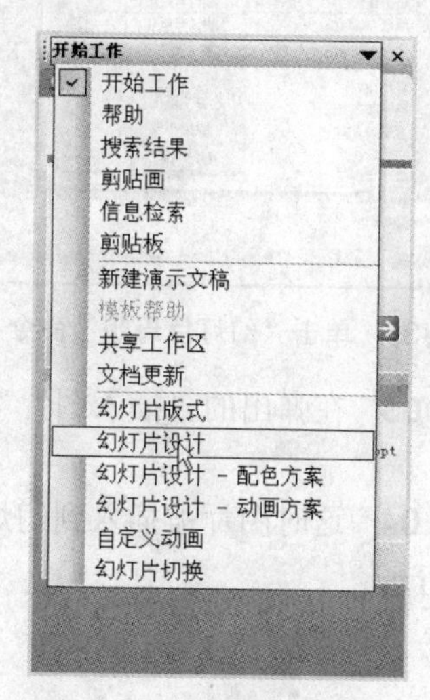

图 8-32　单击“幻灯片设计”命令

步骤 03　在“应用设计模板”选项区的“在此演示文稿中使用”列表框中单击选择需要的模板，单击右侧的下拉按钮，在弹出的菜单中选择应用该模板的范围，这里以单击“应用于所有幻灯片”为例，如图 8-33 所示。完成后会看见大纲窗格内的幻灯片缩略图全变为了新的模板，如图 8-34 所示。

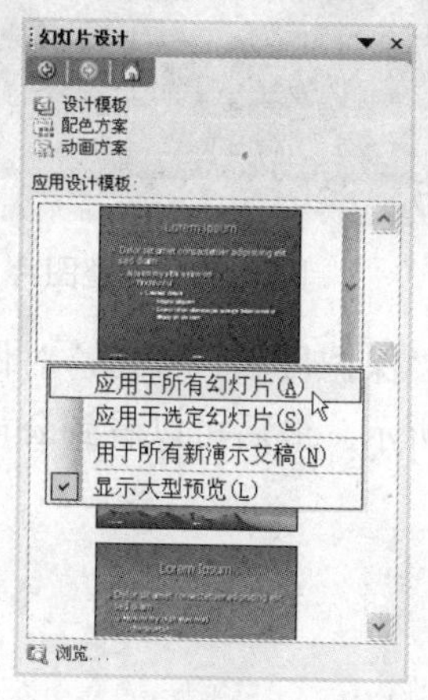

图 8-33　选中“应用于所有幻灯片”选项

图 8-34　完成了模板变换的幻灯片

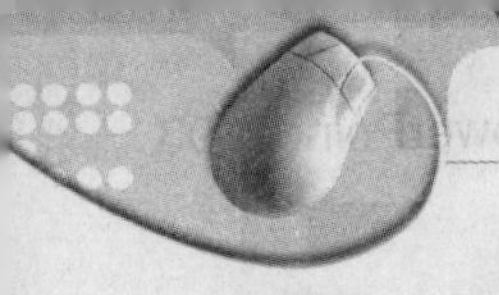

2. 母版的设计

“幻灯片母版”决定了幻灯片的外观和标题，这里以在幻灯片母版中加入公司图标为例，说明具体的操作步骤。

步骤 01 单击菜单栏中的“视图>母版>幻灯片母版”命令，如图 8-35 所示。

步骤 02 单击菜单栏中的“插入>图片>来自文件”命令，如图 8-36 所示。

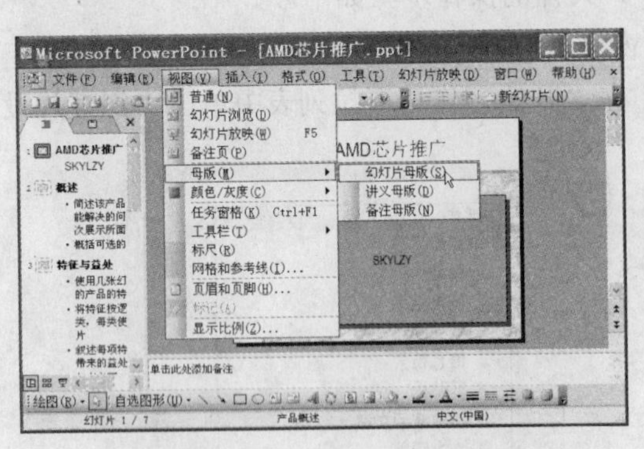

图 8-35 单击“幻灯片母版”命令

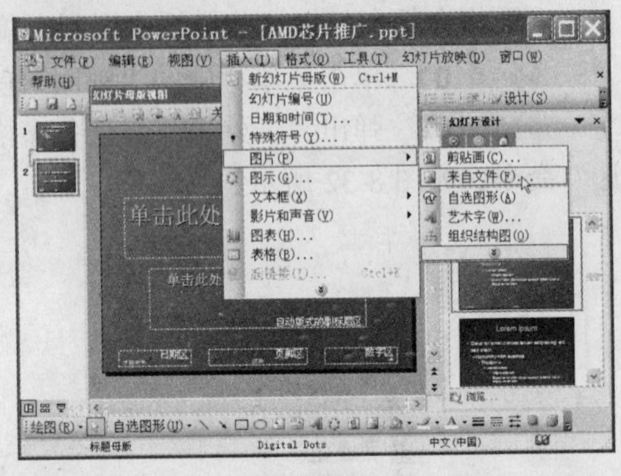

图 8-36 单击“插入>图片>来自文件”命令

步骤 03 在弹出的“插入图片”对话框中选择图片，然后单击“插入”按钮，如图 8-37 所示。

步骤 04 这时图片被插入到幻灯片编辑区中，然后用鼠标调整图片的大小和位置，如图 8-38 所示。

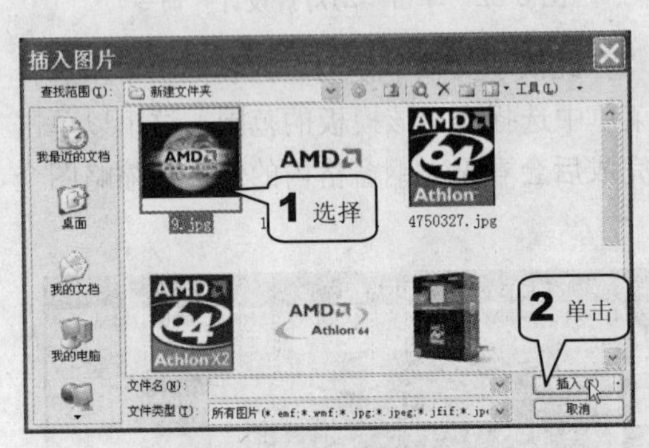

图 8-37 “插入图片”对话框

图 8-38 调整图片

步骤 05 在“幻灯片母版视图”工具栏中单击“保护母版”按钮，对做成的母版进行保护，最后单击“关闭母版视图”按钮，如图 8-39 所示。最后可以看到公司的图标已经被添加到了以前模板的左上角，如图 8-40 所示。

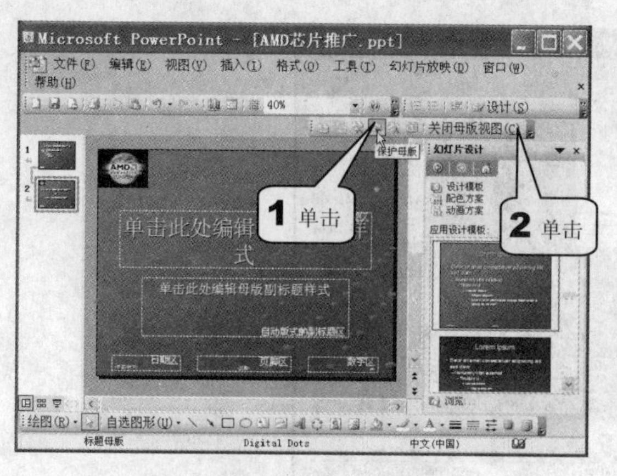

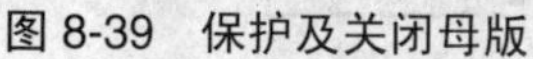
图 8-39　保护及关闭母版

图 8-40　插入公司图标

8.1.9　增加、删除幻灯片以及调整幻灯片的顺序

1. 增加新幻灯片

增加新幻灯片的具体操作步骤如下。

步骤 01　单击希望插入位置前的一张幻灯片，然后单击菜单栏中的“插入>新幻灯片”命令，这时会在选中幻灯片后插入新的幻灯片，这里以在编号为 2 的幻灯片后插入一张新幻灯片为例，如图 8-41 所示。

步骤 02　再在任务窗格中“应用幻灯片版式”选项区中选择插入幻灯片的版式，如图 8-42 所示。

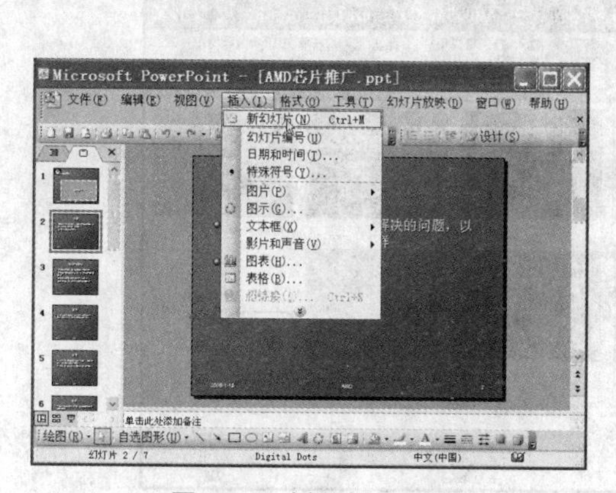

图 8-41　插入新幻灯片

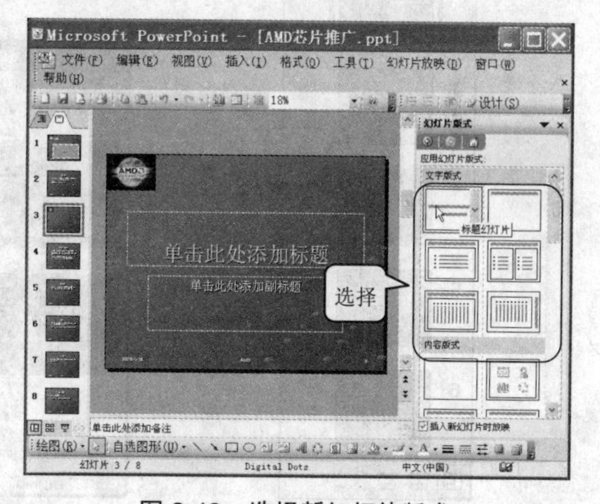

图 8-42　选择新幻灯片版式

2. 删除幻灯片

删除幻灯片的具体方法是首先选中要删除的幻灯片，然后单击菜单栏中的“编辑>删除幻灯片”命令，如图 8-43 所示。

更为简捷的方法是选中需要删除的幻灯片，按 Delete 键立刻删除。

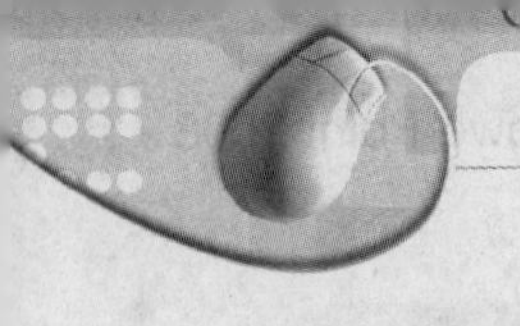

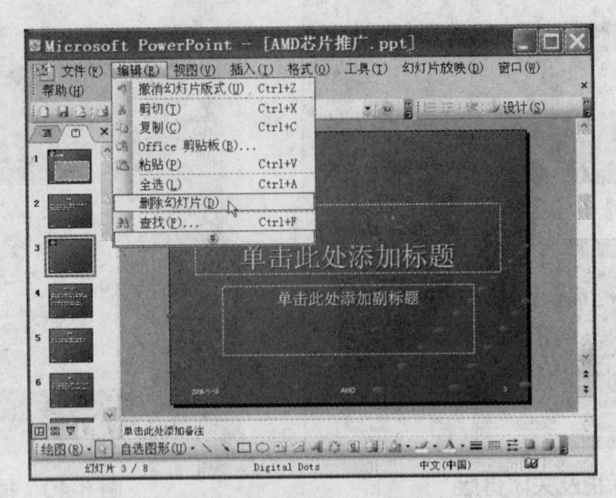

图 8-43　删除幻灯片

3. 调整幻灯片顺序

调整幻灯片的顺序相对比较简单，在大纲窗格中单击需要调整位置的幻灯片，然后上下拖动到希望插入的新位置，如图 8-44 所示。也可以将视图模式转换为“幻灯片浏览”视图，拖动需要更改位置的幻灯片到插入位置即可，如图 8-45 所示。

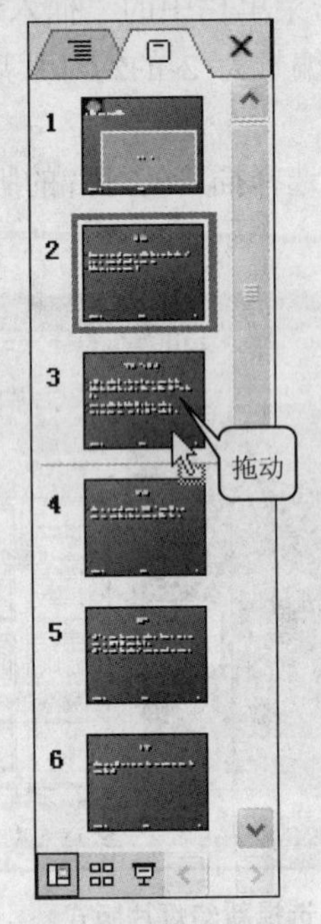

图 8-44　调整幻灯片顺序

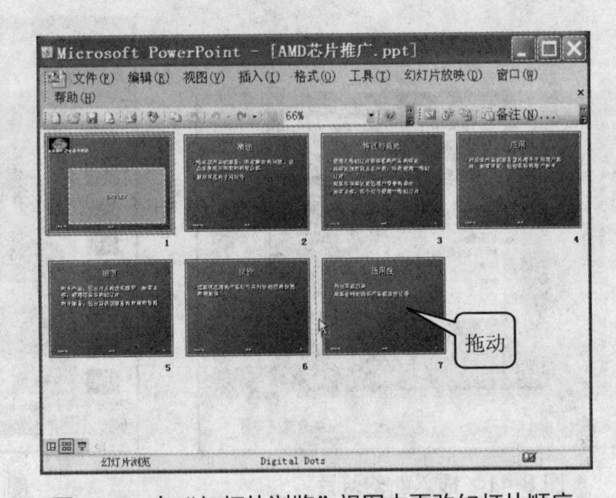

图 8-45　在“幻灯片浏览”视图中更改幻灯片顺序

8.1.10　播放文稿

在任何视图模式下都可以播放文稿，在播放过程中，主要如下有两种方式换页。

1. 放映方式设置

设置放映方式的具体设置步骤如下。

步骤 01　单击菜单栏中的“幻灯片放映>设置放映方法”命令，如图 8-46 所示。

步骤 02　弹出“设置放映方式”对话框，在“放映类型”选项区内选择放映类型，在“放映选项”选项区中选择放映要求，在“绘图笔颜色”下拉列表中选择笔的颜色，在“放映幻灯片”选项区中选择放映幻灯片的范围，在“换片方式”选项区中选择换片的方式，设置完成后单击“确定”按钮。此例采用如图 8-47 所示的设置方式。

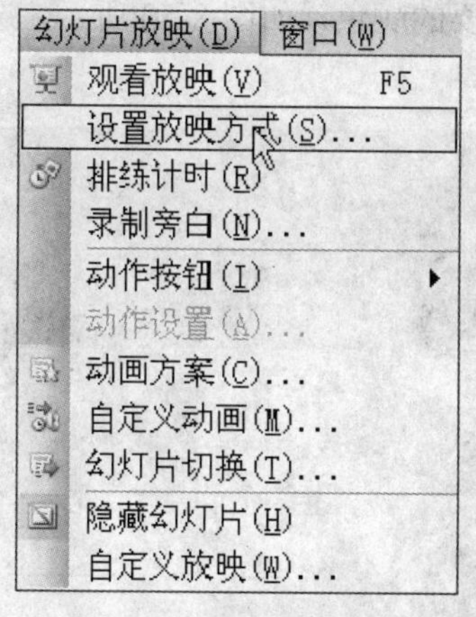

图 8-46　单击“设置放映方式”命令

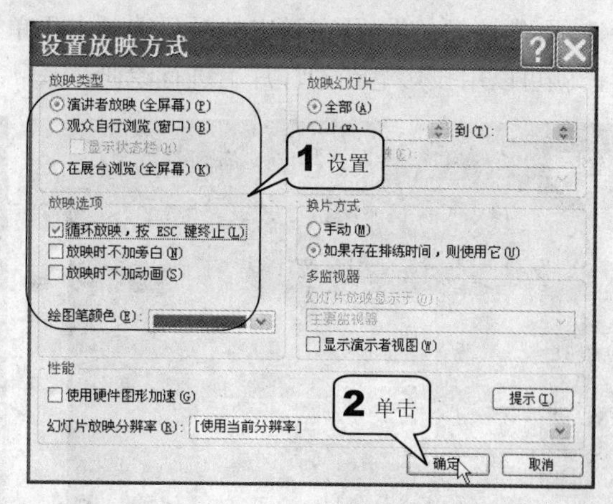

图 8-47　设置放映方式

2. 放映方法

播放文稿的方法是单击菜单栏中的“幻灯片放映>观看放映”命令，如图 8-48 所示，当前幻灯片立即将会以满屏显示的方式进行显示。

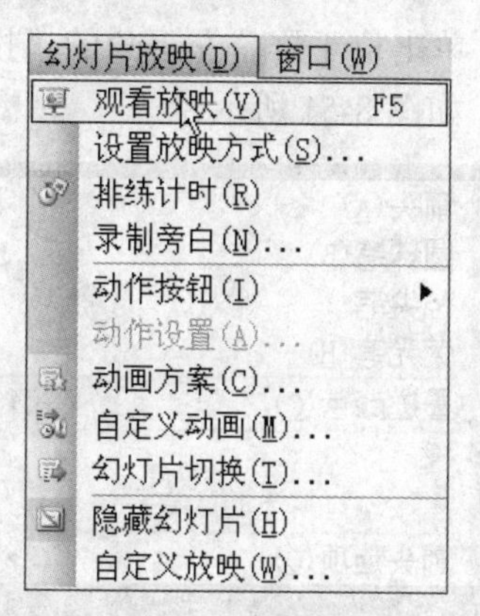

图 8-48　单击“观看放映”命令

也可以单击视图按钮中的“从当前幻灯片开始幻灯片放映”按钮，开始播放幻灯片。

注意

使用按钮放映幻灯片并不是从第一张开始，而是从当前幻灯片开始向后放映的。

3. 投影笔的使用

在幻灯片的放映过程中，用户可以利用“投影笔”功能在幻灯片上绘图或者书写，具体的操作方法有以下两种，用户可更具实际情况进行选择。

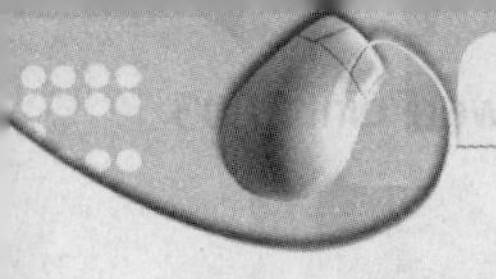

方法 1 用快捷菜单选择投影笔。

在放映幻灯片状态下，单击鼠标右键，在弹出的快捷菜单中单击“指针选项>毡尖笔”命令，将投影笔的笔形设置为毡尖笔，如图 8-49 所示。

用户同样可以选择笔的颜色，其操作方法为：右击鼠标，在弹出的快捷菜单中选择“指针选项>墨迹颜色”，再在弹出的颜色选项卡里单击需要的颜色，如图 8-50 所示，选择完成后，就可以用投影笔在幻灯片上进行绘画了。

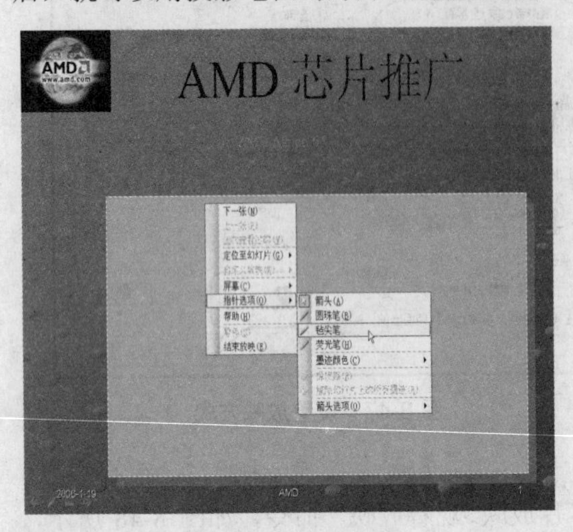

图 8-49 选择投影笔

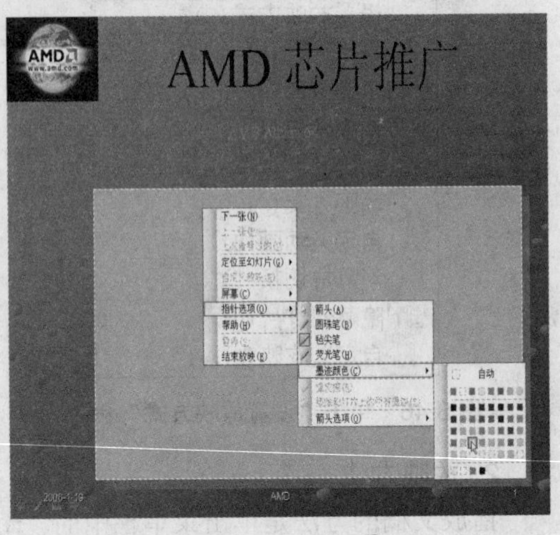

图 8-50 选择笔迹颜色

方法 2 在放映幻灯片时，单击位于屏幕左下角的“投影笔”按钮，再在弹出的快捷菜单中选择笔的样式以及颜色，如图 8-51 所示。

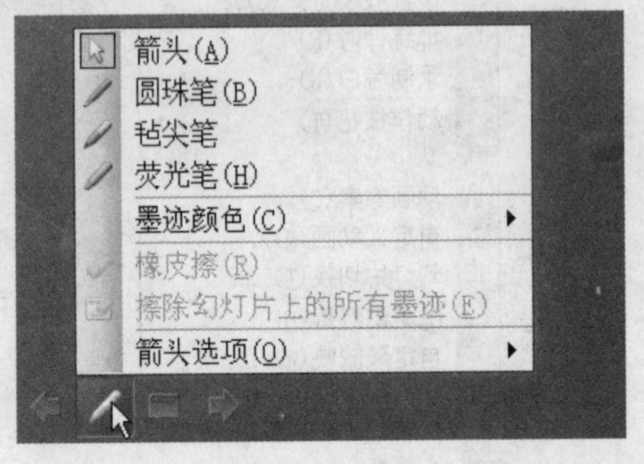

图 8-51 设置“投影笔”样式

4. 排练计时

排练计时功能可以记录下播放每张幻灯片及整张文稿所花的时间，具体操作步骤如下。

步骤 01 单击菜单栏中的“幻灯片放映>排练计时”命令，如图 8-52 所示。

步骤 02 弹出“预演”工具栏，按对话框中的按钮记录播放时间，其按钮的具体功能如图 8-53 所示。

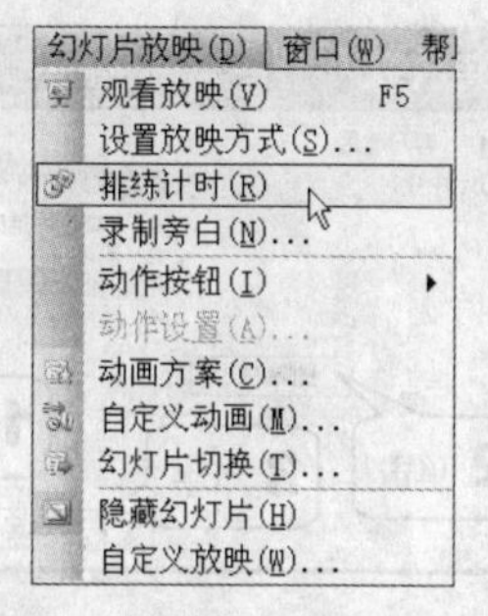

图 8-52　单击“排练计时”命令

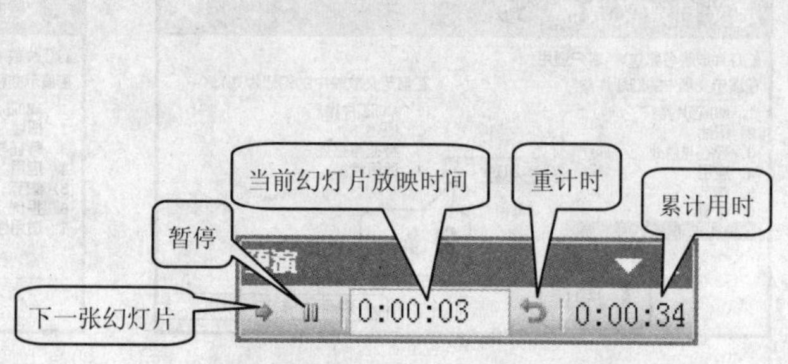

图 8-53　“预演”对话框

步骤 03　播放完文稿后，程序会自动弹出如图 8-54 所示的对话框，告知用户播放完文稿所花的总时间，询问是否保存该排练时间，单击“确定”按钮，这样以后播放该文稿时，程序会按照排练时间自动进行幻灯片的换页。

图 8-54　保存排练时间

5. 自定义放映

有时可能因为各种原因不能展示文稿中的所有幻灯片，这时可以不删除那些不播放的幻灯片，而采用“自定义放映”功能播放文稿中需要的部分。其具体的操作步骤如下。

步骤 01　单击菜单栏中的“幻灯片放映>自定义放映”命令，如图 8-55 所示。

步骤 02　在弹出的“自定义放映”对话框中单击“新建”按钮，如图 8-56 所示。

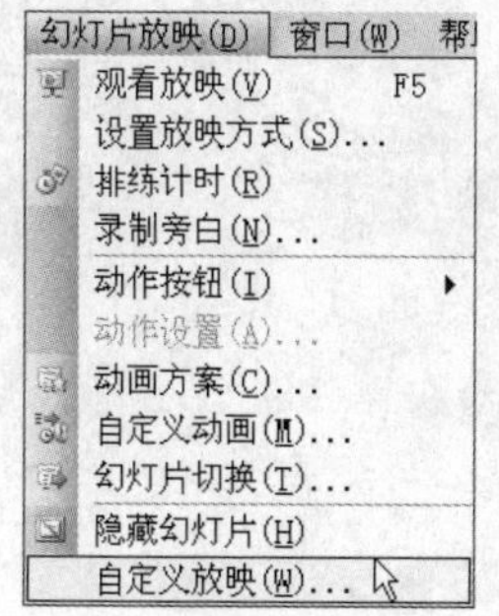

图 8-55　单击“自定义放映”命令

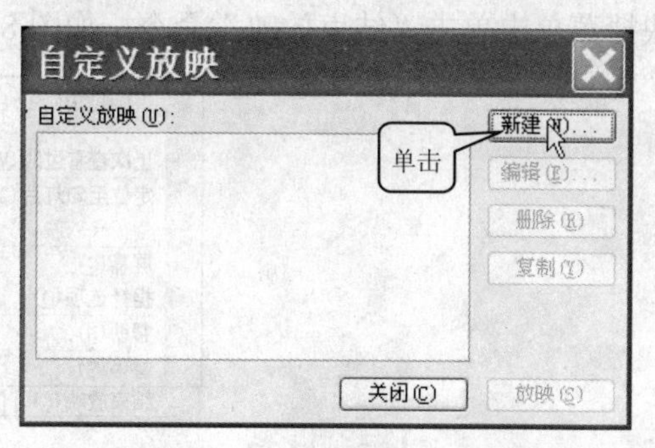

图 8-56　“自定义放映”对话框

步骤 03　在弹出的“定义自定义放映”对话框中的“幻灯片放映名称”文本框中输入名称，然后选择“在演示文稿中的幻灯片”选项区内选择需要播放的幻灯片，并单击“添加”按钮，添加到“在自定义放映中的幻灯片”选项区，如图 8-57 所示。

步骤 04　在完成添加幻灯片后，可以使用“向上”、“向下”按钮对自定义幻灯片的放映顺序做调整，也可以单击选中“在自定义放映中的幻灯片”选项区内的幻灯片，再单击“删除”按钮删除该幻灯片，然后再单击“确定”按钮，如图 8-58 所示。

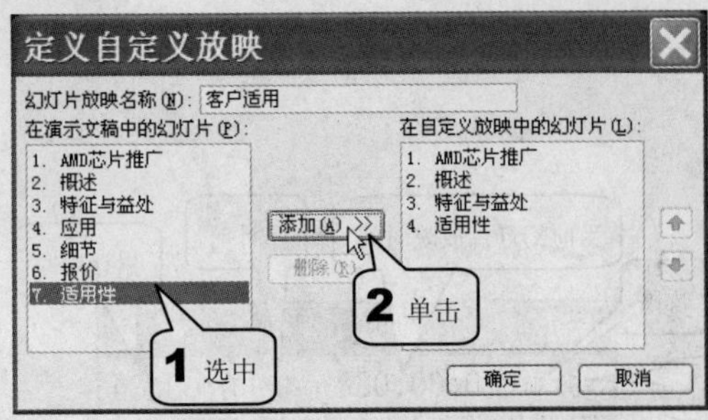

图 8-57 添加幻灯片

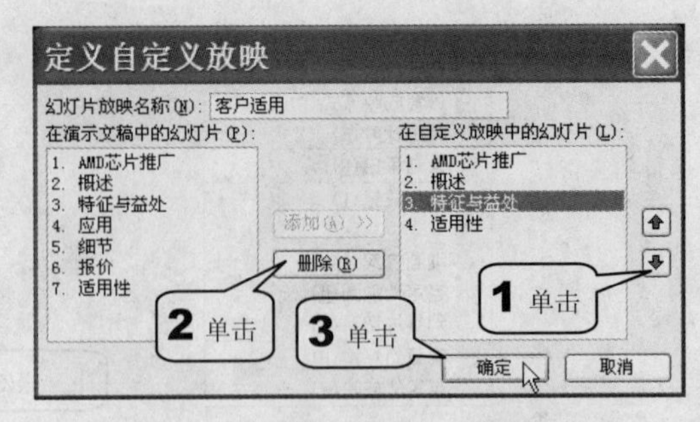

图 8-58 调整放映顺序及删除幻灯片

步骤 05 在弹出的“自定义放映”对话框中单击“放映”按钮，完成操作，如图 8-59 所示。

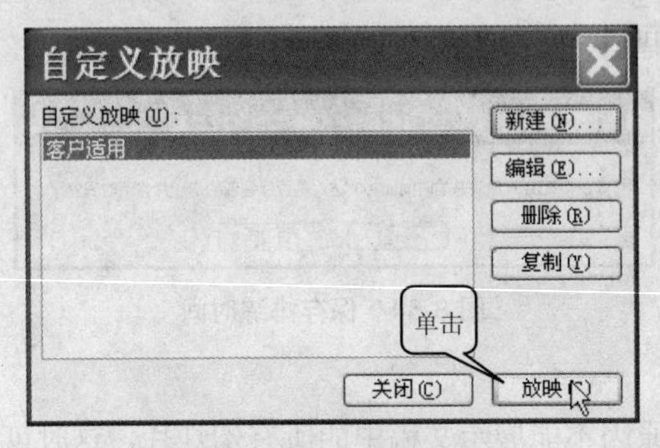

图 8-59 单击“放映”按钮

6. 结束放映

当幻灯片全部放完以后，程序会自动结束放映，若在放映中途停止可以右击鼠标，在弹出的快捷菜单中单击“结束放映”命令，如图 8-60 所示。

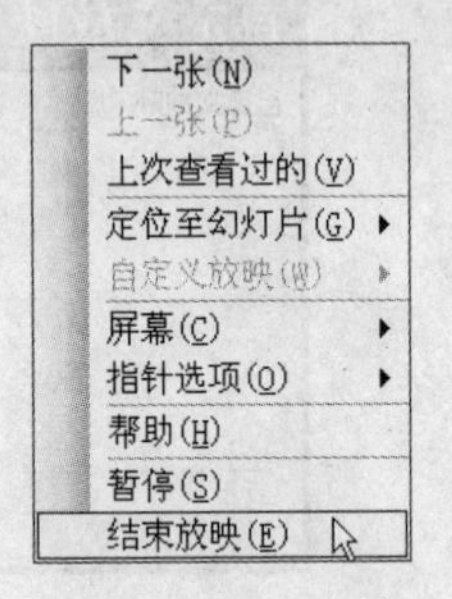

图 8-60 单击“结束放映”命令

提示

更为简捷的方法是在播放过程中直接按 Esc 键退出。

7. 获取播放帮助

在播放幻灯片的过程中，用户可以按下 F1 键获取帮助，如图 8-61 所示，在弹出的“幻灯片放映帮助”对话框中提供了更多对幻灯片进行播放的方法，浏览完毕后单击“确定”按钮回到播放状态。

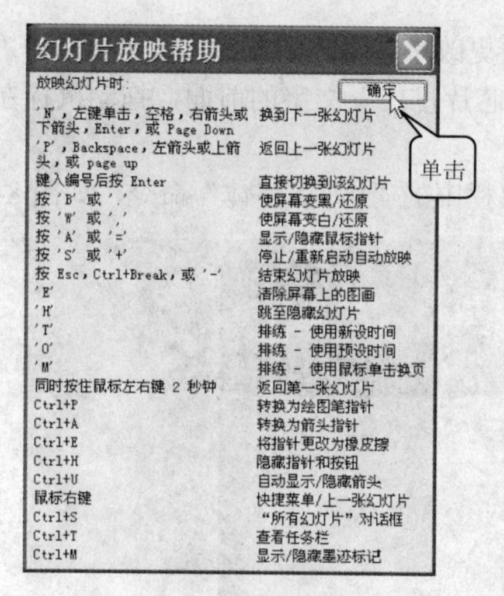

图 8-61　获得放映帮助

8.2　让幻灯片更加醒目

通过上一小节的学习，知道好的文稿应该是能给观众留下深刻印象的文稿，这一小节将讲解如何让幻灯片更加醒目的方法。

8.2.1　美化文本

字体的大小、色彩以及样式如果能设置好能使人易于阅读，这里将结合上节中创建的“AMD 芯片推广”文稿对文本的移动、字体格式的设置、文本对齐方式和调整间距等进行讲解。

1. 移动文本

当需要对文本框的位置进行调整时，应选中文本框，将光标置于边框上，此时鼠标指针变为四箭头状，然后拖动文本框到需要位置，如图 8-62 所示。

图 8-62　移动文本框

2. 更改字体格式

更改字体的格式可以使幻灯片的整体效果得到显著提高，更改字体格式的具体操作步骤如下。

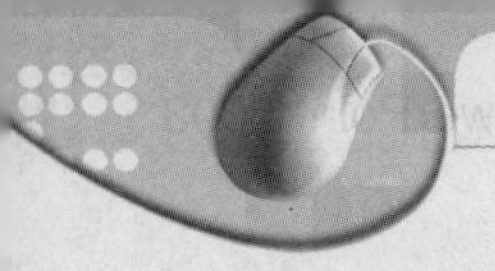

步骤 01 选中需要更改字体格式的文字，这里以选中“AMD 芯片推广”文字为例，将鼠标指针放在“AMD 芯片推广”文字的前面，拖动鼠标左键，使文字变为高亮，如图 8-63 所示。

步骤 02 单击菜单栏中的“格式>字体”命令，如图 8-64 所示。

图 8-63 选中文字

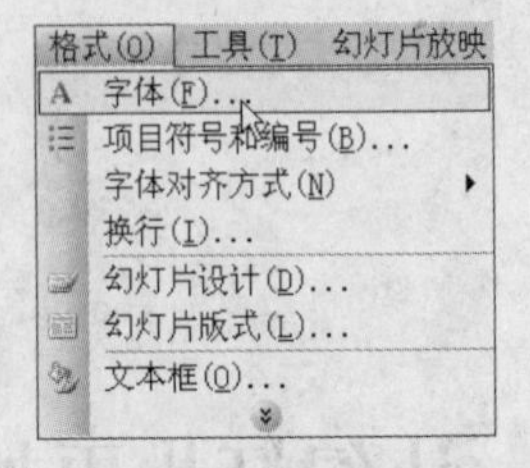

图 8-64 单击“格式>字体”命令

步骤 03 在弹出的“字体”对话框中在“中文字体”下拉列表中选择“宋体”选项，在“西文字体”下拉列表中选择 Times New Roman 选项，在“字形”下拉列表中选择“加粗”选项，在“字号”下拉列表中选择 66 选项，在“颜色”下拉列表中选择所需的颜色，然后单击“预览”按钮即可预览所选择的字体、字形、字号以及字体颜色效果，如果用户对当前效果不满意，还可继续进行更改如图 8-65 所示。

步骤 04 单击“确定”按钮，得到如图 8-66 所示的效果。

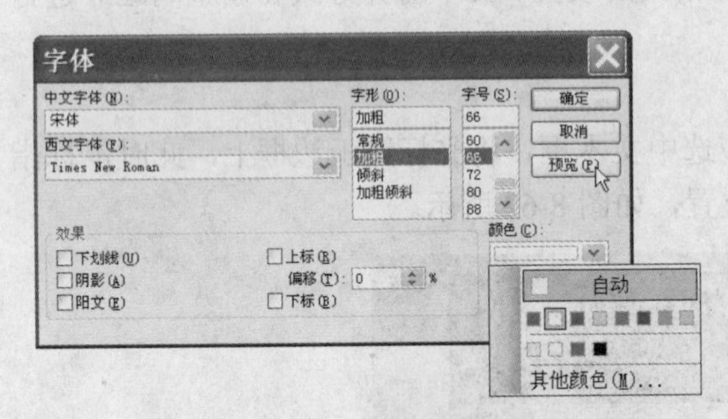

图 8-65 对字体进行设置

图 8-66 更改字体后的效果

3. 增加项目符号

在文本中有时不光有大标题（比如一级标题、二级标题等），还有一些与正文字体、字号、版式基本相同，但需特殊显示的一些小标题。为了区别于大标题以及正文字体的样式，相应地突出小标题的层次，可以在其前面加入各种醒目、明显的特殊符号，具体操作步骤如下。

步骤 01 在文本框中想要加入项目符号的位置处单击，然后单击菜单栏中的“格式>项目符号和编号”命令，如图 8-67 所示。

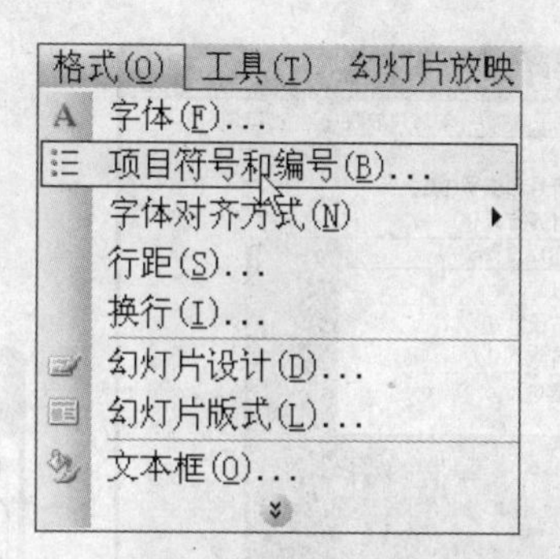

图 8-67　单击“格式>项目符号和编号”命令

步骤 02　在弹出的“项目符号和编号”对话框中单击“项目符号”标签，切换至“项目符号”选项卡，然后在其中选择符号的类型、大小以及颜色，这里选择列表框中第二行第三个箭头项目符号，然后再单击“颜色”下拉列表框旁边的箭头下拉按钮，在弹出的“颜色”下拉列表中选择自定义的颜色（视当前用户需要而定），最后单击“确定”按钮，如图 8-68 所示。最后可以得到如图 8-69 所示的符号效果。

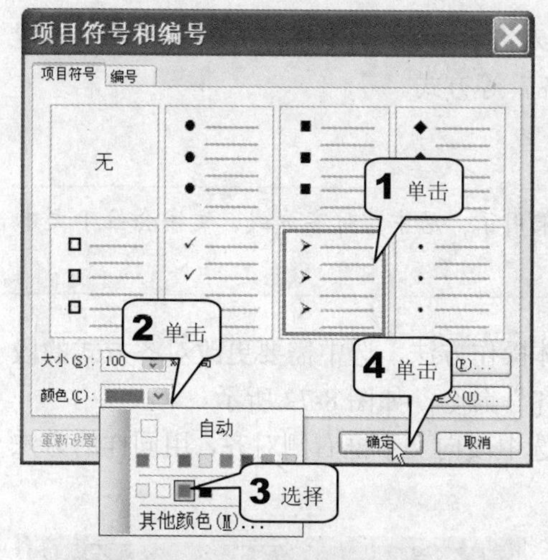

图 8-68　设置项目符号

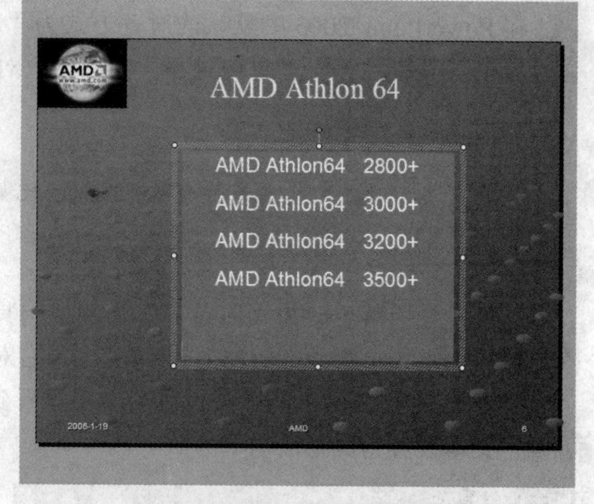

图 8-69　添加项目符号

4. 改变行距

改变行距，可以使拥有较长内容文章中的段落划分得更清楚，以及将其中的文本以更清晰的方式进行显示。这里以图 9-69 的幻灯片为例说明如何改变行距，其具体的操作步骤如下。

步骤 01　选中需要更改行距的段落，使之成为高亮，然后单击菜单栏中的“格式>行距”命令，如图 8-70 所示。

步骤 02　在弹出的“行距”对话框中设置行距的参数，这里按照如图 8-71 所示的参数进行设置，单击“预览”按钮，在幻灯片中观察效果，若对效果不满意单击“取消”按钮，否则单击“确定”按钮完成更改。

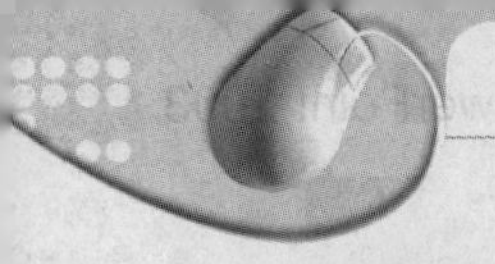

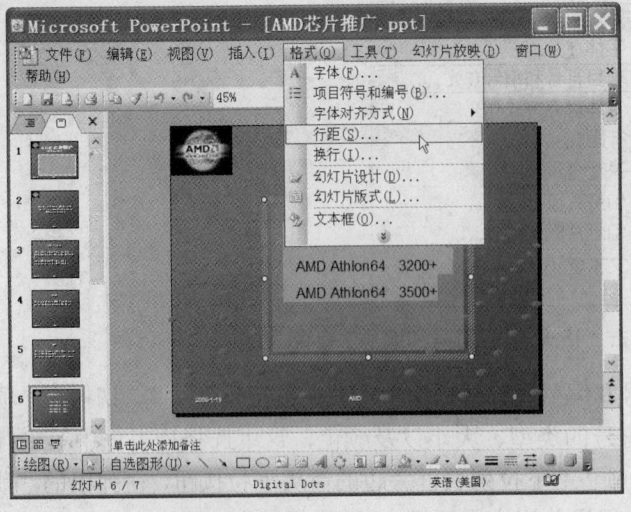

图 8-70　单击“格式>行距”命令

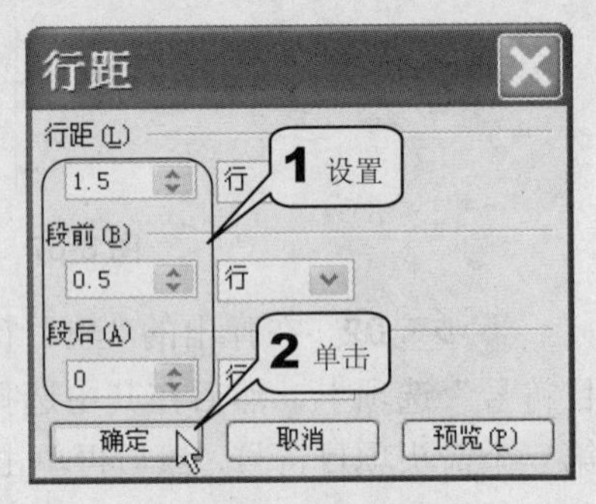

图 8-71　设置行距

5. 改变对齐方式

在 PowerPoint 2003 中默认的对齐方式为“左对齐”，为了满足实际的需要还可以设置为“居中”、“右对齐”、“两端对齐”和“分散对齐”等方式。

注意

这些对齐方式是以文本框作为参照物的，比如采用了“居中”对齐方式，文字会位于文本框的中间。

这里以把段落更改为“右对齐”为例说明具体操作方法，选中需要更改对齐方式的段落，然后单击菜单栏中的“格式>对齐方式>右对齐”命令，如图 8-72 所示。

得到如图 8-73 所示的效果，在图中明显看到选中段向文本框右侧对齐，用同样的方法可以将文本设置为其他的对齐方式。

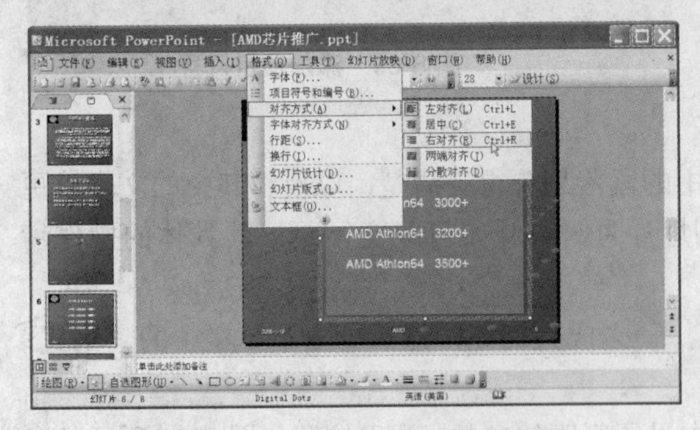

图 8-72　单击“右对齐”命令

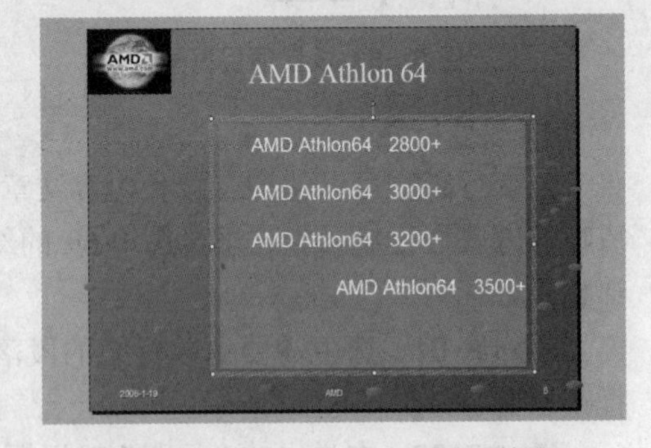

图 8-73　执行“右对齐”后的效果

8.2.2　设置幻灯片切换效果

在默认的情况下，幻灯片之间的切换是没有什么花样的，为了在播放中给人留下更深的印象，可以改变切换效果，具体的操作步骤如下。

步骤 01　单击菜单栏中的“幻灯片放映>幻灯片切换”命令，如图 8-74 所示。

步骤 02　这时窗口右侧将打开“幻灯片切换”任务窗格，如图 8-75 所示，用户可以在“应用于所选幻灯片”列表框中选择幻灯片的打开方式，在“修改切换效果”选项区中修改切换的速度和声音，在“换片方式”选项区里设置是用鼠标单击换片还是设定时间让程序自动换片，如果用户希望将所设置效果应用于所有幻灯片，可以单击任务窗格中的“应用于所有幻灯片”按钮。

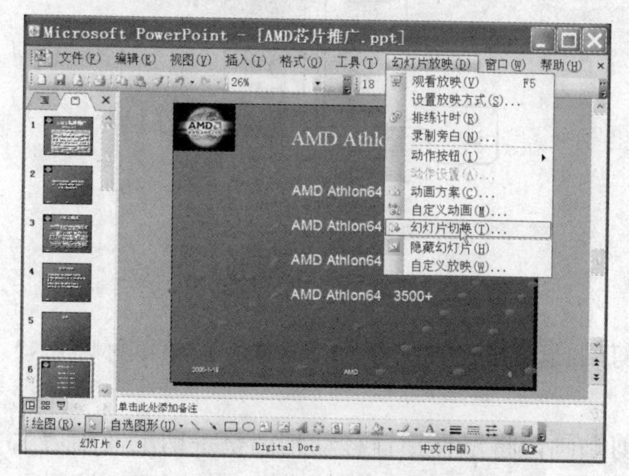

图 8-74　单击“幻灯片切换”命令

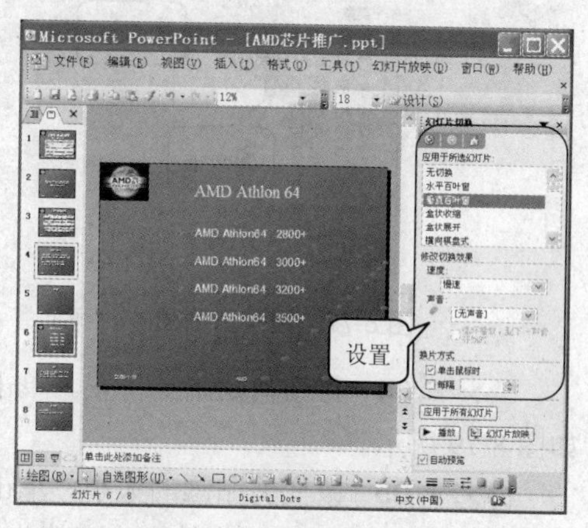

图 8-75　设置切换效果

8.2.3　插入及编辑剪贴画

PowerPoint 2003 允许用户向文稿内插入剪贴画，使幻灯片变得更漂亮，下面将介绍如何插入剪贴画。

1. 插入剪贴画

PowerPoint 2003 提供了丰富的剪贴画，在幻灯片中添加剪贴画的具体步骤如下。

步骤 01　单击菜单栏中的“插入>图片>剪贴画”命令，如图 8-76 所示。

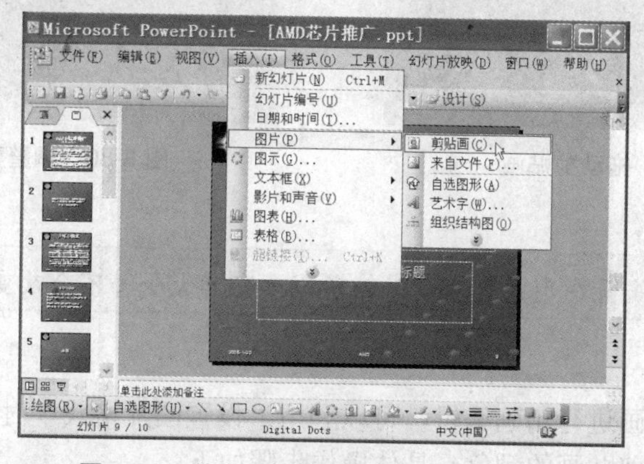

图 8-76　单击“插入>图片>剪贴画”命令

步骤 02　在弹出的“剪贴画”任务窗格中的“搜索文字”文本框内输入剪贴画的名字，然后在“搜索范围”下拉列表中选择范围，再在“结果类型”下拉列表中选中“剪贴画”选项，最后单击“搜索”按钮，如图 8-77 所示。

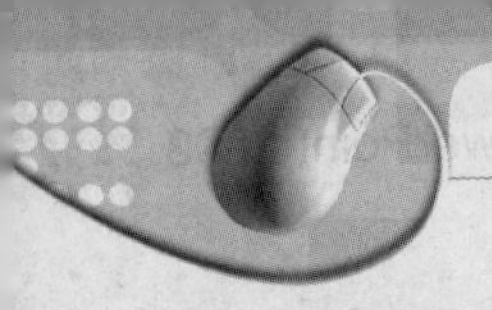

步骤 03 在任务窗格下部单击搜索到的剪贴画缩略图即可加入到幻灯片中，如图 8-78 所示。

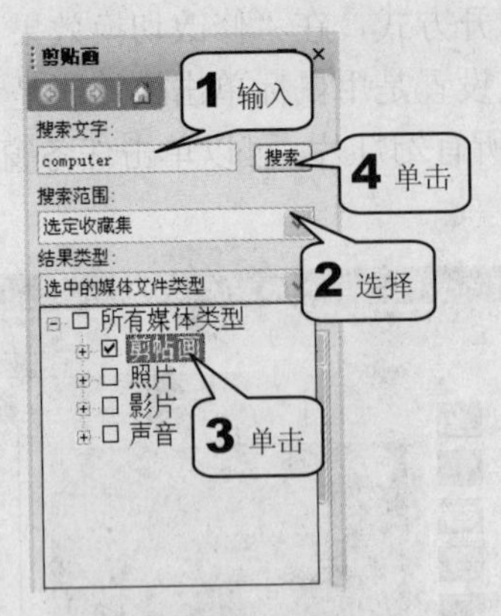

图 8-77 搜索剪贴画

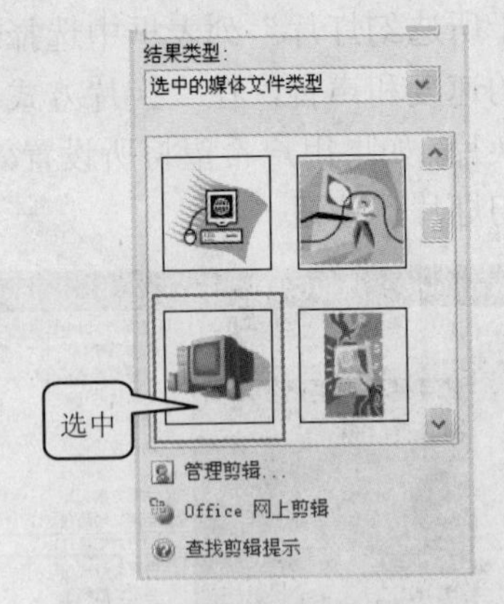

图 8-78 选择缩略图

步骤 04 移动剪贴画的位置。单击剪贴画，再拖动到适合的位置，释放鼠标即可，如图 8-79 所示。

步骤 05 改变剪贴画的大小。单击剪贴画，将鼠标指针移动到调整手柄上（画边上的白色圆点），这时鼠标指针变为双箭头形，拖动鼠标调整大小，如图 8-80 所示，这样一张剪贴画就成功插入到了幻灯片。

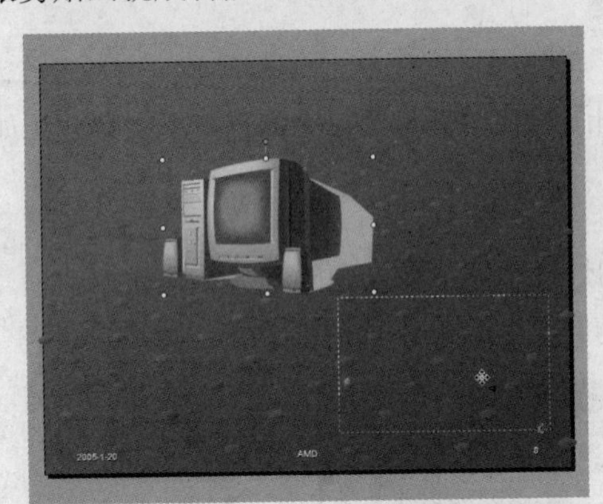

图 8-79 拖动剪贴画

图 8-80 调整剪贴画大小

提示

由于剪贴画是以矢量图形式来表示的，所以改变其大小并不会改变效果。

2. 编辑剪贴画

如果需要对剪贴画进行精确编辑，可以利用“设置图片格式”对话框，下面将讲解如何利用该对话框修改剪贴画的颜色，具体操作步骤如下。

步骤 01 选中需要修改的剪贴画，然后单击菜单栏中的“格式>图片”命令，如图 8-81 所示。

步骤 02 弹出“设置图片格式”对话框，该对话框提供了很多选项，可以对剪贴画的颜色、线条、位置、尺寸、图片样式等进行精确的设置，这里打开“图片”选项卡，然后单击“重新着色”按钮，如图 8-82 所示。

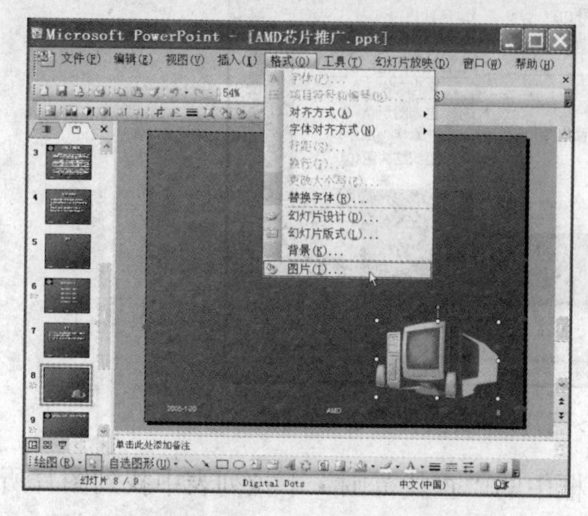

图 8-81　单击“格式>图片”命令

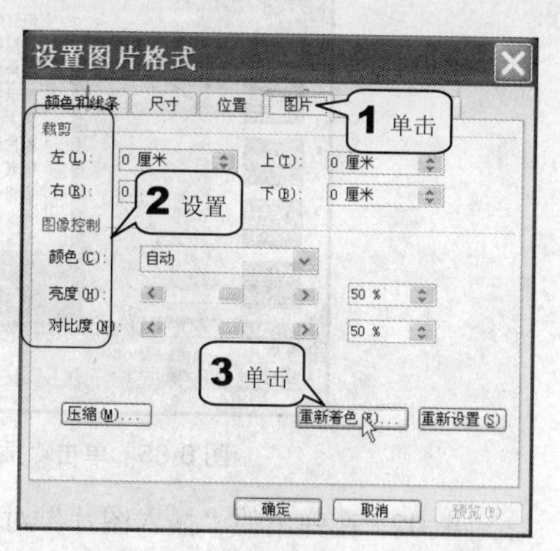

图 8-82　“设置图片格式”对话框

步骤 03　在弹出的“图片重新着色”对话框中的“更改为”选项区内选择更改后的颜色，再在“更改”选项区内选择更改颜色，若选中“填充”单选项，则图形线条的颜色将不会被更改。如图 8-83 所示。

步骤 04　当修改完成后在“原始”选项区内被修改的颜色前会出现小对勾，用户可以通过“更改为”选项区旁边的预览框对效果进行浏览，也可以单击“预览”按钮在幻灯片中进行浏览，如果对修改效果感到满意，则单击“确定”按钮，否则单击“取消”按钮取消对颜色的修改，如图 8-84 所示。

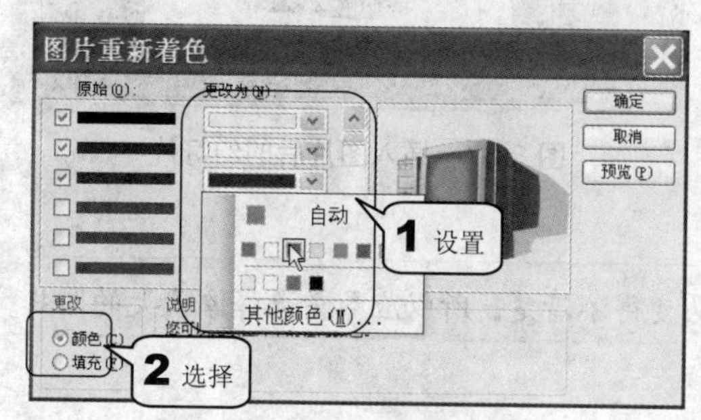

图 8-83　选择更改的颜色

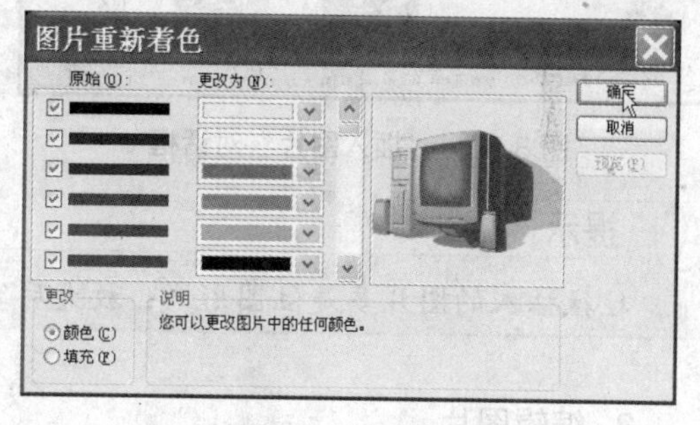

图 8-84　完成颜色修改

8.2.4　插入及编辑产品图片

PowerPoint 2003 提供了在幻灯片中插入图片的功能，这使得用户可以利用硬盘、U 盘或者网络上的图片增强文稿的说明性。

1. 插入产品图片

这里以在幻灯片中加入产品图片为例，说明具体的操作步骤。

步骤 01　单击需要插入图片的幻灯片，然后单击菜单栏中的“插入>图片>来自文件”命令，如图 8-85 所示。

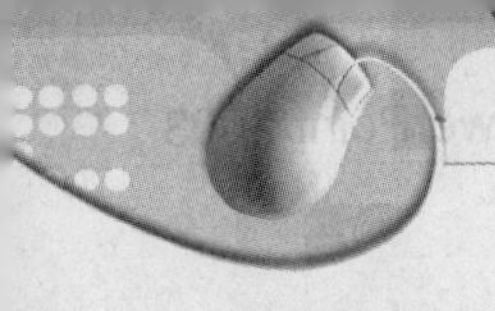

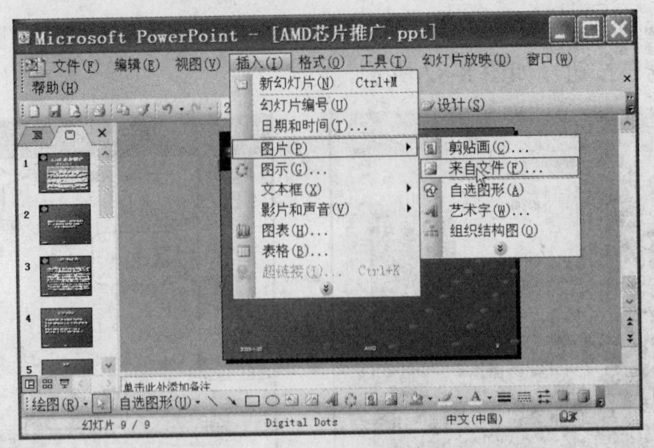

图 8-85　单击“插入>图片>来自文件”命令

步骤 02　在弹出的“插入图片”对话框中的“查找范围”下拉列表中找到图片所放位置，单击选中需要插入的图片，然后单击“插入”按钮完成操作，如图 8-86 所示。图 8-87 显示了插入产品图片后的幻灯片效果。

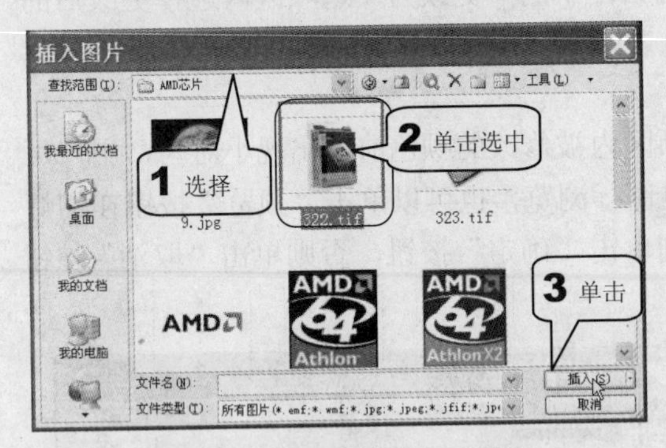

图 8-86　“插入图片”对话框

图 8-87　插入图片后的幻灯片

提示

往往插入的图片多是位图形式，放大后容易变得不清楚，所以应尽量选择像素大的图片。

2. 编辑图片

当图片插入以后，可以对图片进行编辑以提高视觉效果，这里以向产品图片增加醒目的边框为例说明其操作方法。

步骤 01　在图片区域右击鼠标，弹出快捷菜单，然后单击快捷菜单中的“显示‘图片’工具栏”命令，如图 8-88 所示。

步骤 02　弹出如图 8-89 所示的“图片”工具栏，在工具栏中提供了“颜色”、“裁减”、“增加对比度”、“增加亮度”等按钮，这里通过单击“增加对比度”按钮以及“增加亮度”按钮增强图片的显示效果。

图 8-88　单击"显示图片工具栏"命令

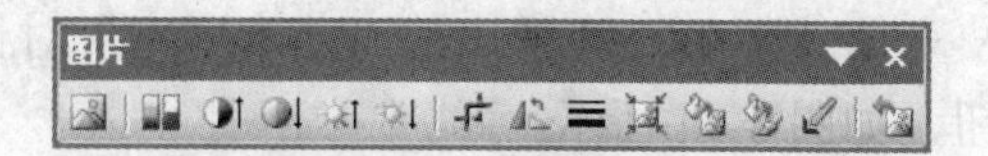

图 8-89　"图片"工具栏

步骤 03　单击工具栏上的"线型"按钮，并单击"其他线条"命令，如图 8-90 所示。

步骤 04　在弹出的"设置图片格式"对话框中的"颜色"、"样式"、"虚线"、"粗细"等下拉列表中设置边框的颜色，如图 8-91 所示。

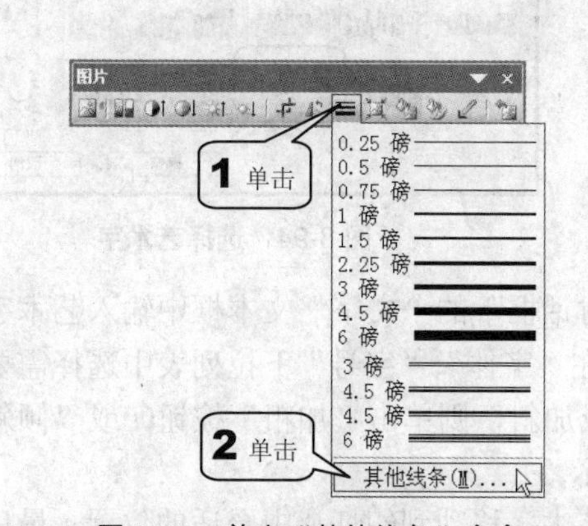

图 8-90　单击"其他线条"命令

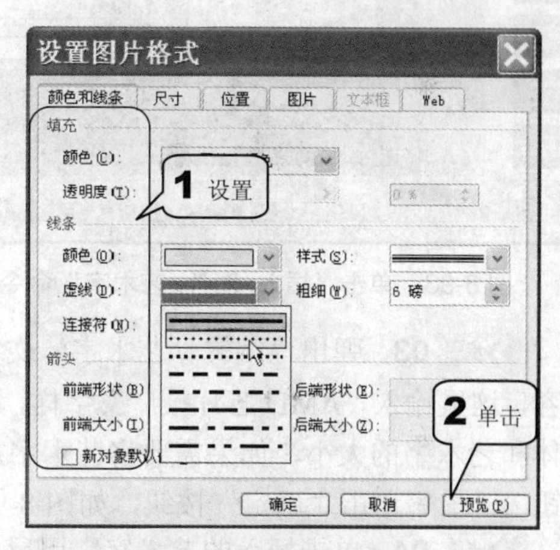

图 8-91　设置边框样式

步骤 05　当用户设置完成后单击"预览"按钮在幻灯片中对图片进行预览，确定无误后单击对话框中的"确定"按钮得到如图 8-92 所示的边框效果。

图 8-92　设置边框后的效果

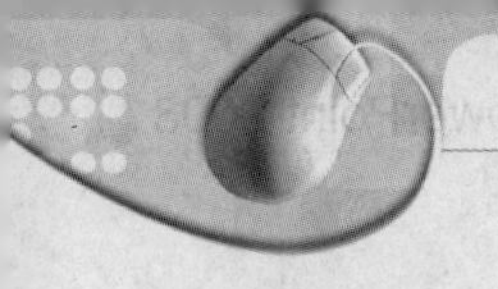

8.2.5 插入艺术字

使用艺术字可以增强文字效果，能达到强调的作用。下面以在文稿首页中加入文稿标题为例讲解具体的操作步骤。

步骤 01 选中需要插入艺术字的幻灯片，然后单击“插入>图片>艺术字”命令，如图 8-93 所示。

步骤 02 在弹出的“艺术字库”对话框中选择艺术字的样式，然后单击“确定”按钮，如图 8-94 所示。

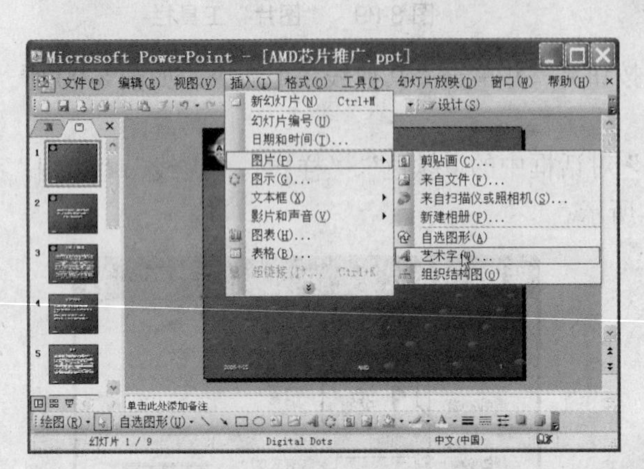

图 8-93 单击“插入>图片>艺术字”命令

图 8-94 选择艺术字

步骤 03 弹出“编辑‘艺术字’文字”对话框下的“文字”文本框中输入艺术字的内容，这里输入“AMD 芯片推广”字样，然后在“字体”、“字号”下拉列表中选择需要的字体和艺术字的大小，如果需要将艺术字加粗或加斜，则单击“加粗”按钮**B**或“倾斜”按钮*I*，最后单击“确定”按钮，如图 8-95 所示。

步骤 04 单击插入的艺术字，用鼠标将艺术字移动到幻灯片中合适的位置，最后得到如图 8-96 所示的效果。

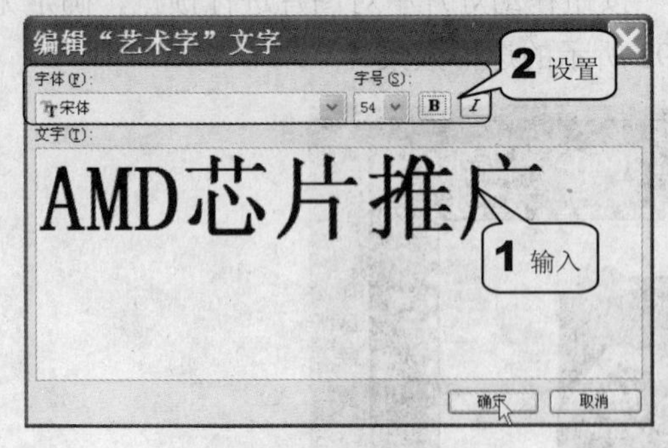

图 8-95 编辑艺术字

图 8-96 插入艺术字后的效果

8.2.6 插入图示

在 PowerPoint 2003 中提供有多种内置图示，具体的操作步骤如下。

步骤 01　选中需要插入图示的幻灯片，然后单击菜单栏中的“插入>图示”命令，如图 8-97 所示。

步骤 02　在弹出的“图示库”对话框中的“选择图示类型”选项区内选择图示的类型，然后单击“确定”按钮，如图 8-98 所示。

图 8-97　单击“插入>图示”命令

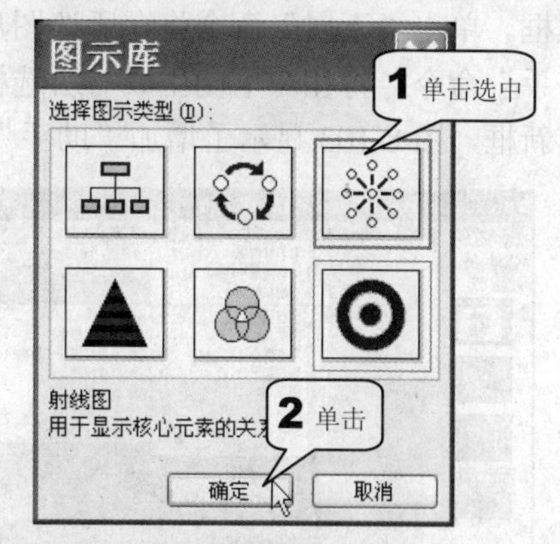

图 8-98　选择图示类型

步骤 03　这时图示被插入到幻灯片中，用户可以利用如图 8-99 所示的“图示”工具栏更改图示的设定，这里单击“插入形状”按钮增加图示中的形状，然后单击“自动套用格式”按钮。

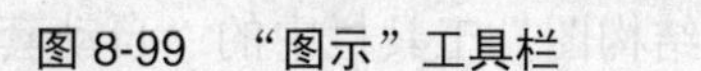

图 8-99　“图示”工具栏

步骤 04　弹出“图示样式库”对话框，在“选择图示样式”选项中选择图示的样式，最后单击“确认”按钮，完成操作，如图 8-100 所示。

步骤 05　在插入的图示中加入解释或说明性文本，完成图示的建立，如图 8-101 所示。

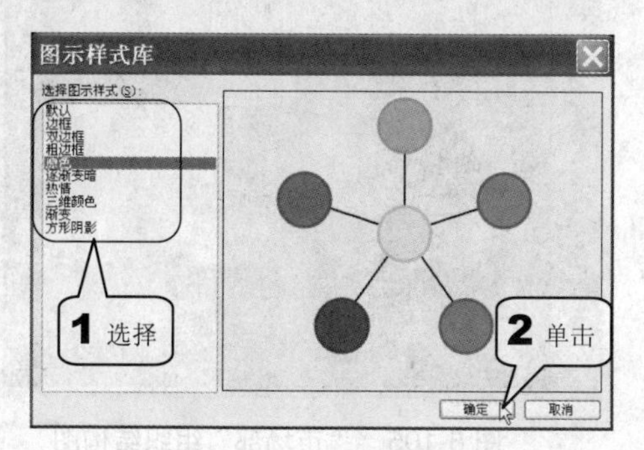

图 8-100　选择图示样式

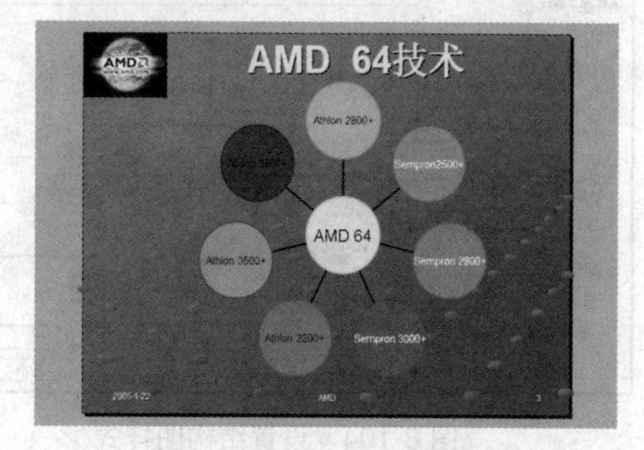

图 8-101　插入图示的效果

8.2.7　插入组织结构图

组织结构图用于表示组织中个体之间的相互关系，是一种由上而下的树状图，下面以向幻灯片中插入“市场部”组织机构图为例说明其具体的操作步骤。

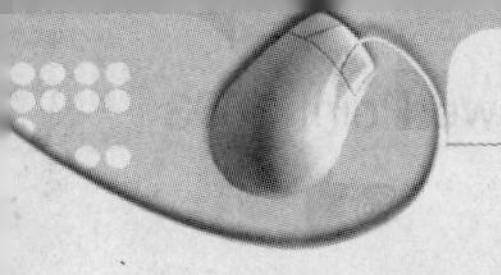

步骤 01 选中需要插入组织结构图的幻灯片，然后单击菜单栏中的“插入>图片>组织结构图”命令，如图 8-102 所示。

步骤 02 对插入的组织结构图进行编辑，选中图形框，单击“组织结构图”工具栏中的“插入形状”按钮，然后通过单击“下属”、“助手”、“同事”等命令增加所需的图形框。单击“下属”命令将在所选图形框下方生成新的图形框，并与所选框相连；单击“助手”命令，将在左下侧生成与所选框相连的新框；单击“同事”命令则在所选框右侧生成新框，图 8-103 显示了增加“助手”图形框的效果。

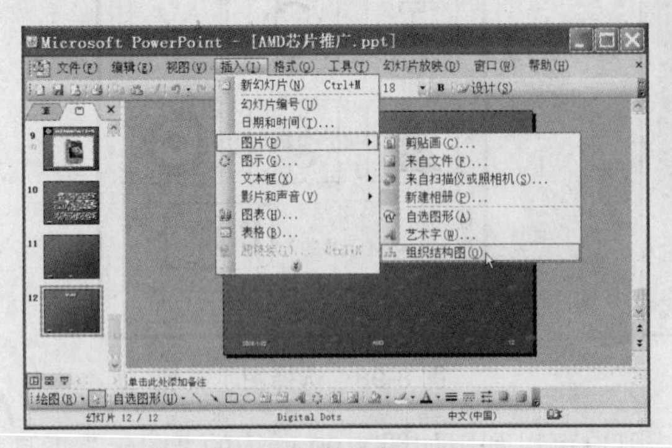

图 8-102 单击“组织结构图”命令

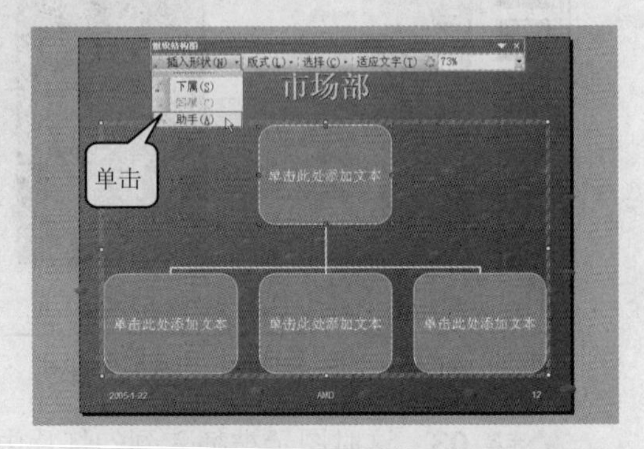

图 8-103 增加“助手”图形框

提示

如果图形框放置错误，可以选中图形框然后按 Delete 键删除。

步骤 03 单击“组织结构图”工具栏中的“自动套用格式”按钮，然后在弹出的“组织结构图样式库”对话框里的“选择图示样式”选项中选择所需样式，再单击“确定”按钮，如图 8-104 所示。

步骤 04 在图形框中输入文本，最后可以得到如图 8-105 所示的组织结构图。

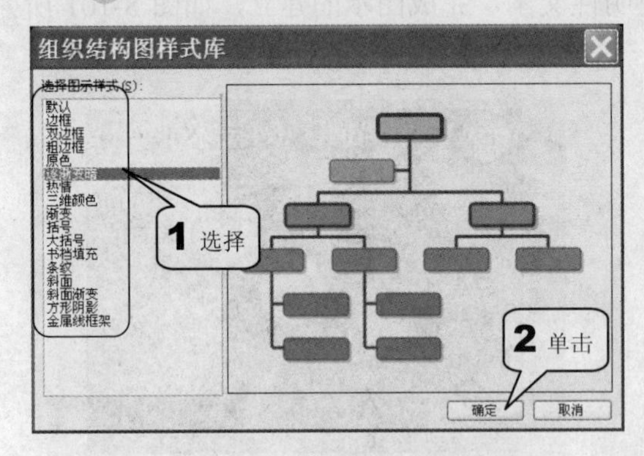

图 8-104 设置结构图样式

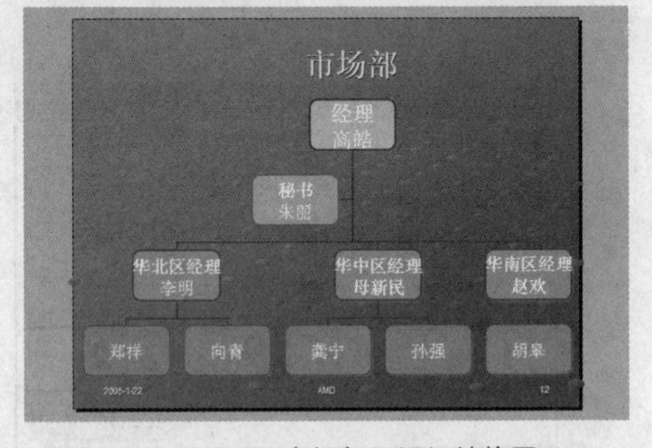

图 8-105 “市场部”组织结构图

8.2.8 插入表格

在文稿中经常需要插入表格说明问题，PowerPoint 2003 提供了强大的表格功能，用户可以直接在幻灯片中加入表格，也可以将 Word 和 Excel 中的数据插入到幻灯片中。

1. 插入一般表格

在幻灯片中直接插入表格的具体操作步骤如下。

步骤 01　单击菜单栏中的“插入>表格”命令，如图 8-106 所示。

步骤 02　在出现的“插入表格”对话框中设置所需表格的列数以及行数，然后单击“确定”按钮，如图 8-107 所示。

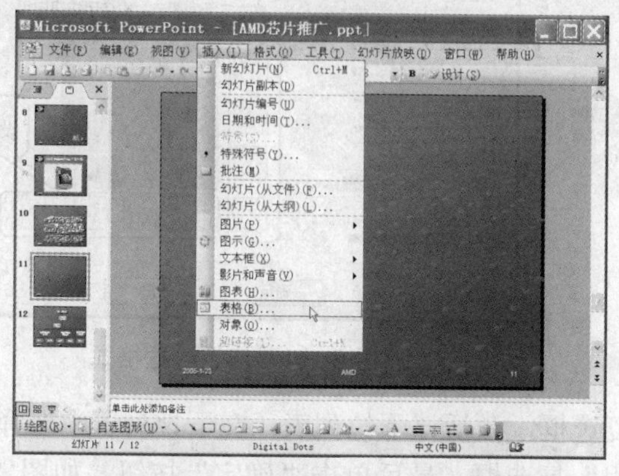

图 8-106　单击“插入>表格”命令

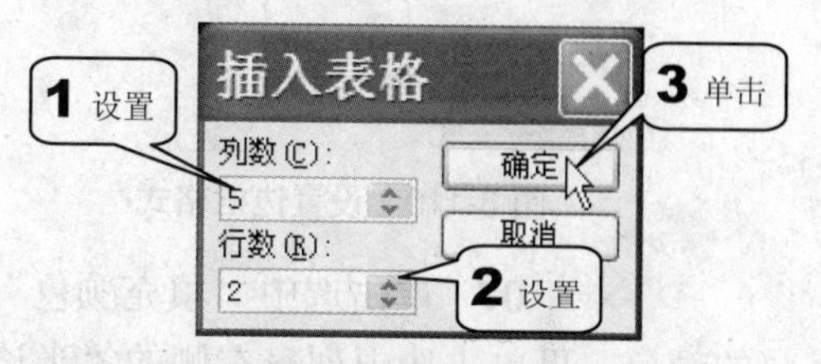

图 8-107　设置表格行、列数

步骤 03　单击菜单栏的“视图>工具栏>表格和边框”命令，如图 8-108 所示。

步骤 04　弹出“表格和边框”工具栏，使用它对表格样式进行设置，这里以改变边框线条的形状和填充表格颜色为例，单击工具栏中的“表格>边框和填充”命令，如图 8-109 所示。

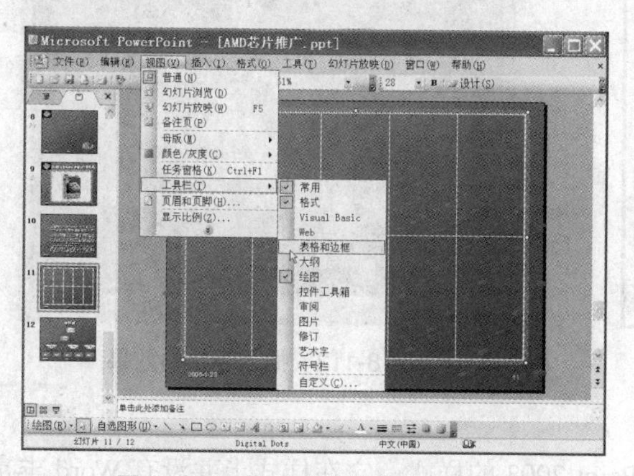

图 8-108　单击“表格和边框”命令

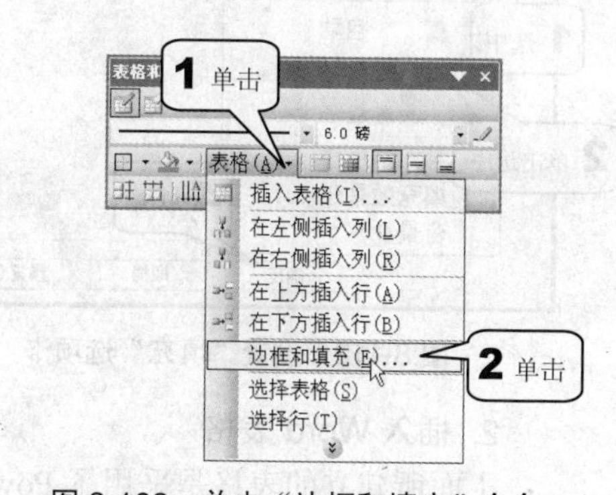

图 8-109　单击“边框和填充”命令

步骤 05　弹出“设置表格格式”对话框，打开“边框”选项卡，然后在“样式”列表框中选择线条的样式，在“颜色”下拉列表中选择边框颜色，再在“宽度”下拉列表中选择边框的宽度，如图 8-110 所示。

步骤 06　在对话框右侧选项区中单击按钮应用边框，然后打开“填充”选项卡，如图 8-111 所示。

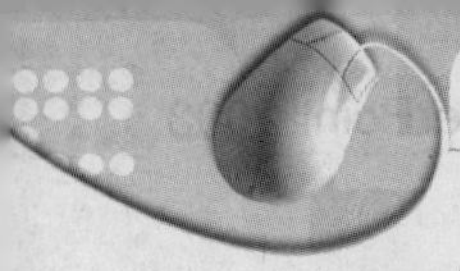

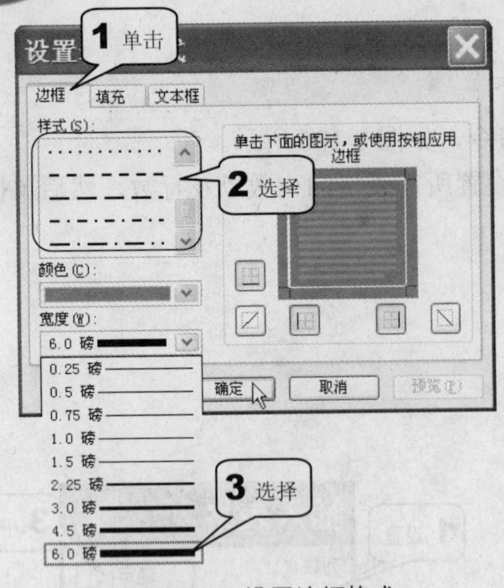

图 8-110 设置边框格式

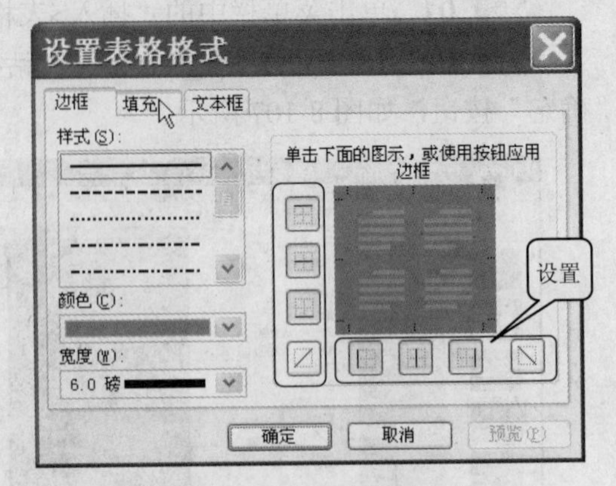

图 8-111 应用边框格式

步骤 07 单击选中"填充颜色"复选框，激活该下拉列表，在下拉列表中选择表格的颜色，再单击选中列表右侧的"半透明"复选框，最后单击"确定"按钮，如图 8-112 所示。

步骤 08 再在表格中输入所需内容，最后可以得到如图 8-113 所示的表。

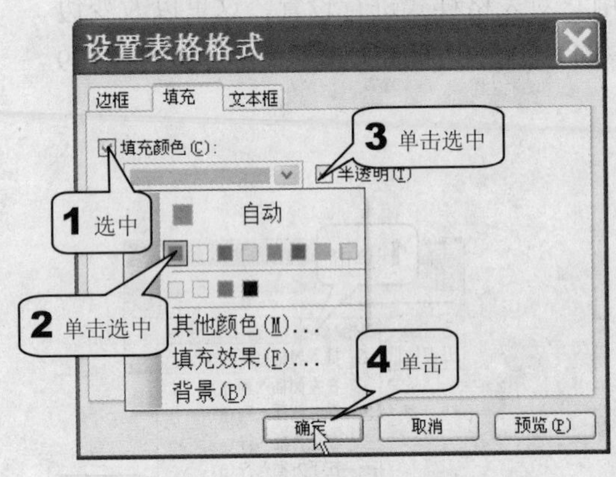

图 8-112 设置"填充"选项卡

图 8-113 插入表格的效果

2. 插入 Word 表格

上面所建立的表格是采用了 PowerPoint 2003 的样式，它在样式上并没有 Word 丰富，但 PowerPoint 提供了可以插入 Word 表格的功能，这样就可以利用 Word 制作更为漂亮的表格，其具体的操作步骤如下。

步骤 01 选中需要插入表格的幻灯片，然后单击菜单栏中的"插入>对象"命令，如图 8-114 所示。

步骤 02 弹出"插入对象"对话框，在"对象类型"列表框内选择插入对象，这里选中"Microsoft Word 文档"，然后选中"新建"选项，再单击"确定"按钮，如图 8-115 所示。

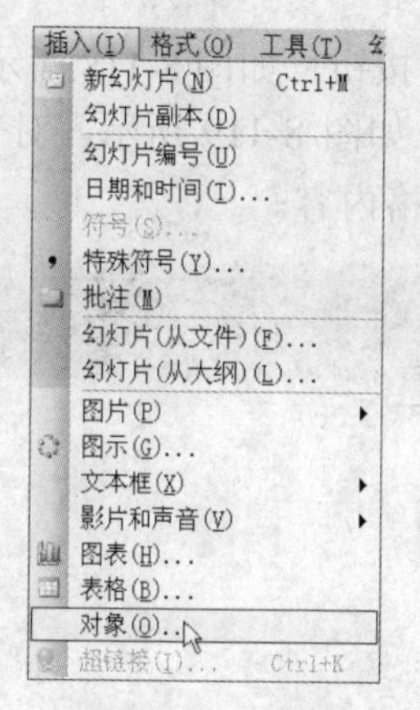

图 8-114　单击“插入>对象”命令

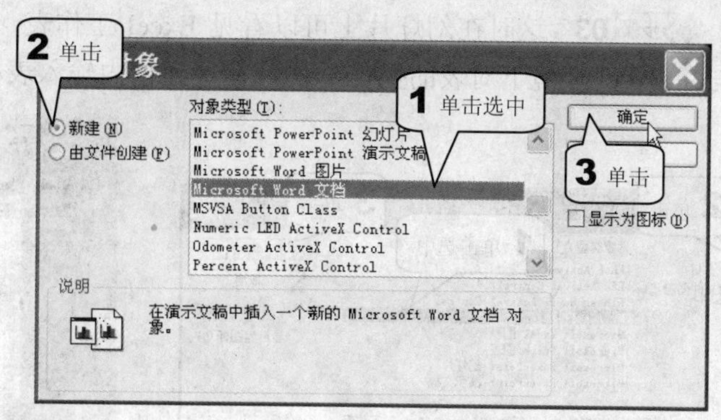

图 8-115　“插入对象” 对话框

步骤 03　再单击菜单栏中的“表格>表格自动套用格式”命令，如图 8-116 所示。

步骤 04　弹出“表格自动套用格式”对话框，在“表格样式”列表框内选择所需的样式，并通过“预览”框确定所需样式后单击“应用”按钮，向幻灯片中插入表格，如图 8-117 所示，最后向表格内填入内容完成操作。

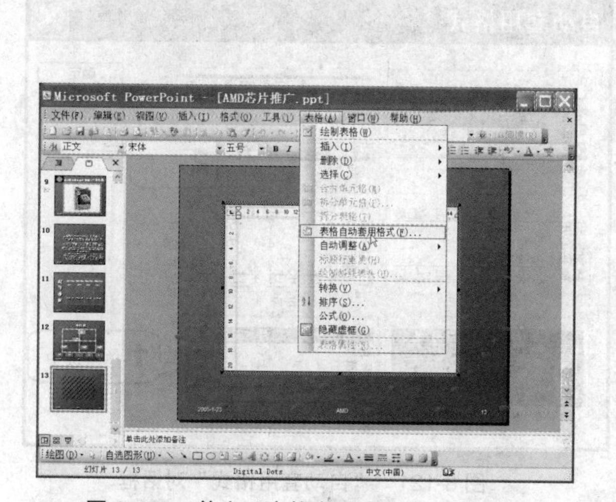

图 8-116　单击“表格自动套用格式”命令

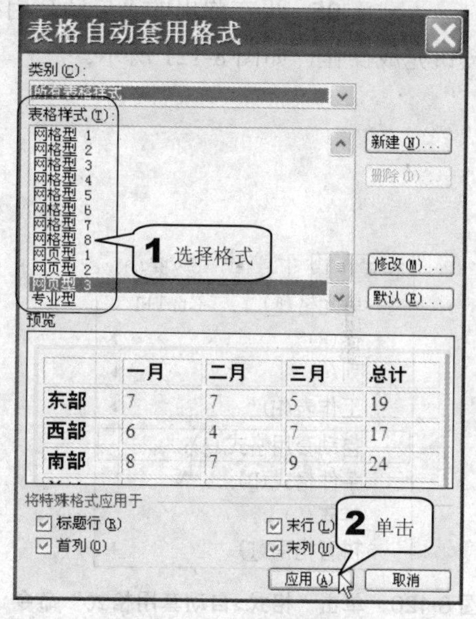

图 8-117　选择表格格式

注意

准确地说应该是在幻灯片中插入了 Word 文档，也就是说用户可以在幻灯片中实现 Word 所能提供的一切功能。

3. 插入 Excel 表格

在 PowerPoint 2003 中，同样可以插入 Excel 表格，具体的操作步骤如下。

步骤 01　选择需要插入表格的幻灯片，然后单击菜单栏中的“插入>对象”命令。

步骤 02　弹出“插入对象”对话框，在“对象类型”列表框内选择插入对象—“Microsoft

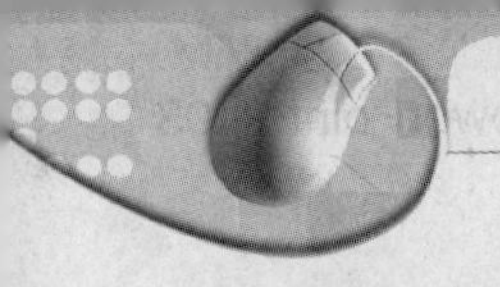

Excel 工作表”，然后选中“新建”选项，再单击“确定”按钮，如图 8-118 所示。

步骤 03　这时在幻灯片上可以看见 Excel 工作表，如图 8-119 所示，对工作表的操作与在 Excel 环境下对表的操作一样，在单元格内输入表格内容。

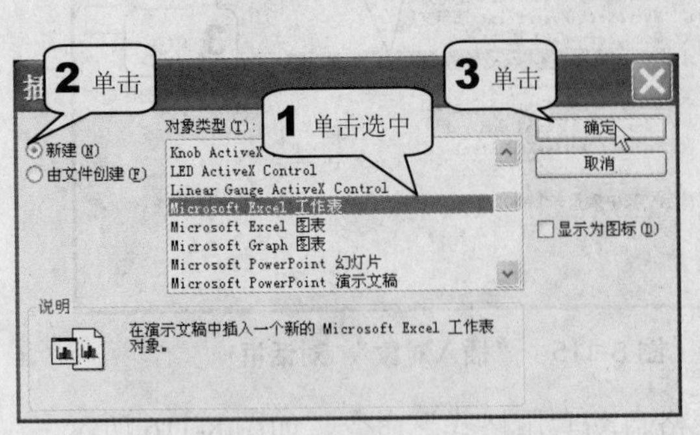

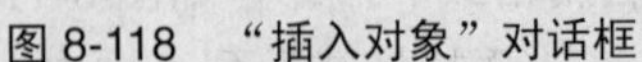

图 8-118　“插入对象”对话框

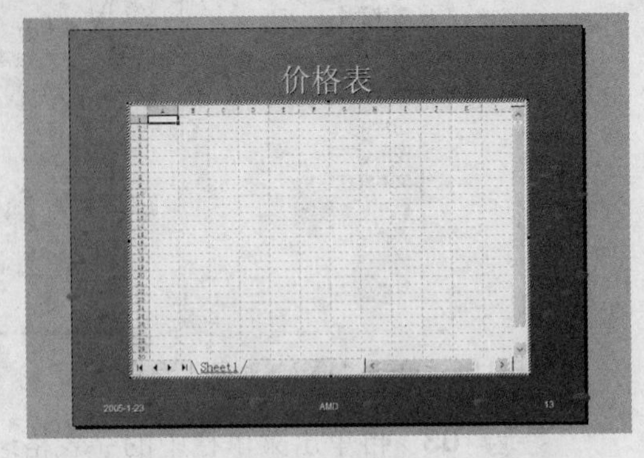

图 8-119　插入的 Excel 工作表

步骤 04　选中需要产生表格的区域，然后单击菜单栏中的“格式>自动套用格式”命令，如图 8-120 所示。

步骤 05　再在弹出的“自动套用格式”对话框中选择所需的格式，然后单击“确定”按钮完成操作，如图 8-121 所示。

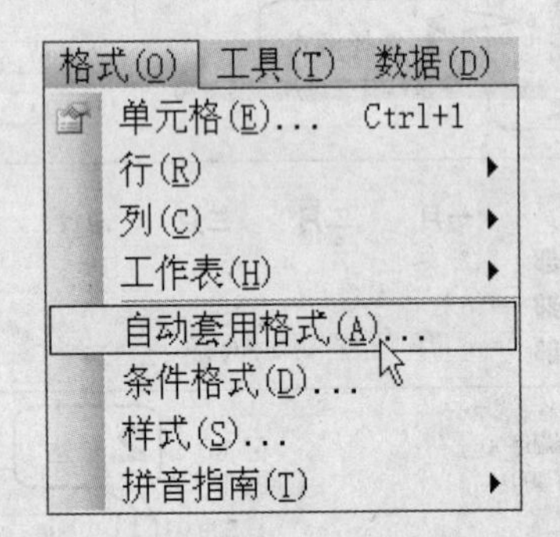

图 8-120　单击“格式>自动套用格式”命令

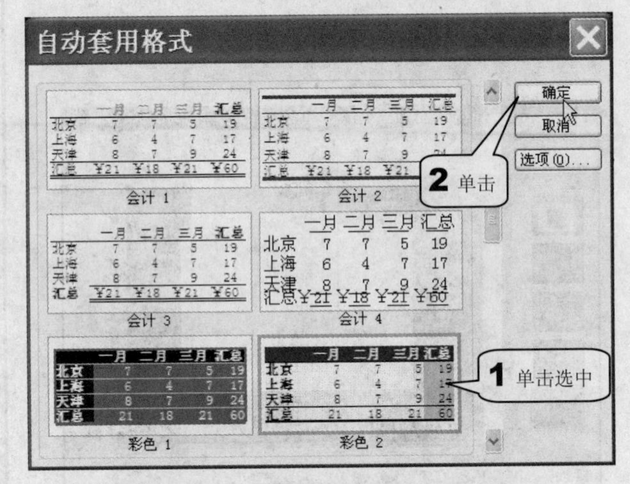

图 8-121　“自动套用格式”对话框

8.2.9　插入与编辑价格图表

与 Excel 相同，在 PowerPoint 2003 中同样可以制作图表，使用图表可以使幻灯片更加醒目，使观众对数据有更直观的印象，下面以插入“价格”图表为例说明其具体的操作步骤。

1. 插入价格图表

图表的插入方法比较简单，选中需要插入图表的幻灯片，然后单击菜单栏中的“插入>图表”命令即可，如图 8-122 所示。这时程序将在幻灯片中插入自动创建的数据表与图表，如图 8-123 所示。

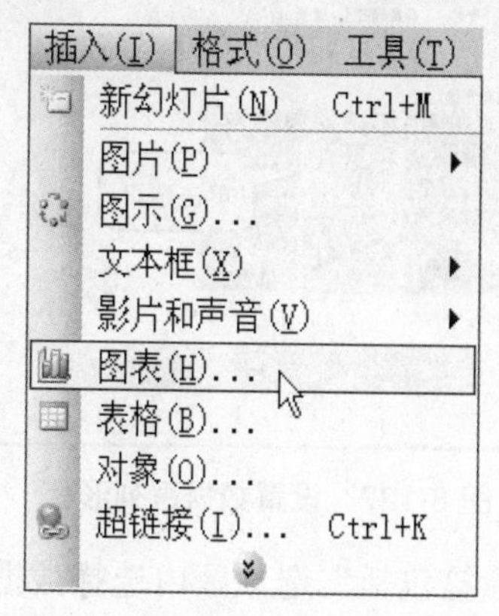

图 8-122　单击“插入>图表”命令

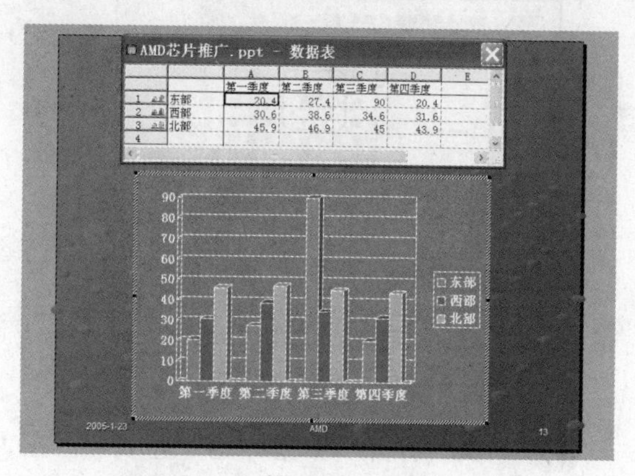

图 8-123　自动生成的数据表和图表

2. 编辑价格图表

在 PowerPoint 2003 中数据表与图表数据是相关联的，数据表发生改变，图表会根据数据表的改变而自动发生相应的改变。

由于程序已经自动生成了数据表与图表，用户只需对数据表进行编辑，就可以得到相应的图表。

下面将以对生成的数据表以及图表进行编辑得到需要的价格图表为例讲解具体的编辑方法。

步骤 01　在数据表内右击，弹出快捷菜单，通过单击菜单中的命令可以对数据表进行操作，此例单击“清除内容”命令，清除 2，3 行的内容，如图 8-124 所示。

步骤 02　更改数据表里的内容，在表中输入芯片的型号以及单价，如图 8-125 所示。

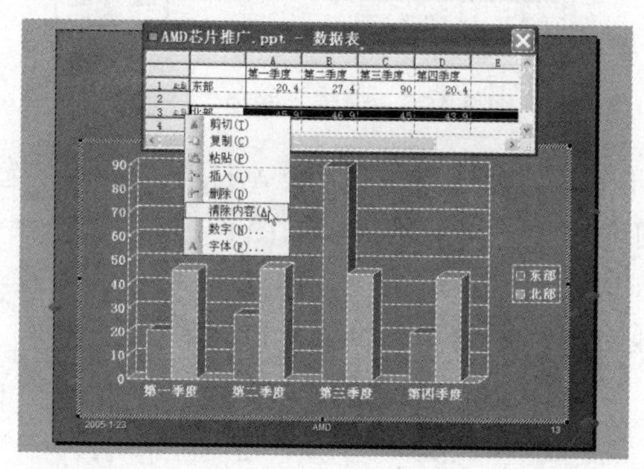

图 8-124　清除多余数据

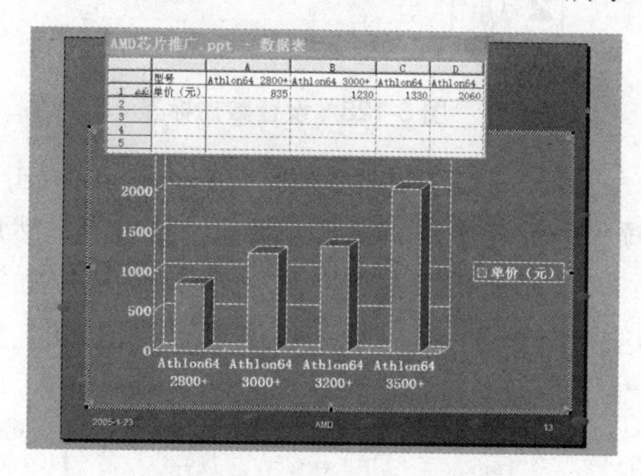

图 8-125　更改数据表内容

步骤 03　双击图表中的数据系列，在弹出的“数据系列格式”对话框中更改数据系列的样式，首先打开“图案”标签，在“边框”选项区内设置数据系列的边框，然后在“内部”选项区内选择数据系列的颜色，如图 8-126 所示。

步骤 04　打开“形状”选项卡，在“柱体形状”选项区内选择数据系列的类型，如图 8-127 所示。

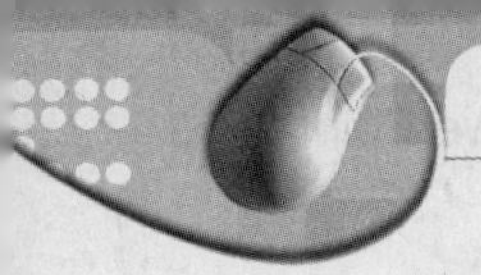

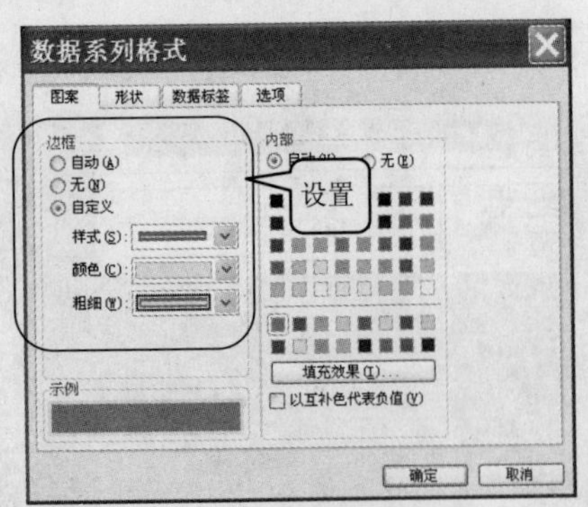

图 8-126　设置数据系列

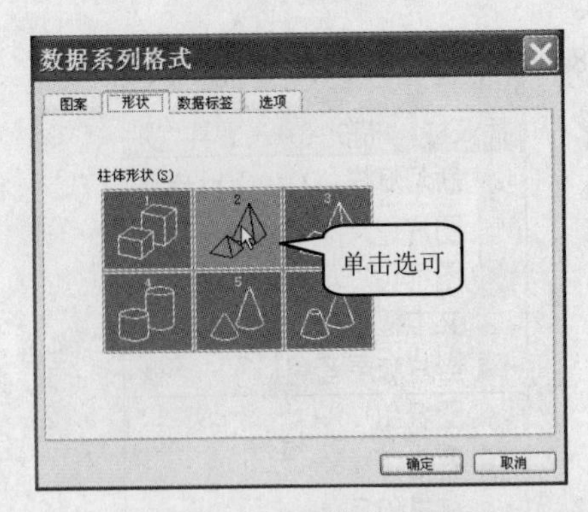

图 8-127　设置数据系列形状

步骤 05　打开“数据标签”选项卡，在“数据标签包括”选项区内选择数据标签包含的内容，这里选中“值”选项，然后单击选中“图例项标示”复选框，如图 8-128 所示。

步骤 06　打开“选项”选项卡，分别在“系列间距”、“分类间距”和“透视深度”列表内输入数值调整数据列的间距和立体效果，然后单击选中“依数据点分色”复选框，让数据列分色显示，最后单击“确定”按钮，如图 8-129 所示。

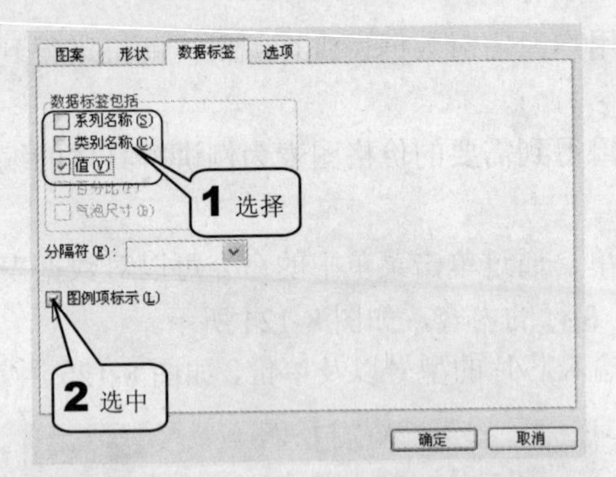

图 8-128　设置数据标签

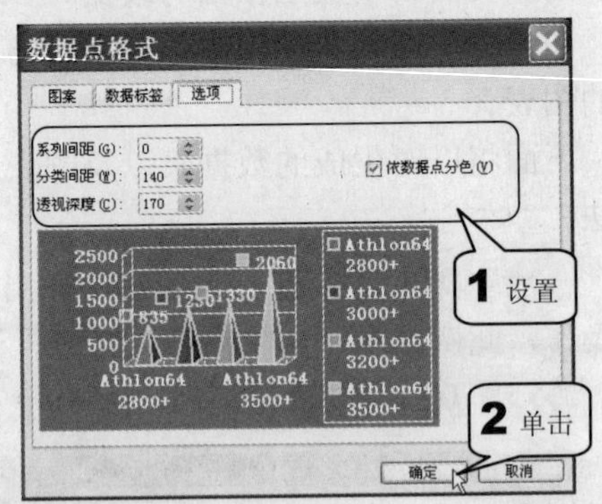

图 8-129　设置“选项”选项卡

步骤 07　更改图例，在图例区内双击，弹出“图例格式”对话框，打开“字体”选项卡，设置字体的样式、颜色、字号等，然后打开“位置”选项卡，如图 8-130 所示。

步骤 08　在“位置”选项卡内“位置”选项区里选择图例的位置，默认位置为靠左，这里不改变位置，然后单击“确定”按钮，完成对图例的设置，如图 8-131 所示。

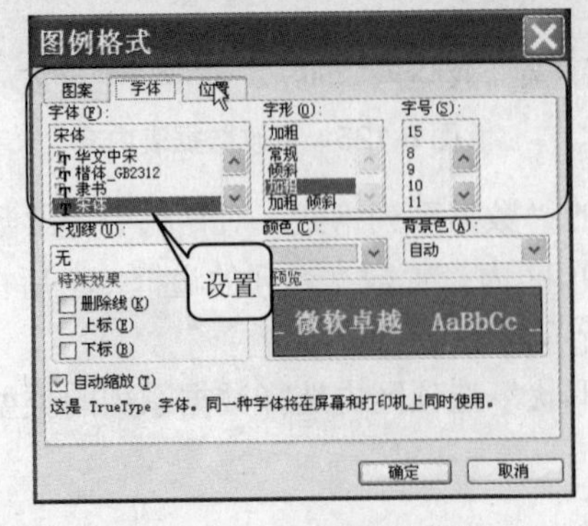

图 8-130　设置图例字体

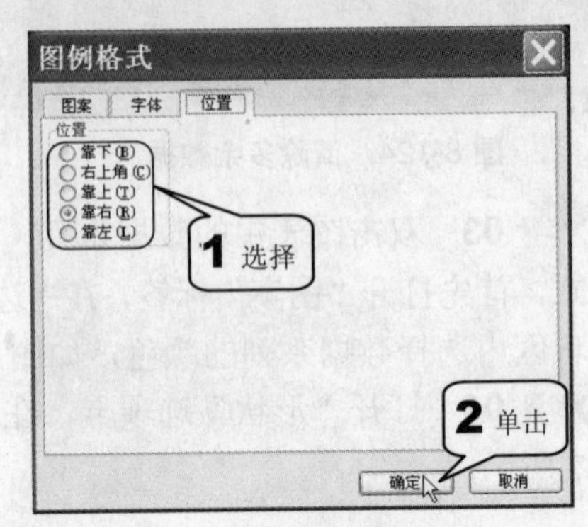

图 8-131　设置图例位置

步骤 **09**　更改坐标轴，在需要进行更改的坐标轴区域双击，弹出“坐标轴格式”对话框，在该对话框内可以对坐标轴的图案、刻度、字体、数字、对齐方式等进行设置，这里只以修改数字样式为例，打开“数字”选项卡，在“分类”列表框中选择数字的类型并进行设置，然后单击“确定”按钮，如图 8-132 所示。

步骤 **10**　更改背景墙，在背景墙区域双击弹出“背景墙格式”对话框，用户可以在“边框”选项区内自定义背景墙的边框，也可以在“区域”选项区内设置背景墙的颜色，这里采用自动的边框样式，并在“区域”选项区中单击“填充效果”按钮，如图 8-133 所示。

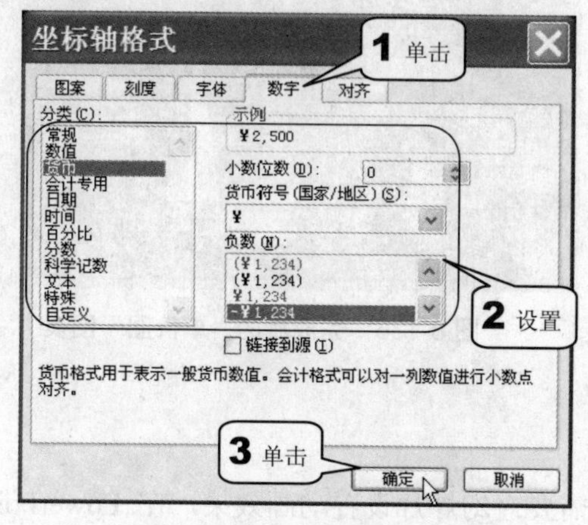

图 8-132　设置坐标轴格式

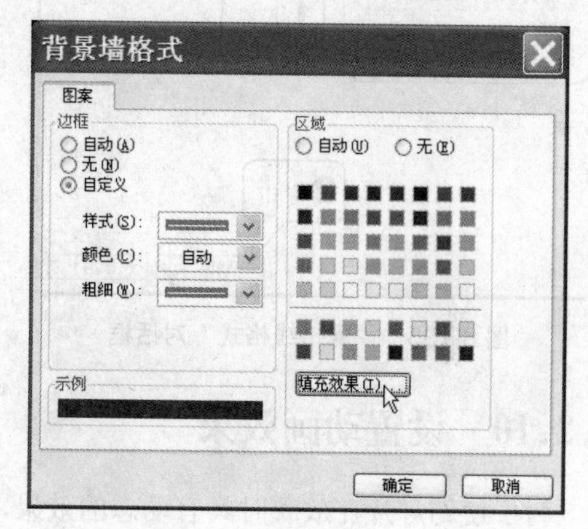

图 8-133　“背景墙格式”对话框

步骤 **11**　在弹出的“填充效果”对话框中设置背景墙的背景效果，这里打开“纹理”选项卡，选中“绿色大理石”选项，再单击“确定”按钮，如图 8-134 所示。

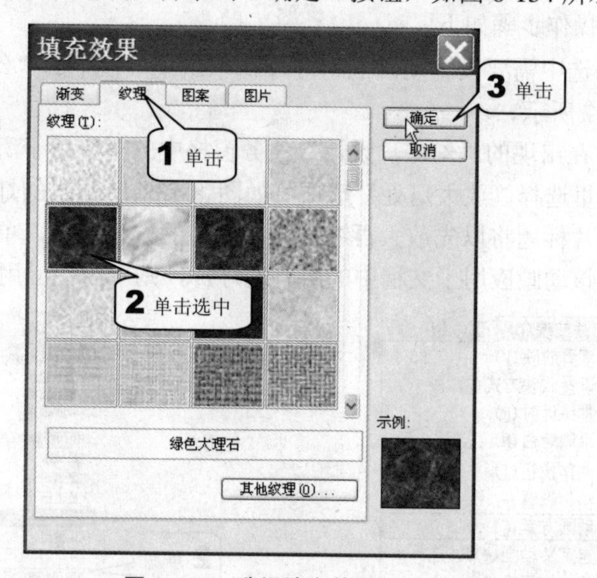

图 8-134　选择填充效果

好的背景墙应该将数据显示得更为突出，因此要留意它与数据的颜色搭配。

步骤 12 更改网格线格式，在任意一条网格线处双击，弹出“网格线格式”对话框，在对话框中可以设置网格线的线条样式、颜色、刻度等，这里只改变网格线的颜色，如图 8-135 所示。经过以上的操作步骤以后，可以得到如图 8-136 所示的图表效果。

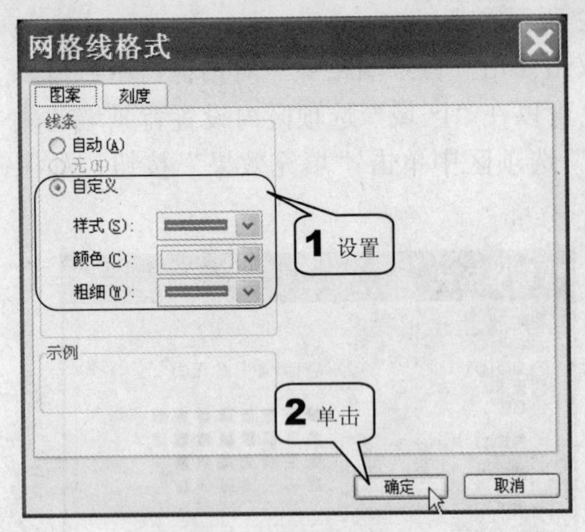

图 8-135 “网格线格式”对话框

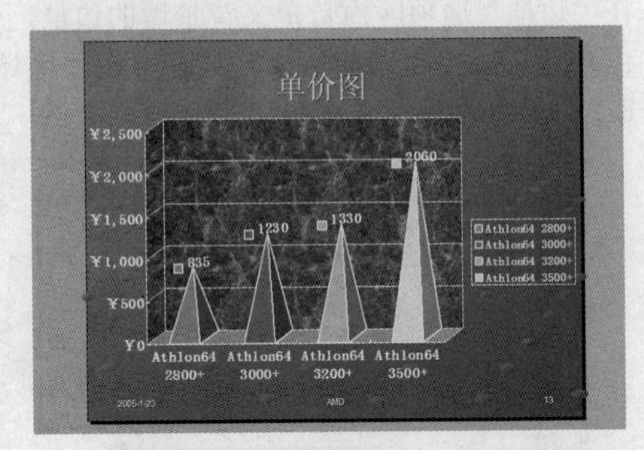

图 8-136 完成后的“单价图”图表

8.2.10 设置动画效果

为了使幻灯片在放映时具有动态的效果，需要对幻灯片设置动画效果，在 PowerPoint 2003 中用户可以通过两种方法为幻灯片设置动画效果。

1. 设置动画的方法

方法 1 使用程序提供的预设方案，程序将会自动为幻灯片里的各个组成部分设置动画效果，具体的操作步骤如下。

步骤 01 选中需要设置动画的幻灯片，单击菜单栏中的“幻灯片放映>动画方案”命令，如图 8-137 所示。

步骤 02 在出现的“幻灯片设计”任务窗格中的“应用于所选幻灯片”列表框内选择动画效果，这里选择“放大退处”选项，如图 8-138 所示，幻灯片主页将从左上角到右下角展开，幻灯片标题将以先放大再缩小然后出现的方式展现，单击“播放”按钮预览动画，如果希望将该动画应用于文稿中的所有幻灯片，则单击“应用于所有幻灯片”按钮。

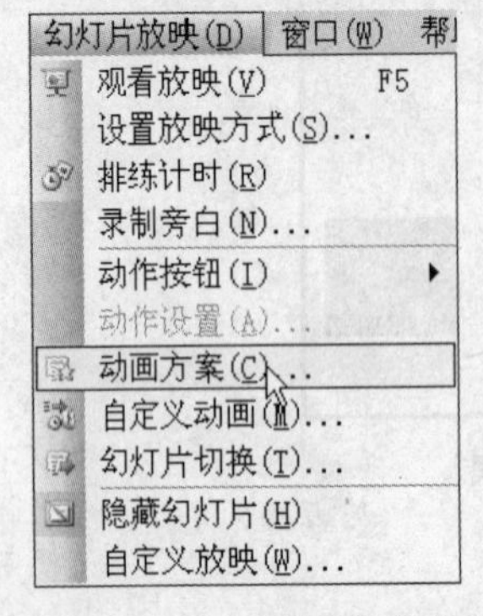

图 8-137 单击“动画方案”命令

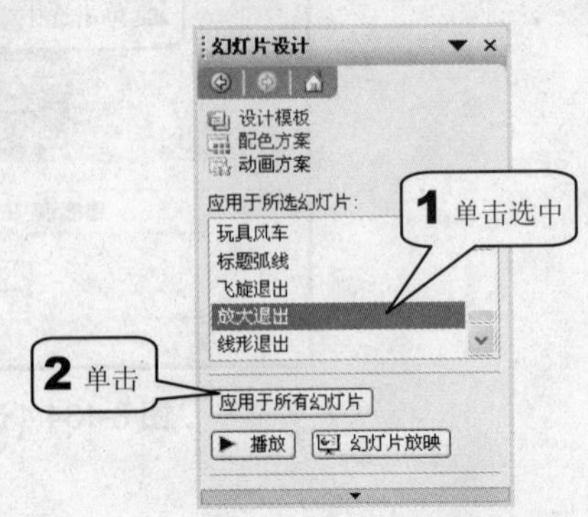

图 8-138 选择动画方案

方法 2　自定义动画效果，如果用户对程序提供的动画方案不是太满意，可以单独对幻灯片中的组成元素进行自定义动画设置，具体操作步骤如下。

步骤 01　选中需要设置动画的幻灯片，然后单击菜单栏中的“幻灯片放映>自定义动画”命令，如图 8-139 所示。

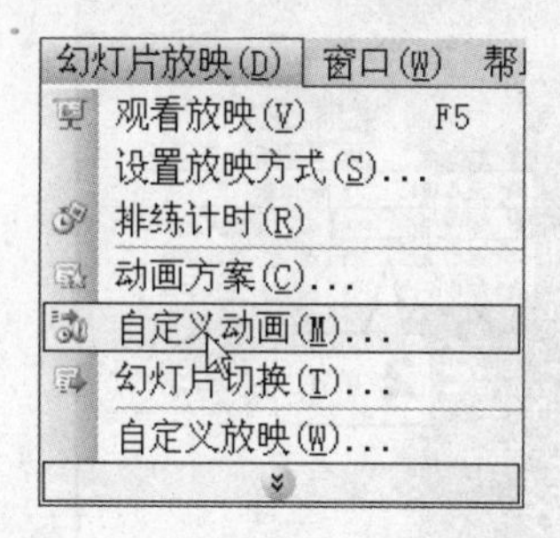

图 8-139　单击“自定义动画”命令

步骤 02　在幻灯片中单击选中需要设置动画的元素，然后在窗口右侧的“自定义动画”任务窗格中选择动画效果，这里单击选中“单价图”文本框，再单击任务窗格中的“添加效果>进入>其他效果”命令，如图 8-140 所示。

步骤 03　在弹出的“添加进入效果”对话框中选择效果，此例选中“渐变式回旋”选项，最后单击“确定”按钮完成动画设定，如图 8-141 所示。

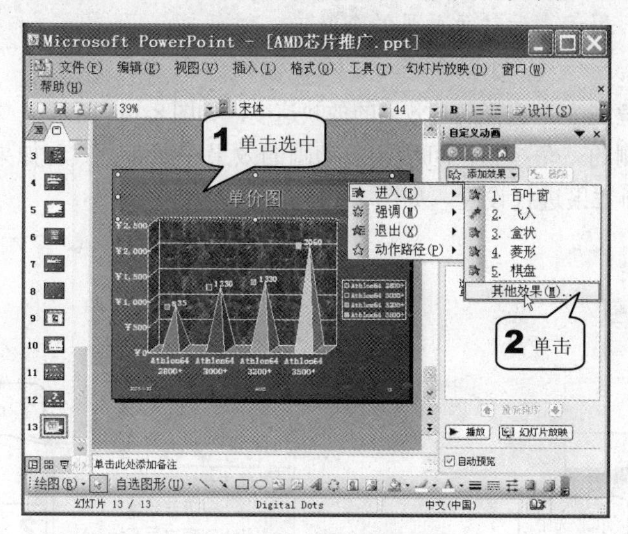

图 8-140　自定义动画

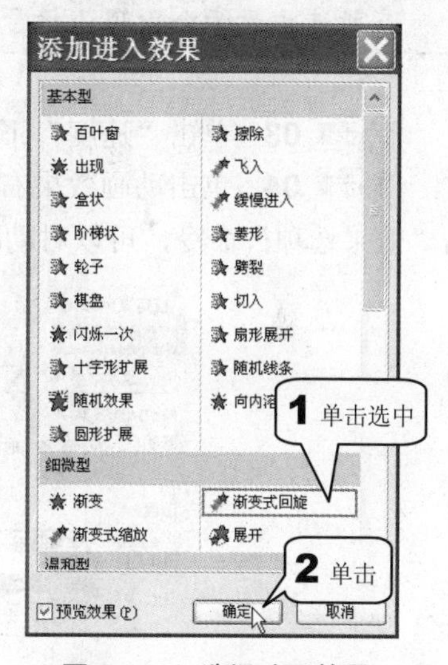

图 8-141　选择动画效果

2. 修饰动画

设置完动画以后，用户还可以通过对单个元素设置多个动画方案的方法对动画进行修饰，使动画更为醒目，具体的操作步骤如下。

步骤 01　单击选中需要再次设置动画的元素，然后在“自定义动画”任务窗格中选择动画效果，这里仍然以“单价图”文本框为操作对象，单击该文本框，然后再单击“添加效果>强调>陀螺旋”命令，如图 8-142 所示。

步骤 02　单击“自定义动画”任务窗格中的“开始”下拉列表，选择是通过鼠标激

活动画还是在上一动画开始前或开始后激活动画，这里选择“单击时”选项，如图 8-143 所示。

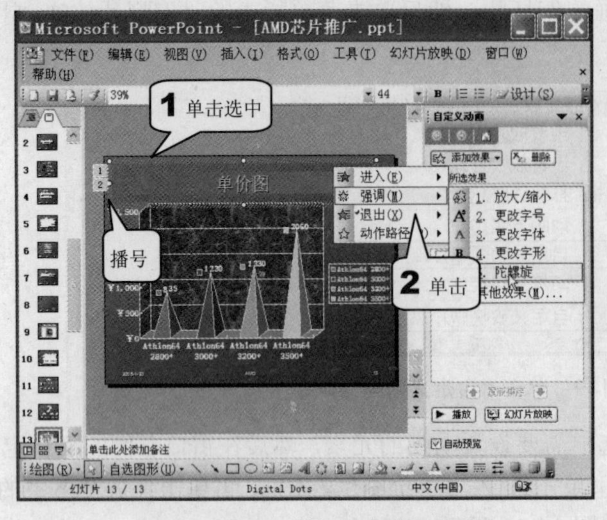

图 8-142　增加多个动画效果

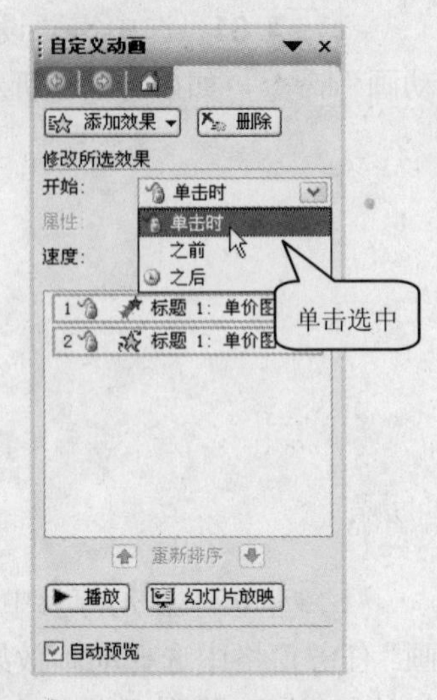

图 8-143　设置激活方式

注意

在所选元素旁会出现小播号，用于表示动画效果的个数。

步骤 03　单击“速度”下拉列表，选择动画效果的放映速度，如图 8-144 所示。

步骤 04　单击动画效果右侧的三角按钮，可以调整动画的效果和激活方式，如果单击“效果选项”命令，可以对动画效果进行设置，如图 8-145 所示。

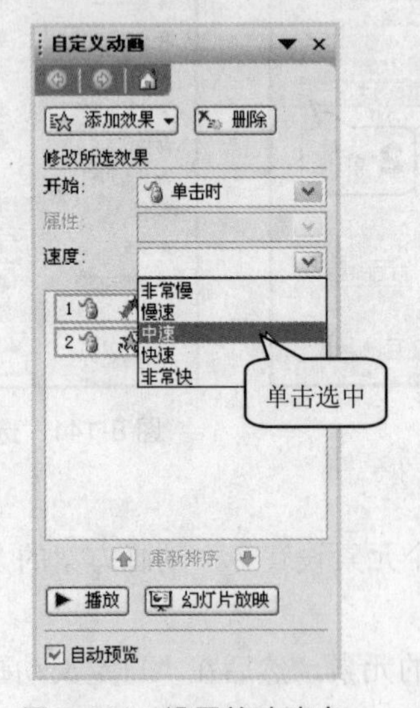

图 8-144　设置放映速度

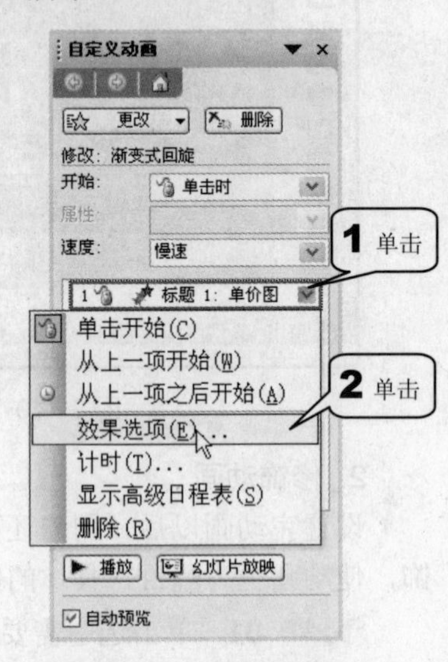

图 8-145　调整动画效果

步骤 05　在弹出的动画效果对话框中按照需要对效果进行设置，设置完成后单击“确定”按钮，如图 8-146 所示。

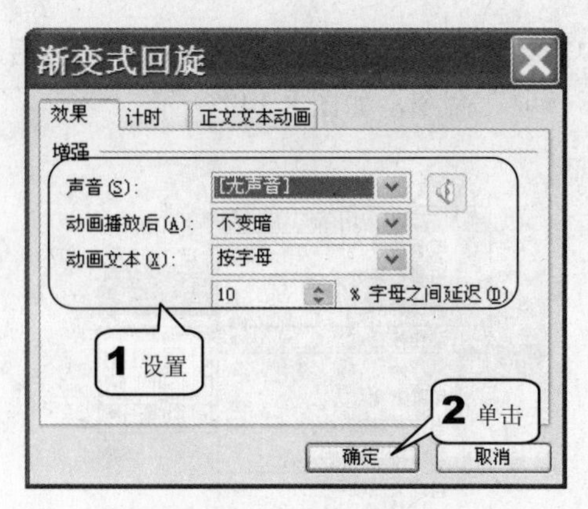

图 8-146　设置动画效果

8.2.11　幻灯片控制设置

PowerPoint 2003 允许用户在幻灯片中加入控制对象，这样在幻灯片的放映过程中只要激活该对象，就可以执行一些特殊的动作，比如播放插入的声音，执行程序等。

1. 动作设置

对幻灯片中元素进行动作设置可以使该元素成为控制对象，其具体操作步骤如下。

步骤 01　单击选中幻灯片中的元素，然后单击菜单栏中的"幻灯片放映>动作设置"命令，如图 8-147 所示。

步骤 02　弹出"动作设置"对话框，在"单击鼠标"和"鼠标移动"选项卡中对执行动作进行设置，图 8-148 显示了在元素处单击鼠标播放最后一张幻灯片的设置方法，最后单击"确定"按钮完成设置。

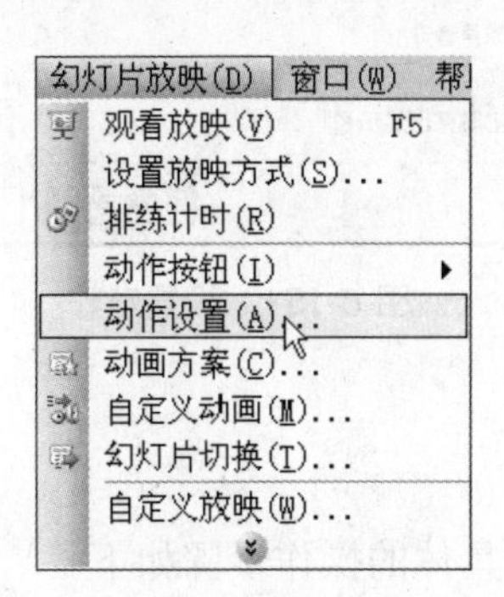

图 8-147　单击"动作设置"命令

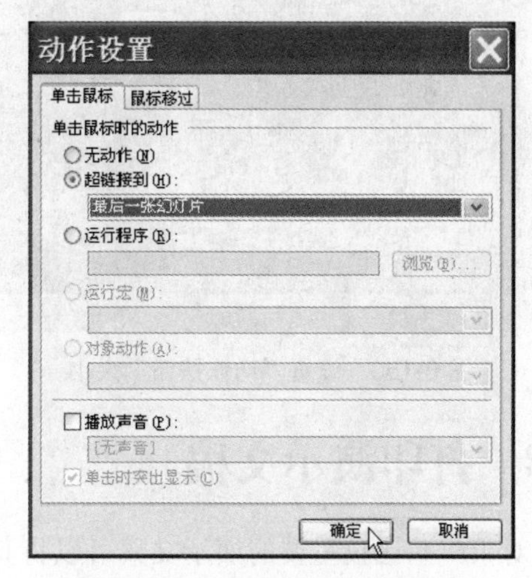

图 8-148　"动作设置"对话框

2. 插入动作按钮

在 PowerPoint 2003 中提供有丰富的"动作按钮"来设置动作，在放映文档的过程中只需激活该按钮即可获得比如播放幻灯片下一页、返回到幻灯片特定页等用户设置了的动作，这里以插入设置"前进或下一项"按钮为例，其具体的操作步骤如下。

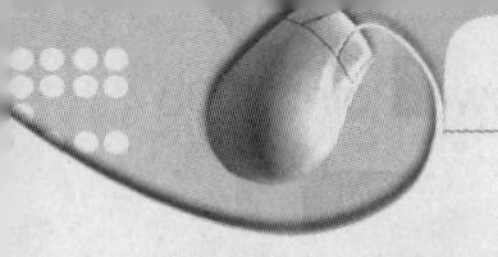

步骤 01 单击选中需要插入“动作按钮”的幻灯片，然后单击菜单栏中的“幻灯片放映>动作按钮>前进或下一项”命令，如图 8-149 所示。

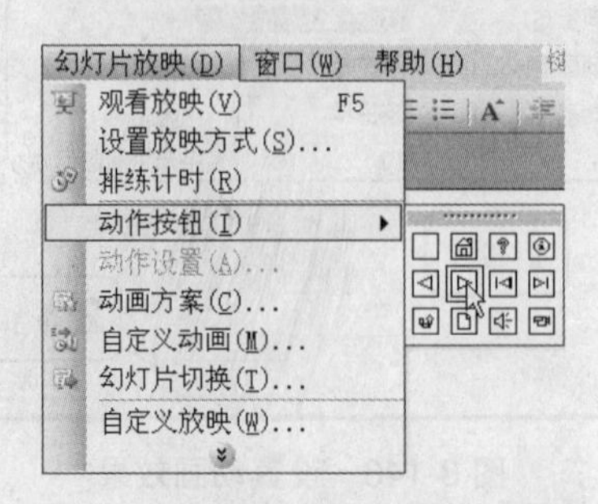

图 8-149 选择“动作按钮”命令

步骤 02 这时鼠标指针变为“十”字形，在需要插入的位置拖动鼠标设置按钮大小，如图 8-150 所示。

步骤 03 释放鼠标，弹出“动作设置”对话框，打开“单击鼠标”对话框，在“单击鼠标时的动作”选项区中单击选中“超级链接到”选项，然后在该下拉列表中选择“下一张幻灯片”选项，最后单击“确定”按钮完成设置，如图 8-151 所示。

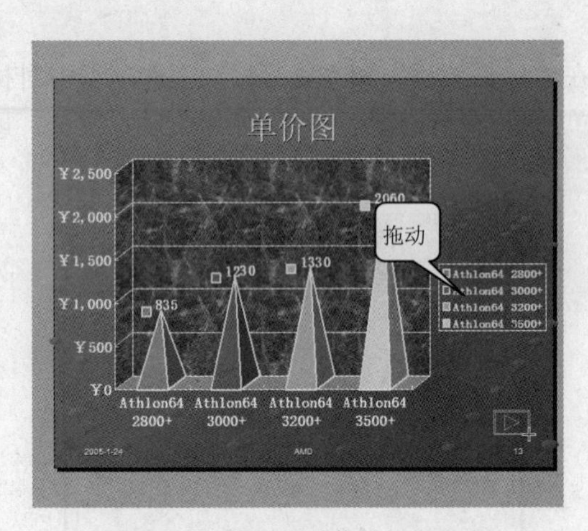

图 8-150 设置“动作按钮”大小

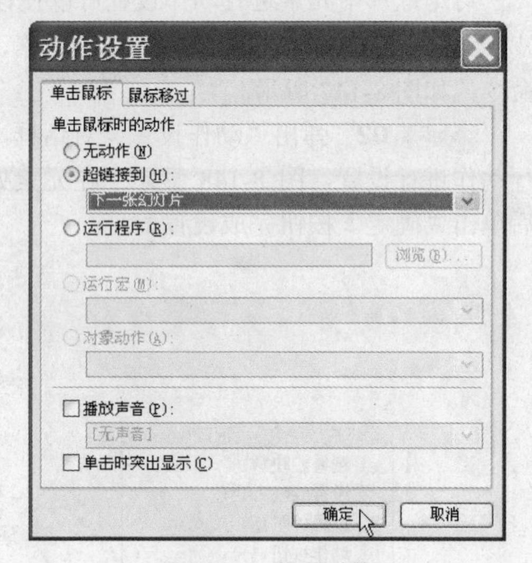

图 8-151 设置动作

8.3 打印演示文稿

对于一些比较重要的演示文稿可以将其打印出来，具体的操作步骤如下。

步骤 01 单击菜单栏中的“文件>打印”命令，如图 8-152 所示。

步骤 02 在弹出的“打印”对话框的“打印范围”选项区内选择需要打印幻灯片的范围，再在“打印份数”文本框中输入需要打印的份数，如图 8-153 所示。

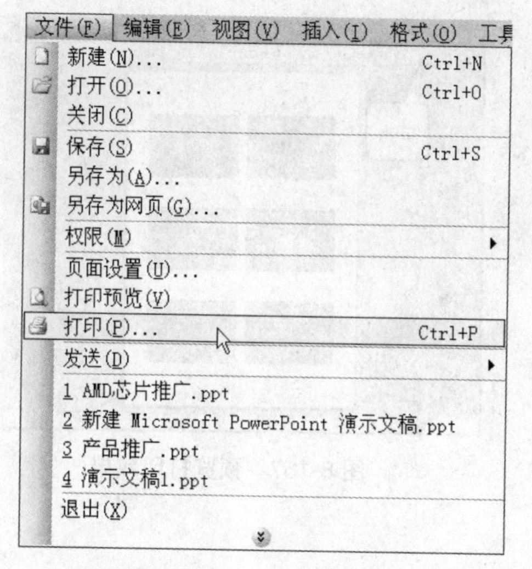

图 8-152 单击"文件>打印"命令

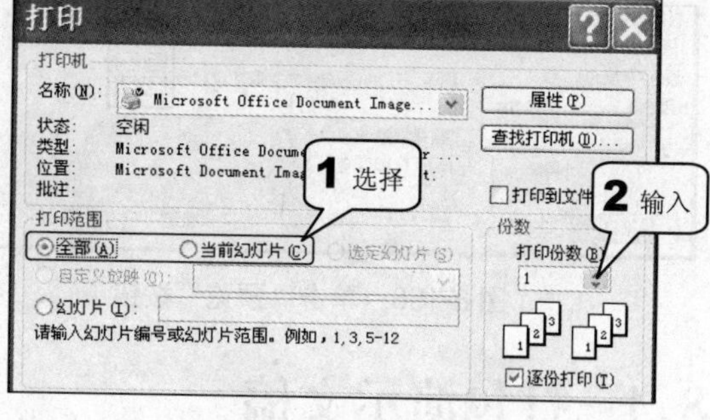

图 8-153 "打印"对话框

步骤 03 在"打印内容"下拉列表中对需要打印的文稿内容进行选择，这里单击选中"讲义"选项，然后在"讲义"选项区内"每页幻灯片数"下拉列表中选择每张打印纸所包含的幻灯片数，再在"顺序"选项区中选择每页所包含幻灯片的排列顺序，接着单击"属性"按钮，如图 8-154 所示。

步骤 04 弹出"Microsoft Office Docume..."对话框，打开"页面"选项卡，在"页面大小"下拉列表中选择打印纸的类型，这里以选择 A4 纸为例，然后在"方向"选项区中选择打印方向，再单击"确定"按钮，如图 8-155 所示。

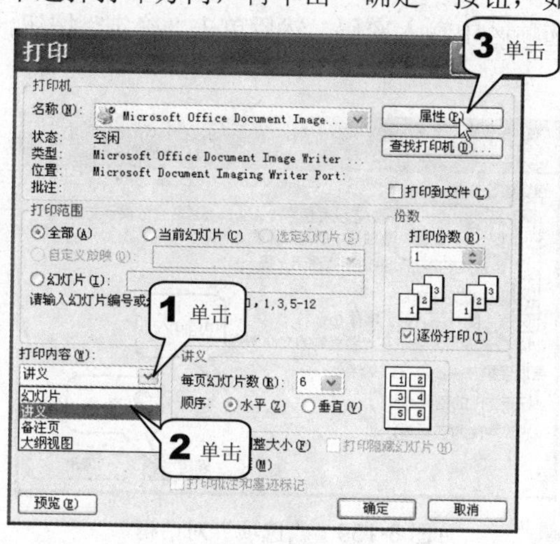

图 8-154 设置打印内容

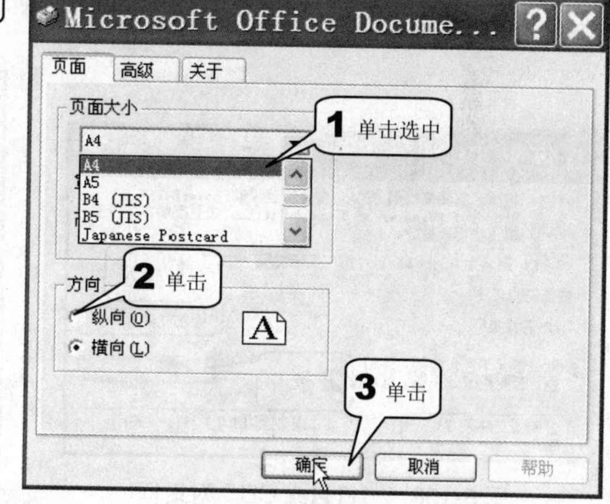

图 8-155 设置页面大小

步骤 05 再在"打印"对话框中单击"预览"按钮，对打印效果进行预览，或直接单击"确定"按钮开始打印，如图 8-156 所示。

步骤 06 在弹出的"预览"窗口中对打印效果进行预览，然后单击"打印"按钮回到"打印"对话框，再单击"打印"对话框中的"确定"按钮开始打印，如图 8-157 所示。

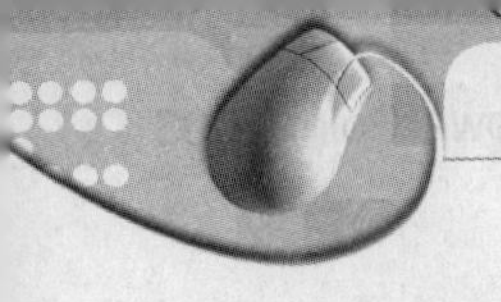

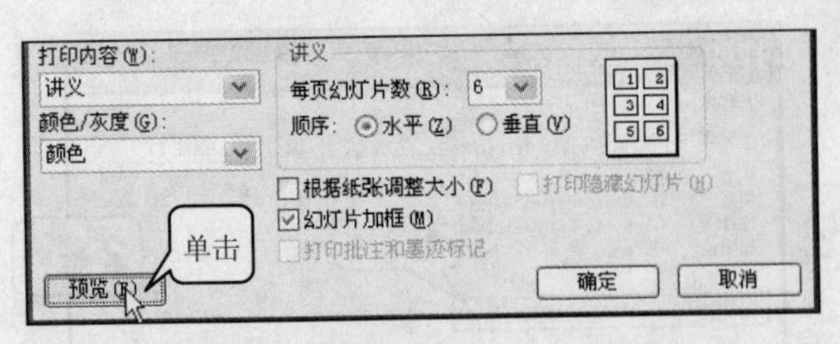

图 8-156 单击“预览”按钮

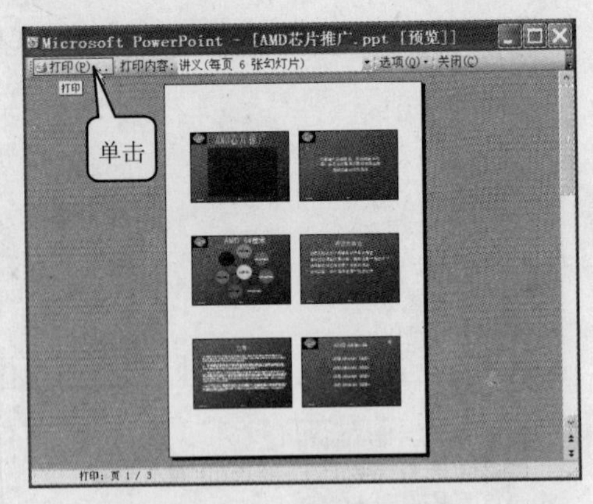

图 8-157 预览打印效果

8.4 打包演示文稿

如果需要在其他并没有安装 Power- Point 程序或者没有采用 True Type 字体的计算机上播放制作的文稿时应该对该文稿进行“打包”操作，否则会造成文稿在其他计算机上不能播放或效果不佳等问题，下面就对如何打包进行讲解，其操作步骤如下。

步骤 01 单击菜单栏中的“文件>打包成 CD”命令。

步骤 02 在弹出的“打包成 CD”对话框中在“将 CD 命名为”文本框中输入打包文件夹的名字，然后单击“选项”按钮，如图 8-158 所示。

步骤 03 在“选项”对话框中选择打包文稿需要包含的文件，如果需要对文稿进行密码保护，则在“帮助保护 PowerPoint 文件”选项区中输入密码，然后单击“确定”按钮，如图 8-159 所示。

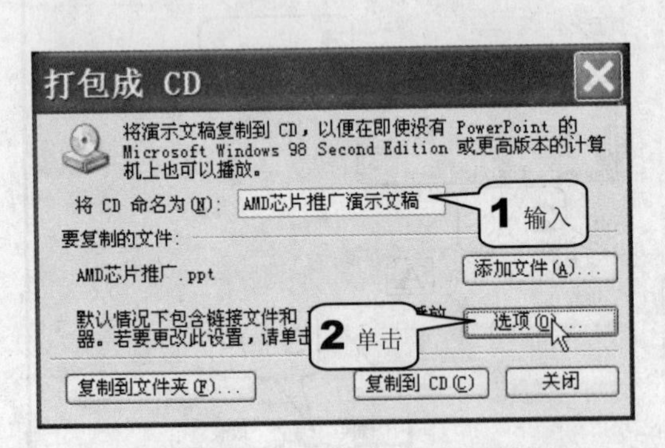

图 8-158 “打包成 CD”对话框

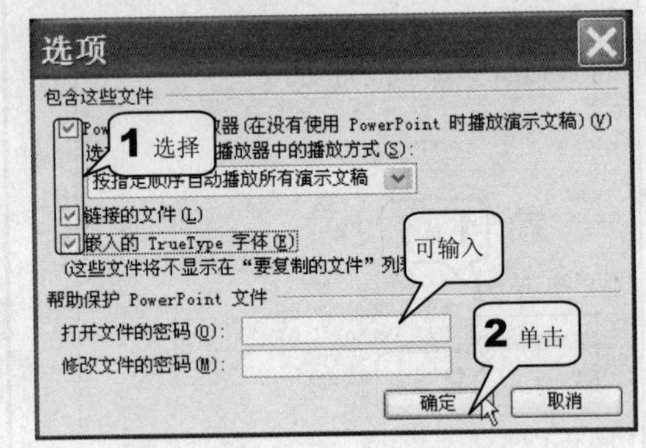

图 8-159 “选项”对话框

步骤 04 返回“打包成 CD”对话框，单击“复制到文件夹”按钮，如图 8-160 所示。

步骤 05 在“复制到文件夹”对话框的“文件夹名称”文本框中输入打包文件夹的名称，然后单击“浏览”按钮，选择打包文件的存放位置，最后单击“确定”按钮完成操作，如图 8-161 所示。

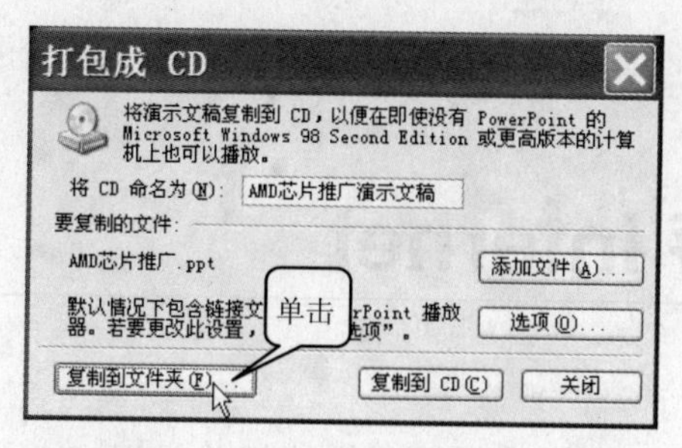

图 8-160　单击“复制到文件夹”按钮

图 8-161　设置打包文件夹的存放位置

如果配备有刻录机，在第 4 步单击“复制到 CD”按钮，则程序会把打包文件刻录到 CD 里去，通过以上操作，当打开打包文件夹，会看到文件夹中包含有 pptview.exe 执行程序，双击该图标，在弹出的“Microsoft Office PowerPoint Viewer”对话框中选中需要打开的文稿，单击“打开”按钮即可播放，如图 8-162 所示。

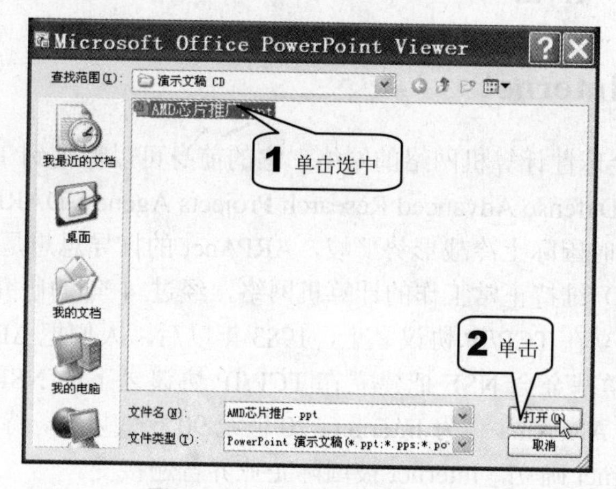

图 8-162　打开打包后的文稿

8.5　习题

一、填空题

1. 在 PowerPoint 2003 中用户可以利用四种视图观察幻灯片的效果，这四种视图分别为：_____、_____、_____以及_____。

2. 在 PowerPoint 2003 播放过程中，主要有两种方式换页，一种是用_____控制，另一种是设置_____让程序自动播放。

3. 如果需要在其他并没有安装 PowerPoint 程序的计算机上播放制作的文稿应该对该文稿进行_____操作。

二、问答题

1. 一个好的演示文稿应该符合哪些条件？根据这些条件如何具体地进行设计？

2. 如何在文稿中增加新幻灯片？

3. 如何在 PowerPoint 2003 中插入 Excel 表格？

第 9 章　畅游 Internet

本章概要

Internet 可以给用户提供很多服务，本章将主要介绍计算机网络的相关知识，Internet 的主要基础知识，以及如何更好地利用 Internet Explorer 这个可以获得很多信息的网络工具。

9.1　Internet 基础

9.1.1　什么是 Internet

Internet 是一个全球性计算机网络的网络，它的前身可以追溯到 1969 年，美国国防部高级研究工程组织（Defense Advanced Research Projects Agency, DARPA）创办的一项计算机工程 ARPAnet。当时国际上冷战形势严峻，ARPAnet 的指导思想是要研制一个能经得起故障考验（战争破坏）维持正常工作的计算机网络，经过 4 年的研究，1972 年 ARPAnet 正式亮相。该网络建立在 TCP/IP 协议之上，1983 年以后，人们把 ARPAnet 称为 Internet。1986 年美国国家科学基金会 NSF 把建立在 TCP/IP 协议之上的 NSFnet 向全社会开放。1990 年 NSFnet 取代 ARPAnet 称为 Internet。20 世纪 90 年代以来，特别是 1991 年，WWW 技术及其服务在 Internet 确立，Internet 被国际企业界普遍接受。

Internet 是众多网络间的互联网，即计算机网络互相连接组成的一个大的网络。现在，这个网络已经覆盖了全球。在其形成初期，每个网络内部都使用不同的方法进行互联或传输数据，因而有必要采用一个通用的协议使这些网络可以互相通讯。TCP/IP（传输控制协议/互联网协议）就是 Internet 上通用的通讯协议。

9.1.2　IP 地址

信息从某些地方发送来，再将其发送到其他地方去，这些信息包怎么实现传输的呢？在 Internet 上的所有计算机都必须有一个 Internet 上惟一编号作为其在 Internet 的标识，这个编号称为 IP 地址。每个数据包中包含发送方的 IP 地址和接收方的 IP 地址。IP 地址确定了采用 TCP/IP 网络上的计算机或网络设备。IP 地址包含两个重要的标识符.网络 ID 和主机 ID。

（1）网络 ID：网络地址标识了计算机或网络设备所在的网络段。在同一个网络段中的所有的计算机有同样的网络地址。在 IP 地址中网络 ID 的长度可变。

（2）主机 ID：主机地址标识了特定的主机或网络设备。在同一网络段中的每个计算机有惟一的主机 ID。

根据不同的取值范围，IP 地址分为 A、B、C、D、E 五类网络。

1. A 类地址

A 类 IP 地址，其网络 ID 占 8 位，主机地址长度空间为 24 位。A 类 IP 地址范围是 1.0.0.1—127.255.255.254，允许有 126 个不同的 A 类网络（网络地址的 0 和 127 保留用于特殊目的），由于主机地址空间长度为 24 位，因此，一个 A 类地址最多可容纳 2^{24}（约 1600 万）台主机。A 类 IP 地址结构适用于有大量主机的大型网络。

2. B 类地址

B 类 IP 地址，其网络 ID 占 16 位，主机地址空间长度为 16 位。B 类 IP 地址范围是 128.0.0.1—191.255.255.254，允许有 16384 个不同的 B 类网络。同时，由于主机地址空间长度为 16 位，因此每个 B 类网络的主机地址数为 2^{16}（65536）个。B 类 IP 地址适用于一些国际性大公司与政府机构等中型规模的网络。

3. C 类地址

C 类 IP 地址，其网络 ID 占 24 位，主机地址空间长度为 8 位。C 类 IP 地址范围是 192.0.0.1—223.255.255.254，允许有 2^{21}（2,000,000）个不同的 C 类网络。每个 C 类网络主机地址数最多为 254 个。C 类 IP 地址特别适用于小型公司和普通研究机构等小规摸的网络。

9.1.3 域名系统

IP 地址的定义严格且易于划分子网，因此非常有用，但它记忆起来十分不方便。为了向一般用户提供一种直观明了的主机识别符，TCP/IP 协议专门设计了一种字符型的主机命名机制，这种主机命名相对 IP 地址来说是一种更为高级的地址形式，即域名。Internet 所实现的层次型名字管理机制被称为域名系统（DNS—Domain Name System）。

1. 主机域名

Internet 引入了符号化的层次结构命名方法，任何一个连接在 Internet 上的主机或服务器，都有惟一的层次结构的名字，即主机域名（Domain Name）。如：主机 202.114.64.35 的域名地址是 www.whu.edu.cn。由于域名中的符号串通常是用户或其单位名称的缩写，具有清晰的逻辑含义，因此域名更便于记忆。

2. 域名系统的定义规则

域名系统是一个分布式数据库，服务器中包含整个数据库的某部分信息，提供用户查询。一个完整的域名地址由若干部分组成，各部分之间由小数点隔开，每部分有一定的含义，且从右到左各部分之间大致是上层与下层的包含关系。其组织结构象树状结构，最上层为最高级域名。

域名的层次结构：计算机名.组织机构名.网络名（机构的类别）.最高层域。表 9-1 给出顶级域名的含义。

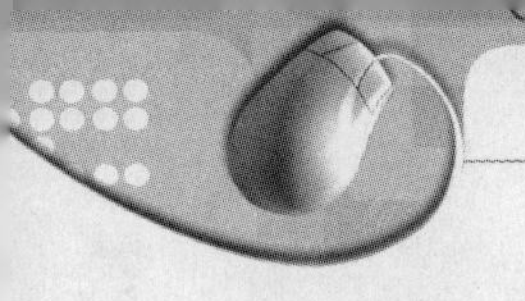

表 9-1　部分顶级域名

组织性顶级域名	含　义	组织性顶级域名	含　义
COM	商业组织	CN	中国
EDU	教育机构	FR	法国
GOV	政府部门	DE	德国
NET	网络技术组织	IT	意大利
ORG	各种非盈利组织	JP	日本
MIL	军队系统	HK	香港

3. 域名管理系统（Domain Name System，简称 DNS）

域名管理系统采用层次式的管理机制。如：cn 域代表中国，它由中国互联网信息中心（CNNIC）管理，它的一个子域 edu.cn 由 CERNET 网络中心负责管理，edu.cn 的子域 nwu.edu.cn 由西北大学网络中心管理。域名系统采用层次结构的优点是：每个组织可以在它们的域内再划分域，只要保证组织内的域名惟一性，就不用担心与其他组织内的域名冲突。对用户来说，有了域名地址就不必去记 IP 地址了，但对于计算机来说，数据分组中只能是 IP 地址而不是域名地址，这就需要把域名地址转化为 IP 地址。一般来说，Internet 服务提供商（ISP）的网络中心都会有一台专门完成域名到 IP 地址转化的计算机，这台计算机叫做域名服务器。有了域名服务系统，凡域名空间中有定义的域名都可以有效地转换成 IP 地址，反之 IP 地址也可以转换成域名。

4. IP 地址与域名服务器之间的对应关系

Internet 上 IP 地址是惟一的，一个 IP 地址对应着惟一的一台主机。相应地，给定一个域名地址也能找到惟一对应的 IP 地址，这是域名地址与 IP 地址之间的一对一的关系。有些情况下，往往用一台计算机提供多个服务，比如既作 www 服务器又作邮件服务器。这时，计算机的 IP 地址当然还是惟一的，但可以根据计算机所提供的多个服务给予不同的多个域名，这是 IP 地址与域名间可能的一对多关系。

9.1.4　Internet 服务概述

Internet 上的常用服务主要有：电子邮件、远程登录、文件传输、World Wide Web、网络新闻服务等。

1. 文件传输（File Transfer Protocol）服务

通过 FTP 服务可以在两台远程计算机之间传输文件，FTP 可以实现文件传输的以下两种功能。

（1）下载 download：从远程主机向本地主机复制文件

（2）上传 upload：从本地主机向远程主机复制文件

2. 远程登录（Telnet）服务

利用 Telnet 服务可以将一台计算机连接到远程计算机上，使之相当于远程计算机的一个终端。Telnet 是为 Internet 用户共享网络主机资源而开发的终端仿真程序，简单地说，使用 Telnet 可以使本地用户登录到网络主机上而不需要考虑终端的兼容性。

3. 电子邮件（E-mail）服务

E-mail 是在 Internet 上发送和接收邮件。电子邮件服务为 Internet 用户之间提供了方便、快捷、便宜的通信手段。

4. World Wide Web（www）服务

WWW 又称万维网、Web，是一种采用超文本技术进行信息发布和检索的信息网络。WWW 上的信息均是按页面进行组织的，称为 Web 页。每个页面由超文本标记语言（HTML）来编写。页面中的标记（TAG）用于说明页面的编排格式、页面构成元素等。页面中还包含指向其他页面（可能位于其他主机上）的链接地址（anchor）。存放 Web 页面的计算机称为 Web 站点或 WWW 服务器。每个 Web 站点都有一个主页（Home Page），它是该 Web 站点的信息目录表或主菜单。万维网实际上是一个由千千万万个页面组成的信息网。索取页面、浏览信息的程序称为浏览器（Browser，如 Netscape、Internet Explorer 等）。浏览器与 Web 站点之间通过 HTTP 协议进行通信。

9.2 Internet Explorer 简介

微软公司开发的 Internet Explorer（简称 IE）是目前使用最广泛的网上浏览器，是访问 Internet 的一种好工具。

IE 具有友好的浏览界面，可以从 World Wide Web 上轻松获得丰富的信息，从而使用户足不出户也能知天下事，下面将介绍它的使用方法。

9.2.1 启动与退出 IE

启动 IE 的方式是单击“开始”按钮，在弹出的“开始”菜单中单击 IE 图标，如图 9-1 所示。

如果用户桌面上有 IE 的快捷方式，可以双击打开它。

关闭 IE 的方式也比较简单，用户可以单击浏览器窗口菜单栏中的“文件>关闭”命令，如图 9-2 所示。

图 9-1　启动 IE

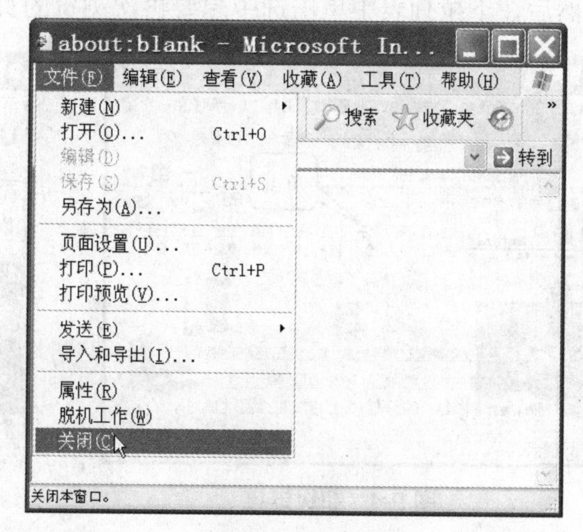

图 9-2　关闭 IE

提示

单击窗口右上侧的关闭按钮☒，或使用组合键“Alt+F4”也可关闭IE。

9.2.2 打开以及浏览网页

当启动IE后，用户还需要进行打开网页、浏览网页等操作，以获得想要的信息。

1. 打开网页

如果用户知道想要浏览的网站网址，直接在窗口的“地址”文本框中输入该网址后单击Enter键，例如输入“www. 163.com”后单击Enter键即可进入网易主页，如图9-3所示。

图9-3 打开网页

2. 浏览网页

Internet采用超级链接进行网页间的切换，它可以是图片或文字，这些图片或者文字一般是所链接网页的一个简单描述。

用户若在网页上找到感兴趣的超级链接，将鼠标指针移动到其上，这时指针会变成手形，单击鼠标即可，例如单击图9-4所示的“新闻”，则跳转到关于新闻的网页。

如果用户想在已经浏览过的页面中进行跳转，可以单击“地址”下拉列表右侧的⌄按钮，然后在下拉列表中单击选中想要再次浏览的页面，如图9-5所示。

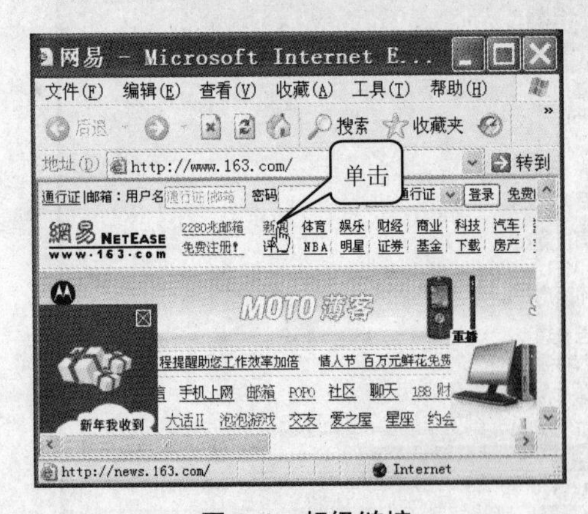

图9-4 超级链接

图9-5 返回已浏览过的网页

若单击工具栏中的“后退”按钮，返回到上次浏览过的页面，若再单击“前进”按钮，则前进到当前页面。

9.2.3 收藏夹整理

用户可以把经常使用的网页或喜欢的网站地址“收藏”起来，在以后需要时能方便地打开它们，其操作步骤如下。

步骤 01 在 IE 中打开需要收藏的网页，单击窗口菜单栏中的“收藏>添加到收藏夹”命令，如图 9-6 所示。

图 9-6　单击“添加到收藏夹”命令

步骤 02 弹出“添加到收藏夹”对话框，在名称文本框中输入用户给该网页起的名字或使用默认名，然后单击“确定”按钮完成操作，如图 9-7 所示。

下次若需再次访问该网页时可以单击工具栏上的“收藏夹”按钮，这时在窗口的左侧弹出“收藏夹”窗格，然后单击窗格中所需网页的名字，如图 9-8 所示。

图 9-7　给收藏的网页起名

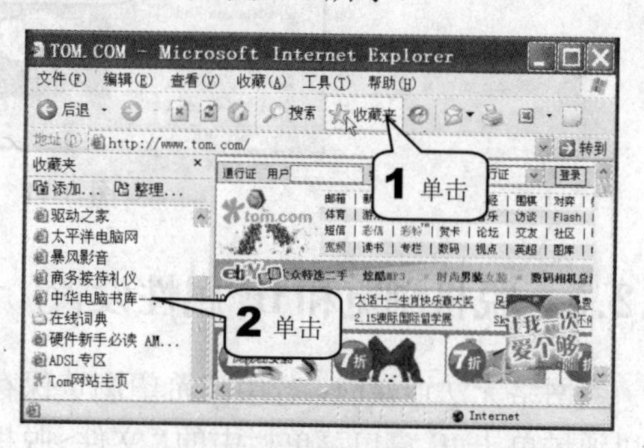

图 9-8　收藏夹的应用

用户若需要对收藏夹进行整理，可以进行以下的操作步骤。

步骤 01 单击 IE 窗口菜单栏中的“收藏>整理收藏夹”命令，如图 9-9 所示。

步骤 02 弹出如图 9-10 所示的“整理收藏夹”对话框，在列表框中选中需要进行重命名、删除、移至文件夹等操作的网页图标，单击左侧对应的按钮对其进行操作，或单击

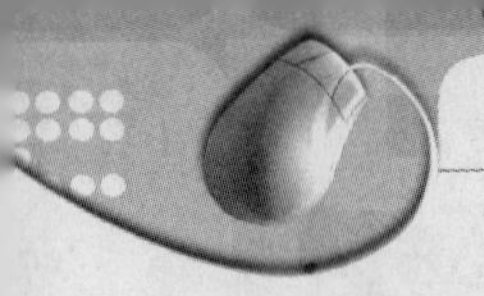

“创建文件夹”按钮在收藏夹中创建文件夹，最后单击“关闭”按钮完成操作。

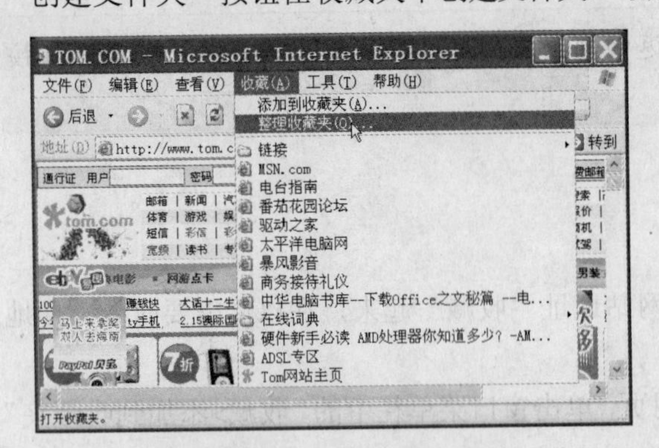

图 9-9　单击“整理收藏夹”命令

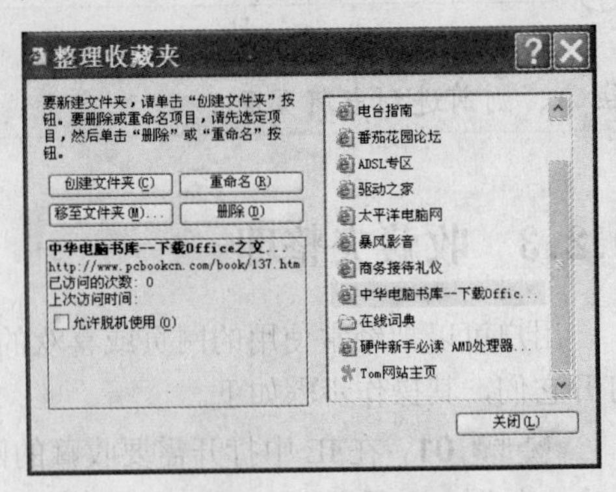

图 9-10　整理收藏夹

9.2.4　临时文件和历史记录

通过 IE 浏览过的网页会被保存在“Internet 临时文件”的文件夹中，当用户再次打开相同的网页时浏览器会自动调用保存在该文件夹网页里的内容，达到快速响应的目的。

用户可通过查看历史记录对以前浏览过的网页进行查看，其具体的操作方法为单击浏览器窗口工具栏中的“历史”按钮，在窗口左侧弹出“历史记录”窗格，从该窗格中单击选择浏览过的网页，如图 9-11 所示。

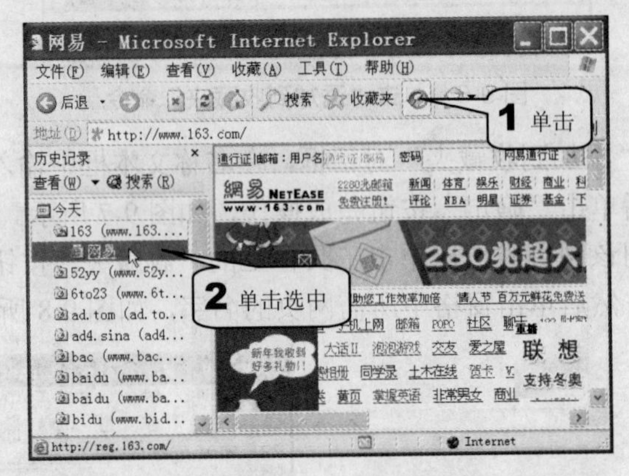

图 9-11　历史记录

9.2.5　脱机浏览和 IE 属性设置

当网络无法连接时，若用户希望浏览保存在“Internet 临时文件”文件夹里的网页文件，可以通过单击 IE 窗口菜单栏中的“文件>脱机工作”命令，达到脱机浏览的目的，如图 9-12 所示。

提示

若用户上网是按照时间收费的，可以利用该项功能打开多个网页，然后再断开网络脱机浏览。

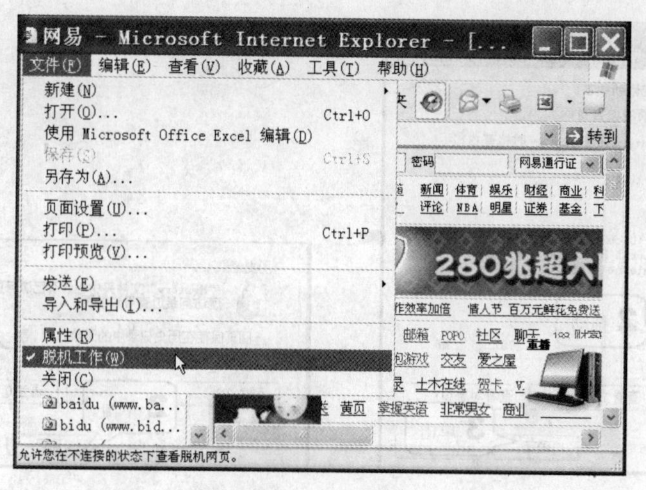

图 9-12 脱机浏览

IE 具有很灵活的设置工具，可以帮助用户根据需要制定出适合的 IE，由于它的工具繁多，受篇幅的限制这里只讲解如何设置 IE 的常规属性，具体的操作步骤如下。

步骤 01 在 IE 窗口中单击菜单栏中的“工具>Internet 选项”命令，如图 9-13 所示。

步骤 02 弹出“Internet 选项”对话框，在该对话框中的“常规”选项卡下的“地址”文本框中输入作为主页的网址，这样用户每次启动 IE 时将自动打开该网址对应的网页；然后单击“Internet 临时文件”选区中的“设置”按钮，如图 9-14 所示，若用户在该选区单击“删除 Cookies”按钮，将删除 Cookies 资料，单击“删除文件”按钮将删除所有的脱机文件。

图 9-13 单击“工具>Internet 选项”命令

图 9-14 设置 Internet 选项

步骤 03 弹出“设置”对话框，在“检查所存网页的较新版本”选项区中单击选择检查的方式，用鼠标拖动“使用的磁盘空间”滑动条的滑块设置“Internet 临时文件”文件夹的大小，单击“确定”按钮，如图 9-15 所示。

步骤 04 在“常规”选项卡里的“历史记录”选项区中单击微调按钮，调整网页在计算机硬盘上的保存时间，然后单击“确定”按钮完成常规设置，如图 9-16 所示。

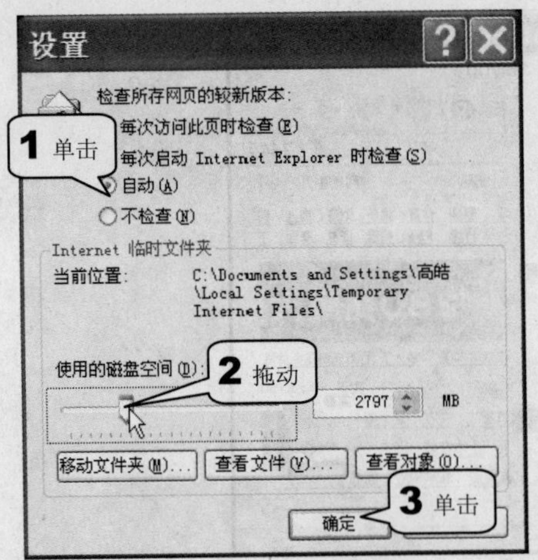

图 9-15 设置“Internet 临时文件”文件夹

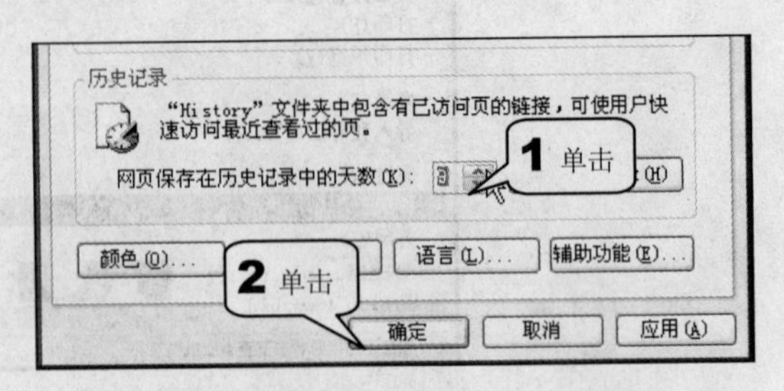

图 9-16 设置“历史记录”选项区

9.3 使用 Outlook Express

Outlook Express 是 Windows XP 自带的一个电子邮件程序，特别适合拥有多个电子邮箱的用户使用。

9.3.1 启动及创建账户

若用户的计算机是初次启动该程序，启动后还需要创建正确的账户，才能正常使用，其具体的启动及创建步骤如下。

步骤 01 单击“开始”按钮，在“开始”菜单中单击“电子邮件”图标，如图 9-17 所示。

步骤 02 这时弹出“Internet 连接向导”对话框，显示“您的姓名”界面，在“显示名”文本框中输入用户的名字，然后单击“下一步”按钮，如图 9-18 所示。

图 9-17 启动 Outlook Express

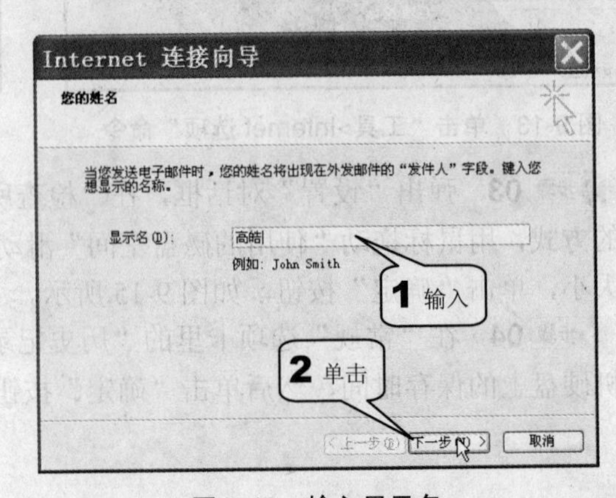

图 9-18 输入显示名

步骤 03　弹出“Internet 电子邮件地址”显示界面，在“电子邮件地址”文本框中输入用户的邮箱地址，单击“下一步”按钮，如图 9-19 所示。

步骤 04　弹出“电子邮件服务器名”显示界面，在“我的邮件接收服务器是”下拉列表中选择 ISP 提供的服务器类型，并按照它所提供的接收邮件服务器名对应填入文本框中，然后单击“下一步”按钮，如图 9-20 所示。

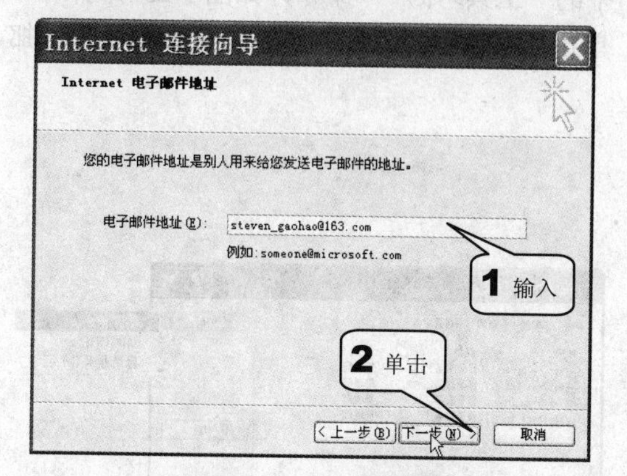

图 9-19　输入邮箱地址

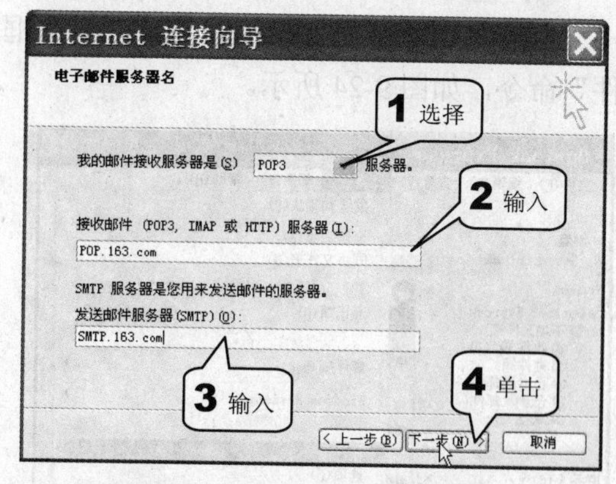

图 9-20　输入 ISP 提供的信息

表 9-2 列出了各大网站免费邮箱的接收服务器和外发服务器名称。

表 9-2　网站接收服务器和外发服务器名

网站名称	接收服务器（POP3）	外发服务器（SMTP）
网易	pop.163.com	smtp.163.com
新浪	pop3.sina.com.cn	smtp.sina.com.cn
搜狐	pop3.sohu.com	mtp.sohu.com
etang	pop.free.etang.com	smtp.free.etang.com

步骤 05　弹出“Internet mail 登录”显示界面，输入 ISP 提供的账户名和密码，对使用免费邮箱的用户来说，则填入邮箱地址和打开邮箱的密码，然后单击“下一步”按钮，如图 9-21 所示。

步骤 06　弹出“祝贺您”界面，单击“完成”按钮完成创建，如图 9-22 所示。

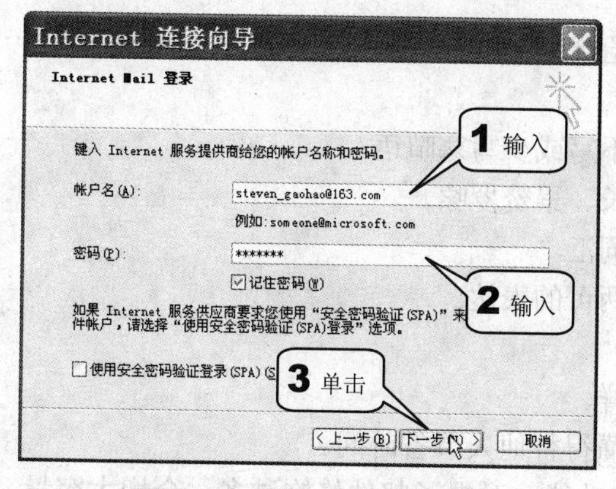

图 9-21　输入账户名和密码

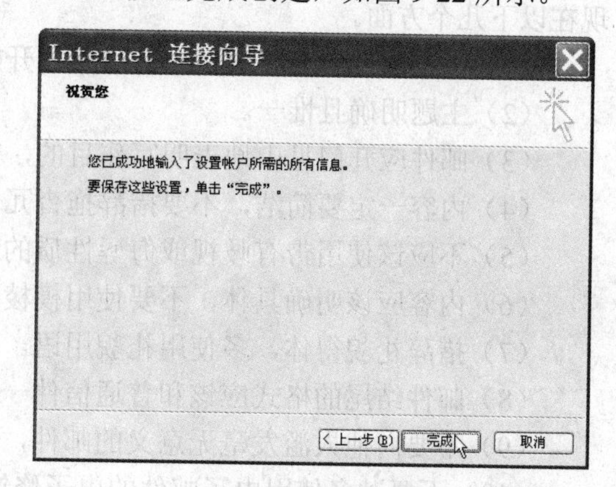

图 9-22　完成创建

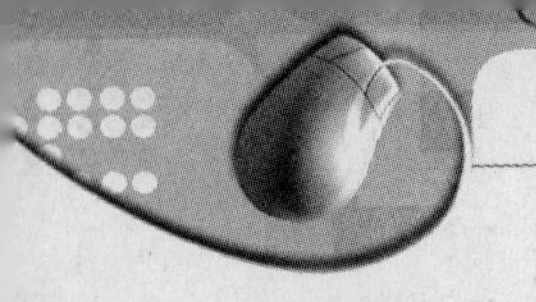

9.3.2 创建多个账户

若用户同时拥有多个邮箱，可以通过创建多个对应的账户，使 Outlook Express 能接收不同邮箱中的来信，具体的操作步骤如下。

步骤 01 单击“Outlook Express”窗口中的“工具>账户”命令，如图 9-23 所示。

步骤 02 弹出“Internet 账户”对话框，单击“添加”按钮，在弹出的菜单中单击“邮件”命令，如图 9-24 所示。

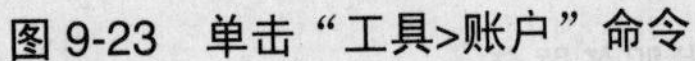
图 9-23 单击“工具>账户”命令

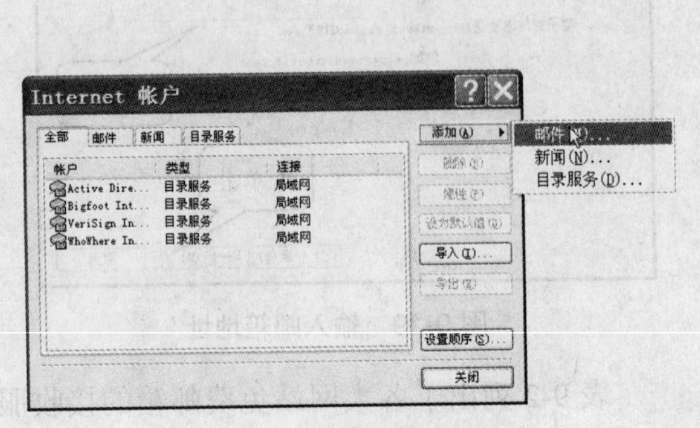

图 9-24 单击“邮件”命令

这时弹出“Internet 连接向导”对话框，完成账户创建后用户就可以使用 Outlook Express 同时接收所创建账户对应的电子邮箱里的邮件。

提示

用户可以对所拥有的每个邮箱都建立一个账户，这样就可以通过 Outlook Express 一次接收所有邮箱的信件。

9.3.3 商务电子邮件撰写注意事项

电子邮件被广泛地应用到现代商务中，它的撰写与一般商务邮件有所差别，其区别表现在以下几个方面。

（1）电子邮件应当经过精心构思后才开始撰写。

（2）主题明确且惟一。

（3）邮件应开门见山地表明写作目的，不写或少写寒暄语。

（4）内容一定要简洁，不要措辞拖沓冗长、累赘罗嗦。

（5）不应该使用带有歧视或侮辱性质的词汇。

（6）内容应该明确具体，不要使用模棱两可的表达。

（7）措辞礼貌得体，多使用礼貌用语。

（8）邮件结尾的格式应该和普通信件一样。

（9）不要向他人滥发毫无意义的邮件，懂得替他人节省时间。

（10）不要过多使用电子邮件的电子修饰功能，对电子邮件修饰过多，会增大容量，延长信件的收发时间，还可能因为软件问题使接收方打不开邮件。

9.3.4　邮件的撰写

具备了上述知识后用户就可以利用 Outlook Express 撰写商务电子邮件了，具体的操作步骤如下。

步骤 01　在 Outlook Express 菜单栏中单击“邮件>新邮件”命令，或单击工具栏上的“创建邮件”按钮，打开撰写窗口，如图 9-25 所示。

步骤 02　弹出“新邮件”邮件撰写窗口，若用户需要使用“密送”功能，则需单击菜单栏中的“查看>所有邮件标头”命令，如图 9-26 所示。

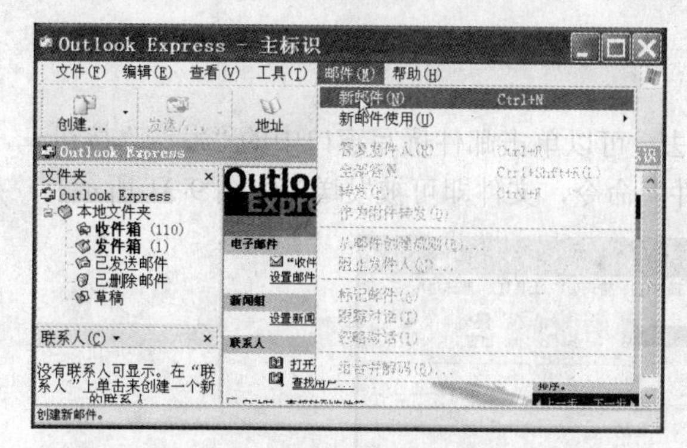

图 9-25　单击“邮件>新邮件”命令

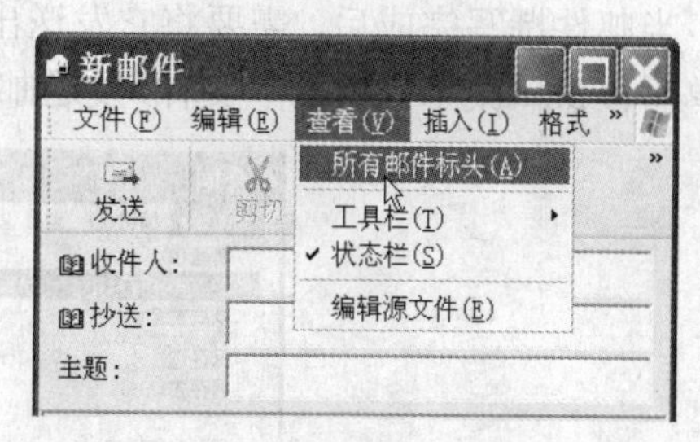

图 9-26　单击“查看>所有邮件标头”命令

步骤 03　这时将出现“密件抄送”文本框，在“收件人”、“抄送”、“密件抄送”文本框中分别输入对应的邮箱地址，若同一框中输入多个地址用分号隔开，然后在“主题”文本框中输入信件的主题，单击鼠标激活撰写区，输入信件内容，如图 9-27 所示。

步骤 04　邮件撰写完成后若需要将文件和该邮件一起发送，则单击菜单栏中的“插入>文件附件”命令，如图 9-28 所示。

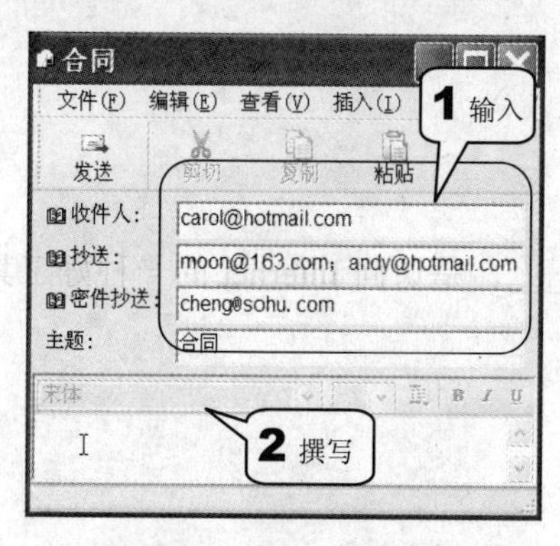

图 9-27　邮件撰写窗口

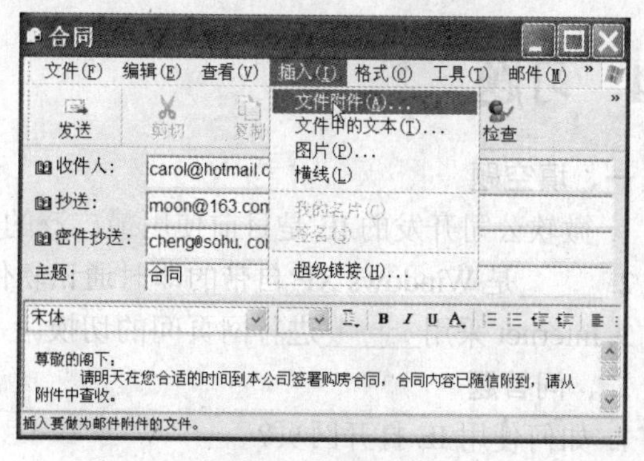

图 9-28　添加附件

步骤 05　弹出“插入附件”对话框，在该对话框中选中需要添加的附件，然后单击“附件”按钮，如图 9-29 所示。

步骤 06　弹出“附件”文本框，显示所添加附件的信息，如图 9-30 所示，若用户添加错了附件，可以在该框中单击选中该附件图标，按 Delet 键删除。

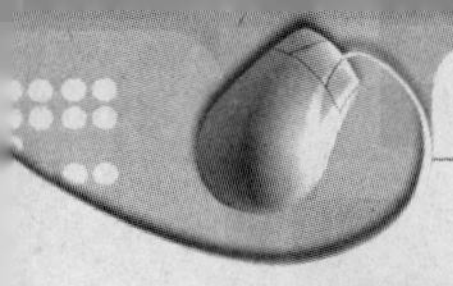

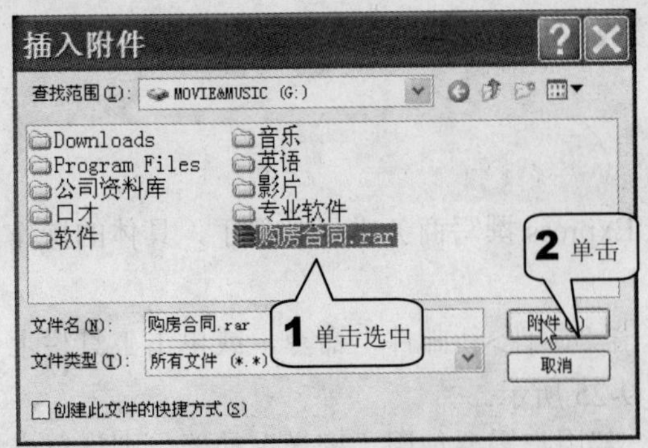

图 9-29　选中附件文件

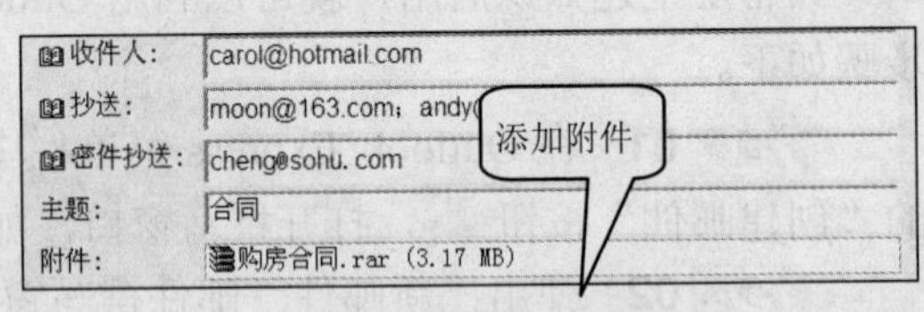

图 9-30　添加附件成功

9.3.5　发送邮件

当邮件撰写完成后，需要将它发送出去，可以单击邮件撰写窗口中的“发送”按钮，或单击该窗口菜单栏中的“文件>发送邮件”命令，文件即可被发送，如图 9-31 所示。

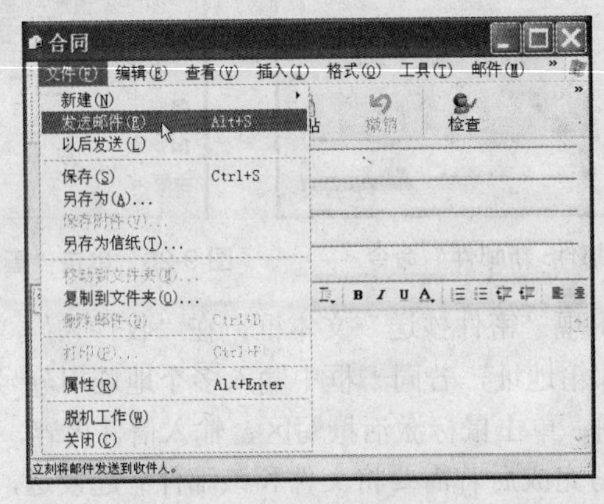

图 9-31　发送邮件

9.4　习题

一、填空题

1. 微软公司开发的 IE 是目前使用最广泛的______，是访问 Internet 的一种好工具。

2. ______是 Windows XP 自带的即时通讯软件。

3. Internet 采用______进行网页间的切换。

二、问答题

1. 如何使用 IE 打开网页？

2. 如何查看历史记录？

3. 如何脱机浏览网页？

第 10 章　计算机安全

本章概要

对于计算机用户来说，计算机的安全问题特别重要，若用户对此不加以重视，可能会造成计算机内重要资料的泄漏或计算机不能正常工作。本章将介绍如何让计算机更加安全地工作。

10.1　计算机网络安全

10.1.1　计算机安全的概念

计算机安全，是指对计算机系统的硬件、软件、数据等加以严密的保护，使之不因偶然的或恶意的原因而遭到破坏、更改、泄漏，保证计算机系统的正常运行。它包括以下几个方面。

（1）实体安全：实体安全是指计算机系统的全部硬件以及其他附属的设备的安全。其中也包括对计算机机房的要求，如地理位置的选择、建筑结构的要求、防火及防盗措施等。

（2）软件安全：软件安全是指防止软件的非法复制、非法修改和非法执行。

（3）数据安全：数据安全是指防止数据的非法读出、非法更改和非法删除。

（4）运行安全：运行安全是指计算机系统在投入使用之后，工作人员对系统进行正常使用和维护的措施，保证系统的安全运行。

（5）信息系统安全：关于计算机信息系统安全性的定义到目前为止还没有统一，国际标准化组织（ISO）的定义为："为数据处理系统建立和采用的技术和管理的安全保护，保护计算机硬件、软件和数据不因偶然和恶意的原因遭到破坏、更改和泄露"。

（6）网络安全：是指整个网络系统的安全性，其内容主要包括操作系统的安全、网络服务的安全和网络通信协议的安全。其中网络服务安全问题是网络安全的关键，又分为电子邮件安全、FTP 文件传输安全、TELNET 服务和 WWW 安全、Usenet 新闻、DNS 域名服务安全、网络管理服务及 NFS 安全等。

10.1.2　威胁计算机网络与信息安全的因素

一般认为，威胁计算机网络信息安全的主要因素来自以下 3 个方面。

1. 恶意程序的传播

危及网络信息安全的计算机恶意程序可分为计算机病毒、特洛依木马、蠕虫三种。

计算机病毒是一种能将自己复制到别的程序中的程序，它会影响计算机运行能力或使计算机不能正常工作。

特洛依木马，其名字来源于古希腊的历史故事，它的特点是至少拥有两个程序：一个

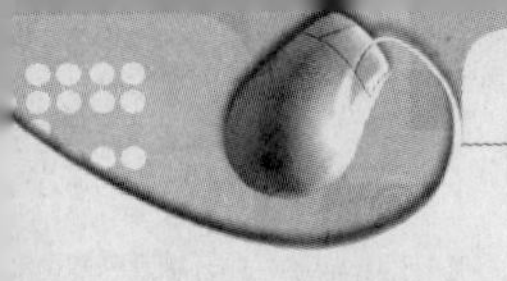

是客户端程序，一个是主机端程序。一旦有联网的计算机运行了客户端程序，就可以通过主机端程序达到侵入该计算机的目的。

蠕虫是一种可以从一台机器向另一台机器传播复制的程序。蠕虫病毒与一般的计算机病毒不同，它不采用将自身拷贝附加到其他程序中的方式来复制自己，而是自我复制。

2. 计算机黑客攻击

黑客攻击是指非法入侵计算机网络系统的行为。网络中存在操作系统漏洞、网络协议不完善、网络管理的失误等隐患，这给一些网络黑客造成了攻击网络的可乘之机。

3. 传输介质失密

由于短波、超短波、微波和卫星等无线通信有相当大的辐射面，市话线、长途架空明线等电磁辐射也相当严重，因此，信息在传输过程中较易被截获，从而造成信息失密。

10.1.3 计算机网络与信息安全的防范手段

以技术对抗技术是当前计算机网络与信息安全最主要的防范手段，技术防范措施主要有如下几种。

1. 防火墙技术

防火墙是为保证网络路由安全性而在内部网和外部网之间构造的一个保护层。所有的内外连接都强制性地经过这一保护层，接受检查过滤，只有被授权的通信才允许通过。“防火墙”的安全意义是双向的，一方面可以限制外部网对内部网的访问，另一方面也可以限制内部网对外部网中不健康或敏感信息的访问。

2. 数据加密

数据加密是通过某种算法，将数据变换成只有经过密钥解密后才可读的密码，使未经授权的非法访问即使得到了数据也无法解读它们，从而达到保护数据的目的。常用的密码体制主要有两种，第一种是对称密码体制，即加密密钥和解密密钥相同或虽不相同，但可以从其中一个推导出另一个。第二种是公钥密码体制。这一体制更宜为网络用户采用。采用公钥密码体制的用户都有一对选定的密钥，加密密钥是公开的，而解密密钥由用户秘密保存。加密密钥和解密密钥互相不能推导而知。

3. 访问控制技术和身份认证

访问控制是根据用户的身份赋予其相应的权限，即按事先确定的规则决定访问者对被访问对象的访问是否合法，当一个访问者试图非法访问一个未经授权的对象时，该机制将拒绝这一企图。这一技术主要通过注册口令、用户分组控制、文件权限控制三个层次完成。此外，审计、日志、入侵侦察及报警等对保护网络安全也起到一定的辅助作用，只有将上述技术很好地配合起来，才能为网络建立一道完善安全的屏障。

4. 入侵检测技术

入侵检测技术是近年出现的新型网络安全技术，作用是提供实时的入侵检测及采取相应的防护手段，如记录证据用于跟踪和恢复，断开网络的连接等，即它能够发现危险攻击的特征，探测出攻击行为并发出警报，进而采取保护措施。它既可以对付来自内部网络的攻击，还能够阻止黑客的入侵。

10.2 计算机病毒及其防治

10.2.1 计算机病毒概述

1. 计算机病毒的概念

计算机病毒是一种特殊的具有干扰和破坏性的计算机程序，通过非授权入侵而隐藏在可执行程序或数据文件中。当计算机运行时，源病毒能把自身精确拷贝或者有修改地拷贝到其他程序体内，影响和破坏正常程序的执行和数据的正确性。之所以被称为“计算机病毒”，是因为它具有生物病毒的某些特征——破坏性、传染性、寄生性和潜伏性。

2. 计算机病毒的特性

（1）传染性

计算机病毒将自身的复制代码通过内存、磁盘、网络等传染给其他文件或系统，使其他文件或系统也带有这种病毒，并成为新的传染源。传染性即自我复制能力，是计算机病毒最根本的特征，也是病毒和正常程序的本质区别。

（2）隐蔽性

计算机病毒的隐蔽性表现在两方面：一是传染的隐蔽性，二是病毒存在的隐蔽性。

（3）破坏性

病毒程序一旦侵入当前的程序体内，将对磁盘文件增、删、改，抢占系统资源或对系统运行进行干扰，甚至破坏整个系统。

（4）潜伏性

病毒侵入系统后，一般不立即发作，它可以潜伏几周、几个月或更长时间。在潜伏期内，它并不影响系统的正常运行，只是悄悄地进行传播、繁殖，使更多的正常程序成为病毒的“携带者”。只有满足触发条件，病毒才发作，显示出其巨大的破坏威力。

（5）可激发性

可激发性是指病毒的发作都有一个特定的激发条件，当外界条件满足计算机病毒发作的条件时，计算机病毒就被激活，并开始破坏。例如，病毒程序可以按照设计者的要求，在指定的日期、时间或特定的条件出现时激活并发起攻击。

3. 计算机病毒的分类

按计算机病毒的传染目标和途径可以将计算机病毒分为：系统型病毒、文件型病毒、混合型病毒。

（1）系统型病毒：侵入磁盘系统区的病毒称为系统型病毒，其中较常见的是引导区病毒，如大麻病毒、2078病毒等。

（2）文件型病毒：寄生于磁盘文件中的病毒称为文件型病毒，如“黑色星期五”病毒。

（3）混合型病毒：还有一类既寄生于文件中又侵占系统区的病毒称之为混合型病毒，如“幽灵”病毒等。

4. 计算机病毒传播的途径

计算机病毒总是通过传染媒介传染的。一般来说，计算机病毒的传染媒介有以下两种。

（1）通过移动存储设备传播（包括光盘、软盘、移动硬盘、U盘等）

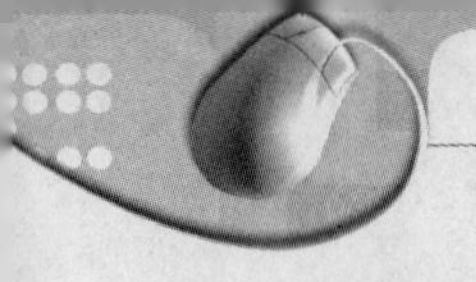

带有病毒的移动存储设备在健康的机器上一经使用，就会传染到该机的内存和硬盘，凡是在带病毒的机器上使用过的移动存储设备又会被病毒感染。

（2）通过计算机网络传播

网络是所有传染媒介中传染的速度最快的一种，特别是随着 Internet 的日益普及，计算机病毒会通过网络从一个节点迅速传播到另一个节点。比如“梅利莎”病毒，看起来就像是一封普通的电子邮件，一旦你打开邮件，病毒将立即侵入计算机的硬盘。还有近来出现的标有“I love you”邮件名的电子邮件，一旦打开邮件，病毒立即侵入。

10.2.2 计算机病毒的检测与防治

计算机病毒的防治工作的基本任务是，在计算机的使用管理中，利用各种行政和技术手段，防止计算机病毒的入侵、存留和蔓延。其主要工作包括：预防、检测、清除等。

1. 计算机病毒的主要症状

计算机病毒在传播和潜伏期，常常会有以下症状出现：

（1）经常出现死机现象。

（2）系统启动时间比平常长。

（3）磁盘访问时间比平常长。

（4）有规律地出现异常画面或信息。

（5）打印出现问题。

（6）可用存储空间比平常小。

（7）程序或数据神秘地丢失了。

（8）可执行文件的大小发生变化。

出现以上情况，表明计算机可能染上了病毒，需要进行进一步的病毒诊断。

2. 计算机病毒的清除

当检测到计算机已感染病毒时，应及时采取清除病毒的措施，目前经常使用的有防病毒卡和杀毒软件。

（1）防病毒卡

防病毒卡是被因化在一块电路板上的硬卡，使用时应插在计算机主板的标准插槽内。一般的防病毒卡产品，在发现病毒时就会发出警告提醒用户，从而起到积极预防病毒感染的作用，但不能清除病毒。较好的防病毒卡既可以防护病毒，又可以对部分病毒主动清除，如“瑞星防病毒卡”。

（2）杀毒软件

杀毒软件可以检查和消除计算机或网络中多种常见病毒。目前流行的杀毒软件较多，如 SCAN、KILL、KV3000 等，当杀毒软件安装在计算机系统中，杀毒软件会定期查杀病毒，以防止病毒的入侵。

3. 防止病毒入侵

计算机病毒应以预防为主，而预防计算机病毒，主要是堵塞病毒的传播途径。目前病毒的主要传播途径是计算机网络和软件。为防止病毒的传播，可以采取的措施有如下几种。

（1）系统软件应指定专用。

（2）严禁在工作机器上进行游戏。

（3）软盘一般采取写保护，不应使用来历不明的软盘。

（4）对重要的系统盘、数据盘及硬盘中的重要文件，要经常进行备份，以便系统或数据遭到破坏后能及时得到恢复。

（5）网络上的计算机用户要遵守网络软件的使用规定，不能在网络上随意下载或使用外来的软件。

（6）定期检查软盘、硬盘和系统，以便及时发现和清除病毒。

10.3 流氓软件的概念及其防治

10.3.1 流氓软件的基本概念

“流氓软件”是指表面上看有一定使用价值但实际上具备一些电脑病毒和黑客程序特征的软件，表现为强行侵入上网用户的电脑，强行弹出广告，强迫用户接受某些操作，或在用户不知情的前提下强行安装 IE 插件，不带卸载程序或无法彻底卸载，甚至劫持用户浏览器转到某些指定网站等。

1. “流氓软件”与计算机病毒的区别

计算机病毒指的是自身具有或使其他程序具有破坏系统功能、危害用户数据或其他恶意行为的一类程序。这类程序往往影响计算机使用，并能够自我复制。

“流氓软件”是介于病毒和正规软件之间的软件，同时具备正常功能（下载、媒体播放等）和恶意行为（弹广告、开后门），给用户带来实质危害。

2. 流氓软件的分类

根据不同的特征和危害，困扰广大计算机用户的流氓软件主要分为如下几类。

（1）广告软件（Adware）

定义：广告软件是指未经用户允许，下载并安装在用户电脑，或与其他软件捆绑，通过弹出式广告等形式牟取商业利益的程序。

危害：此类软件往往会强制安装并无法卸载；在后台收集用户信息，危及用户隐私，频繁弹出广告，消耗系统资源，使其运行变慢等。

例如：用户安装了某下载软件后，会一直弹出带有广告内容的窗口，干扰正常使用。还有一些软件安装后，会在 IE 浏览器的工具栏位置添加与其功能不相干的广告图标，普通用户很难清除。

（2）间谍软件（Spyware）

定义：间谍软件是一种能够在用户不知情的情况下，在其电脑上安装后门，收集用户信息的软件。

危害：用户的隐私数据和重要信息会被“后门程序”捕获，并被发送给黑客、商业公司等。这些“后门程序”甚至能使用户的电脑被远程操纵，组成庞大的“僵尸网络”，这是目前网络安全的重要隐患之一。

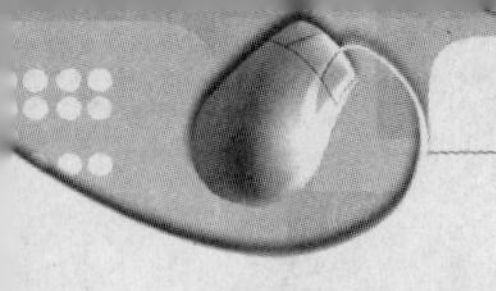

例如：某些软件会获取用户的软硬件配置，并发送出去用于商业目的。

（3）浏览器劫持

定义：浏览器劫持是一种恶意程序，它通过浏览器插件、BHO（浏览器辅助对象）、Winsock LSP 等形式对用户的浏览器进行篡改，使用户的浏览器配置不正常，并被强行引导到商业网站。

危害：用户在浏览网站时会被强行安装此类插件，普通用户根本无法将其卸载，被劫持后，用户只要上网就会被强行引导到其指定的网站，严重影响用户正常上网浏览。

例如：一些不良站点会频繁弹出安装窗口，迫使用户安装某浏览器插件，甚至根本不征求用户意见，利用系统漏洞在后台强制安装到用户电脑中。这种插件还采用了不规范的软件编写技术（此技术通常被病毒使用）来逃避用户卸载，往往会造成浏览器错误、系统异常重启等。

（4）行为记录软件（Track Ware）

定义：行为记录软件是指未经用户许可，窃取并分析用户隐私数据，记录用户电脑使用习惯、网络浏览习惯等个人行为的软件。

危害：危及用户隐私，可能被黑客利用来进行网络诈骗。

例如：一些软件会在后台记录用户访问过的网站并加以分析，有的甚至会发送给专门的商业公司或机构，此类机构会据此窥测用户的爱好，并进行相应的广告推广或商业活动。

（5）恶意共享软件（malicious shareware）

定义：恶意共享软件是指某些共享软件为了获取利益，采用诱骗手段、试用陷阱等方式强迫用户注册，或在软件体内捆绑各类恶意插件，未经允许即将其安装到用户机器里。

危害：使用“试用陷阱”强迫用户进行注册，否则可能会丢失个人资料等数据。软件集成的插件可能会造成用户浏览器被劫持、隐私被窃取等。

例如：用户安装某款媒体播放软件后，会被强迫安装与播放功能毫不相干的软件（搜索插件、下载软件）而不给出明确提示；并且用户卸载播放器软件时不会自动卸载这些附加安装的软件。

又比如某加密软件，试用期过后所有被加密的资料都会丢失，只有交费购买该软件才能找回丢失的数据。

10.3.2 流氓软件的预防与清除

1. 预防“流氓软件”

预防“流氓软件”需要遵循以下几点要求。

（1）不要登录一些不良网站，对有些充满诱惑的页面，不要觉得好奇而尝试点击。

（2）不要下载一些不熟悉的软件。如果不是很急需急用，最好不要下载安装。

（3）对于软件附带的用户协议和使用说明一定要认真看，不要盲目安装软件，等发现问题或想卸掉时，这些软件已在电脑上制造了垃圾文件。

（4）不要随意下载一些免费软件或共享软件，一些免费软件很可能存在安全问题。

（5）不要按照“流氓软件”指定的操作去做，如果不能取消这些操作，或者弹出的对话框始终在最前面，可以将其拖到屏幕边沿不予理会。也可以记下这类网站或网页的地址，注销当前用户或者重新启动电脑后，不再访问这些页面。

2. 清除“流氓软件”

“流氓软件”的清除可以借助防病毒软件的辅助功能或专门的恶意软件清除工具来完成。比如 KV2007 的流氓软件清除助手、瑞星卡卡上网助手、超级兔子、365 安全卫士等软件。

10.4　习题

一、填空题

1. 黑客常用的攻击手段有_____、_____、_____和_____等。

2. 计算机病毒的传播主要是通过_____、_____、_____等方式进行。对于办公计算机来说，病毒可能通过_____、_____、_____以及_____传播到办公计算机上。

3. 计算机病毒是指编制或者在计算机程序中插入的_____或者_____，影响计算机使用，并能自我复制的一组计算机指令或者程序代码。

二、问答题

1. 什么是黑客？

2. 什么是防火墙？

3. 对办公用计算机而言，如何防范计算机病毒？

附录 上机指导

实训 1　在 Windows 系统中操作文件和搜索文件

1. 实验目的

通过对第 3 章的学习后，用户对 Windows 的环境有了一定的了解，通过上机练习，使用户对 Windows 的基础操作更加熟练。

2. 实验内容

（1）文件的操作

（2）搜索文件

3. 实验过程

（1）文件的操作

文件的操作包括了文档复制、剪切、删除等，具体的操作步骤如下。

步骤 01　右击需要复制的文件，在弹出的快捷菜单中，单击“复制”命令，如图 A1-1 所示。

步骤 02　双击桌面上“我的电脑”图标，打开我的电脑，选择需要粘贴文档的位置，如图 A1-2 所示。

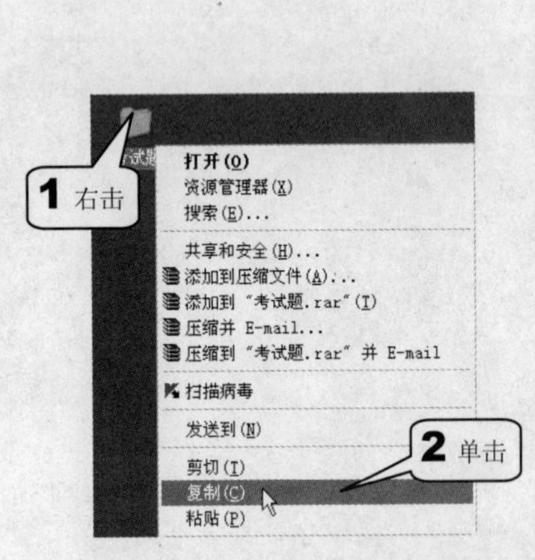

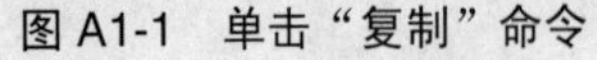
图 A1-1　单击“复制”命令

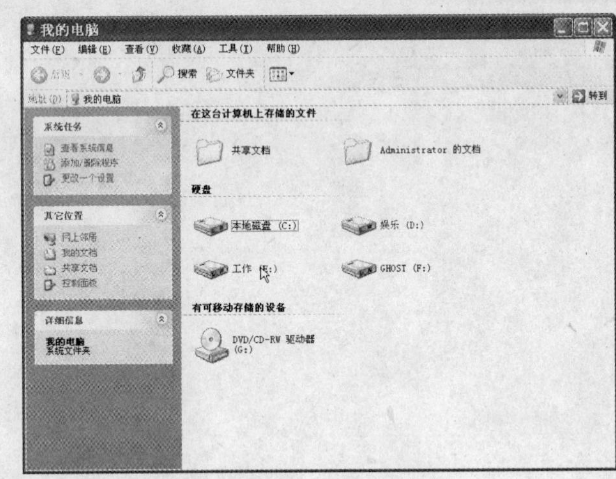

图 A1-2　选择磁盘

步骤 03　如果需要新建文件夹，则右击鼠标，在弹出的快捷菜单中单击“新建>文件夹”命令，此时，新建了一个文件夹，用户可以输入文件夹的名称，双击打开文件夹，如图 A1-3 所示。

步骤 04　右击鼠标在弹出的快捷菜单中单击“粘贴”命令，此时，就将刚才所复制的文件粘贴到此文件夹下，如图 A1-4 所示。

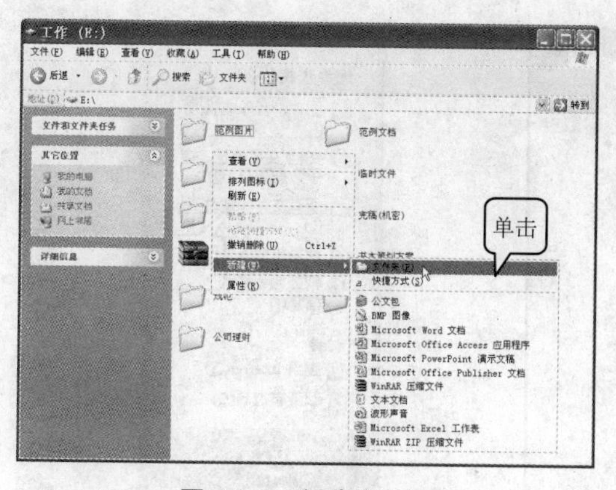

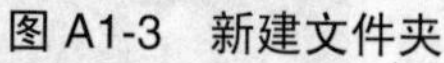
图 A1-3　新建文件夹

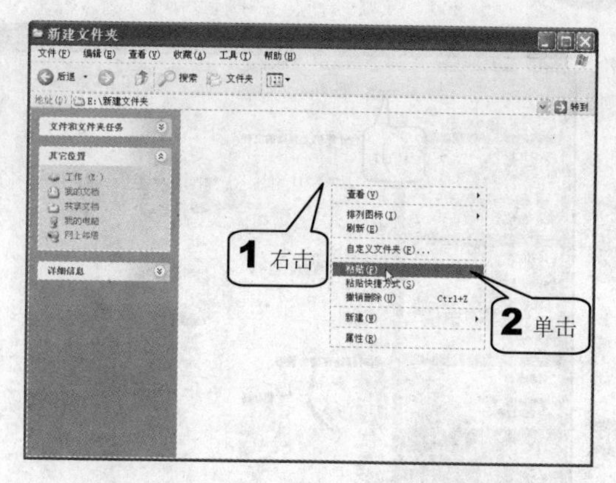

图 A1-4　单击“粘贴”命令

提示

如果用户单击的是“剪切”命令，再粘贴到所指定的文件夹下，则被剪切的文件不会再出现在桌面上，而单击“复制”命令，在桌面上还会出现原文件。

步骤 05　如果用户需要重命名复制的文件，则右击需要重命名的文件，在弹出的快捷菜单中选择“重命名”命令，或者选中需要重命名的文件，再按下 F2 键，此时，输入文件新名称，如图 A1-5 所示。

步骤 06　如果需要删除多余的文件，右击需要删除的文件，在弹出的快捷菜单中单击“删除”命令，如图 A1-6 所示。

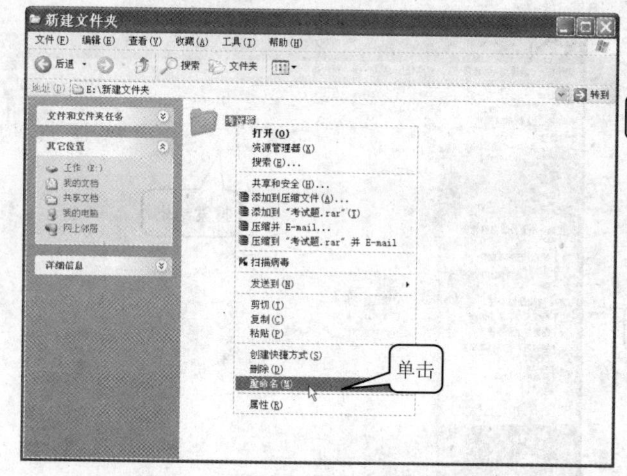

图 A1-5　单击“重命名”命令

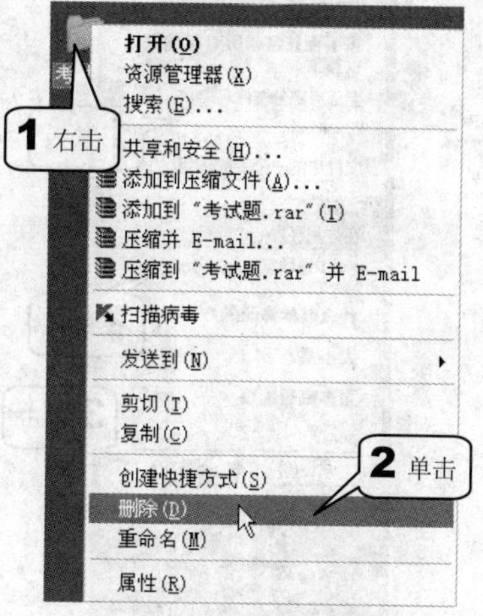

图 A1-6　单击“删除”命令

（2）搜索文件

步骤 01　双击桌面上的“我的电脑”图标，打开“我的电脑”，单击工具栏上的“搜索”按钮，如图 A1-7 所示。

步骤 02　此时，在“我的电脑”窗格的左侧就会弹出“搜索助手”任务窗格，如果用户需要搜索的是文件或者文件夹，则单击“所有文件和文件夹”选项，如图 A1-8 所示。

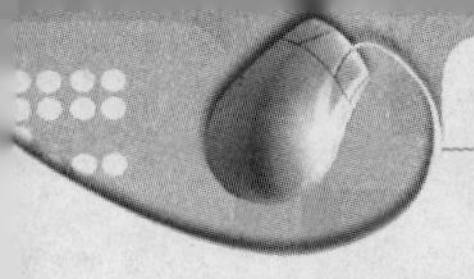

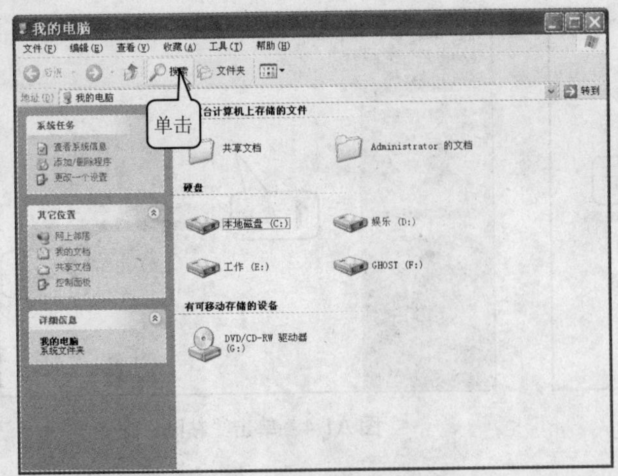

图 A1-7 单击“搜索”按钮

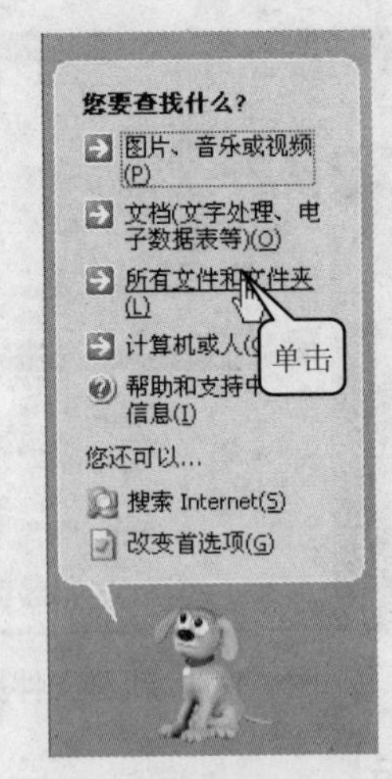

图 A1-8 单击“所有文件和文件夹”选项

步骤 **03** 此时，弹出“按下面任何或所有标准进行搜索”窗格，用户在“全部或部分文件名”文本框中输入需要搜索的文件名，例如：Excel。用户也可以在“文件中的一个字或词组”文本框中输入所需的文本，也可以跳过此过程的操作，在“在这里寻找”下拉列表中可以选择在指定的磁盘中查找所需的文件，这样可以加快对文件的搜索，最后单击“搜索”按钮进行搜索，如图 A1-9 所示。

步骤 **04** 搜索完成之后，在“搜索助手”窗格的右侧就会将所有符合条件的文件全部列出来，用户即可查找所需的文件，如图 A1-10 所示。

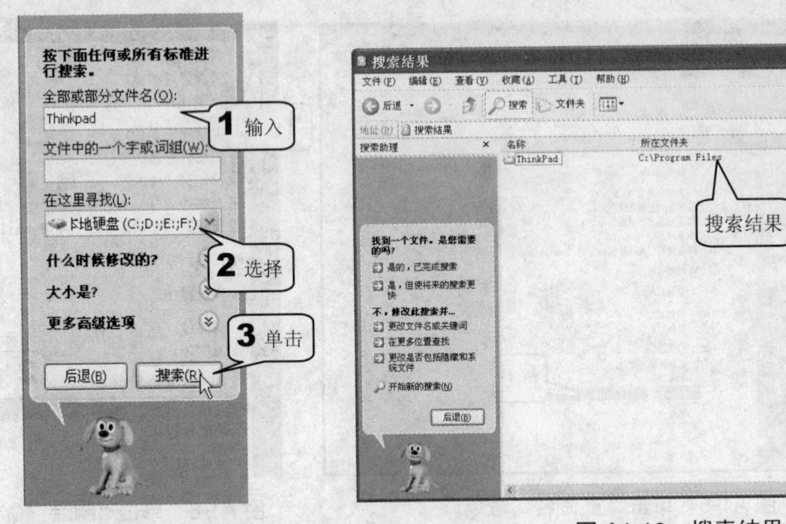

图 A1-9 输入搜索条件

图 A1-10 搜索结果

步骤 **05** 如果用户忘记了所需要搜索文件的名称，可以添加通配符来进行搜索，首先在“全部或部分文件名”文本框中输入一个“*”号，其意思是用“*”来替代需要搜索文件的名称，再输入所需文件的后缀名，例如：“.bmp”。输入的“*.bmp”的完整意思是：搜索所有 bmp 格式的文件，之后按照前面介绍的方法选择所需搜索的磁盘，单击“搜索”按钮进行搜索，如图 A1-11 所示。

步骤 06　用户还可以使用“?”号对文档进行搜索，首先在“全部或部分文件名”文本框中输入所需搜索文件的开始部分的名称，再输入“?”号，其意思是用“?”来替代需要搜索文件中的一个字符，再输入所需文件的后缀名，例如：“.jepg”。输入“a?.jepg”的整个意思是：搜索所有的以“a”开头的 jepg 文件，之后按照前面所介绍的方法选择所需搜索的磁盘，单击“搜索”按钮进行搜索，如图 A1-12 所示。

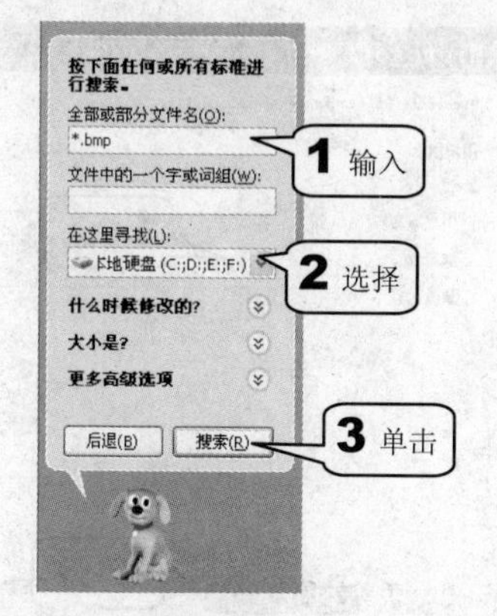

图 A1-11　利用通配符搜索

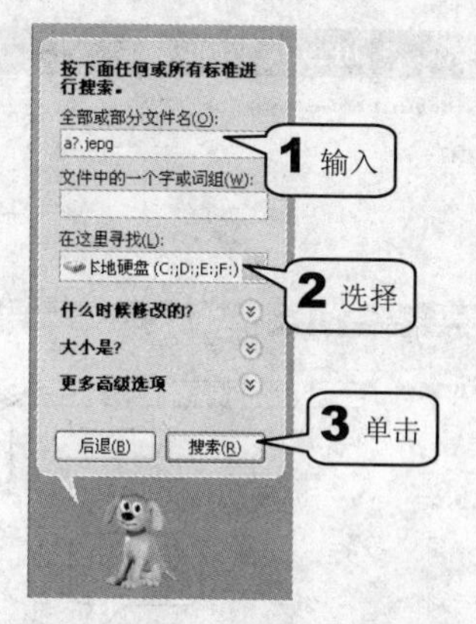

图 A1-12　利用？号搜索文件

实训 2　在 Windows 系统中安装程序

1. 实验目的

练习在 Windows XP 系统中安装应用程序，让用户熟悉并掌握在 Windows XP 系统中安装程序的方法。

2. 实验内容

安装 Office 2003

3. 实验过程

步骤 01　将光盘放入光驱中，等其自动运行，启动安装程序之后，系统会自动开始安装准备工作，如图 A2-1 所示。

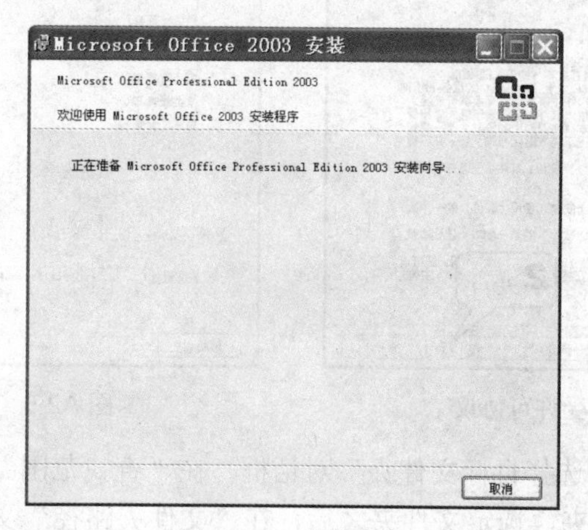

图 A2-1　安装准备

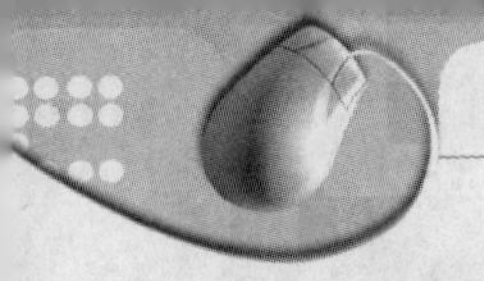

步骤 02 安装准备完成之后，此时，系统会要求用户输入安装光盘中的产品序列号，输入完毕之后，单击“下一步”按钮，如图 A2-2 所示。

步骤 03 在安装过程中，系统会提示输入用户信息，在“用户名”文本框中输入用户的姓名，在“缩写”文本框中输入用户名的缩写，在“单位”文本框中输入用户所在的单位的名称，输入完毕后，单击“下一步”按钮，如图 A2-3 所示。

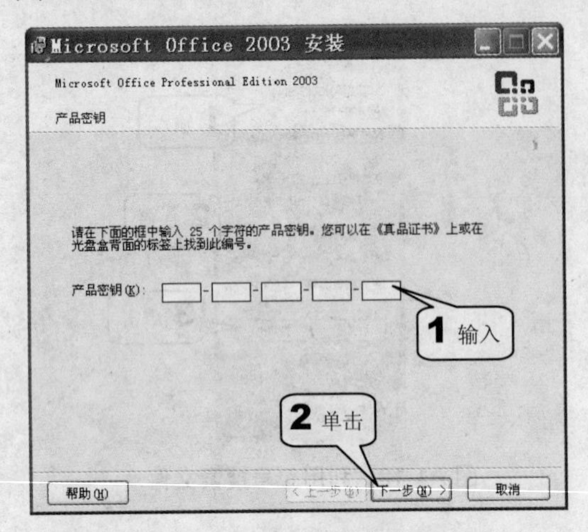

图 A2-2　输入序列号

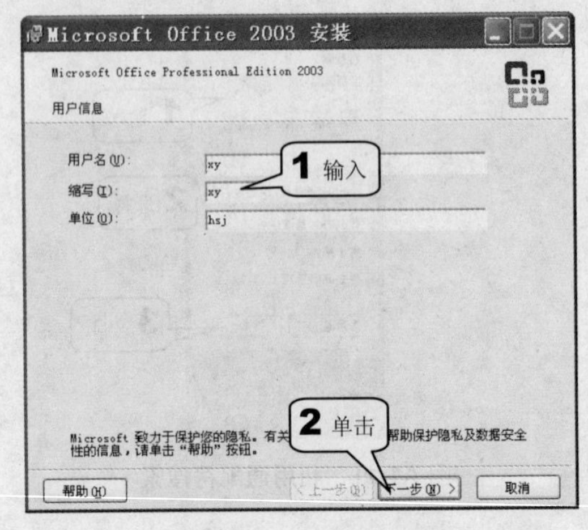

图 A2-3　输入用户信息

步骤 04 系统会询问用户是否接受《最终用户许可协议》，选择“我接受《最终用户许可协议》中的条款”复选框（如果用户没有单击选中此复选框，则不能安装此程序），再单击“下一步”按钮，如图 A2-4 所示。

步骤 05 弹出“安装类型”界面，系统会提示用户选择安装程序的类型，系统默认为典型安装，如果用户需要其他类型的安装，则可以在“或选择另一类型”选项区中选择所需的安装类型。单击“浏览”按钮，如图 A2-5 所示。

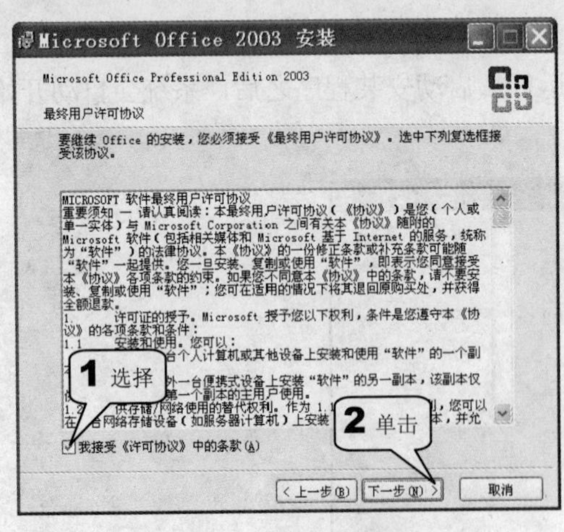

图 A2-4　接受许可协议

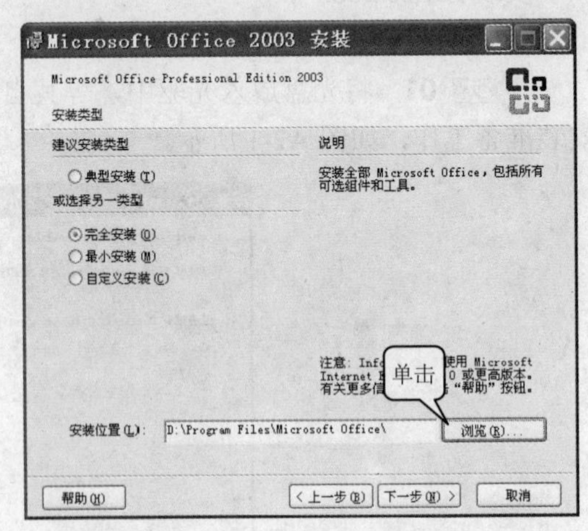

图 A2-5　安装类型界面

步骤 06 弹出“选择目标文件夹”对话框，在“查找范围”下拉列表中选择所需的安装路径和指定的文件夹，选定文件夹之后，在“文件夹路径”文本框中就会显示出安装程序的路径，单击“确定”按钮返回安装向导，如图 A2-6 所示。

步骤 07　因为Office程序中包括了很多组件，有的组件并不是用户常用的，如果用户不需要安装某些组件，则可以取消组件名称前的复选框，单击“下一步”按钮，如图A2-7所示。

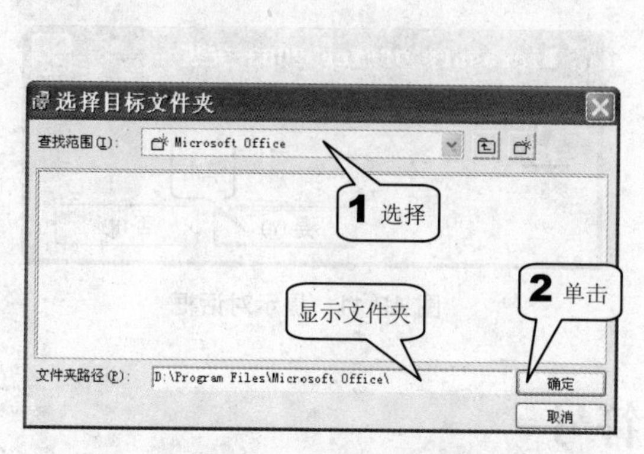

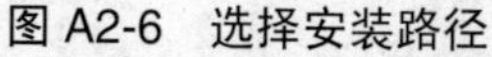

图 A2-6　选择安装路径

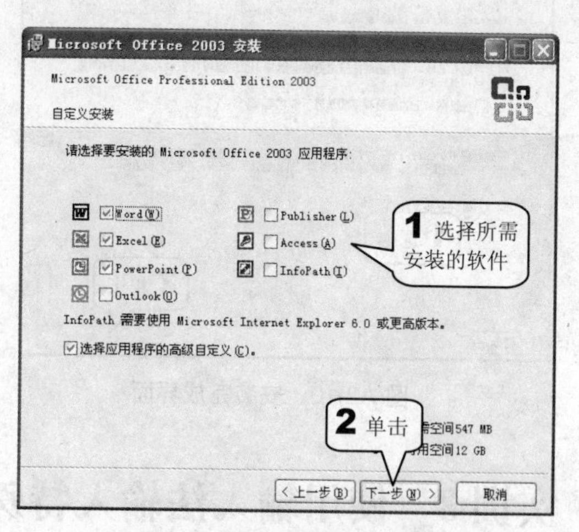

图 A2-7　选择所需安装的组件

步骤 08　然后安装向导会显示出所安装的组件以及安装所需的空间，单击“安装”按钮，开始安装程序，如图A2-8所示。

步骤 09　程序会自动完成安装过程，在此过程中，安装程序会自动显示安装的过程，如果单击“取消”按钮，则会停止安装，如图A2-9所示。

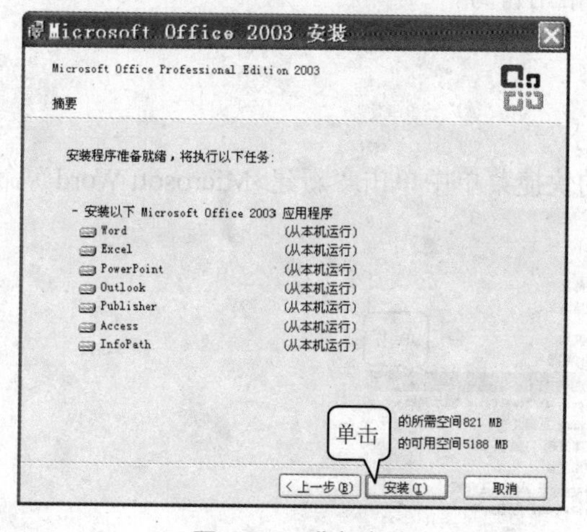

图 A2-8　准备安装

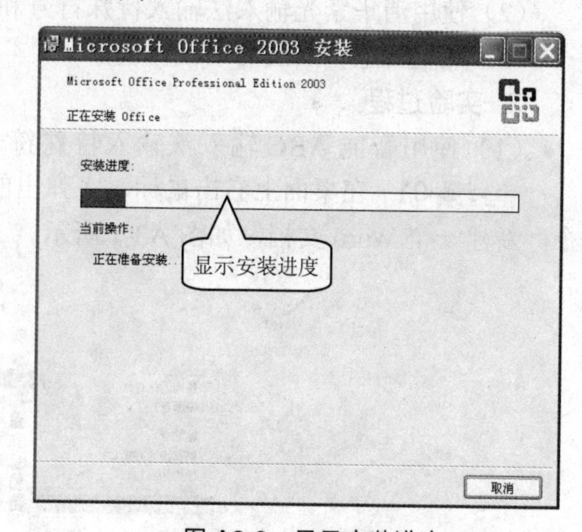

图 A2-9　显示安装进度

步骤 10　最后完成安装。同时，系统会提示用户是否从网站上下载更新程序和是否删除安装文件，如果需要更新程序，则单击选中“检查网站上的更新程序或其他下载内容”复选框，如果用户需要删除安装文件，则单击选中“删除安装文件”复选框，最后，单击“完成”按钮，如图A2-10所示。

步骤 11　如果用户单击选中了“删除安装文件”单选按钮，则系统会提示是否从缓存中删除该安装源，如图A2-11所示。

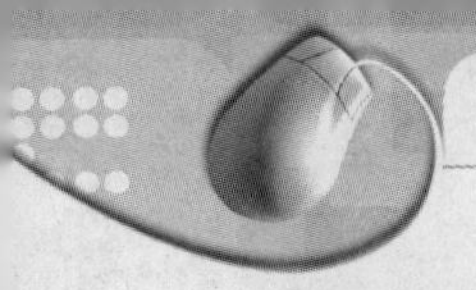

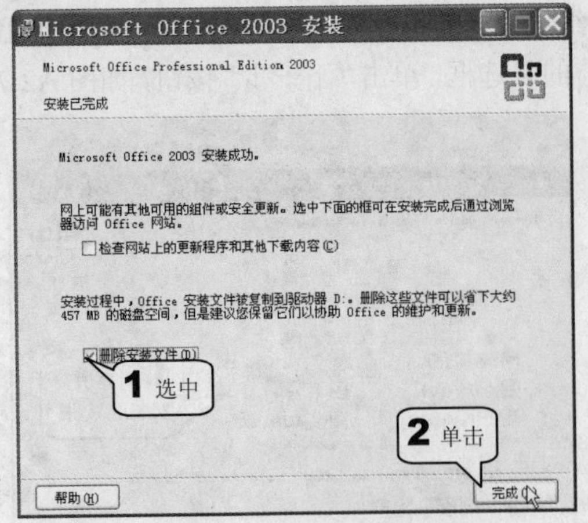

图 A2-10　安装完成界面

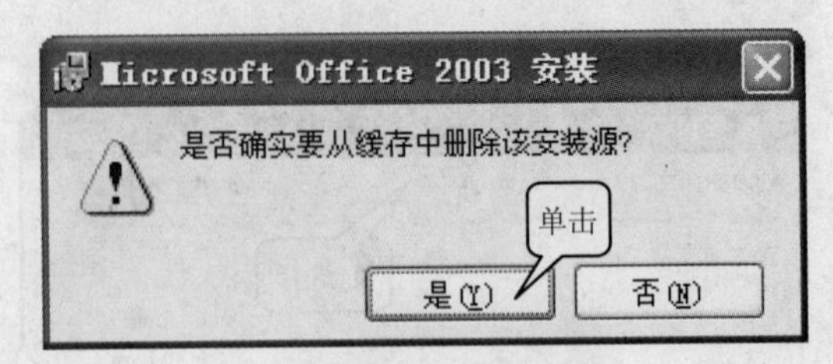

图 A2-11　提示对话框

实训 3　使用输入法输入特殊符号

1. 实验目的

使用常用的输入法练习输入各种符号，并熟悉五笔输入法的基本使用

2. 实验内容

（1）使用智能 ABC 输入法输入特殊符号

（2）使用清华紫光输入法输入特殊符号和常用符号

（3）熟记五笔输入法的字根口诀

3. 实验过程

（1）使用智能 ABC 输入法输入特殊符号

步骤 01　在桌面上右击鼠标，在弹出的快捷菜单中单击“新建>Microsoft Word”命令，新建一个 Word 文档，如图 A3-1 所示。

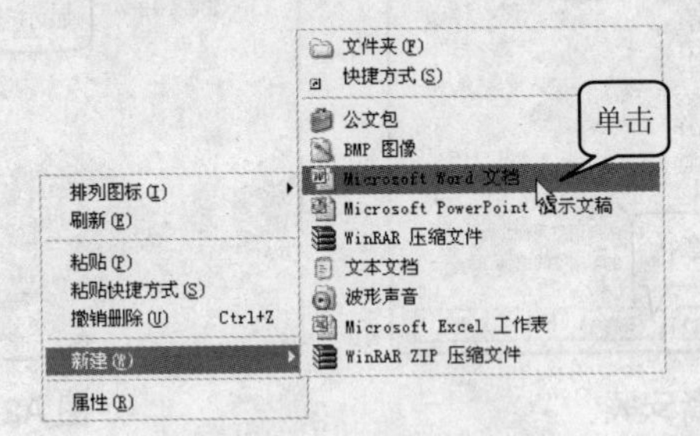

图 A3-1　新建 Word 文档

步骤 02　单击新建的 Word 文档，按下键盘上的 Ctrl＋Shift 组合键，将输入法切换至智能 ABC 输入法下，此时在任务栏上则会显示出智能 ABC 输入法图标，表示此时为智能 ABC 输入法状态，如图 A3-2 所示。

步骤 03　此时按下 V 键，再快速按下大键盘上的 1 键，输入法则会显示出输入特殊符号栏，用户按 Page Up 键或者 Page Down 键进行翻页选择所需输入的符号，如图 A3-3 所示。

图 A3-2 切换至智能 ABC 输入法

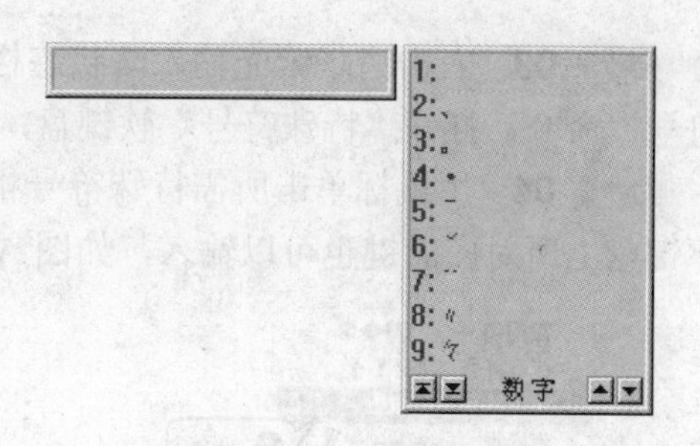

图 A3-3 特殊符号栏

步骤 **04** 还可以右击输入法状态栏上的软键盘图标，再从弹出的快捷菜单中单击“特殊符号”命令，如图 A3-4 所示。

步骤 **05** 此时，则会弹出“特殊符号”的软键盘，最后用鼠标单击特殊符号所对应的键即可输入特殊符号，如图 A3-5 所示。

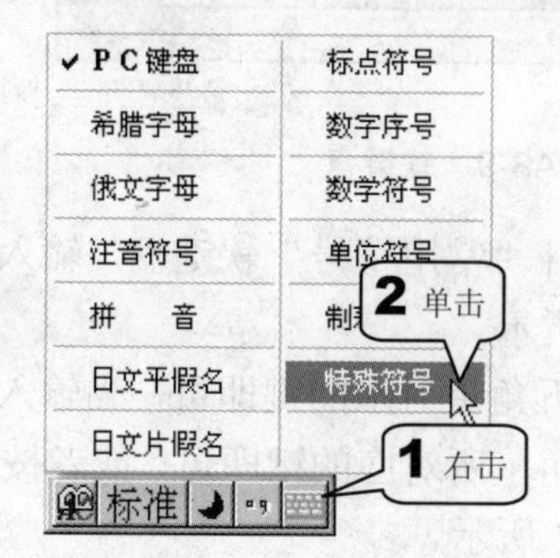

图 A3-4 单击“特殊符号”命令

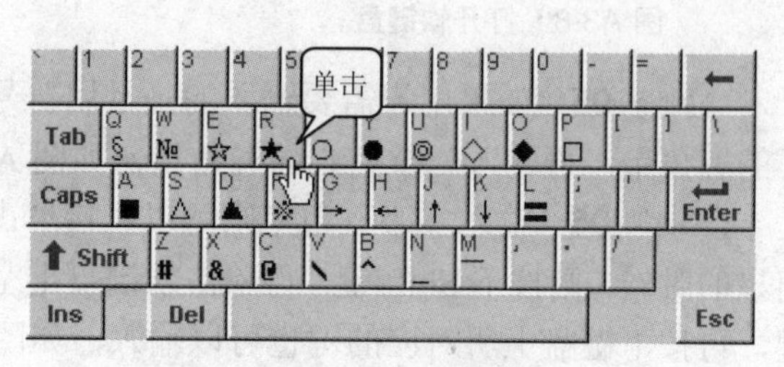

图 A3-5 软键盘

提示

在智能输入法下按下 V+2 组合键则可以选择所需输入的数字符号，按下 V+3 组合键可以选择一些常用的货币符号和标点符号。

（2）使用清华紫光输入法输入常用的符号

步骤 **01** 新建并打开一个 Word 文档，按下键盘上的 Ctrl＋Shift 组合键，将输入法切换至清华紫光输入法下，此时在任务栏上则会显示出清华紫光输入法图标，则表示此时为清华紫光输入法状态，如图 A3-6 所示。

步骤 **02** 现在输入“ch”，此时，用户可以快速地输入乘号和除号，用户输入“haha”，则显示出“^_^”，如图 A3-7 所示。

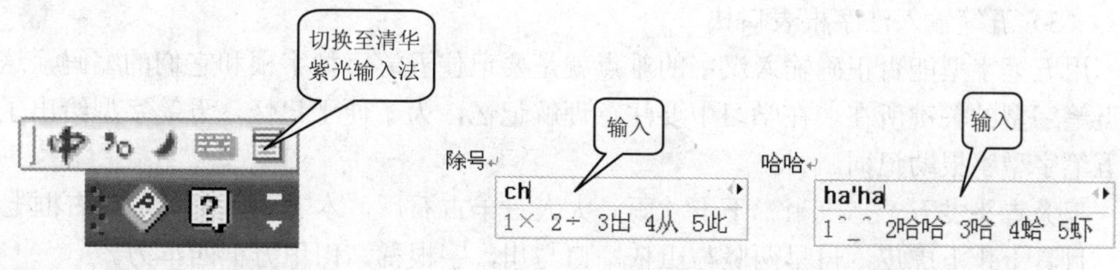

图 A3-6 切换至清华紫光输入法

图 A3-7 输入特殊符号

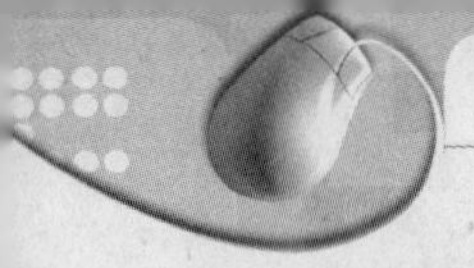

步骤 **03** 右击清华紫光输入法状态栏上的软键盘图标，则弹出符号菜单，单击“特殊符号”命令，打开“特殊符号”软键盘，如图 A3-8 所示。

步骤 **04** 用鼠标单击所需特殊符号相对应的软键盘上的键即可输入特殊符号，或者按下键盘上所对应的键也可以输入，如图 A3-9 所示。

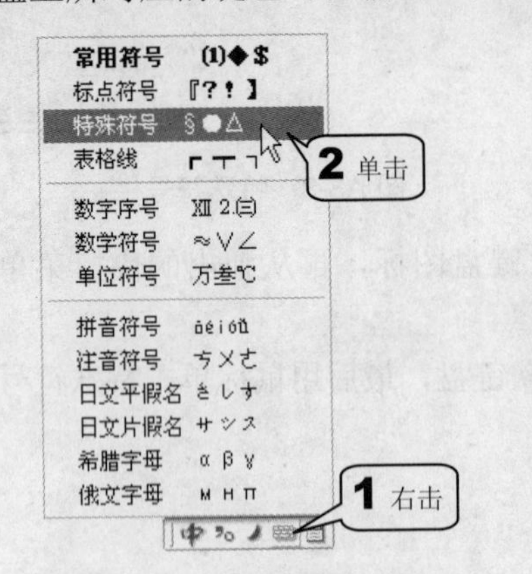

图 A3-8 打开软键盘

图 A3-9 软键盘

步骤 **05** 如果用户需要输入的是常用符号，打开“常用符号”软键盘，输入一个实心的五角星，再输入一个空心的五角星，如图 A3-10 所示。

步骤 **06** 输入实心五角星则可以直接单击实心五角星对应的键即可，当输入空心五角星的时候，则按下 Shift 键，再单击软键盘上空心五角星所对应的键即可，或者按下 Shift 键，再按下键盘上所对应的键也可以输入，如图 A3-11 所示。

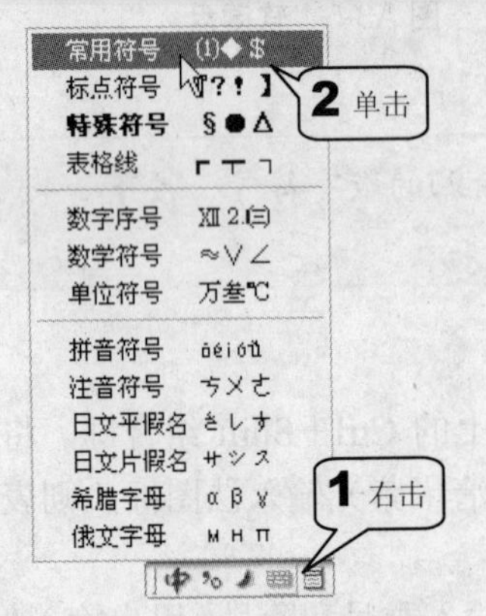

图 A3-10 单击“常用符号”命令

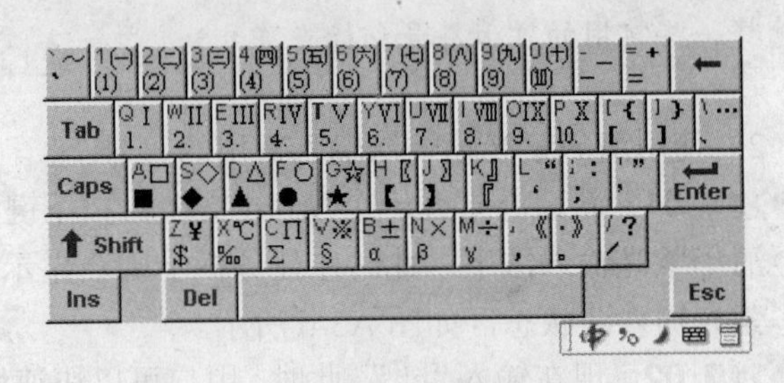

图 A3-11 软键盘

（3）五笔输入法字根表口诀

用五笔字型能否正确输入汉字的难点就是要记住五笔字型字根和它们的编码，这是学习五笔字型的关键所在。在学习中要注意理解记忆，为了便于记忆，五笔字型给出了传统的五笔字型字根助记词。

王旁青头戋五一，土士二干十寸雨。大犬三羊古石厂，木丁西，工戈草头右框七。

目具上止卜虎皮，日早两竖与虫依。口与川，字根稀，田甲方框四车力。

禾竹一撇双人立，反文条头共三一。白手看头三二斤，月衫乃用家衣底。

人和八，三四里，金勺缺点无尾鱼，犬旁留㐅儿一点夕，氏无七。

言文方广在四一，高头一捺谁人去。立辛两点六门病，水旁兴头小倒立。
火业头，四点米，之宝盖，摘礻示）衤（衣）。已半巳满不出己，左框折尸心和羽。
山由贝，下框儿，子耳了也框向上。女刀九臼山朝西，又巴马，丢矢矣。
慈母无心弓和匕，幼无力。

实训 4　制作精美的稿纸

1. 实验目的

使用户能够利用 Word 中的一些简单操作来制作精美的稿纸，并更加熟练运用 Word 软件。

2. 实验内容

使用 Microsoft Word 制作书信稿纸

3. 实验过程

步骤 01　单击菜单栏上的“插入>图片>来自文件”命令，如图 A4-1 所示。

步骤 02　在弹出的“插入图片”对话框中的“查找范围”下拉列表中选择图片的路径，再选中需要插入的图片，单击“插入”按钮，如图 A4-2 所示。

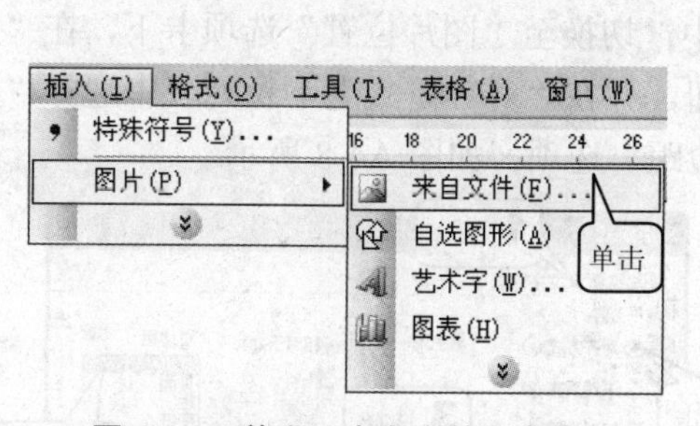

图 A4-1　单击“来自文件”命令

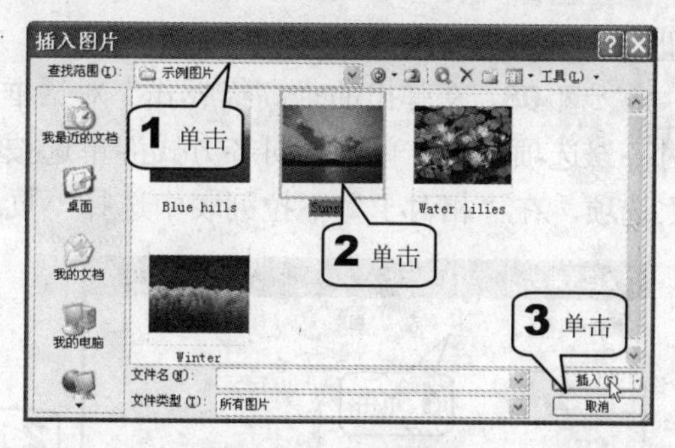

图 A4-2　插入图片

步骤 03　此时，在文档中就插入了所需的图片，再单击“常用”工具栏上的“居中”按钮，使图片在文档中居中对齐，如图 A4-3 所示。

步骤 04　右击插入的图片，在弹出的快捷菜单中单击“设置图片格式”命令，如图 A4-4 所示。

图 A4-3　居中图片

图 A4-4　单击“设置图片格式”命令

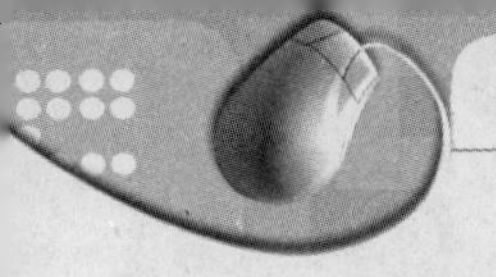

步骤 05 在弹出的“设置图片格式”对话框中切换至“版式”选项卡下，在“环绕方式”选项区中选择“衬于文字下方”选项，然后单击“确定”按钮，如图 A4-5 所示。

步骤 06 将鼠标移动至图片控点处，当光标呈双箭头状时，按下鼠标左键不放，拖动鼠标可以使图片放大或缩小，如图 A4-6 所示。

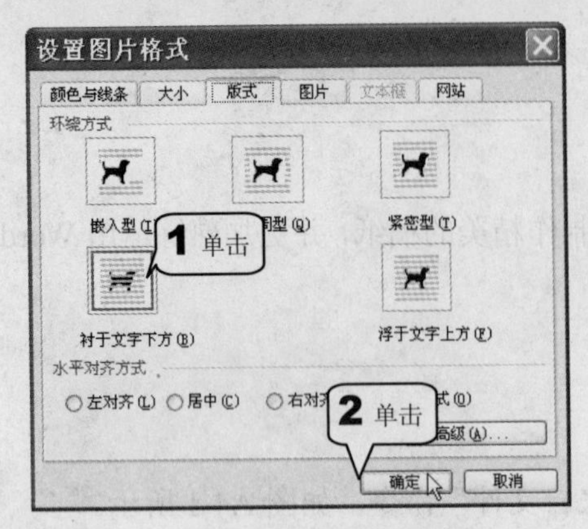

图 A4-5 设置版式

图 A4-6 缩放图片

步骤 07 打开“设置图片格式”对话框，切换至“版式”选项卡下，单击“高级”按钮，如图 A4-7 所示。

步骤 08 在弹出的“高级版式”对话框中，切换至“图片位置”选项卡下，在“水平对齐”选项区下，单击“对齐方式”单选按钮，并在“对齐方式”下拉列表中选择“居中”选项，在“相对于”下拉列表中选择“页边距”选项，如图 A4-8 所示。

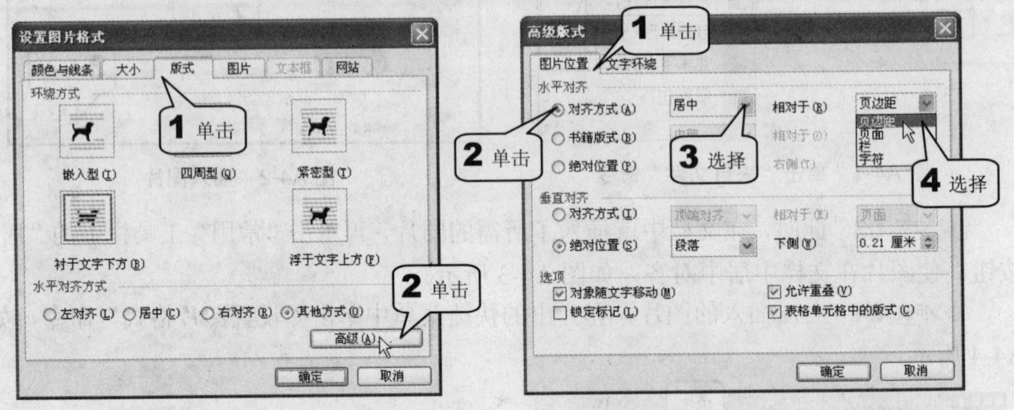

图 A4-7 单击“高级”按钮

图 A4-8 设置“水平对齐”选项

步骤 09 再在“垂直对齐”选项区中单击“对齐方式”单选按钮，再选择“对齐方式”下拉列表中的“居中”选项，在“相对于”下拉列表中选择“页边距”选项，如图 A4-9 所示。

步骤 10 右击插入的图片，在弹出的快捷菜单中单击“显示‘图片’工具栏”命令，如图 A4-10 所示。

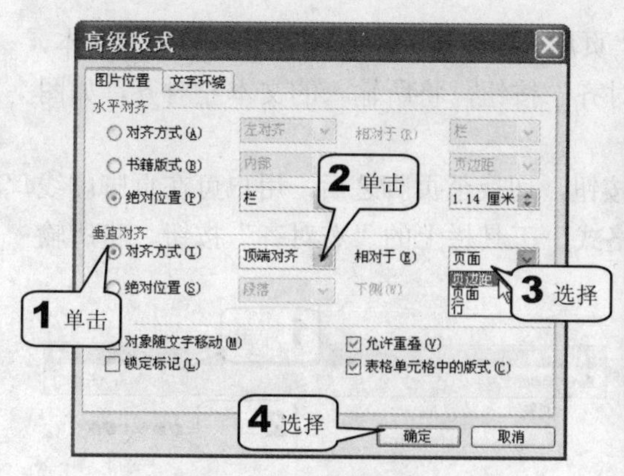

图 A4-9 设置“垂直对齐”选项

图 A4-10 单击“显示‘图片’工具栏”命令

步骤 11 在弹出的“图片”工具栏中，单击“颜色”按钮，在弹出的下拉菜单中单击“冲蚀”选项，此时，图片则呈现为冲蚀后的效果，如图 A4-11 所示。

步骤 12 单击“图片”工具栏上的“增加灰度”和“降低灰度”按钮，则可以调整图片的灰度值，再单击“图片”工具栏上的“增加亮度”和“降低亮度”按钮，则可以调整图片的亮度值，如图 A4-12 所示。

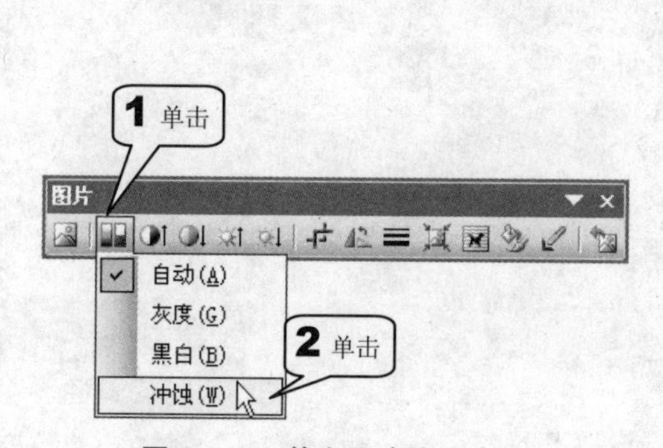

图 A4-11 单击“冲蚀”选项

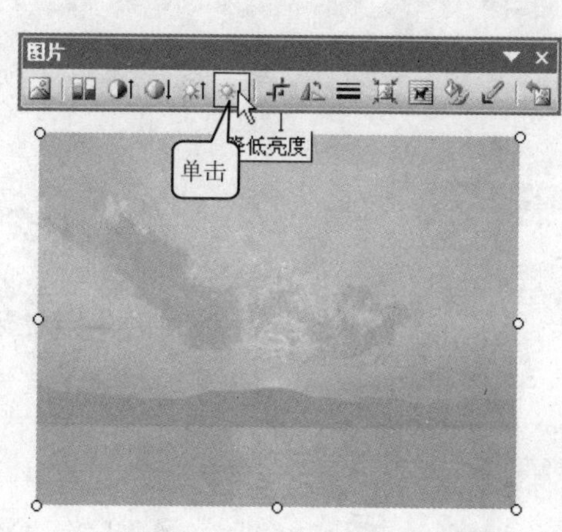

图 A4-12 调整灰度和亮度

步骤 13 单击菜单栏上的“视图>页眉和页脚”命令，如图 A4-13 所示。

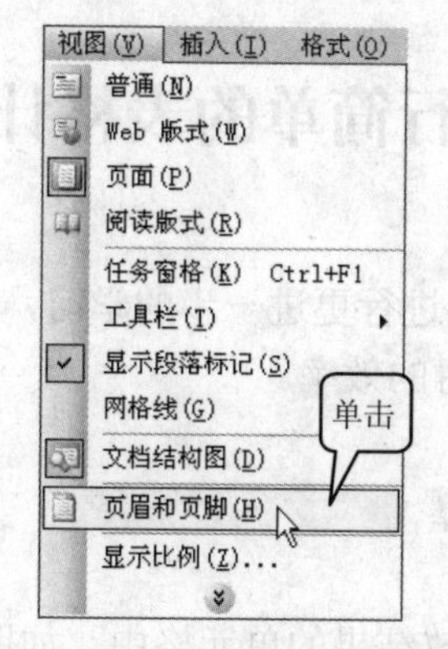

图 A4-13 单击“视图>页眉和页脚”命令

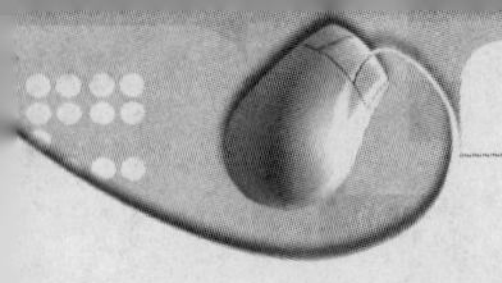

步骤 **14** 此时，在文档的顶端就会弹出“页眉”虚线框，在此输入所需的页眉文本，输入完毕之后，单击“格式”工具栏上的“左对齐”按钮，将所输入的文本左对齐，如图 A4-14 所示。

步骤 **15** 单击“在页眉和页脚间切换”按钮，切换至页脚之后，用户可在页脚虚线框中输入所需的文本，输入完毕之后，单击“格式”工具栏上的“右对齐”按钮，将所输入的文本右对齐，如图 A4-15 所示。

图 A4-14　输入页眉中的文本

图 A4-15　输入页脚中的文本

步骤 **16** 设置完毕之后，双击文档任意位置，精美的稿纸就制作好了，稿纸的效果如图 A4-16 所示。

图 A4-16　稿纸最终效果

实训 5　使用 Word 进行简单的表格计算

1. 实验目的

使用户对 Word 中的表格功能进行更进一步的学习，了解 Word 中一些强大的功能，这样可以大大提高用户在编辑表格时的效率。

2. 实验内容

对表格中的数据进行相加计算

3. 实验过程

步骤 **01** 将插入点置于存放结果的单元格中，如图 A5-1 所示。

步骤 **02**　在菜单栏中单击“表格>公式”命令，如图 A5-2 所示。

万成科技有限公司员工工资收入表				
姓名	编号	月工资	月奖金	年终奖（单位/元）
李丽	2122001	2000	1000	10000
张严东	2122002	2200	700	9500
周欢	2122003	1800	800	9500
王德宗	2122004	2500	200	15000
张浩	2122005	2100	900	12000
总计				

插入点

图 A5-1　光标置于存放结果的单元格中

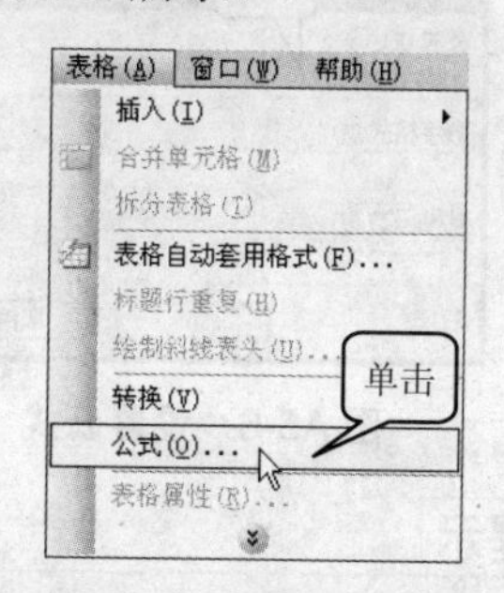

图 A5-2　单击“表格>公式”命令

步骤 **03**　此时会弹出“公式”对话框，在“公式”对话框中有公式、数字格式和粘贴函数 3 项设置，在一般情况下 Word 默认的函数是求和函数（即 SUM），默认的公式是对所有的行求和（即“SUM（ABOVE）”），默认的数字格式是表格中已有的数字格式，如图 A5-3 所示。

步骤 **04**　对公式进行设置。如果用户需要不同于 Word 默认的公式设置就需要在“公式”对话框中对公式、数字格式和粘贴函数进行重新设置。本例就将通过单击“数字格式”下拉列表从中重新选择数字格式，其他设置保持默认状态，如图 A5-4 所示。

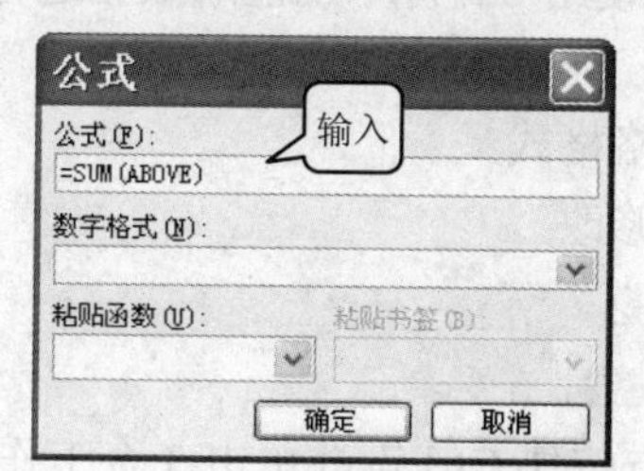

图 A5-3　“公式”对话框

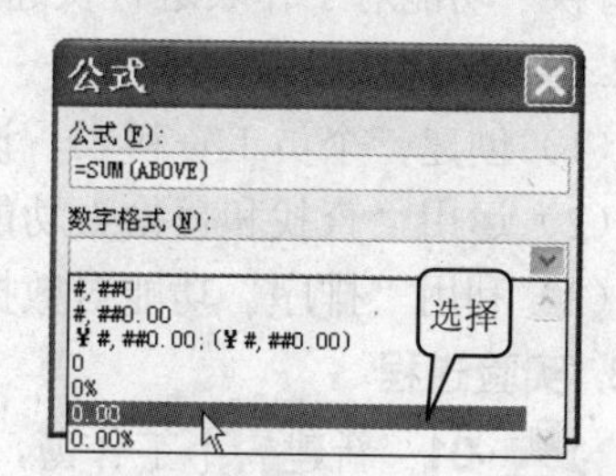

图 A5-4　对数字格式进行设置

步骤 **05**　查看对表格内容的计算结果。当单击“公式”对话框中的“确定”按钮后 Word 就会自动按照设置的公式完成对表格的计算。效果如图 A5-5 所示。

万成科技有限公司员工工资收入表				
姓名	编号	月工资	月奖金	年终奖（单位/元）
李丽	2122001	2000	1000	10000
张严东	2122002	2200	700	9500
周欢	2122003	1800		9500
王德宗	2122004	2500		15000
张浩	2122005	2100	900	12000
总计		10600.00		

计算结果

图 A5-5　查看对表格内容的计算结果

步骤 **06**　对其他列进行计算。利用同样的方法对“月奖金”列进行计算。其实，在表格中还可以进行横向计算，打开“公式”对话框，在“公式”文本框中输入“=SUM(LEFT)”，再单击“确定”按钮，如图 A5-6 所示。

步骤 **07**　此时，在表格中就进行了横向相加，同时也对此表格中的数据全部计算完毕，如图 A5-7 所示。

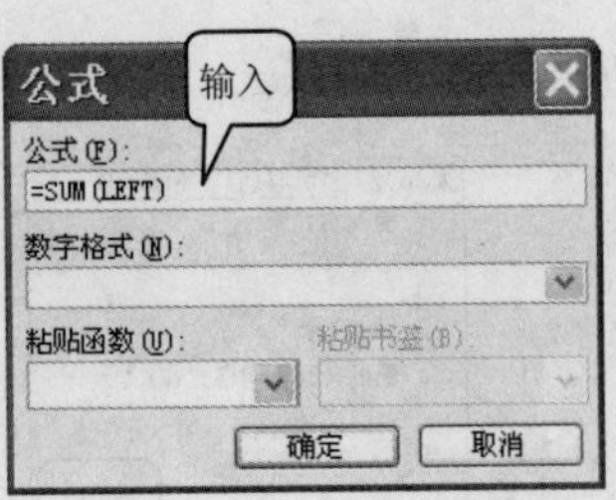

图 A5-6　设置公式

万成科技有限公司员工工资收入表				
姓名	编号	月工资	月奖金	年终奖（单位/元）
李丽	2122001	2000	1000	10000
张严东	2122002	2200	700	9500
周欢	2122003	1800	800	9500
王德宗	2122004	2500	[illegible]	15000
张浩	2122005	2100	900	12000
总计		10600.00	4600	15200

计算结果

图 A5-7　查看对表格内容的计算结果

提示

如果用户需要对表格右侧的数据进行相加，则在“公式”对话框中的“公式”文本框中输入“=SUM(RIGHT)”，再单击“确定”按钮即可。

实训 6　利用 Excel 对数据进行简单排序

1. 实验目的

了解运用设置单元格格式的方法美化工作表，认识单元格格式中的各项设置；利用“查找和替换”功能对工作表进行快速而有效的更正；使用“排序”功能对数据进行简单排序。

2. 实验内容

（1）创建一个员工资料表，设置表格的单元格格式

（2）运用“查找和替换”功能对资料表进行修改

（3）利用“排序”功能对数据进行处理

3. 实验过程

步骤 01　新建一个工作薄，在工作薄的下方按住 Ctrl 键并单击 3 个工作表标签，将其设置为一个工作组，如图 A6-1 所示。

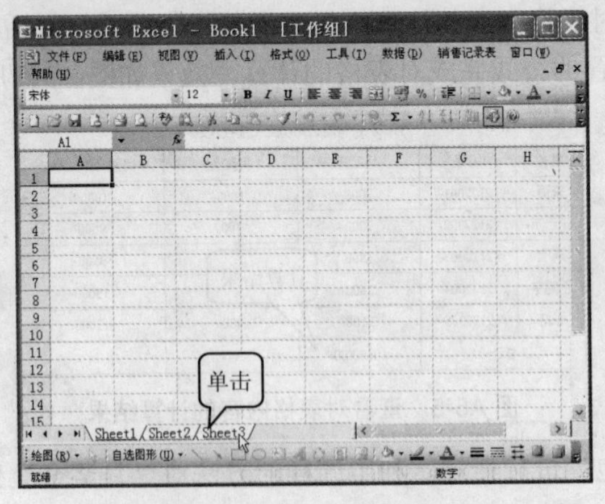

图 A6-1　建立工作组

步骤 02　在工作表中输入公司员工资料表信息后，右击任一个工作表标签，在弹出的快捷菜单中单击“取消成组工作表”命令，这样 3 个工作表中都同时输入了相同的信息，以方便制作其他的工作表，如图 A6-2 所示。

步骤 03 在 Sheet 1 工作表中输入员工的具体信息，完成输入后设定单元格格式，选定要设置的区域，然后单击菜单栏中的“格式>单元格”命令，如图 A6-3 所示。

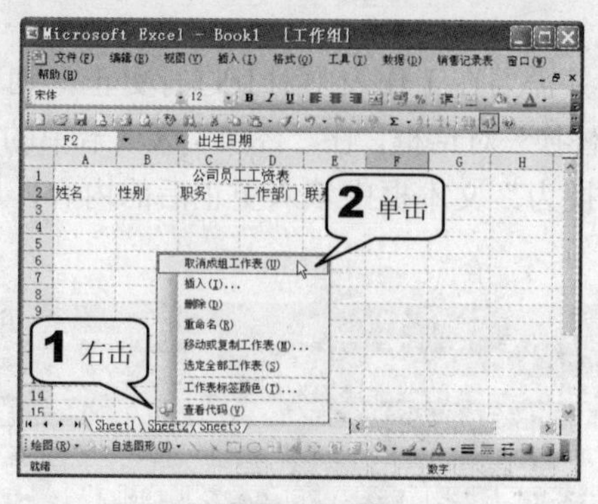

图 A6-2 取消成组工作表

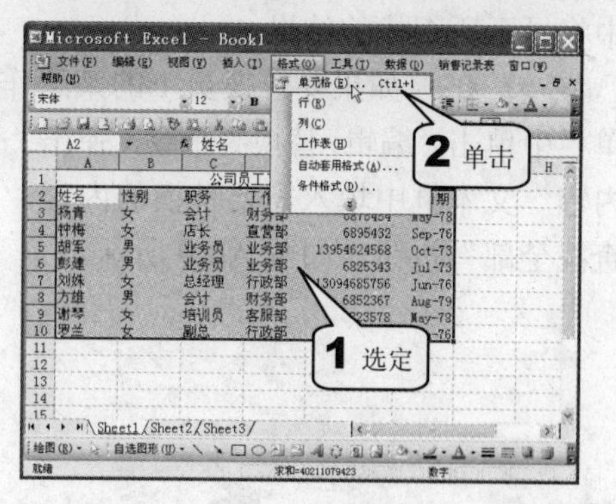

图 A6-3 选定区域设置单元格格式

步骤 04 在弹出的“单元格格式”对话框中，切换至“对齐”选项卡下，在“水平对齐”下拉列表中选择“居中”选项，如图 A6-4 所示。

步骤 05 再切换至“边框”选项卡下，用户可以选择所需要添加的边框，最后单击“确定”按钮，如图 A6-5 所示。

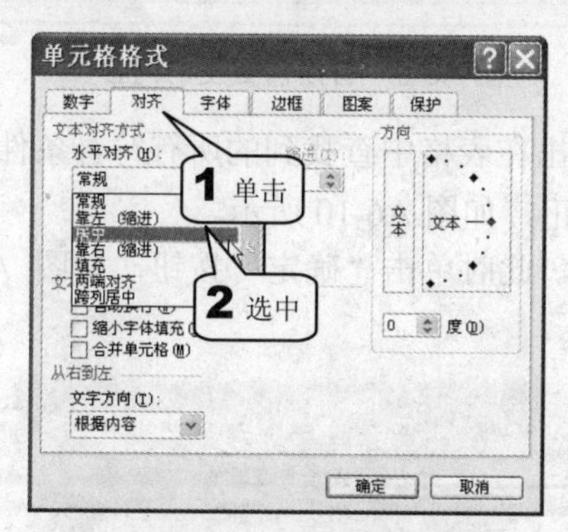

图 A6-4 设置对齐方式

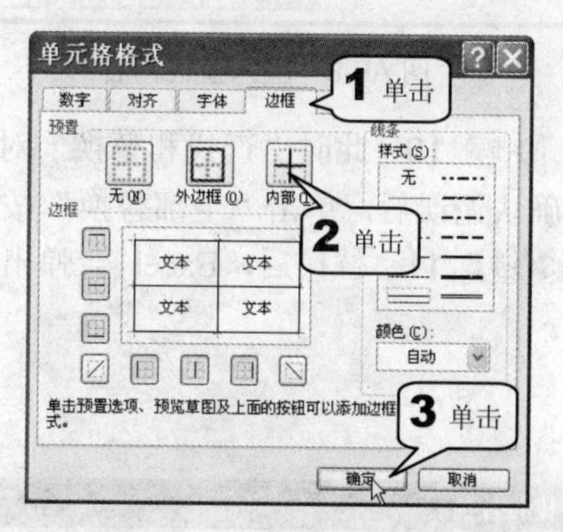

图 A6-5 设置表格边框

步骤 06 设置好的表格如图 A6-6 所示，如果输入错了某位员工的姓名，需要更改，可以使用 Excel 中的“查找”功能找出错误。

步骤 07 在菜单栏中单击“编辑>查找”命令，如图 A6-7 所示。

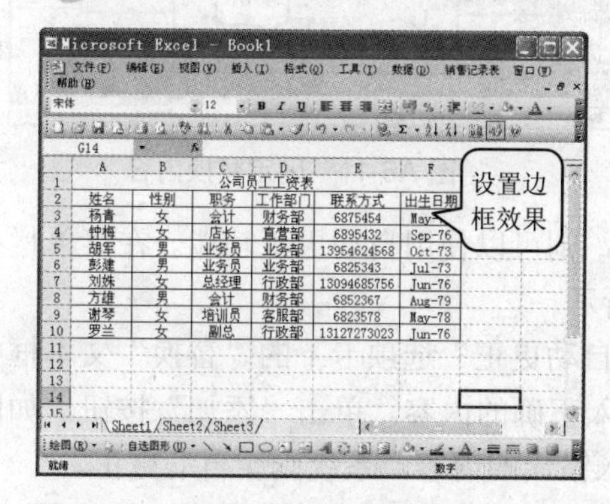

图 A6-6 设置边框与文本对齐后的表格

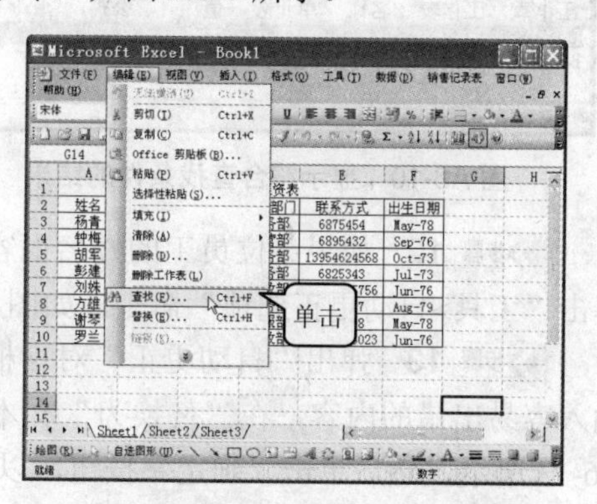

图 A6-7 单击“编辑>查找”命令

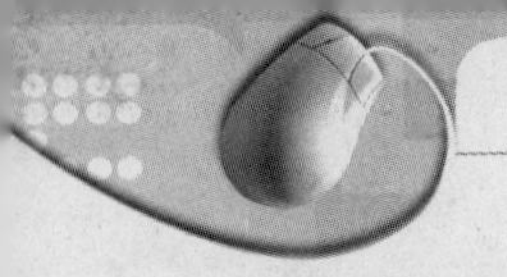

步骤 **08** 在弹出的“查找和替换”对话框中切换到“查找”选项卡，然后在“查找内容”文本框中输入要查找的员工姓名，单击“查找下一个”按钮，如图 A6-8 所示，在表格中将显示所查找的结果。

步骤 **09** 如果要替换员工的某工作部门，并需要在工作表中对其进行更正，则可在菜单栏中单击“编辑>替换”命令，弹出“查找和替换”对话框，在“替换”选项卡中的“查找内容”文本框中填入需要替换的内容，在“替换为”文本框中填入更正后的内容，单击“查找全部”按钮，如图 A6-9 所示。

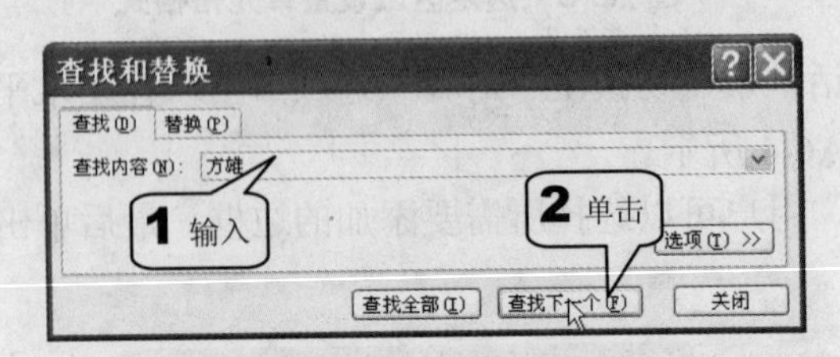

图 A6-8 输入查找内容

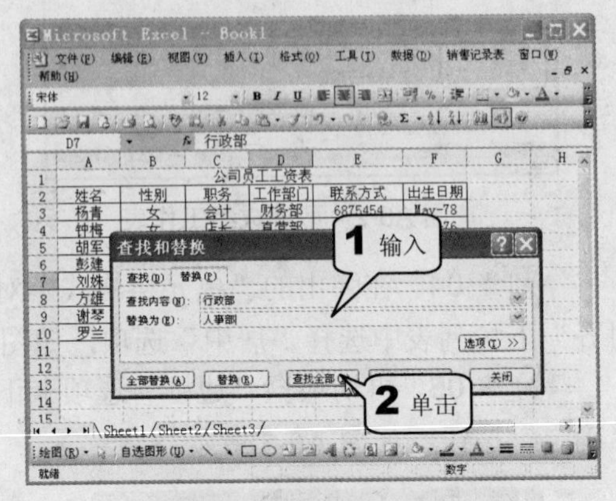

图 A6-9 替换需更正的内容

步骤 **10** 此时“查找和替换”对话框中会列出在表格中查找到的所有符合条件的结果，确认无误后，单击“全部替换”按钮，进行更正，如图 A6-10 所示。

步骤 **11** 替换后，Excel 会弹出提示对话框，此时单击“确定”按钮，如图 A6-11 所示。

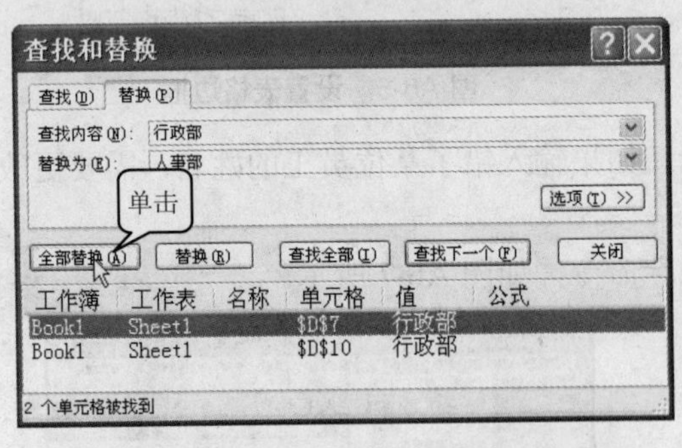

图 A6-10 显示符合查找条件的结果

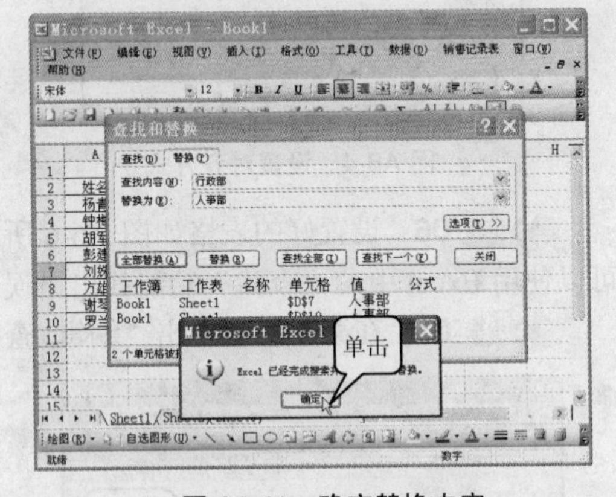

图 A6-11 确定替换内容

步骤 **12** 如果某位员工的姓名很容易出错，则可以使用自动更正功能。在菜单栏中单击“工具>自动更正选项”命令。如图 A6-12 所示。

步骤 **13** 弹出“自动更正”对话框，在“自动更正”选项卡下的“替换”文本框中输入容易出错的内容，在“替换为”文本框中输入正确的内容，单击“添加”按钮，如图 A6-13 所示，然后单击“确定”按钮，以后若输入错误的内容，系统则会自动更正。

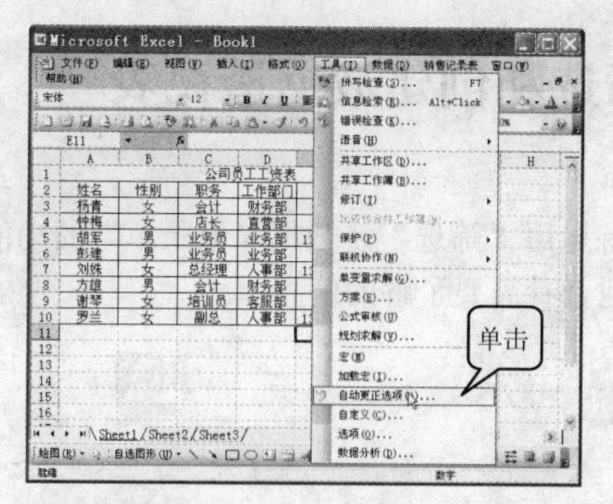

图 A6-12　单击“工具>自动更正选项”命令

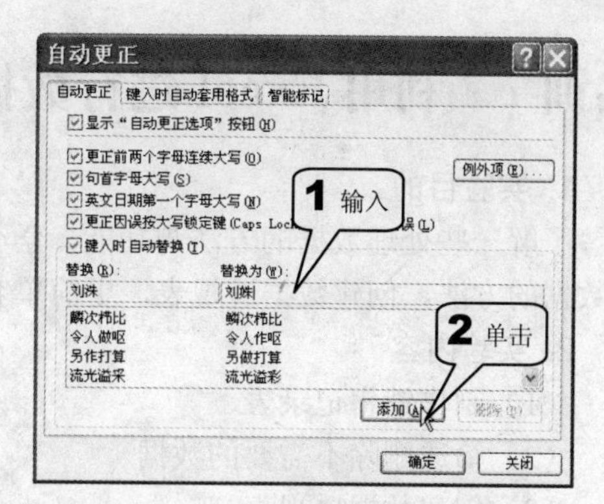

图 A6-13　“自动更正”对话框

步骤 14　如果要对员工的生日进行排序，首先在要排序的数据清单中单击任一个单元格，再单击菜单栏中的“数据>排序”命令，弹出“排序”对话框，在“主要关键字”下拉列表中选择“出生日期”并单击“升序”单选按钮，如图 A6-14 所示。

步骤 15　这样所选表格按照设置重新排列顺序。如果在“出生日期”升序排列的基础上，有相同年份的情况，还需要对员工职务进行排序，则可以设置次要关键字，在“排序”对话框的“次要关键字”下拉列表中选择“职务”，并单击 “降序”单选按钮，然后单击“确定”按钮，如图 A6-15 所示。

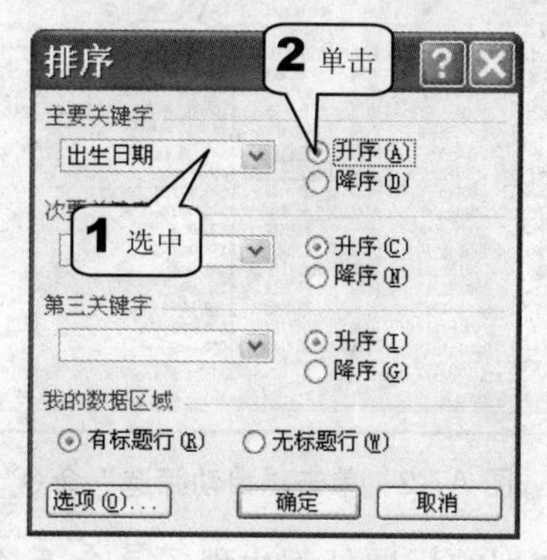

图 A6-14　选择主要关键字和排序方式

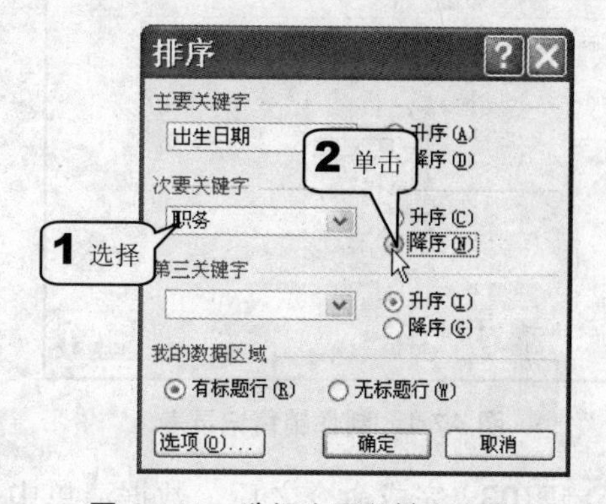

图 A6-15　选择次要关键字和排序方式

步骤 16　此时，所选数据清单已经按照设置的顺序重新排序，单出“常用”工具栏中的“保存”按钮进行保存，如图 A6-16 所示。

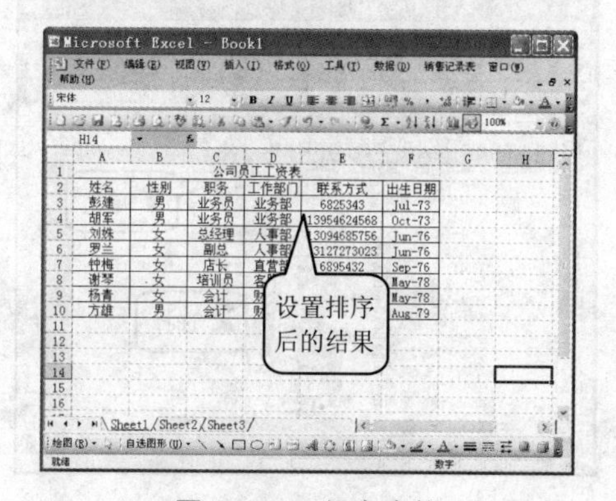

图 A6-16　保存表格

实训 7　利用 Excel 进行数据筛选和创建数据透视表

1. 实验目的

了解一些处理数据的方法与功能，学会熟练运用“筛选”及数据“记录单”的功能处理数据的方法，创建数据透视表，更简单容易地查看需要了解的信息。

2. 实验内容

（1）制作销售记录表

（2）筛选删除不需要的数据

（3）创建数据透视表

3. 实验过程

步骤 01　新建一个工作簿，在工作表中输入各项数据，制作一个销售记录表，如图 A7-1 所示。

步骤 02　单击数据清单中的任意单元格，选择菜单栏中的“数据>筛选>自动筛选”命令，如图 A7-2 所示。

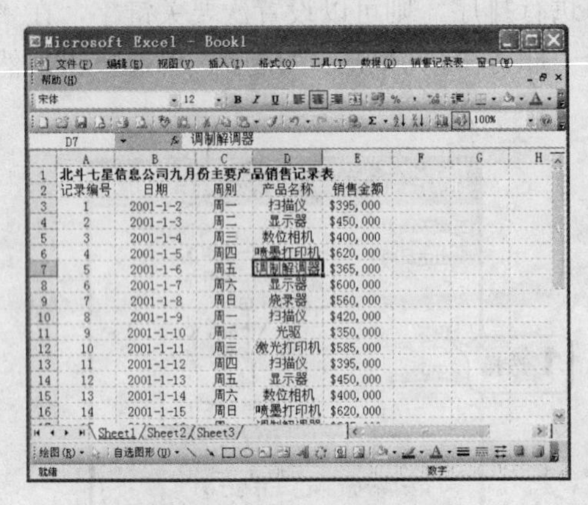

图 A7-1　制作销售记录表

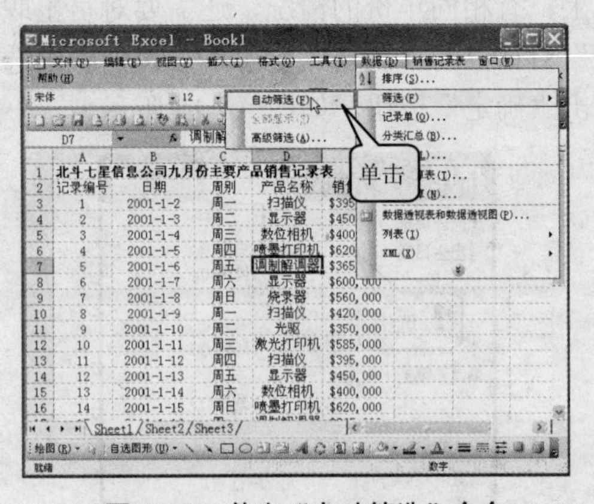

图 A7-2　单击“自动筛选”命令

步骤 03　完成命令之后，数据清单中每一个列的标题处都出现了一个下拉列表按钮，单击“销售金额”下拉列表，在列表中选择“自定义”选项，如图 A7-3 所示。

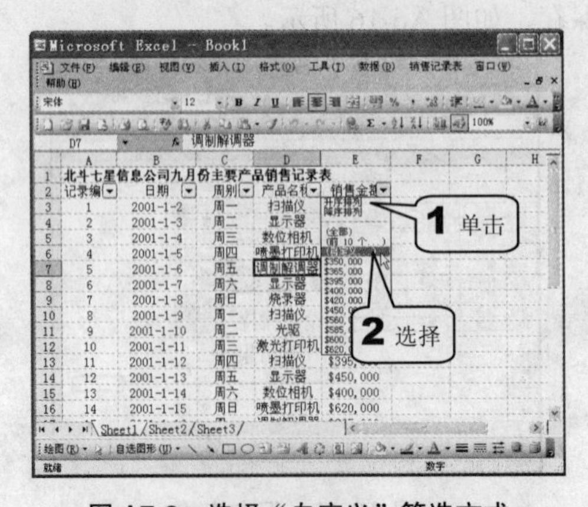

图 A7-3　选择“自定义”筛选方式

步骤 04 此时，弹出“自定义自动筛选方式”对话框，在“销售金额”下拉列表中选择“大于”选项，再在后面的下拉列表中选择需设置数值的选项，单击“确定”按钮，如图 A7-4 所示。

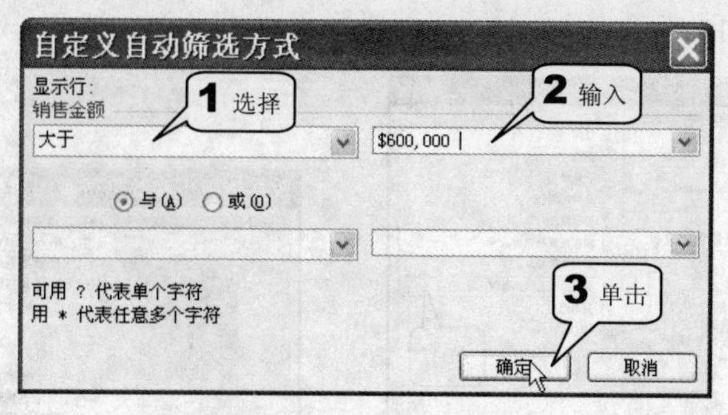

图 A7-4 设置筛选数值

步骤 05 筛选结果如图 A7-5 所示，则可对销售价较高的产品单独存档，加大关注。

步骤 06 在菜单栏中单击“数据>记录单”命令，如图 A7-6 所示。

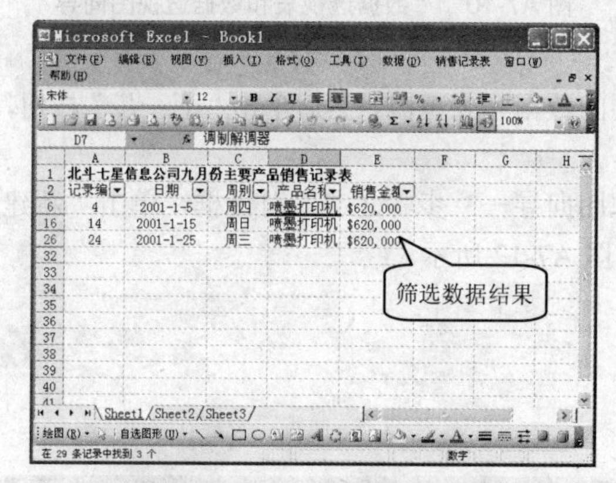

图 A7-5 自定义筛选后的结果

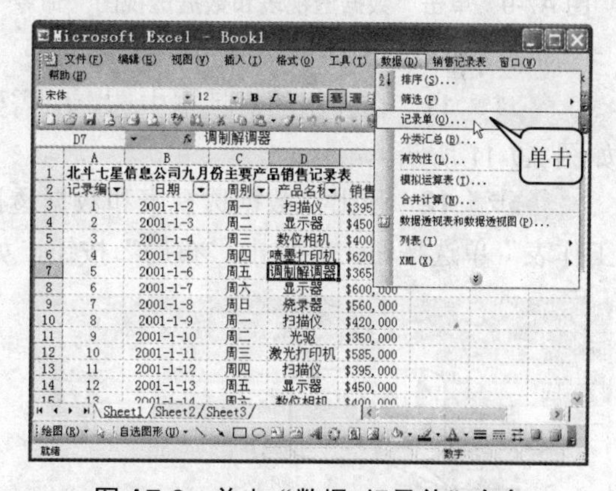

图 A7-6 单击“数据>记录单”命令

步骤 07 在弹出的“Sheet2”对话框中的“销售金额”文本框中输入“<400”，此时单击“删除”按钮，如图 A7-7 所示。

步骤 08 弹出提示对话框，单击“确定”按钮，如图 A7-8 所示，搜索出的符合设置条件的所有商品信息将被删除。

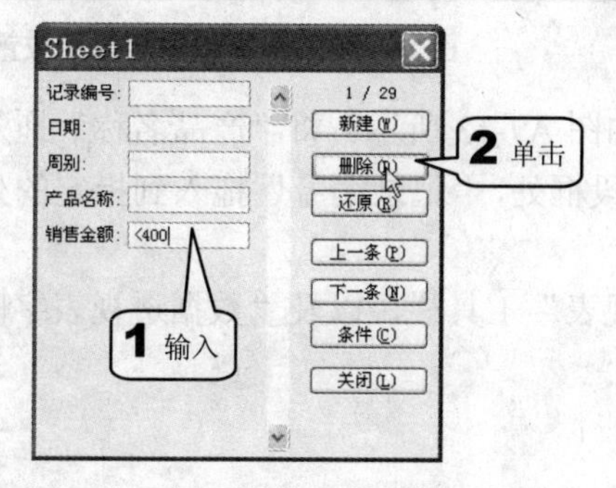

图 A7-7 设置销售金额数值

图 A7-8 提示信息框

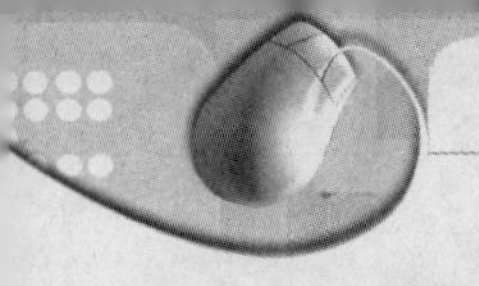

步骤 **09** 单击数据清单中的任意单元格，然后单击菜单栏上的“数据>数据透视表和数据透视图”命令，如图 A7-9 所示。

步骤 **10** 弹出“数据透视表和数据透视图向导—3 步骤之 1”对话框，单击“下一步”按钮，如图 A7-10 所示。

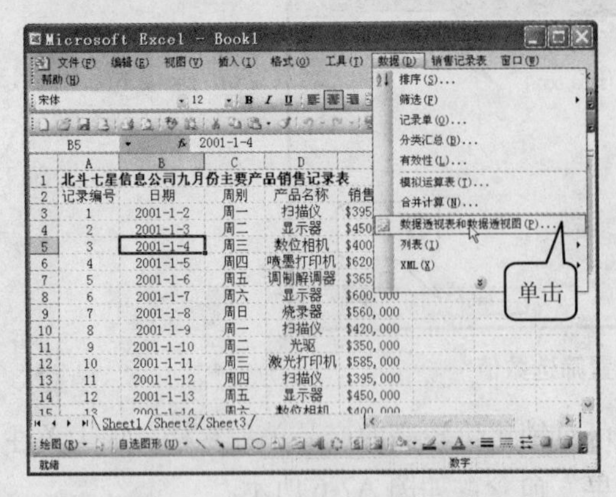

图 A7-9 单击“数据透视表和数据透视图”命令

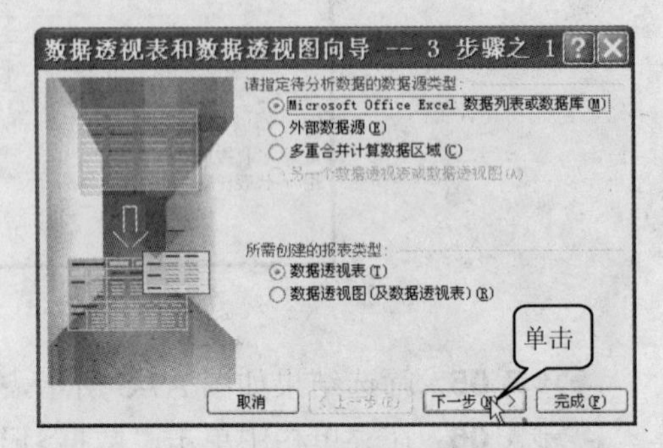

图 A7-10 “数据透视表和数据透视图向导—3 步骤之 1”对话框

步骤 **11** 在弹出的对话框中选定所需要的数据列表范围，然后单击“下一步”按钮，如图 A7-11 所示。

步骤 **12** 弹出“数据透视表和数据透视图向导—3 步骤之 3”对话框，单击“新建工作表”单选按钮，并单击“布局”按钮，如图 A7-12 所示。

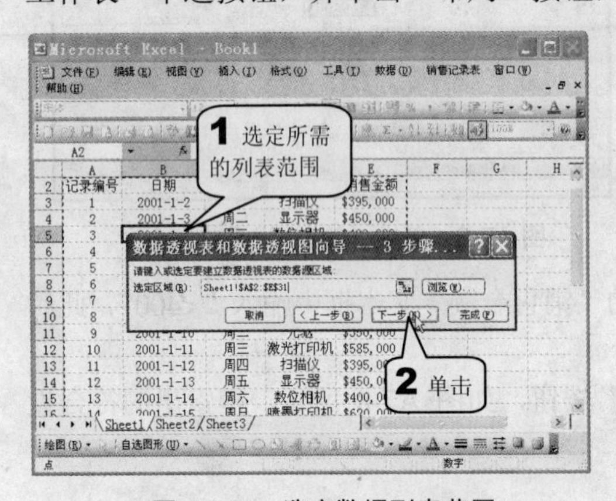

图 A7-11 选定数据列表范围

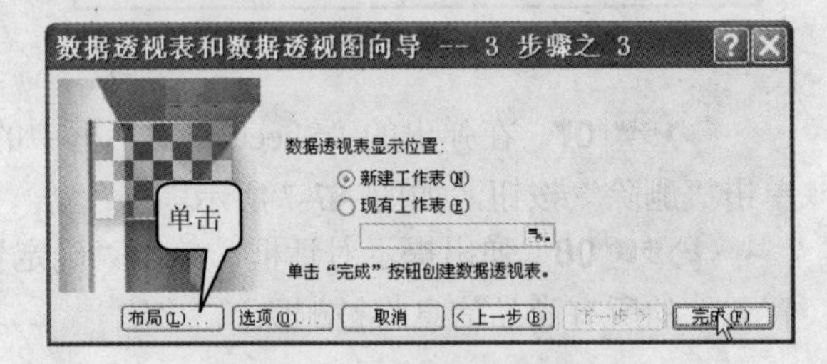

图 A7-12 选择数据表显示位置

步骤 **13** 生成数据透视表的布局图，如图 A7-13 所示。将“产品名称”拖入到指定的页面字段框处，“日期”拖入到指定的行字段框处，“记录编号”拖入到指定的列字段框处，“销售金额”拖入到数据区。

步骤 **14** 完成操作后，关闭“数据透视表”工具栏，以及“数据透视表字段列表”窗口，如图 A7-14 所示。

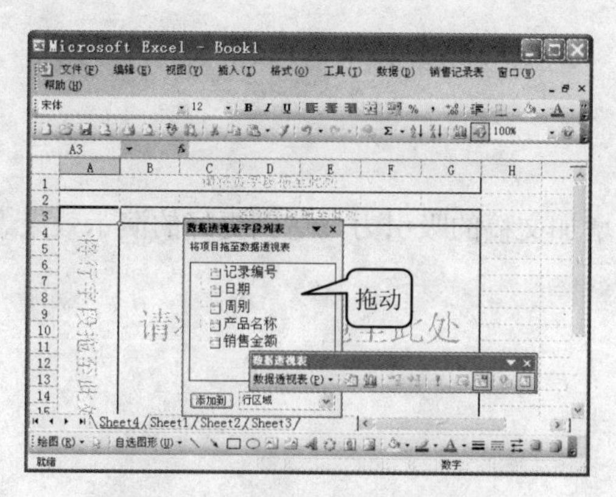

图 A7-13　拖动项目至数据透视表

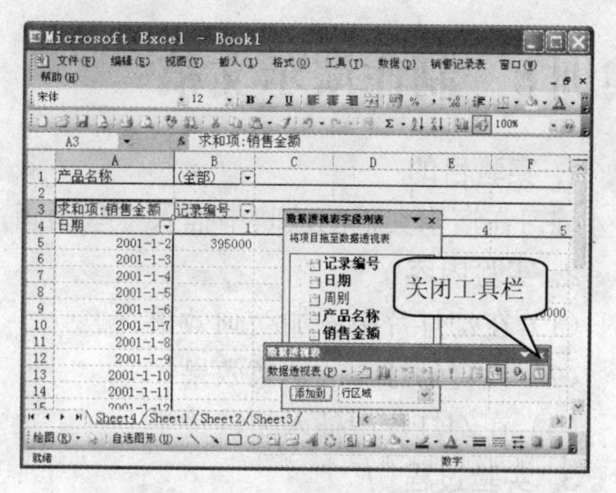

图 A7-14　生成的数据透视表

步骤 15　建立好数据透视表后，单击“常用”工具栏中的“保存”按钮，如图 A7-15 所示，将数据透视表进行保存，方便用户以后查看信息。

步骤 16　用户可以查看任意商品的信息，例如要查看喷墨打印机的销售金额，可在“产品名称”右边的下拉列表中单击“喷墨打印机”选项，再单击“确定”按钮即可，如图 A7-16 所示。

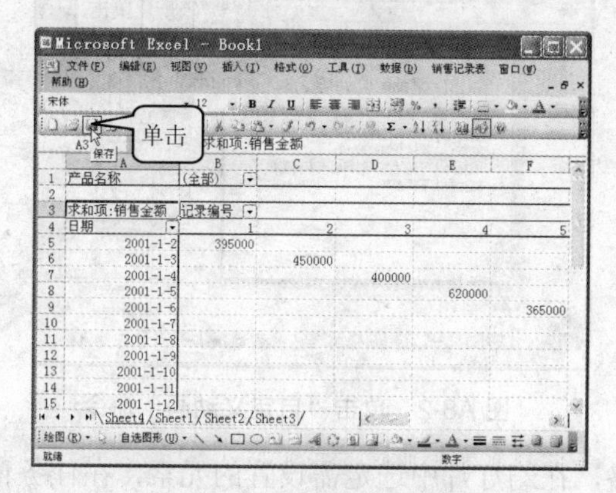

图 A7-15　保存数据透视表

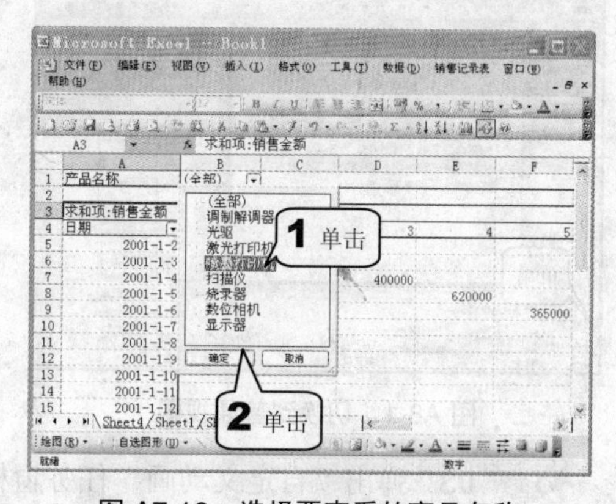

图 A7-16　选择要查看的商品名称

步骤 17　在数据透视表中，所有的“喷墨打印机”信息都显示出来了，如图 A7-17 所示，用户还可以用同样的方法查看其他商品的信息。

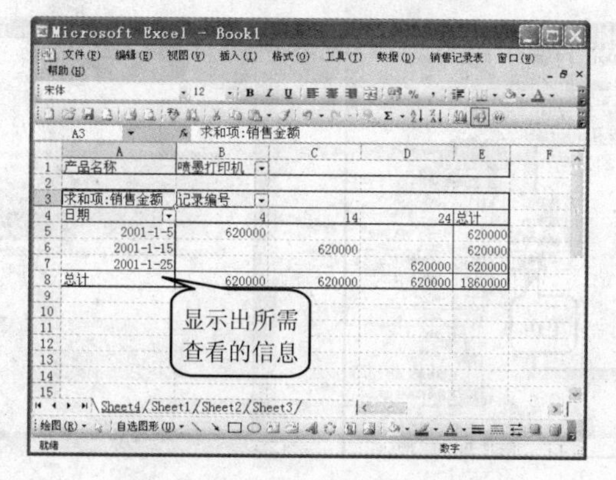

图 A7-17　显示要查看的信息

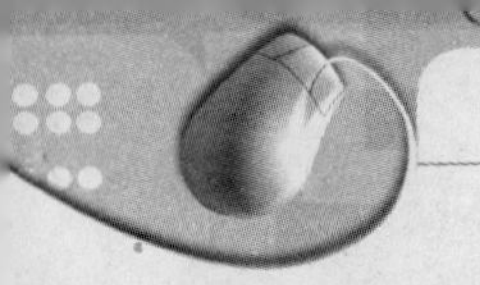

实训 8　制作演示文稿

1. 实验目的

练习在演示文稿的放映中插入一些动画，增加文稿的吸引力，达到更好的演示效果。

2. 实验内容

（1）在幻灯片中添加动画效果

（2）设置幻灯片的切换效果

（3）在幻灯片中插入超链接

3. 实验过程

步骤 01　打开已有的幻灯片，单击“普通视图”按钮，将幻灯片切换到普通视图，如图 A8-1 所示。

步骤 02　选定幻灯片后，单击菜单栏中的“幻灯片放映>自定义动画”命令，如图 A8-2 所示。

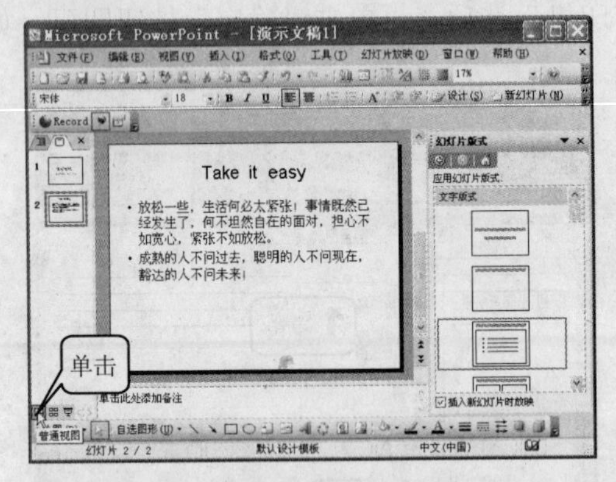

图 A8-1　切换到普通视图

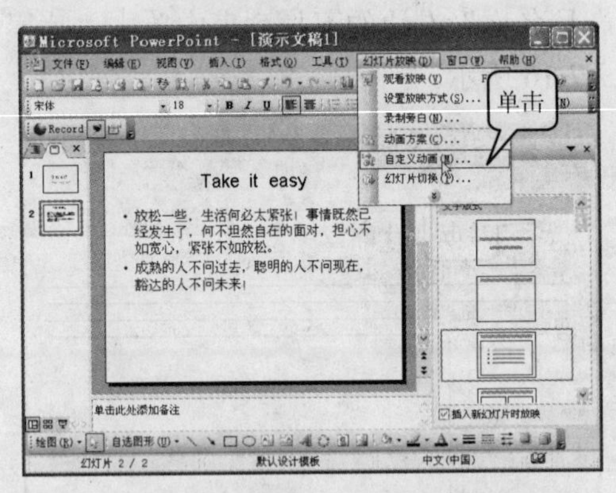

图 A8-2　单击“自定义动画”命令

步骤 03　弹出“自定义动画”任务窗格，在幻灯片中选定需设置的元素，在任务窗格中单击“添加效果>动作路径>向下”选项，如图 A8-3 所示。

步骤 04　完成后的动作路径在幻灯片中呈虚线显示，如图 A8-4 所示，此时按 Esc 键也可退出刚才设置的路径状态。

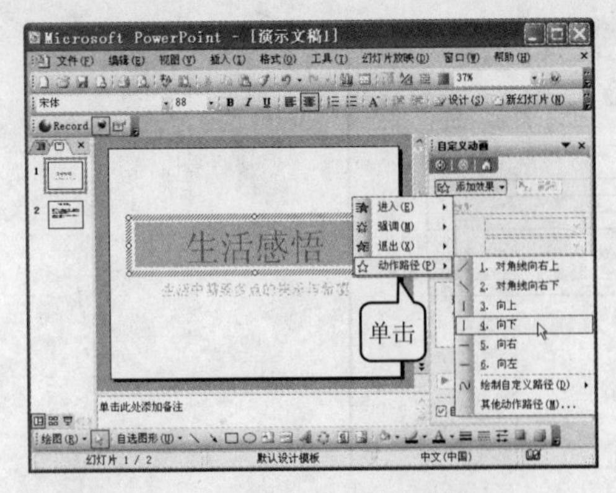

图 A8-3　选择动作路径选项

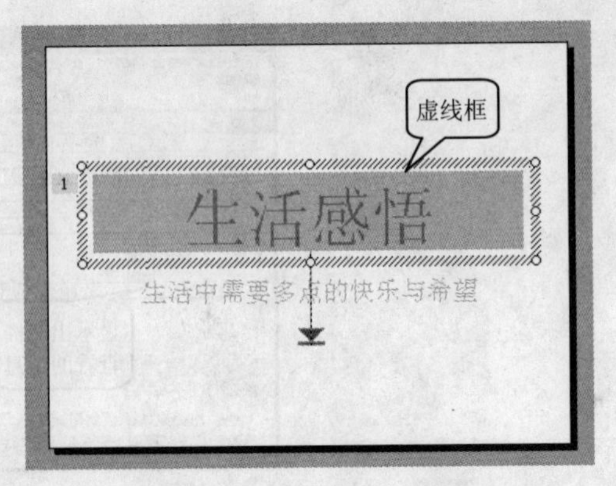

图 A8-4　虚线显示动作路径

步骤 05　选定需要设置动画效果的幻灯片，转换到普通视图，单击菜单栏中的“幻灯片放映>动画方案”命令，如图 A8-5 所示。

步骤 06　弹出“幻灯片设计”任务窗格，在“应用于所选幻灯片”列表框中选择“浮动”动画方式，然后单击“应用于所有幻灯片”按钮，如图 A8-6 所示。

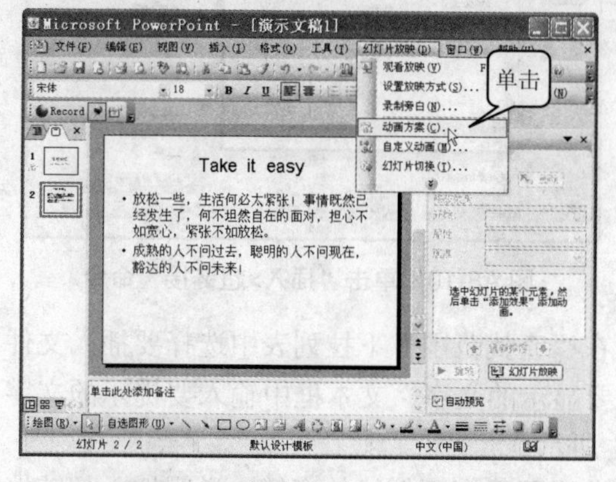

图 A8-5　单击“动画方案”命令

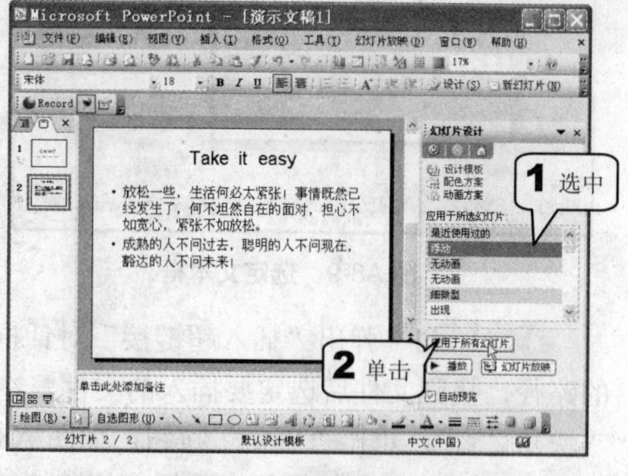

图 A8-6　选择动画方式

步骤 07　选定幻灯片后，单击菜单栏中的“幻灯片放映>幻灯片切换”命令，如图 A8-7 所示。

步骤 08　弹出“幻灯片切换”任务窗格，在“应用于所选幻灯片”下拉列表中选择“扇形展开”切换方式，在“修改切换效果”选项区中的“速度”下拉列表中选择“中速”，“声音”下拉列表中选择“无声音”，最后单击“应用于所有幻灯片”按钮，如图 A8-8 所示。

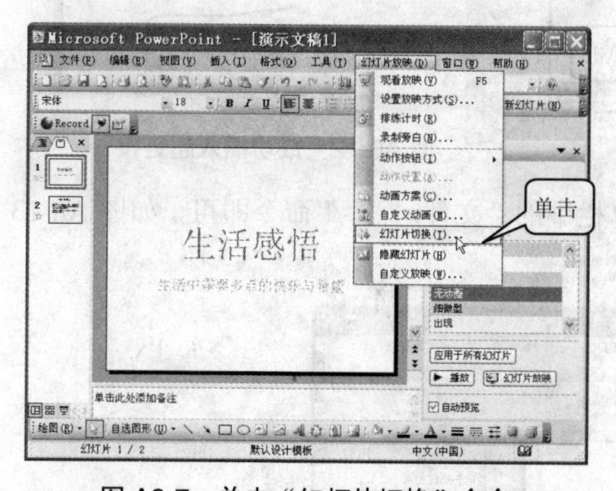

图 A8-7　单击“幻灯片切换”命令

图 A8-8　选择幻灯片切换方式

步骤 09　选定需要插入超链接的幻灯片中的文本框，如图 A8-9 所示。

步骤 10　单击菜单栏中的“插入>超链接”命令，如图 A8-10 所示。

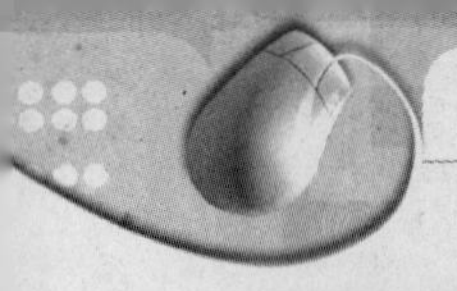

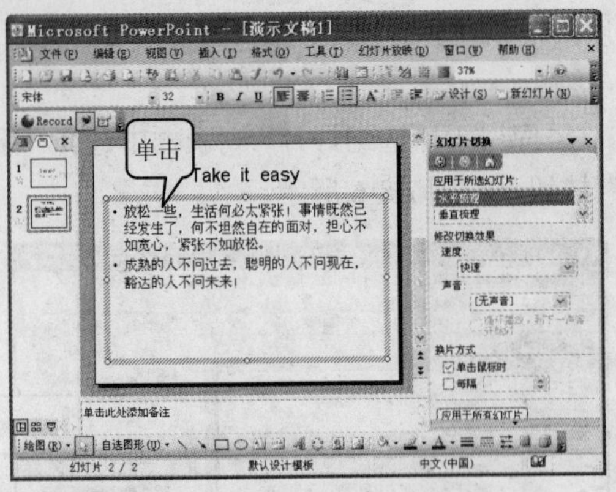

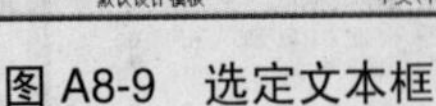

图 A8-9　选定文本框

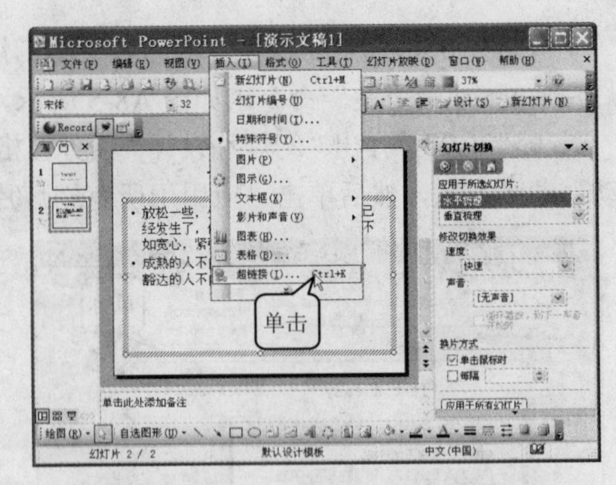

图 A8-10　单击“插入>超链接”命令

步骤 11　弹出“插入超链接”对话框，在“查找范围”下拉列表中选择要插入文件的路径，找到文件后选定要插入的文件，在“要显示的文字”文本框中输入要提示的文字“快乐之音”，单击“确定”按钮，如图 A8-11 所示。

步骤 12　在幻灯片中要插入超链接的部分出现了有下划线的字符，说明插入超链接成功，在放映幻灯片时，只需单击该标识，即可链接到选定的文件，如图 A8-12 所示。

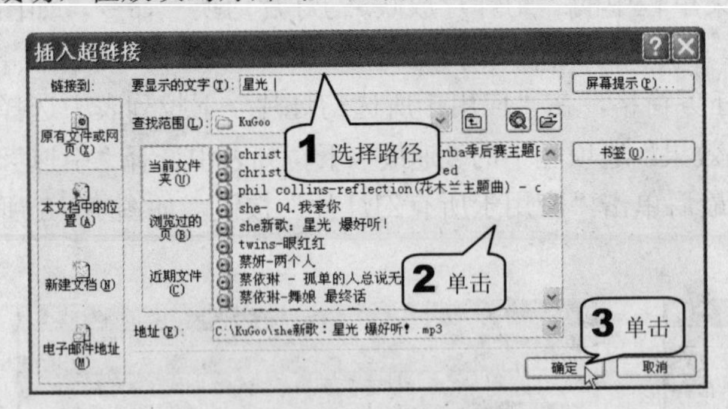

图 A8-11　设置超链接

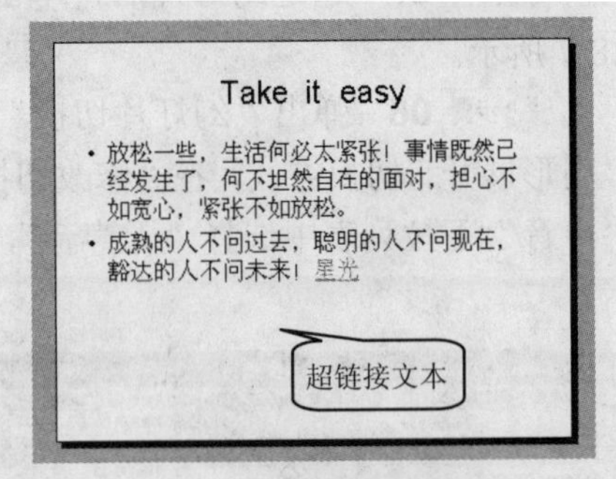

图 A8-12　成功插入超链接

步骤 13　幻灯片制作完成后，单击菜单栏中的“文件>保存”命令即可，如图 A8-13 所示。

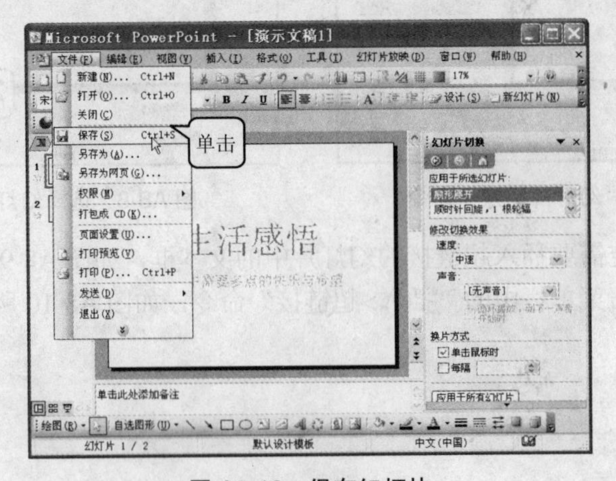

图 A8-13　保存幻灯片